U0197660

国家科学技术学术著作出版基金资助出版

21世纪先进制造技术丛书

摩擦纳米发电机设计

王晓力　胡燕强　著

科学出版社

北京

内 容 简 介

本书以材料-结构-性能为主线，通过将量子力学第一性原理、黏附接触力学、聚合物摩擦学和微纳制造等多学科知识相融合，形成了摩擦纳米发电机的设计理论与方法，可为改善摩擦纳米发电机能量转化效率和耐久性提供基础。本书阐述了摩擦起电起源、摩擦纳米发电机工作原理及应用场景。基于第一性原理计算方法，在原子和电子尺度上揭示了金属-聚合物接触起电机理，为摩擦起电材料性能调控提供依据；基于黏附接触力学提出了表面织构界面黏附接触起电模型及其数值求解方法，为表面织构定量设计提供依据；基于聚合物摩擦磨损理论，揭示了摩擦起电与摩擦磨损的相互作用机理。此外，还介绍了摩擦纳米发电机电源管理电路负载及充电特性和电源管理电路设计方法。在上述基础上，以机械系统为背景，提出了基于摩擦纳米发电机的能量收集器和传感器的设计方法。

本书可供微能源、微机械和微电子等领域的高校师生和科研人员参考使用。

图书在版编目(CIP)数据

摩擦纳米发电机设计 / 王晓力，胡燕强著. —北京：科学出版社，2024.1
(21世纪先进制造技术丛书)

ISBN 978-7-03-077314-2

Ⅰ. ①摩… Ⅱ. ①王… ②胡… Ⅲ. ①纳米技术－应用－发电机－设计 Ⅳ. ①TM31

中国国家版本馆CIP数据核字(2024)第001915号

责任编辑：刘宝莉 / 责任校对：王萌萌
责任印制：赵 博 / 封面设计：图阅社

科学出版社 出版
北京东黄城根北街 16 号
邮政编码: 100717
http://www.sciencep.com
三河市春园印刷有限公司印刷
科学出版社发行 各地新华书店经销
*
2024 年 1 月第 一 版 开本：720 × 1000 1/16
2025 年 1 月第二次印刷 印张：19
字数：380 000

定价：168.00 元

(如有印装质量问题，我社负责调换)

“21 世纪先进制造技术丛书”编委会

“21 世纪先进制造技术丛书”序

21 世纪，先进制造技术呈现出精微化、数字化、信息化、智能化和网络化的显著特点，同时也代表了技术科学综合交叉融合的发展趋势。高技术领域如光电子、纳电子、机器视觉、控制理论、生物医学、航空航天等学科的发展，为先进制造技术提供了更多更好的新理论、新方法和新技术，出现了微纳制造、生物制造和电子制造等先进制造新领域。随着制造学科与信息科学、生命科学、材料科学、管理科学、纳米科技的交叉融合，产生了仿生机械学、纳米摩擦学、制造信息学、制造管理学等新兴交叉科学。21 世纪地球资源和环境面临空前的严峻挑战，要求制造技术比以往任何时候都更重视环境保护、节能减排、循环制造和可持续发展，激发了产品的安全性和绿色度、产品的可拆卸性和再利用、机电装备的再制造等基础研究的开展。

“21 世纪先进制造技术丛书”旨在展示先进制造领域的最新研究成果，促进多学科多领域的交叉融合，推动国际间的学术交流与合作，提升制造学科的学术水平。我们相信，有广大先进制造领域的专家、学者的积极参与和大力支持，以及编委们的共同努力，本丛书将为发展制造科学，推广先进制造技术，增强企业创新能力做出应有的贡献。

先进机器人和先进制造技术一样是多学科交叉融合的产物，在制造业中的应用范围很广，从喷漆、焊接到装配、抛光和修理，成为重要的先进制造装备。机器人操作是将机器人本体及其作业任务整合为一体的学科，已成为智能机器人和智能制造研究的焦点之一，并在机械装配、多指抓取、协调操作和工件夹持等方面取得显著进展，因此，本系列丛书也包含先进机器人的有关著作。

最后，我们衷心地感谢所有关心本丛书并为丛书出版尽力的专家们，感谢科学出版社及有关学术机构的大力支持和资助，感谢广大读者对丛书的厚爱。

熊有伦

华中科技大学

2008 年 4 月

前　言

摩擦纳米发电机是表/界面力学、现代物理、纳米材料学和微纳制造相结合的产物。它以接触起电和静电感应为原理，不仅可将周围环境的机械能转换成电能，也可表征机械触发的动态过程，因此既是能量收集器，又是自供能传感器。摩擦纳米发电机具有材料兼容性好、结构适应性强等独特优势，可为物联网、电子皮肤、可植入医疗器件等提供微能源，也可为环境监测、机械故障诊断等提供感知信号，因而具有广阔的应用前景。

自 2012 年王中林发明摩擦纳米发电机以来，研究者在能量收集及自驱动传感应用方面取得了重要进展和突破。由于摩擦纳米发电机在能量转换原理、构型设计及制造工艺等方面具有特殊性，因此面临着传统发电机所不曾遇到的新的挑战，其中能量转化效率及耐久性仍是亟待解决的瓶颈问题。虽然摩擦起电材料性能调控或表面织构化是解决上述问题的主要方法，但其涉及多学科知识，难以建立相融通的理论体系。本书以材料-结构-性能为主线，通过将量子力学第一性原理、黏附接触力学、聚合物摩擦学和微纳制造等多学科知识相融合，形成了摩擦纳米发电机的设计理论与方法，可为改善摩擦纳米发电机能量转化效率和耐久性提供基础。

本书从基础理论、设计方法到应用实例的阐述力求循序渐进、重点突出，体现基础与前沿、设计与制造的融合。全书共 6 章。第 1 章系统阐述了摩擦起电起源、摩擦纳米发电机工作原理及应用场景；第 2 章以摩擦纳米发电机常用的接触副材料为对象，阐述其接触起电第一性原理计算方法，在原子和电子尺度上揭示了接触起电机理，明确了接触起电过程中的电子受体、电子供体和电荷转移驱动力，为摩擦起电材料性能调控提供依据；第 3 章以黏附接触力学为基础，提出了表面织构界面黏附接触起电模型及其数值求解方法，为聚合物表面织构定量设计提供依据；第 4 章以聚合物材料摩擦学为基础，揭示了摩擦起电与摩擦磨损的相互作用机理；第 5 章在介绍摩擦纳米发电机电源管理电路负载及充电特性的基础上，阐述了具有最大能量提取和降压功能的电源管理电路设计方法；第 6 章在前述理论与方法基础上，以机械系统为背景，提出了基于摩擦纳米发电机的能量收集器和传感器的设计方法，应用实例包括车辆悬架系统复合式振动能量收集器、面向智能轴承的摩擦电转速传感器和摩擦电-压电压力传感器等。

本书是作者课题组多年来研究成果的系统总结。课题组张小青、张玉言、吴俊、杨潍旭、李立洲、赵子瑞、李志浩、王晨飞和吴恒等为本书的撰写做出了贡献，在此一并深表感谢。特别感谢恩师温诗铸院士、桂长林教授、朱克勤教授和同行前辈在作者科研探索中所给予的谆谆教导和热忱支持。感谢国家自然科学基金重点项目（51735001）、国家自然科学基金面上项目（52375165、11472046、51275046）、国家重点研发计划项目（2022YFB3402700）等对本书相关研究的资助。感谢国家科学技术学术著作出版基金委员会对本书出版的资助。

摩擦纳米发电机属于多学科交叉领域，涉及内容较为广泛。由于作者水平所限，书中难免存在不妥之处，敬请读者批评指正。

目录

第1章　摩擦起电原理与应用

当两种材料摩擦时，由于其原子核束缚核外电子的能力不同而使两种材料带上等量异号电荷，这一现象通常称为摩擦起电。摩擦起电的本质是电荷转移，由于单纯的接触就可能产生电荷转移，摩擦起电也常称为接触起电。

由接触起电所导致的静电现象非常普遍。例如，表面静电荷产生的电场使轻小物体发生极化时，会将轻小物体吸引至带电材料的表面；高电阻率材料表面的静电荷积累到一定程度时，如与其他物体靠近，就会击穿空气而放电；静电放电会引起火灾和爆炸事故、电子器件损坏和太阳能电池寿命缩短等。

静电原理也在除尘、复印、能量收集和自供能传感等领域获得了广泛应用。例如，通过高电压作用可使气体中的尘粒带负电，这样在电场作用下尘粒就会被吸向带正电的电极，从而实现了静电除尘；通过曝光可使带静电的光敏材料形成静电潜影，带异号电荷的墨粉就会被吸引到成像区形成可见影像，从而实现了静电复印；通过接触起电和静电感应原理，可将机械能转化为电能，从而实现了能量收集或自供能传感。

1.1　摩擦起电的研究发展历程

1.1.1　摩擦起电的研究历史

早在公元前，古希腊哲学家泰勒斯就发现用动物毛皮摩擦过的琥珀可以吸引轻小物体。16世纪，英国物理学家威廉·吉尔伯特发现蓝宝石、钻石、玻璃等材料经摩擦后也可以吸引轻小物体，就将这些材料命名为带电体。到了18世纪，法国化学家查尔斯·杜菲发现玻璃棒和丝绸的摩擦电荷与树脂棒和毛皮的摩擦电荷类型不同，于是将玻璃上的电荷命名为“玻璃电”，而树脂上的电荷命名为“树脂电”。美国物理学家本杰明·富兰克林在上述“玻璃电”和“树脂电”概念的基础上，根据两种电的相消性，提出了“正电”和“负电”的概念。瑞典物理学家约翰·卡尔·威尔克将材料两两摩擦，把其中带正电的材料排序在前、带负电的材料排序在后，提出了第一个摩擦起电序列。法国物理学家查尔斯·奥古斯丁·库仑通过扭秤试验，发现了电荷间的相互作用力与其距离的平方成反比，而与电荷量成正比的规律，也就是著名的库仑定律。

从20世纪起，开展了摩擦起电的应用研究，如可用于收集硫酸酸雾的静电除尘器、可用于粒子加速领域的静电加速器等。2012 年，Fan 等[1]发明了可用作微纳能源和自供能传感的摩擦纳米发电机（triboelectric nanogenerator，TENG）。

1.1.2　摩擦起电电荷转移机制

摩擦起电的实质是电荷转移，即不同材料接触或摩擦后，电荷在两材料间发生转移，从而使两材料表面分别带有等量正负电荷。摩擦起电中的电荷转移主要有三种机制，即离子转移机制、材料转移机制和电子转移机制。

1. 离子转移机制

当两种材料接触或摩擦时，其表面间的离子转移会导致摩擦起电，称为离子转移机制。离子可以来源于材料本身，也可以来源于周围环境。例如，离子型聚合物是一种以离子键交联大分子组成的聚合物，其自身就存在共价结合的反离子。当离子型聚合物与另一种材料发生接触或摩擦时，其表面可移动的离子发生转移，从而使材料表面带有电荷。而对非离子型聚合物，大气环境如潮湿环境中的氢氧根可为其提供离子。两个非离子型聚合物表面接触时，对氢氧根亲和力较高的表面比亲和力较低的表面吸附更多的氢氧根，从而使氢氧根在两表面重新分布，引起了接触起电。

2. 材料转移机制

两种材料接触或摩擦时，载荷或摩擦力的作用会导致材料内部化学键断裂，断裂后剥落的材料碎片与本体材料分别带异号电荷，当该材料碎片转移至对偶材料表面时，其电荷也发生了转移，这就是摩擦起电的材料转移机制。

3. 电子转移机制

当两种材料接触或摩擦时，由于其得失电子能力的差异，材料间会发生电子转移而导致摩擦起电，称为电子转移机制。例如，当两种金属材料接触时，电子会从功函数较低的材料转移至功函数较高的材料，使其分别带有正负电荷。

1.2　摩擦纳米发电机基本理论

摩擦纳米发电机是基于摩擦起电和静电感应原理，将周围环境的机械能转换成电能的一种新能源技术。当两种材料在外力作用下互相接触时，其表面会发生电荷转移而分别带有等量的正负静电荷，如果将两种材料分离，则正负静电荷就会在材料背部的电极上产生感应电势差。当两电极间发生短路或接入负载电阻时，感应电势差就会驱动电子在两个电极之间流动，从而实现电能的输出。

1.2.1　摩擦纳米发电机理论起源

摩擦纳米发电机的理论源于麦克斯韦位移电流。位移电流和传导电流在本质上的区别在于：传导电流相当于自由电荷的定向运动，而位移电流相当于电场对时间的变化率，在电介质中它和电介质极化电荷的微观运动有关；传导电流通过导体时要产生焦耳热，而位移电流在导体中不能产生焦耳热。位移电流和传导电流的唯一共同性质就是都要在周围空间激发涡旋磁场，即它们在激发磁场方面是等效的。

由麦克斯韦-安培定律可知

$$\nabla \times \boldsymbol{H} = \boldsymbol{J}_{\mathrm{c}} + \frac{\partial \boldsymbol{D}}{\partial t} \tag{1.1}$$

式中，$\boldsymbol{D}$ 为电位移；$\boldsymbol{H}$ 为磁场强度；$\boldsymbol{J}_{\mathrm{c}}$ 为传导电流密度。

在电介质中，$\boldsymbol{D} = \varepsilon_0 \boldsymbol{E}_{\mathrm{fs}} + \boldsymbol{P}$，因此电介质中的位移电流密度可表示为

$$\frac{\partial \boldsymbol{D}}{\partial t} = \varepsilon_0 \frac{\partial \boldsymbol{E}_{\mathrm{fs}}}{\partial t} + \frac{\partial \boldsymbol{P}}{\partial t} \tag{1.2}$$

式中，$\boldsymbol{E}_{\mathrm{fs}}$ 为电场强度；$\boldsymbol{P}$ 为电极化强度；ε_0 为真空介电常数；$\varepsilon_0 \partial \boldsymbol{E}_{\mathrm{fs}} / \partial t$ 为电场变化对应的位移电流密度；$\partial \boldsymbol{P} / \partial t$ 为介质极化状态变化对应的位移电流密度。

式(1.2)中 $\partial \boldsymbol{P} / \partial t$ 是摩擦纳米发电机的理论起源。

1.2.2　摩擦纳米发电机结构及原理

摩擦纳米发电机的接触副一般由金属-聚合物或聚合物-聚合物组成。通过接触副的相对运动，摩擦纳米发电机可将机械能转化为电能。根据工作方式的不同，摩擦纳米发电机可分为法向接触-分离模式、水平滑动模式、单电极模式和独立层模式等基本模式[2]。

1. 法向接触-分离模式

图 1.1 为典型的法向接触-分离模式摩擦纳米发电机工作原理图。当两聚合物材料完全接触时，由于材料得失电子能力不同而产生等量异号电荷；当聚合物材料逐渐分离时，上下电极由于静电感应而产生电势差，从而驱动电子从下电极流向上电极；当两聚合物材料分离至最大距离时，电极上的电荷量达到最大值；当两聚合物材料逐渐靠近时，聚合物材料间的距离减小，电极间的电势差驱动电子从上电极又流回下电极。

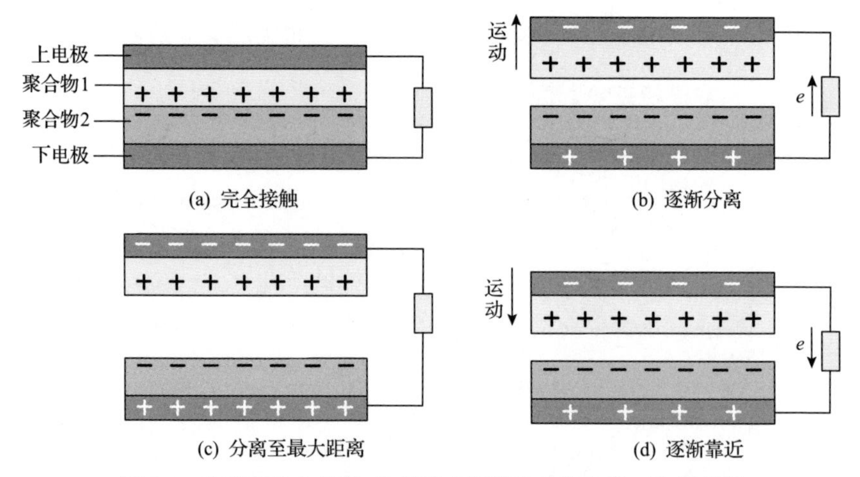

图 1.1 典型的法向接触-分离模式摩擦纳米发电机工作原理图

2. 水平滑动模式

图 1.2 为典型的水平滑动模式摩擦纳米发电机工作原理图。在初始位置，两聚合物材料完全接触，材料表面发生电荷转移，但电极间没有电势差。随着上试件滑动，材料表面出现未被中和的分离电荷，使得上下电极间产生电势差，驱动电子从下极板流向上极板；随着两表面水平分离距离增加，聚合物表面分离电荷逐渐增多，直至两表面完全分离；当上试件反向运动时，两种聚合物表面的重叠面积逐渐增加，原本转移到上电极的电子重新流回下电极。

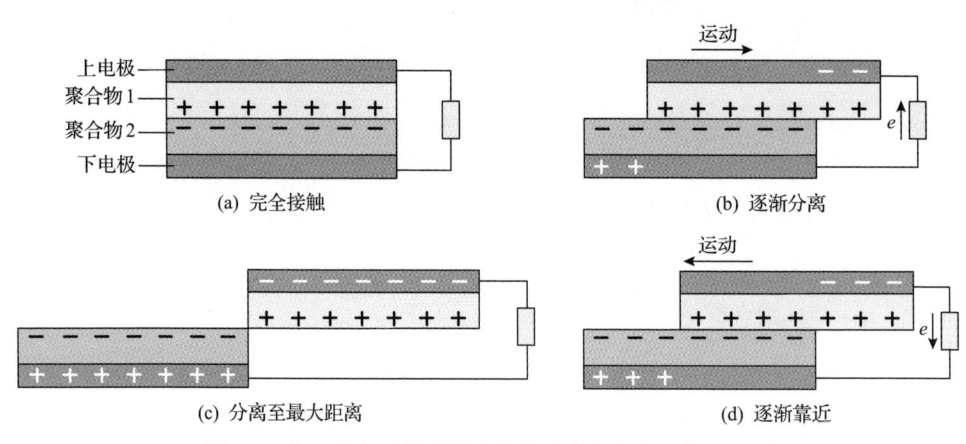

图 1.2 典型的水平滑动模式摩擦纳米发电机工作原理图

3. 单电极模式

图 1.3 为典型的单电极模式摩擦纳米发电机工作原理图。初始状态下，两种

聚合物材料完全接触，接触界面产生电荷转移；随着聚合物 1 向上运动，两聚合物开始分离，电极上的电子流向大地；当达到最大分离距离时，背部电极上的感应电荷量达到最大；随着聚合物 1 向下运动，聚合物 1 与聚合物 2 逐渐靠近，电子重新流回电极。

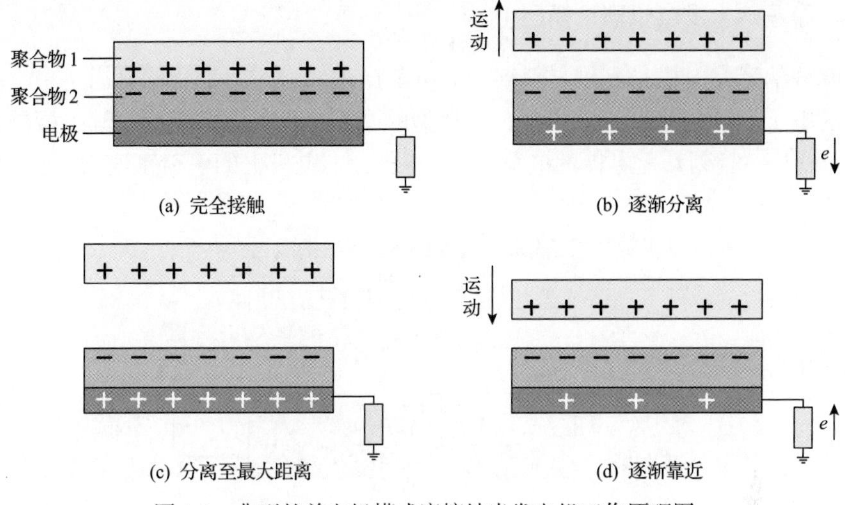

图 1.3　典型的单电极模式摩擦纳米发电机工作原理图

4. 独立层模式

图 1.4 为典型的独立层模式摩擦纳米发电机工作原理图。两种聚合物材料表面电荷已由前期接触产生，聚合物 1 表面正电荷与聚合物 2 表面负电荷数量相等。

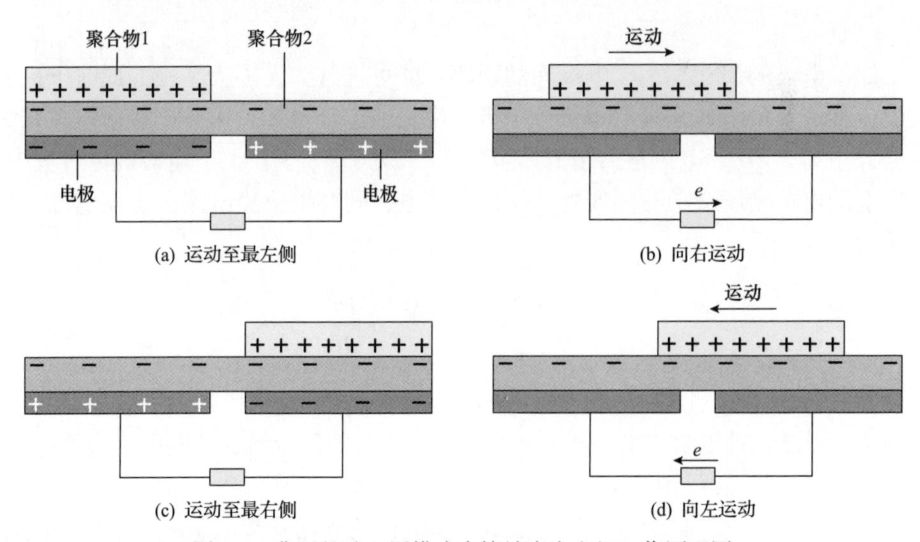

图 1.4　典型的独立层模式摩擦纳米发电机工作原理图

当聚合物 1 运动至最左侧时，左侧电极带有负电荷而右侧电极带有正电荷；随着聚合物 1 向右滑动，左侧电极上的电子通过外电路转移到右侧电极；当聚合物 1 运动至最右侧时，左侧电极全部带有正电荷而右侧电极全部带有负电荷；当聚合物 1 向左运动时，转移到右侧电极的电子重新流回左侧电极。

1.2.3　摩擦纳米发电机理论模型

摩擦纳米发电机是利用材料表面静电荷产生的随时间变化的电场，来驱动电极中的电子在外电路流动。图 1.5 为典型的摩擦纳米发电机模型，其电极的面积为 S。设某一时刻其上电极的电荷密度为 $-\sigma$，下电极上的电荷密度为 $+\sigma$。

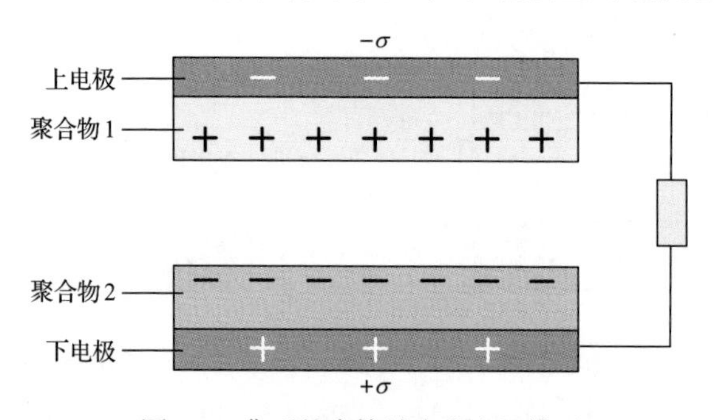

图 1.5　典型的摩擦纳米发电机模型

由电荷守恒定律可知，外电路中的传导电流 I_c 等于转移电荷量 Q 随时间的变化率，即

$$I_c = \frac{\mathrm{d}Q}{\mathrm{d}t} = \frac{\mathrm{d}(S\sigma)}{\mathrm{d}t} = S\frac{\mathrm{d}\sigma}{\mathrm{d}t} \tag{1.3}$$

如果电极的尺寸远大于电极间的距离，即可视其为无限大平板，此时电极间的电位移矢量和电场强度均垂直于电极。由高斯定理可知，上下电极间电位移矢量的大小为 $D=\sigma$，电位移矢量的通量为 $\Phi_d = DS = \sigma S$。在上下电极放电过程中，电极上的电荷密度会随时间变化，从而在两电极间产生位移电流。位移电流 I_d 可表示为

$$I_d = \frac{\mathrm{d}\Phi_d}{\mathrm{d}t} = S\frac{\mathrm{d}D}{\mathrm{d}t} = S\frac{\mathrm{d}\sigma}{\mathrm{d}t} \tag{1.4}$$

由式(1.3)和式(1.4)可知，电极间的位移电流 I_d 在数值上等于外电路中的传导电流 I_c。因此，对于摩擦纳米发电机，其内电路为位移电流，外电路为传导电流。内电路和外电路在两个电极处相遇，构成了一个完整的回路[2]。对于外电路，当电子在两个电极间来回流动时，摩擦纳米发电机的作用就类似于一个电容。因此，

可以通过电容模型，推导摩擦纳米发电机的输出特性。

1. 法向接触-分离模式

图 1.6 为法向接触-分离模式摩擦纳米发电机的理论模型。对于由聚合物-聚合物构成的法向接触-分离模式摩擦纳米发电机，两聚合物材料由于接触起电，其内表面分别带有正负电荷。假设聚合物表面电荷均匀分布，且电荷密度不会在短时间内降低。当聚合物 1 和聚合物 2 间分离距离较小时，可将其视为无限大平行板；如果上下电极的尺寸远大于电极间的距离，可假设上下电极为无限大平行板。因此，在两个聚合物薄膜内部和空气间隙中，电场线只沿着垂直方向。

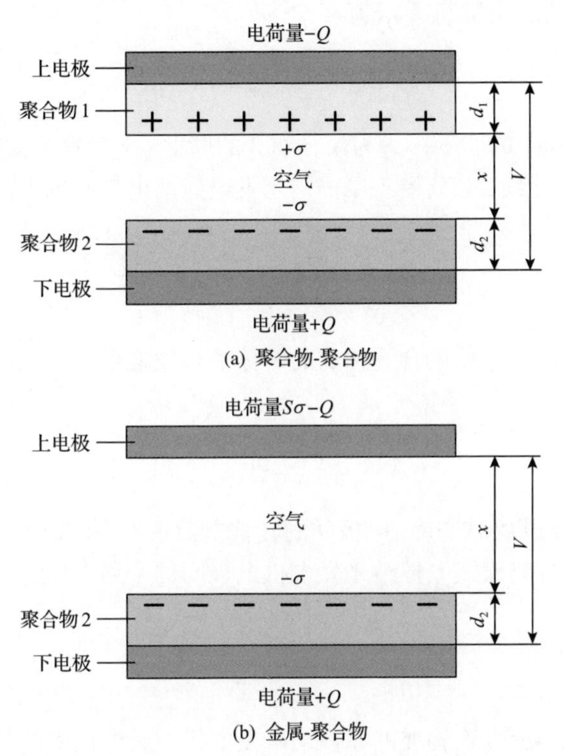

图 1.6　法向接触-分离模式摩擦纳米发电机的理论模型

由高斯定理可知，聚合物 1 内部电场强度 E_{fs1} 为

$$E_{fs1}=-\frac{Q}{\varepsilon_0\varepsilon_{r1}S} \tag{1.5}$$

式中，Q 为电极间的转移电荷量；S 为电极的面积；ε_0 为真空介电常数；ε_{r1} 为聚合物 1 的相对介电常数。

在两聚合物间的空气间隙内，电场强度 $E_{\mathrm{fs,air}}$ 为

$$E_{\mathrm{fs,air}}=\frac{-Q+\sigma S}{\varepsilon_0 S} \tag{1.6}$$

在聚合物 2 内部，电场强度 E_{fs2} 为

$$E_{\mathrm{fs2}}=-\frac{Q}{\varepsilon_0\varepsilon_{\mathrm{r2}}S} \tag{1.7}$$

式中，$\varepsilon_{\mathrm{r2}}$ 为聚合物 2 的相对介电常数。

则两电极间的电压 V 可表示为

$$V=E_{\mathrm{fs1}}d_1+E_{\mathrm{fs,air}}x+E_{\mathrm{fs2}}d_2 \tag{1.8}$$

式中，d_1 为聚合物 1 的厚度；d_2 为聚合物 2 的厚度；x 为聚合物间的分离距离。

因此，该法向接触-分离模式摩擦纳米发电机两电极间的电压 V 可表示为[3]

$$V=-\frac{Q}{\varepsilon_0 S}\left(\frac{d_1}{\varepsilon_{\mathrm{r1}}}+\frac{d_2}{\varepsilon_{\mathrm{r2}}}+x\right)+\frac{\sigma x}{\varepsilon_0} \tag{1.9}$$

类似地，对于由金属-聚合物构成的摩擦纳米发电机，其电压 V 可表示为

$$V=-\frac{Q}{\varepsilon_0 S}\left(\frac{d_2}{\varepsilon_{\mathrm{r2}}}+x\right)+\frac{\sigma x}{\varepsilon_0} \tag{1.10}$$

当两电极处于开路状态时，电极间的转移电荷量 Q 为 0。由式(1.9)和式(1.10)可知，法向接触-分离模式摩擦纳米发电机电极间的开路电压 $V_{\mathrm{oc}}(x)$ 为

$$V_{\mathrm{oc}}(x)=\frac{\sigma x}{\varepsilon_0} \tag{1.11}$$

对于由聚合物-聚合物构成的摩擦纳米发电机，其电极间的总电容 $C(x)$ 为

$$C(x)=\frac{\varepsilon_0 S}{\dfrac{d_1}{\varepsilon_{\mathrm{r1}}}+\dfrac{d_2}{\varepsilon_{\mathrm{r2}}}+x} \tag{1.12}$$

对于由金属-聚合物构成的摩擦纳米发电机，其电极间的总电容 $C(x)$ 为

$$C(x)=\frac{\varepsilon_0 S}{\dfrac{d_2}{\varepsilon_{\mathrm{r2}}}+x} \tag{1.13}$$

由式(1.9)～式(1.13)可知，聚合物-聚合物和金属-聚合物摩擦纳米发电机的电压 V 均可表示为

$$V = -\frac{Q}{C(x)} + V_{\mathrm{oc}}(x) \tag{1.14}$$

式(1.14)被称为 V-Q-x 关系。由式(1.14)可知，法向接触-分离模式摩擦纳米发电机电极间的电压 V 可以通过电极间的总电容 $C(x)$ 、转移电荷量 Q、开路电压 $V_{\mathrm{oc}}(x)$ 计算得出。而对于其他工作模式的摩擦纳米发电机，式(1.14)也同样适用[2]。

2. 水平滑动模式

图 1.7 为水平滑动模式摩擦纳米发电机的理论模型。对于由聚合物-聚合物构成的水平滑动模式摩擦纳米发电机，假设聚合物表面电荷均匀分布，且不随时间衰减。如果聚合物的长度 l 和宽度 w 均远大于其厚度，且横向分离距离 x 满足 $x<0.9l$，即可忽略边缘效应的影响。当两聚合物未完全分离时，电极间电容由重叠区域的电容决定，则上下电极间的总电容 $C(x)$ 为

$$C(x) = \frac{\varepsilon_0 w(l-x)}{\dfrac{d_1}{\varepsilon_{\mathrm{r1}}} + \dfrac{d_2}{\varepsilon_{\mathrm{r2}}}} \tag{1.15}$$

式中，d_1 为聚合物 1 的厚度；d_2 为聚合物 2 的厚度；ε_0 为真空介电常数；$\varepsilon_{\mathrm{r1}}$ 为聚合物 1 的相对介电常数；$\varepsilon_{\mathrm{r2}}$ 为聚合物 2 的相对介电常数。

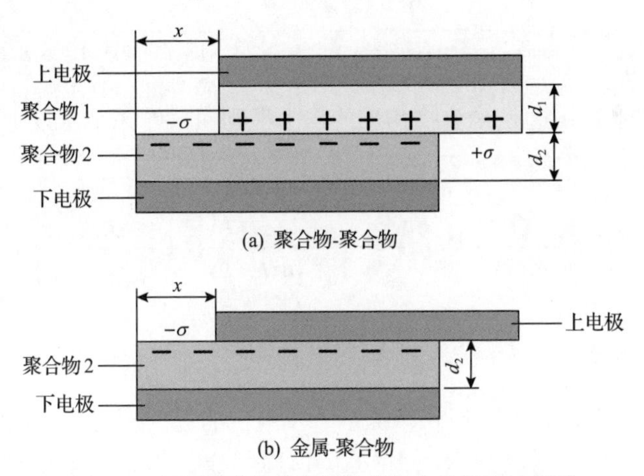

图 1.7　水平滑动模式摩擦纳米发电机的理论模型

下面推导开路电压 $V_{\mathrm{oc}}(x)$ 的表达式。假设上下电极表面重叠区域和非重叠区域表面电荷均匀分布，则下电极表面未重叠区域电荷密度为

$$\rho = \sigma \tag{1.16}$$

当上下电极处于开路状态时，每个电极上的总电荷量为 0，由电荷守恒定律可知，下电极重叠区域的电荷密度为

$$\rho = -\frac{\sigma x}{l - x} \tag{1.17}$$

同样地，对于上电极的重叠区域，其电荷密度为

$$\rho = -\sigma \tag{1.18}$$

上电极非重叠区域的电荷密度为

$$\rho = \frac{\sigma x}{l - x} \tag{1.19}$$

根据式(1.16)～式(1.19)，并通过高斯定理可得水平滑动模式摩擦纳米发电机的开路电压 $V_{oc}(x)$ 为[4]

$$V_{oc}(x) = \frac{\sigma x}{\varepsilon_0 (l - x)} \left(\frac{d_1}{\varepsilon_{r1}} + \frac{d_2}{\varepsilon_{r2}} \right) \tag{1.20}$$

因此，该水平滑动模式摩擦纳米发电机的 V-Q-x 关系为

$$V = -\frac{Q}{C(x)} + V_{oc}(x) = -\frac{Q}{\varepsilon_0 w (l - x)} \left(\frac{d_1}{\varepsilon_{r1}} + \frac{d_2}{\varepsilon_{r2}} \right) + \frac{\sigma x}{\varepsilon_0 (l - x)} \left(\frac{d_1}{\varepsilon_{r1}} + \frac{d_2}{\varepsilon_{r2}} \right) \tag{1.21}$$

相应地，对于由金属-聚合物构成的水平滑动模式摩擦纳米发电机，其 V-Q-x 关系为

$$V = -\frac{Q}{C(x)} + V_{oc}(x) = -\frac{d_2}{\varepsilon_0 \varepsilon_{r2} w (l - x)} Q + \frac{\sigma x d_2}{\varepsilon_0 \varepsilon_{r2} (l - x)} \tag{1.22}$$

3. 单电极模式

图 1.8 为典型的单电极模式摩擦纳米发电机的理论模型和等效电路。假设聚合物薄膜表面的电荷密度为 $-\sigma$，摩擦电荷均匀分布在聚合物表面，且基本保持稳定。在开路条件下，聚合物下表面的电势基本保持恒定，因此可将聚合物下表面定义为节点 1。类似地，可将主电极和参考电极分别定义为节点 2 和节点 3。在节点 2 与节点 3 之间的总电容 $C(x)$ 可表示为

$$C(x) = C_3 + \frac{C_1 C_2}{C_1 + C_2} \tag{1.23}$$

接下来介绍开路电压 V_{oc} 的推导过程。在开路条件下，节点 1、节点 2 和节点 3 的电压之间的关系为

$$V_2 = V_1 + V_3 \tag{1.24}$$

当两电极处于开路状态时，节点 1、节点 2 和节点 3 的电荷量分别为 $-\sigma S$、$+\sigma S$ 和 0，因此

$$C_2 V_2 + C_1 V_1 = -\sigma S \tag{1.25}$$

$$-C_1 V_1 + C_3 V_3 = \sigma S \tag{1.26}$$

由式(1.24)～式(1.26)可知，节点 2 和节点 3 之间，即主电极和参考电极间的电压为[5]

$$V_3 = \frac{\sigma S C_2}{C_1 C_2 + C_2 C_3 + C_3 C_1} = V_{oc}(x) \tag{1.27}$$

因此，该单电极模式摩擦纳米发电机两电极间的电压 V 可表示为

$$V = -\frac{Q}{C(x)} + V_{oc}(x) = -\frac{C_1 + C_2}{C_1 C_2 + C_2 C_3 + C_3 C_1} Q + \frac{\sigma S C_2}{C_1 C_2 + C_2 C_3 + C_3 C_1} \tag{1.28}$$

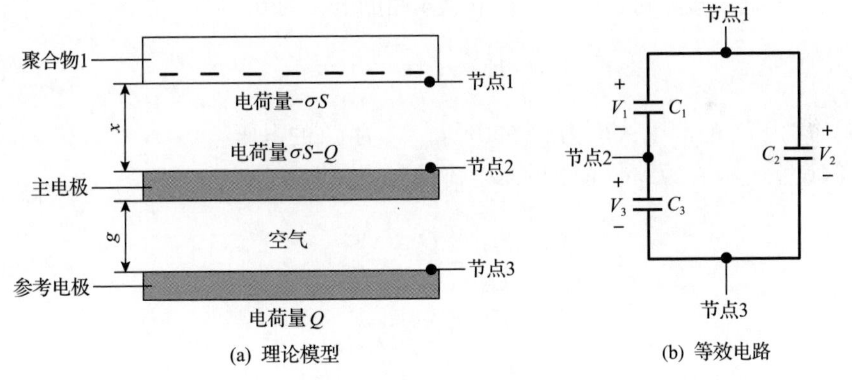

图 1.8　典型的单电极模式摩擦纳米发电机的理论模型和等效电路

4. 独立层模式

图 1.9 为典型的独立层模式摩擦纳米发电机的理论模型和等效电路。假设聚合物上下表面电荷均匀分布，电荷密度为 $-\sigma$ 且不随时间变化。聚合物薄膜的厚

度为 d_1，面积为 S，相对介电常数为 ε_{r1}，两电极间的空气间隙为 g。如果电极和聚合物的尺寸远大于其间的空气间隙，即可将其视为无限大平面，此时可以忽略边缘效应的影响。上电极、聚合物上表面、聚合物下表面、下电极的表面电势均可视为常数，因此将这四个表面分别定义为节点 1、节点 2、节点 3 和节点 4。节点 2 和节点 3 所对应的表面无穷大，从而屏蔽了非相邻表面间的电场线连接，所以该摩擦纳米发电机的等效电路只含有三个电容。因此，节点 1 和节点 4 间的总电容 $C(x)$ 可等效为 C_1、C_2、C_3 的串联，其表达式为[6]

$$C(x)=\frac{1}{\dfrac{1}{C_1}+\dfrac{1}{C_2}+\dfrac{1}{C_3}}=\frac{\varepsilon_0\varepsilon_{r1}S}{d_1+g\varepsilon_{r1}} \tag{1.29}$$

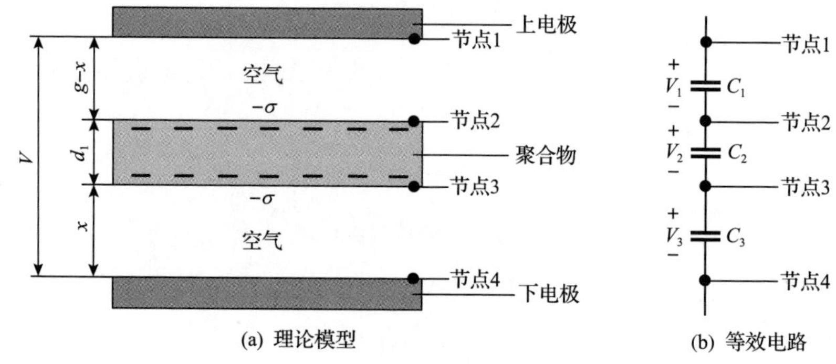

图 1.9　典型的独立层模式摩擦纳米发电机的理论模型和等效电路

当上下电极短路时，节点 1 和节点 4 间的电压为 0，则

$$V_1+V_2+V_3=0 \tag{1.30}$$

式中，V_1 为 C_1 的电压；V_2 为 C_2 的电压；V_3 为 C_3 的电压。

假设上电极在短路状态下的总电荷量为 $Q_{sc1}(x)$，则

$$V_1=\frac{Q_{sc1}(x)}{C_1} \tag{1.31}$$

$$V_2=-\frac{\sigma S-Q_{sc1}(x)}{C_2} \tag{1.32}$$

$$V_3=-\frac{2\sigma S-Q_{sc1}(x)}{C_3} \tag{1.33}$$

由式(1.30)～式(1.33)可知，$Q_{sc1}(x)$ 可表示为

$$Q_{\mathrm{sc1}}(x)=\sigma S\frac{\dfrac{1}{C_2}+\dfrac{2}{C_3}}{\dfrac{1}{C_1}+\dfrac{1}{C_2}+\dfrac{1}{C_3}}=\sigma S\frac{d_1+2x\varepsilon_{\mathrm{r1}}}{d_1+g\varepsilon_{\mathrm{r1}}} \tag{1.34}$$

为了计算上下电极间的短路转移电荷量，选用 x=0 位置的总电荷量为短路转移电荷量的计算参考状态。当 x=0 时，上电极的总电荷量 $Q_{\mathrm{sc1}}(x)$ 为

$$Q_{\mathrm{sc1}}(x)=\frac{\sigma Sd_1}{d_1+g\varepsilon_{\mathrm{r1}}},\quad x=0 \tag{1.35}$$

因此，上下电极间的短路转移电荷量 $Q_{\mathrm{sc}}(x)$ 可表示为

$$Q_{\mathrm{sc}}(x)=Q_{\mathrm{sc1}}(x)-Q_{\mathrm{sc1}}(x=0)=\frac{2\varepsilon_{\mathrm{r1}}\sigma Sx}{d_1+g\varepsilon_{\mathrm{r1}}} \tag{1.36}$$

开路电压 $V_{\mathrm{oc}}(x)$ 和短路转移电荷量 $Q_{\mathrm{sc}}(x)$ 间的关系为

$$V_{\mathrm{oc}}(x)=\frac{Q_{\mathrm{sc}}(x)}{C(x)} \tag{1.37}$$

则开路电压 $V_{\mathrm{oc}}(x)$ 可表示为

$$V_{\mathrm{oc}}(x)=\frac{2\sigma x}{\varepsilon_0} \tag{1.38}$$

因此，对于典型的独立层模式摩擦纳米发电机的理论模型，其 V-Q-x 关系可表示为

$$V=-\frac{1}{C(x)}Q+V_{\mathrm{oc}}(x)=-\frac{d_1+\varepsilon_{\mathrm{r1}}g}{\varepsilon_0\varepsilon_{\mathrm{r1}}S}Q+\frac{2\sigma x}{\varepsilon_0} \tag{1.39}$$

式中，Q 为上下电极间的转移电荷量。

5. 等效电路模型

摩擦纳米发电机两电极间的电压是由两电极间的开路电压、电极间的转移电荷量和电极间的总电容共同决定的，不同工作模式的摩擦纳米发电机 V-Q-x 关系可统一表达为

$$V=\frac{-Q}{C(x)}+V_{\mathrm{oc}}(x)$$

该 V-Q-x 关系中等号右边的两项可用两个电子元器件表示。其中，电极间的

固有电容可用电容元件 C 表示，电极间的开路电压可用理想电压源 V_{oc} 表示。图 1.10 为摩擦纳米发电机等效电路模型。

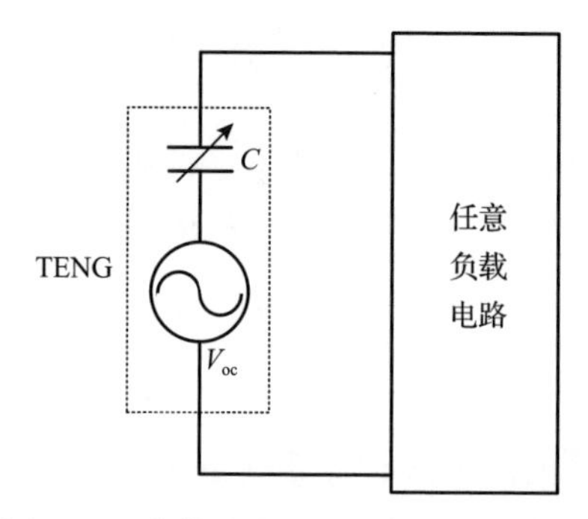

图 1.10　摩擦纳米发电机等效电路模型

1.3　摩擦纳米发电机性能调控

为了提高摩擦纳米发电机的电学输出，主要可采用的方法有：材料改性、表面织构化、电荷泵浦与外/自电荷激励、电源管理电路优化设计等。

1. 材料改性

摩擦纳米发电机的电学输出性能与接触副材料息息相关，其材料选择主要依据摩擦起电序列。表 1.1 为常见材料的摩擦起电序列。其中，序号越小的材料失电子能力越强，而序号越大的材料得电子能力越强。两种材料得失电子能力差距越大，越有利于提高摩擦纳米发电机的电学输出。

表 1.1　常见材料的摩擦起电序列

序号	材料	序号	材料
1	聚甲醛 1.3～1.4	10	聚甲基丙烯酸甲酯
2	聚酰胺 11	11	聚乙烯醇
3	聚酰胺 66	12	聚异丁烯
4	编织的羊毛	13	聚氨酯
5	铝	14	聚对苯二甲酸乙二醇酯
6	钢	15	聚乙烯醇缩丁醛
7	硬橡胶	16	氯丁橡胶
8	铜	17	自然橡胶
9	黄铜	18	聚丙烯腈

续表

序号	材料	序号	材料
19	聚偏二氯乙烯	23	聚酰亚胺
20	聚苯乙烯	24	聚氯乙烯
21	聚乙烯	25	聚二甲基硅氧烷
22	聚丙烯	26	聚四氟乙烯

选定摩擦纳米发电机接触副材料后，为了进一步改善其电学输出性能，可通过分子自组装、等离子体表面处理、离子注入等材料改性方法来提升聚合物材料的得电子和储存电荷的能力[7,8]。

分子自组装是分子与分子在一定条件下，依赖非共价键分子间作用力自发连接成结构稳定的分子聚集体的过程。常用的自组装方法有化学吸附法、分子沉积法、接枝成膜法、蒸发溶剂法和旋涂法等。

等离子体表面处理是指通过非聚合性气体在等离子体状态下对聚合物表面作用的物理过程和化学过程。非聚合性气体包括反应性气体和非反应性气体。其中，反应性气体的等离子体作用，不仅会引起聚合物材料表面结构变化，也会使聚合物表面化学成分发生改变。而非反应性气体的等离子体作用，会使聚合物材料表面产生大量自由基，从而使聚合物表面形成一层薄薄的、致密的交联层。聚合物经过等离子体表面处理后，所产生的化学效应有：链的断裂与烧蚀、表面交联、引入极性基团等。

离子注入是将某种元素的原子进行电离，并使其在电场中加速，在获得较高的速度后射入固体材料表面，以改变材料表面的物理性能、化学性能和力学性能的一种离子束技术。这一方法可以实现大面积均匀性掺杂，且只改变材料的表面特性，而不影响材料内部结构与性能。

2. 表面织构化

表面织构化是指通过一定的制备工艺在材料表面制备出具有一定形状和排列的图案。常见的表面织构制备工艺包括光刻、刻蚀、沉积等。

(1) 光刻是将图像复印与化学腐蚀相结合，在晶圆表面制备出精密、微细图形的化学加工方法。光刻是微制造技术中最重要的工艺之一，主要包括光学光刻、电子束光刻、X 射线光刻和软光刻等。其中，软光刻技术是纳米压印、毛细力光刻、微接触印刷、模塑成型、微转移成型和溶液辅助微成型等一系列微纳制造方法的总称，其特点是通过软印模来进行图形的复制与转移。相比于其他光刻方法，软光刻技术具有高效、成本低、工艺简单、精度可控等优点，常用于聚合物表面微纳织构的制备。

(2)刻蚀是通过化学或物理方法在材料表面进行选择性去除以形成所需结构的加工方法，常与光刻一起用于微纳机械表面的织构化处理。刻蚀分为干法刻蚀和湿法刻蚀，其中干法刻蚀主要通过反应气体或等离子体与硅片发生物理或化学反应来进行刻蚀，而湿法刻蚀主要通过化学试剂与被刻蚀材料发生化学反应来进行选择性去除。

(3)沉积可通过物理或化学方法在表面沉积某种材料，使表面呈现微纳尺度的粗糙特征。沉积过程有多种实现方式，如化学气相沉积、阳极氧化、浸涂、静电纺丝、吸附、溶胶-凝胶、热蒸发等。

3. 电荷泵浦与外/自电荷激励

从材料层面提高电荷密度是有限的，因此需要采用更加有效的方法来提高摩擦纳米发电机在大气环境中的电荷密度，以拓宽其应用范围。电荷泵浦、外/自电荷激励等方法，可以突破摩擦副材料起电能力和气隙击穿对电荷密度的限制，进一步提高材料表面的电荷密度。

电荷泵浦方法是通过电荷泵向摩擦纳米发电机浮置层中注入束缚电荷，以获得较高的电荷密度[9]。浮置层中的电荷密度理论上仅受限于绝缘材料的介电击穿强度。

在外/自电荷激励方法中，外电荷激励系统由激励摩擦纳米发电机和主摩擦纳米发电机组成[10]。激励摩擦纳米发电机与电压倍增电路结合，可为主摩擦纳米发电机提供高电压；如果把与电压倍增电路相连的激励摩擦纳米发电机替换为主摩擦纳米发电机，则可实现自电荷激励。

4. 电源管理电路

摩擦纳米发电机具有高电压、低电流和高阻抗的输出特性，无法直接为低阻抗的电子元器件供电，因此需针对摩擦纳米发电机进行电源管理。电源管理电路相关研究主要集中在最大能量提取和降压等方面。

最大能量提取是通过与摩擦纳米发电机串联或并联开关，当摩擦纳米发电机输出电压达到峰值时，闭合开关以实现最大能量循环。主要采用的开关形式为机械开关和电子开关。

降压主要是通过电感式变压器、电容式变压器和 LC 振荡电路等，降低摩擦纳米发电机的输出电压，提高其输出电流。其中，电感式变压器是最常见的降压手段，可有效降低摩擦纳米发电机的输出电压和阻抗。然而，电感式变压器对工作频率要求较高，当摩擦纳米发电机输出频率偏离变压器的中心频率时，能量转换效率较低，因此不适用于低频信号[11]。电容式变压器需要在摩擦纳米发电机往复运动中保持多个电容的串联，当摩擦纳米发电机运动到两个极限位置时，通过控制开关使这些电容并联，从而起到降低电压、增加电流的作用。然而，电容式变压器通常需要复杂的机械结构，因此会增加摩擦纳米发电机的设计难度。LC 振荡电路可将摩擦纳米发电机最大能量输出和降压功能有效结合，具有较高的能量转化效率。

1.4 摩擦纳米发电机应用

摩擦纳米发电机的发明为有效收集机械能提供了新的解决方案，其应用领域主要包括微纳能源和自驱动传感等。当摩擦纳米发电机作为微纳能源时，其输出的电能可为电子皮肤、可植入医疗器件、可穿戴柔性电子设备等微小型设备供电，有望解决物联网、智能化传感等领域面临的分布式供电难题；当摩擦纳米发电机作为自驱动传感器时，其电学输出信号可对环境中不同类型的激励进行响应，能用于健康监测、生物传感、人机交互、环境监测等场合。

1. 微纳能源

摩擦纳米发电机可收集人体运动能量、车辆振动能量、风能和水能等，并将其转化为电能。当摩擦纳米发电机作为微纳能源时，其主要的性能指标有电荷密度、品质因数、转化效率、输出功率、耐久性和稳定性等。图 1.11(a)为一款可收

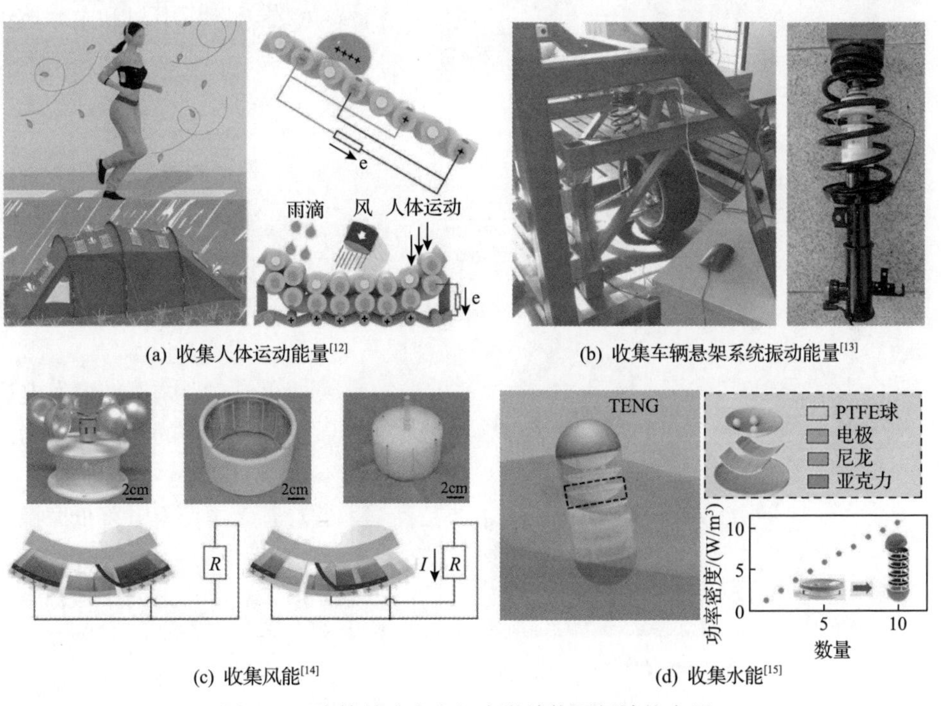

(a) 收集人体运动能量[12]　(b) 收集车辆悬架系统振动能量[13]

(c) 收集风能[14]　(d) 收集水能[15]

图 1.11 摩擦纳米发电机在微纳能源领域的应用

PTFE. 聚四氟乙烯(polytetrafluoroethylene)

集人体运动能量的柔性织物式摩擦纳米发电机，其输出电压可达 120V，峰值功率密度可达 500mW/m^2，可为小型电子设备提供能量[12]。图 1.11(b) 为一款收集车辆悬架系统振动能量的复合式能量收集器，可同时为 300 个 LED 供电，并驱动加速度传感器正常工作[13]。图 1.11(c) 为一款由旋转式摩擦纳米发电机组成的能量收集装置，可用于收集风能[14]。图 1.11(d) 为一款塔状结构摩擦纳米发电机，可用于收集水能[15]。

2. 自驱动传感

摩擦纳米发电机在自身特征参数一定的情况下，其电学输出会受到载荷、位移、速度、频率等外部条件的影响，因此摩擦纳米发电机可作为转速传感器、振动传感器、压力传感器和触觉传感器等，其主要的性能指标有非线性误差、测量精度、量程、分辨率、灵敏度、耐久性、稳定性和重复性等。图 1.12(a) 为一款转速传感器，可用于测量滚动轴承保持架的转速[16]。图 1.12(b) 为一款振动传感器，该传感器输出信号中的波峰数与振幅存在线性关系，可用于监测振幅[17]。图 1.12(c) 为一款柔性压力传感器，其灵敏度为 0.433V/kPa[18]。图 1.12(d) 为一款触觉传感器，该传感器对触点的平面分辨率为 2mm[19]。

(a) 转速传感器[16]　(b) 振动传感器[17]

(c) 压力传感器[18]　(d) 触觉传感器[19]

图 1.12　摩擦纳米发电机在自驱动传感领域的应用

PDMS. 聚二甲基硅氧烷(poly dimethylsiloxane)

参 考 文 献

[1] Fan F R, Tian Z Q, Wang Z L. Flexible triboelectric generator. Nano Energy, 2012, 1(2): 328-334.

[2] 王中林, 林龙, 陈俊, 等. 摩擦纳米发电机. 北京: 科学出版社, 2017.

[3] Niu S, Wang S, Lin L, et al. Theoretical study of contact-mode triboelectric nanogenerators as an effective power source. Energy & Environmental Science, 2013, 6(12): 3576-3583.

[4] Niu S, Liu Y, Wang S, et al. Theory of sliding-mode triboelectric nanogenerators. Advanced Materials, 2013, 25(43): 6184-6193.

[5] Niu S, Liu Y, Wang S, et al. Theoretical investigation and structural optimization of single-electrode triboelectric nanogenerators. Advanced Functional Materials, 2014, 24(22): 3332-3340.

[6] Niu S, Ying L, Chen X, et al. Theory of freestanding triboelectric-layer-based nanogenerators. Nano Energy, 2015, 12: 760-774.

[7] 温诗铸, 黄平. 界面科学与技术. 北京: 清华大学出版社, 2011.

[8] 钱林茂, 田煜, 温诗铸. 纳米摩擦学. 北京: 科学出版社, 2013.

[9] Xu L, Bu T Z, Yang X D, et al. Ultrahigh charge density realized by charge pumping at ambient conditions for triboelectric nanogenerators. Nano Energy, 2018, 49: 625-633.

[10] Liu W, Wang Z, Wang G, et al. Integrated charge excitation triboelectric nanogenerator. Nature Communications, 2019, 10: 1426.

[11] Cheng X, Tang W, Song Y, et al. Power management and effective energy storage of pulsed output from triboelectric nanogenerator. Nano Energy, 2019, 61: 517-532.

[12] Gang X, Guo Z H, Cong Z, et al. Textile triboelectric nanogenerators simultaneously harvesting multiple “high-entropy” kinetic energies. ACS Applied Materials & Interfaces, 2021, 13(17): 20145-20152.

[13] Hu Y, Wang X, Qin Y, et al. A robust hybrid generator for harvesting vehicle suspension vibration energy from random road excitation. Applied Energy, 2022, 309: 118506.

[14] Li X, Cao Y, Yu X, et al. Breeze-driven triboelectric nanogenerator for wind energy harvesting and application in smart agriculture. Applied Energy, 2022, 306: 117977.

[15] Xu M, Zhao T, Wang C, et al. High-power density tower-like triboelectric nanogenerator for harvesting arbitrary directional water wave energy. ACS Nano, 2019, 13: 1932-1939.

[16] Li Z, Wang X, Fu T, et al. Research on nano-film composite lubricated triboelectric speed sensor for bearing skidding monitoring. Nano Energy, 2023, 113: 108591.

[17] Yang H, Deng M, Zeng Q, et al. Polydirectional micro-vibration energy collection for self-powered multifunctional systems based on hybridized nanogenerators. ACS Nano, 2020,

14(3): 3328-3336.

[18] Si S, Sun C, Wu Y, et al. 3D interlocked all-textile structured triboelectric pressure sensor for accurately measuring epidermal pulse waves in amphibious environments. Nano Research, 2023: 1-10.

[19] Li T, Zou J, Xing F, et al. From dual-mode triboelectric nanogenerator to smart tactile sensor: A multiplexing design. ACS Nano, 2017, 11(4): 3950-3956.

第 2 章　金属-聚合物接触起电机理与材料性能调控

材料改性可用于调控接触起电过程中聚合物表面的电荷密度，是改善摩擦纳米发电机电学输出性能的重要手段。在原子和电子尺度上揭示聚合物材料接触起电机理，明确接触起电材料的电子供体和受体所在的分子基团及其特征，了解接触起电过程中材料界面的电子行为，对于拓展材料改性方法具有重要意义。本章以摩擦纳米发电机常用的接触副材料为研究对象，基于第一性原理计算方法，系统阐述金属 Al 与结晶聚合物 PTFE、金属 Al 与无定形聚合物聚对苯二甲酸乙二醇酯(polyethylene terephthalate，PET)、金属 Al 与无定形聚合物聚酰亚胺(polyimide，PI)、金属 Cu-半结晶聚合物聚偏二氟乙烯(polyvinylidene fluoride，PVDF)的微观接触起电机理，研究接触起电过程中的电子受体、电子供体和电荷转移驱动力等物理细节，为摩擦纳米发电机聚合物材料性能调控提供理论指导。

2.1　第一性原理计算方法

第一性原理计算可以预测微观体系材料能带、电荷密度、相变压力、表面能、吸附能等物理化学性质，在物理和化学领域的应用基础研究中起重要作用。本节主要介绍第一性原理计算的相关理论与分析方法。

2.1.1　第一性原理计算理论基础

第一性原理计算又称从头计算，是指在求解体系的薛定谔方程中，仅从所研究材料的基本原子组分和一些基本的物理常数出发，不借助任何经验参数，就可求解体系基态的电子结构，从而获得材料力学、热学、电学和光学等方面的信息。下面介绍第一性原理的基本理论。

1. 多粒子系统的定态薛定谔方程

量子力学的一个基本概念是微观粒子运动状态的全部性质可以用一个波函数来描述，这个波函数的时空变化规律可以由薛定谔方程表示为

$$\mathrm{i}\hbar\frac{\partial}{\partial t}\psi(\boldsymbol{r},t)=-\frac{\hbar^2}{2m}\nabla^2\psi(\boldsymbol{r},t)+V(\boldsymbol{r},t)\psi(\boldsymbol{r},t) \tag{2.1}$$

式中，$\hbar=h_{\mathrm{P}}/(2\pi)$，$h_{\mathrm{P}}$ 为普朗克常数；$\mathrm{i}=\sqrt{-1}$；m 为微观粒子的质量；$V(\boldsymbol{r},t)$ 为

势场；$\psi(\boldsymbol{r}, t)$ 为描述粒子运动状态的波函数；∇^2 为拉普拉斯算符。

对于稳态系统，粒子波函数与时间无关，则式(2.1)成为定态薛定谔方程，其形式为

$$\hat{H}\psi(\boldsymbol{r})=\left(-\frac{\hbar^2}{2m}\nabla^2+V(\boldsymbol{r})\right)\psi(\boldsymbol{r})=E\psi(\boldsymbol{r}) \tag{2.2}$$

式中，E 为粒子的总能量；$\hat{H}$ 为哈密顿算符。

从理论上讲，通过求解薛定谔方程得到波函数，就可以获得给定材料的所有物理性质。然而，体系中所包含的相互作用的电子和原子核数量十分庞大，这使得薛定谔方程难以直接求解，因此需要对方程进行一些近似和简化处理。

2. Born-Oppenheimer 绝热近似

绝热近似理论最早由 Born 等[1]提出。绝热近似的理论依据是：虽然多粒子系统中粒子的数目非常多，但原子核的质量大约为电子质量的一千倍，因此原子核的运动速度相比于电子小得多。也就是说电子在高速运动时原子核只在其所处的平衡位置附近振动。因此在考虑电子运动时可把原子核视为静止状态。

3. Hartree-Fock 近似

虽然绝热近似后多粒子问题得以简化，但是电子之间相互作用的表达方式仍没有解决。为此，Hartree[2]和 Fock[3]提出可以把多电子系统中的相互作用视为有效场下的无关联单电子的运动。此时所有电子总的波函数可以写成各单电子波函数的乘积，即

$$\psi\left(\boldsymbol{r}_1,\boldsymbol{r}_2,\cdots,\boldsymbol{r}_n\right)=\psi\left(\boldsymbol{r}_1\right)\psi\left(\boldsymbol{r}_2\right)\cdots\psi\left(\boldsymbol{r}_n\right) \tag{2.3}$$

对于仅有少量原子的系统，Hartree-Fock 近似是一种很方便的近似方法，可以通过选择足够大的基函数而获得较高的计算精度。但是当系统中的原子数量较多时，此方法的计算量随着电子数增多呈指数上升，无法求解大体系相关问题。除此以外，Hartree-Fock 近似也忽略了相对论效应和不同自旋电子间的关联作用，存在一定的局限性。

4. 密度泛函理论

密度泛函理论建立在 Hohenberg 等[4]证明的两个数学定理和 Kohn 等[5]推演的一套方程的基础上。其中，Hohenberg 等[4]证明的第一个数学定理是：薛定谔方程的基态能量是电荷密度的唯一函数。这一定理表明，薛定谔方程的基态波函数与基态电荷密度存在一一对应的关系，基态电荷密度唯一决定了基态的所有性质，

因此可以通过求解含有三个空间变量的电荷密度函数来求解薛定谔方程。因此存在一个可用于求解薛定谔方程的电荷密度泛函，但并未指出该泛函的具体形式。Hohenberg 等[4]提出的第二个定理则给出了这个泛函的特征，即使整体泛函最小化的电荷密度就是对应于薛定谔方程完全解的真实电荷密度，该定理给出了可使用变分原理来求解基态电荷密度的方法。

基于 Hohenberg 等[4]提出的数学定理，可将系统的能量泛函表示为

$$E(n) = E_{\text{known}}(n) + E_{\text{xc}}(n) \tag{2.4}$$

式中，$E_{\text{known}}(n)$ 是可以直接写出来的能量项。

$$E_{\text{known}}(n) = T(n) + \int V(\boldsymbol{r})n(\boldsymbol{r})\mathrm{d}^3\boldsymbol{r} + \frac{e^2}{2}\iint \frac{n(\boldsymbol{r})n(\boldsymbol{r}')}{|\boldsymbol{r}-\boldsymbol{r}'|}\mathrm{d}^3\boldsymbol{r}\mathrm{d}^3\boldsymbol{r}' + \boldsymbol{E}_{\text{ion}} \tag{2.5}$$

式中，E_{ion} 为原子核之间的库仑作用；$T(n)$ 为电子的动能；$\int V(\boldsymbol{r})n(\boldsymbol{r})\mathrm{d}^3\boldsymbol{r}$ 为电子与原子核之间的库仑作用；$\frac{e^2}{2}\iint n(\boldsymbol{r})n(\boldsymbol{r}')/|\boldsymbol{r}-\boldsymbol{r}'|\mathrm{d}^3\boldsymbol{r}\mathrm{d}^3\boldsymbol{r}'$ 为电子之间的库仑作用。

式(2.4)中 $E_{\text{xc}}(n)$ 为交换关联泛函，其定义是没有包括在 $E_{\text{known}}(n)$ 这一项中所有其他的量子力学效应。尽管 Hohenberg 等[4]提出的两个定理从理论上证明了通过电子密度来计算基态性质的可能性，但并未给出电子密度、动能的泛函、交换关联泛函的确定方法。针对这一问题，Kohn 等[5]提出了 Kohn-Sham 方程，其表达式为

$$\left(-\frac{\hbar^2}{2m}\nabla^2 + V(\boldsymbol{r}) + V_{\text{h}}(\boldsymbol{r}) + V_{\text{xc}}(\boldsymbol{r})\right)\psi_i(\boldsymbol{r}) = \varepsilon_i\psi_i(\boldsymbol{r}) \tag{2.6}$$

$$V_{\text{h}}(\boldsymbol{r}) = e^2\int \frac{n(\boldsymbol{r}')}{|\boldsymbol{r}-\boldsymbol{r}'|}\mathrm{d}^3\boldsymbol{r}' \tag{2.7}$$

$$V_{\text{xc}}(\boldsymbol{r}) = \frac{\delta E_{\text{xc}}(\boldsymbol{r})}{\delta n(\boldsymbol{r})} \tag{2.8}$$

Kohn-Sham 方程的求解过程如下：

(1) 定义初始电荷密度 $n(\boldsymbol{r})$。

(2) 求解 Kohn-Sham 方程获得单粒子波函数 $\psi_i(\boldsymbol{r})$。

(3) 由单粒子波函数 $\psi_i(\boldsymbol{r})$ 求解电荷密度 $n_{\text{ks}}(\boldsymbol{r})$。

(4) 比较计算得到的电荷密度 $n_{\text{ks}}(\boldsymbol{r})$ 和在求解 Kohn-Sham 方程时使用的电荷密度 $n(\boldsymbol{r})$，如果两个电荷密度之差小于设定值，则认为该电荷密度就是基态电荷密度；否则，将更新电荷密度，继续从第(2)步开始重新迭代。

Kohn-Sham 方程将多电子系统的基态问题转化为等效的单电子问题，用无相互作用电子系统的动能代替有相互作用粒子系统的动能，从而解决了电子密度和动能泛函确定方法的问题，但交换关联泛函的具体形式仍未确定。

5. 交换关联泛函近似

如果要运用密度泛函理论来求解实际问题，就需要确定近似的交换关联泛函。常用的交换关联泛函包括局域密度近似(local density approximation，LDA)、广义梯度近似(generalized gradient approximation，GGA)和杂化泛函。

局域密度近似是利用均匀电子气密度来获得非均匀电子气的交换关联泛函。对于多数材料，该方法在结构优化、电子结构等方面的计算都可获得较为理想的结果。但对于均匀电子气密度在空间变化较大的体系，该方法会出现较大的误差。

广义梯度近似是将非均匀电子气的效应加入局域密度近似中得到的，是对局域密度近似的一个修正，因此它不仅是电子密度的泛函，也是电子密度梯度的泛函。在固体相关的计算中，使用最广泛的广义梯度近似泛函是 Perdew-Wang 泛函和 Perdew-Burker-Ernzerhof 泛函。

杂化泛函的主要特点是将 Hartree-Fock 中的交换能与广义梯度近似泛函进行混合。在固体材料中，常用的杂化泛函有 B3LYP 泛函和 HSE 泛函。与局域密度近似和广义梯度近似相比，杂化泛函能够对体系的多种性质进行更准确地描述，例如离子势、亲电性、晶格常数等，但其计算量比局域密度近似和广义梯度近似大得多。

2.1.2 第一性原理计算步骤

第一性原理计算一般包括结构优化、自洽计算和性质计算三个步骤。

1. 结构优化

结构优化就是按照一定的算法(如 BFGS 算法和 Damped MD 算法等)，基于合适的判据(如迭代过程中相邻步的体系总能量之差、原子所受的最大力、原子最大位移等)，对材料的结构参数、晶格参数进行优化计算。结构优化需要输入材料对应的结构模型，该模型可依据材料的对称性、晶胞尺寸、原子种类、原子坐标等材料参数自行建模，也可以使用已有的数据库直接获得[6]。

2. 自洽计算

自洽计算是第一性原理计算中最基本的一种计算。自洽解方程就是给定一个初始的波函数并代入方程，经过计算得到新的波函数，如果前一个波函数和新的波函数之间满足某个判据，则可以得到薛定谔方程的解。通过自洽计算可获得整体结构的波函数及其对应的电荷分布。

3. 性质计算

性质计算是以自洽计算得到的波函数或电荷分布作为输入文件，来进行能带结构、态密度等性质的求解。自洽计算得到的波函数已包含了体系所有的信息，因此计算材料的性质就是从波函数或电荷分布中提取所需信息。

2.2　接触起电电荷转移模型

当两种材料发生接触或摩擦时，电子会在界面发生转移，从而使材料带电，这就是电子转移机制。描述电子转移机理的理论模型有功函数、有效功函数、表面态模型和局域本征态模型等。

2.2.1　功函数

功函数是指电子克服原子核的吸引作用而从金属表面逸出所需的最小能量，也称为逸出功。费米能级是指绝对零度时固体能带中充满电子的最高能级，是材料表面电子排布的最高能量，因此功函数也可表示为真空能级与费米等级之差。

图 2.1 为金属-金属接触起电的功函数理论。当两种金属材料接触时，电子会从费米能级高的金属转移到费米能级低的金属，直至两金属的费米能级相等。电子转移使两金属间产生了电位差，当电子转移达到平衡时，该电位差称为接触电位差 V_c，其表达式为

$$V_c = \frac{\Phi_2 - \Phi_1}{e} \tag{2.9}$$

式中，e 为电子电量；V_c 为接触电势差；Φ_1 为金属 1 的功函数；Φ_2 为金属 2 的功函数。

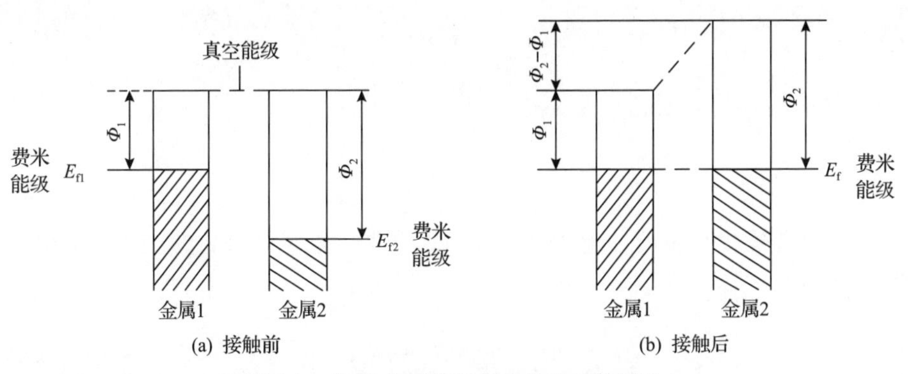

图 2.1　金属-金属接触起电的功函数理论

2.2.2　有效功函数

对于绝缘体材料，理论上不存在可以自由移动的电子，绝缘体的费米能级也会受到材料成分的影响，其功函数并不是一个恒定的数值。假设绝缘体材料存在一个有效功函数，当其与金属材料接触时，电荷发生转移，直至两材料的能级相等。在此过程中，两材料间的转移电荷量 Q 可表示为

$$Q = C_0 \frac{\Phi_{\mathrm{m}} - \Phi_{\mathrm{ef}}}{e} \tag{2.10}$$

式中，C_0 为有效电容，与绝缘体特性相关；e 为电子电量；Φ_{ef} 为绝缘体的有效功函数；Φ_{m} 为金属的功函数。

2.2.3　表面态模型

表面态模型假设绝缘体材料只有表面少量的电子可以发生转移，其对应的能级是表面能级，而材料内部并没有可以自由移动的电子。图 2.2 为绝缘体接触的表面态模型。当两个绝缘体材料发生接触时，电子从绝缘体材料 1 的占据表面态移动到绝缘体材料 2 的空位表面态，导致材料的费米能级发生变化，并形成接触电位差。表面间电荷转移的驱动力是两种材料有效功函数之差。当两种材料的费米能级相等时，电荷转移将停止，因此

$$\Phi_{\mathrm{i2}} + \Delta_2 + eE_{\mathrm{fs}}x = \Phi_{\mathrm{i1}} - \Delta_1 \tag{2.11}$$

式中，e 为电子电量；E_{fs} 为电场强度；x 为分离距离；Δ_1 为电荷转移引起的绝缘体材料 1 的费米能级变化量；Δ_2 为电荷转移引起的绝缘体材料 2 的费米能级变化量；Φ_{i1} 为绝缘体材料 1 的有效功函数；Φ_{i2} 为绝缘体材料 2 的有效功函数。

电荷密度 σ 与费米能级变化量 Δ 之间的关系为

$$\sigma = e\Delta D_{\mathrm{s}} \tag{2.12}$$

式中，D_{s} 为材料的表面态密度。

$$\Delta = \Delta_1 + \Delta_2 \tag{2.13}$$

当表面态密度很低时，电子转移无法改变费米能级的位置，则表面的电荷密度可表示为

$$\sigma = eD_{\mathrm{s}}\left(\Phi_{\mathrm{i1}} - \Phi_{\mathrm{i2}}\right) \tag{2.14}$$

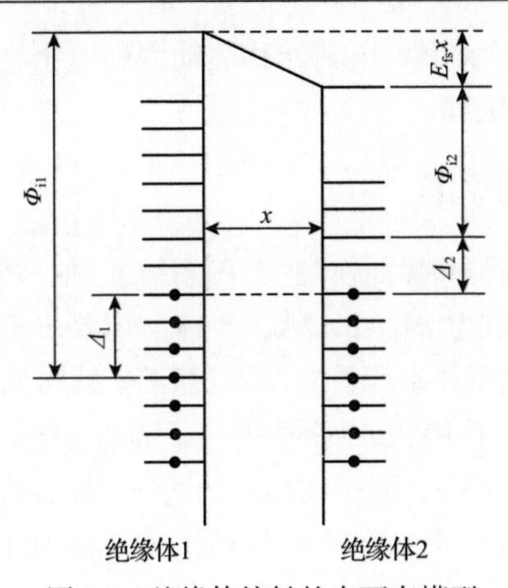

图 2.2　绝缘体接触的表面态模型

表面态模型源于结晶材料的能带理论，而能带理论不适用于聚合物等无定形材料。

2.2.4　局域本征态模型

局域本征态模型假设电荷转移与绝缘体表面电子态的数目、能量和位置相关，接触起电过程中的转移电荷（Q/M）取决于分子结构中电子供体态和受体态之间的能级差。对于接触起电带正电的材料，其转移电荷可表示为

$$\ln\frac{Q}{M}\propto E_{\mathrm{humo}}-E_{\mathrm{a}} \tag{2.15}$$

而对于带负电的一方，其转移电荷可表示为

$$\ln\frac{Q}{M}\propto E_{\mathrm{d}}-E_{\mathrm{lumo}} \tag{2.16}$$

式中，E_a 为金属电子受主能级；E_d 为金属电子施主能级；E_{humo} 为绝缘体材料的最高已被占据轨道；E_{lumo} 为绝缘体材料的最低未被占据轨道。

2.3　Al-PTFE 第一性原理计算

第一性原理计算是研究电子转移问题的有效方法。通过该方法，能获得接触起电前后材料表面电子分布区域、电子结构的变化和势能分布等细节，可为解释接触起电机理提供理论依据。

本节以摩擦纳米发电机常用的 Al-PTFE 为研究对象，采用第一性原理计算方法，分析界面距离对 Al-PTFE 接触起电过程中转移电荷量的影响规律，从原子、

电子层面弄清电荷载流子类型、电荷转移驱动力和电子受体轨道等问题，阐明金属-结晶聚合物接触起电机理。

2.3.1　Al-PTFE 界面模型构建

图 2.3 为 Al-PTFE 晶胞和界面模型[7]。PTFE 是一种高结晶度的结晶聚合物，室温下 15/7 构象的晶格参数为 $a=b=5.67Å$，$c=19.5Å$，$\alpha=\beta=90°$，$\gamma=120°$。因为 PTFE 没有直接可调用的原子模型和坐标数据，所以基于文献[8]给出的 PTFE 主链 C 原子的相对位置关系，计算出了 PTFE 一个周期分子链的主链 C 原子坐标。通过软件自动补齐氢原子的命令，为主链 C 原子在相对合适的位置补齐 H 原子，并把 H 原子替换为 F 原子。这样做是为了尽可能在相对合适的位置添加 F 原子，以避免 F 原子初始位置太不合理而导致几何优化出错。因为 F 原子的初始位置是由填补 H 原子的方式确定的，与最终位置误差可能会较大，所以对周期性 PTFE 链的结构优化采用两步方法：先通过分子力学方法，利用 COMPASS 力场进行粗优化，再通过第一性原理的方法以 GGA-PBE 泛函对其进行精细优化。由于 F 原子的外层轨道电子数较多，计算中采用了截断能为 850eV 的模守恒赝势以确保计算精度。优化后的 PTFE 晶格参数为：$a=b=5.67Å$，$c=19.32Å$，$\alpha=\beta=90°$，$\gamma=120°$，均与试验值的偏差很小。

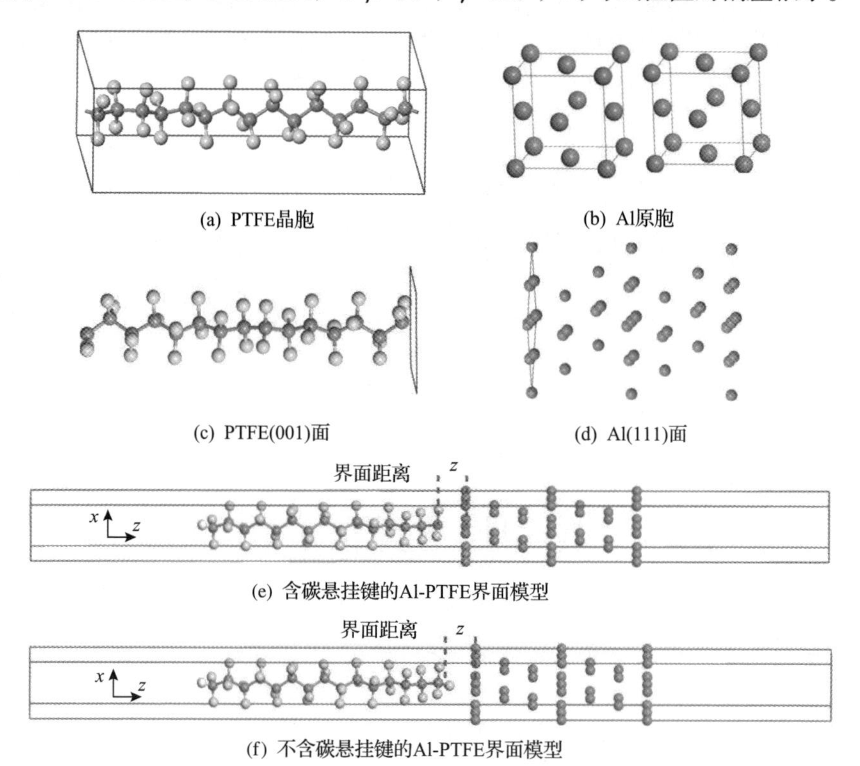

图 2.3　Al-PTFE 晶胞和界面模型[7]

为了验证 PTFE 原子模型和计算参数的正确性，计算 PTFE 的红外光谱，如图 2.4 所示。可以看出，本节所使用的 GGA-PBE 泛函能很好地符合文献[9]中的试验和理论计算结果。

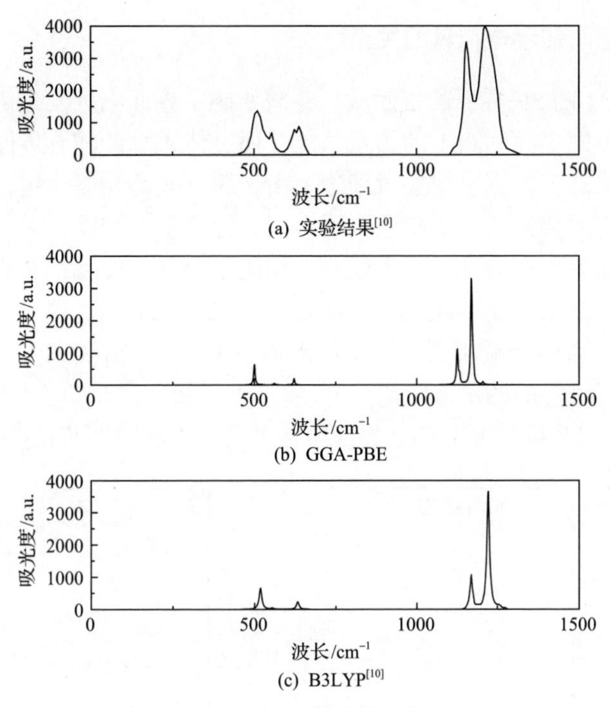

图 2.4　PTFE 红外光谱计算对照

金属 Al 的原胞模型可从材料库中直接调用，Al 原胞的晶格参数为 $a=b=c=$ 4.050Å，$\alpha=\beta=\gamma=90°$。对金属 Al 原胞模型的晶格参数和原子位置进行几何优化。优化的计算参数为：采用 GGA 下的 PBE 泛函，以 Monkhorst-Pack 方法分割的 k 点密度为 6×6×6，平面波截断能为 650eV，电子自洽迭代的收敛判据为10^{-6} eV。优化得到的 Al 原胞如图 2.3(b)所示，其晶格参数为 $a=b=c=$4.014Å，与试验值的相对误差小于 1%(Al 原胞的初始晶格参数即为试验值)，这表明上述计算参数适用于 Al 的第一性原理计算。

为了建立 Al-PTFE 的界面模型，需要确定 Al 和 PTFE 各自的表面模型。对于 PTFE 的表面模型，相比于 PTFE 链垂直于接触界面的情形，PTFE 链平行于接触界面时所产生的电荷量转移可忽略不计，因此采用 PTFE 链垂直于接触界面的模型，如图 2.3(c)所示。Al 的高密勒指数晶面为(111)面。经过对 Al 高密勒指数晶面的截取，得到 Al 的表面晶格常数为 2.838Å。为了和 PTFE 的晶格参数匹配，对 Al 进行了 2×2 扩胞，得到 Al 的表面晶格常数为 5.676Å。分别建立了含碳悬挂键的 Al-PTFE 界面模型和不含碳悬挂键的 Al-PTFE 界面模型，以研究界面悬挂键在金属-聚合物接触界面电荷转移过程中所起的作用及机理。其中，界面距离 z 的大小可通过调整 PTFE 分子链中所有原子的 z 轴坐标来控制。计算采用的 k 点数为 5×5×1，采用的模守恒赝势截断能为 850eV。

2.3.2　接触状态与转移电荷量的关系

为了确定 Al-PTFE 界面的接触状态，需要确定界面刚好发生接触时的平衡距离，因此计算不同界面间距下的体系总能，通过体系总能随着界面距离的变化关系来确定接触状态。根据黏附接触理论，由于原子间的相互作用，在两材料逐渐相互靠近的过程中会经历三个阶段：引力区、力平衡点和斥力区。当两材料由于分子间作用力而处于引力区或斥力区时，相比于力平衡位置都具有额外的引力势能或斥力势能。根据力 $\boldsymbol{F}$ 和势能 W 的关系 $\boldsymbol{F} = \partial W / \partial \boldsymbol{r}$，随着界面的靠近，接触界面的体系总能会逐渐减小到一极小值点而后增大，体系总能极值点处(F=0)的界面距离即为接触界面的平衡距离。

图 2.5 为接触界面体系总能、界面转移电荷量与界面距离的关系。可以看出，

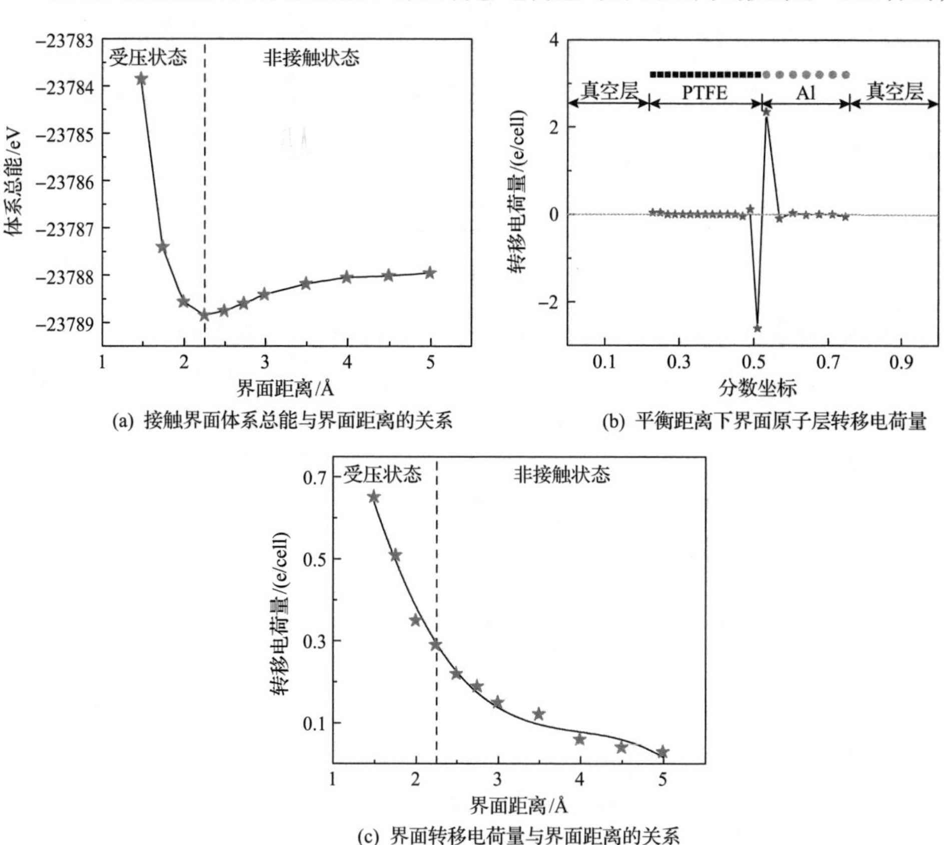

图 2.5　接触界面体系总能、界面转移电荷量与界面距离的关系

Al-PTFE 接触界面的平衡距离为 2.25Å，当界面距离小于该平衡距离时，两表面之间存在斥力势能，表示材料处于受压状态；当界面距离大于该平衡距离时，两表面之间存在引力势能，对应着材料的非接触状态。

确定了接触状态之后，计算能反映 Al-PTFE 界面转移电荷量的 Mulliken 电荷布居。通过将 Al-PTFE 接触状态下各原子的价电子数减去 Al 和 PTFE 中各原子接触前的价电子数，即可得到接触界面中各原子的得失电子情况。平衡距离下界面原子层转移电荷量如图 2.5(b)所示。可以看出，电荷转移主要发生于两接触材料界面原子层之间，电子从 Al 转移到 PTFE，这与摩擦起电序列一致。同时由于计算前后没有任何原子和离子变化，这也直接证实了电荷转移的载流子是电子。

图 2.5(c)为界面转移电荷量与界面距离的关系。可以看出，随着界面距离增加，转移电荷量呈指数衰减。这一关系反映了两个结论：一是转移电荷量与材料接触区域的应力状态有关；二是即使不接触也能发生电荷转移。转移电荷量不仅取决于两材料之间的接触面积，应力状态对其也有着重要影响。

接触界面总的转移电荷量 Q 可表示为

$$Q = \iint \sigma(x, y)\mathrm{d}S \tag{2.17}$$

式中，S 为接触区域的面积；$\sigma(x, y)$ 为电荷密度分布。

接触载荷 F_c 可表示为

$$F_\mathrm{c} = \iint \sigma_\mathrm{s}(x, y)\mathrm{d}S \tag{2.18}$$

式中，$\sigma_\mathrm{s}(x, y)$ 为材料表面的应力分布。

由图 2.5(a)、(c)可知，在一定的接触载荷下，使材料处于适当的受压状态能显著提高电荷密度。界面距离在 2.25Å 的位置左侧附近轻微减少时，较小的外部输入能量就能显著提高转移电荷量。但是当材料受压到一定程度时，需要外部输入很大的能量才能进一步减小界面距离，亦即在相同的接触载荷 F_c 下，只能使小部分接触区域界面距离减小，从而导致应力集中、接触面积降低，反而不利于提高总的转移电荷量。因此，当摩擦纳米发电机工作于一定的接触载荷下时，势必存在最优的表面微纳织构设计方案，可以兼顾接触应力与接触面积二者对于转移电荷量的影响，使材料处于合适的应力分布状态，从而有效优化摩擦纳米发电机的输出性能。

当界面距离稍大于 2.25Å 时，即使表面处在非接触状态，仍然能发生一部分电荷转移。虽然这部分转移电荷量比较小，但是需要说明的是，处在有效起电范围内非接触区域的这部分转移电荷量不会消耗接触载荷 F_c，即这些区域产生的转移电荷量是额外附加的转移电荷量。这是材料表面纳织构提高接触起电量的重要作用机理之一。结合电荷转移主要发生于两接触材料的最外层原子之间，可以得出结论：电荷转移主要发生于接触起电的电荷转移有效范围内的表面电子态之间。图 2.6 为微纳织构提高转移电荷量的机制。可以看出，在有效起电范围内，表面纳织构或纳米线的比表面积，相比于仅有微织构时会明显增大，因此会提高转移电荷量。

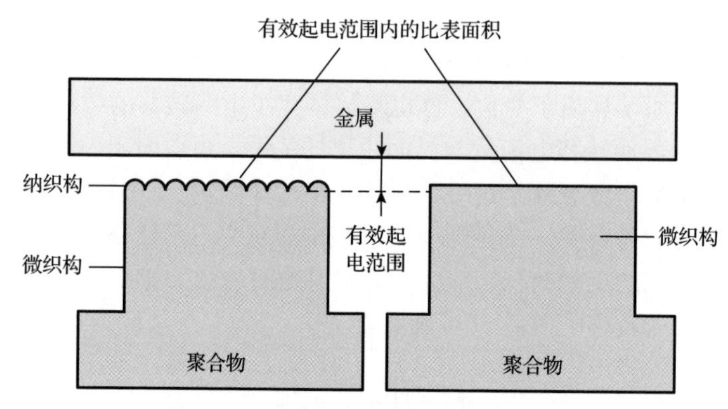

图 2.6　微纳织构提高转移电荷量的机制

对于表面织构设计不仅要考虑接触面积，而且要考虑接触应力分布状态这一观点，也在 Bui 等[10]的摩擦起电试验中得到了证实。在一定的接触载荷下，由圆柱状织构 PDMS 薄膜构成的摩擦纳米发电机虽然接触面积最大，但是其电学输出却并非最高，而稍微小一些的接触面积反而能产生更高的电学输出。这也证实了在进行表面织构化设计时，接触应力对转移电荷量的影响不可忽略。

在开尔文探针显微镜接触起电试验中，其测试的是特定区域内转移的电荷所产生的电势分布，因此不存在接触面积因素的影响[11]。该试验结果表明接触应力对转移电荷量的影响，即随着接触应力增大，转移电荷量也随之增大，与本节的理论计算结论一致。

综上所述，设计摩擦纳米发电机材料的表面微纳织构，应使接触区域的材料处在适当的应力状态，而不仅仅只考虑增大接触面积；同时可以引入纳织构以提高有效起电范围内的比表面积，从而产生额外的转移电荷量。

2.3.3　界面势垒与转移电荷量的关系

有效功函数表示电子离开材料表面至少所需要做的功，在数值上等于材料中电子的真空能级与表面最高能级之差(电子的表面最高能级在金属中为费米能级，在半导体和绝缘体中为电子的价带顶能级)。因为有效功函数反映了电子离开材料表面的难易程度，所以常被用来与接触起电的转移电荷量相关联。然而，有效功函数之差无法解释转移电荷量随着界面距离变化而改变的现象，因为在材料确定的情况下，有效功函数之差是个定值。

图 2.7 为界面静电势与界面势垒的关系。计算平衡距离 2.25Å 下 Al-PTFE 界面沿 z 向平均静电势分布，并把 Al 的真空能级 E_v 和界面最大势能 E_b 标记在图 2.7(a)中。其中，界面势垒表示界面最大势能 E_b 和 Al 电子费米能级 E_f 之差(E_b-E_f)，即电子穿过界面所需要的能量。所以，界面势能值越大，界面势垒越高。图中平均静电势沿 z 轴方向的变化是由带正电的原子核和带负电的核外电子所产生的静电势波动所致。对于电子，界面势垒主要来源于原子核产生的电场对电子的约束作用。

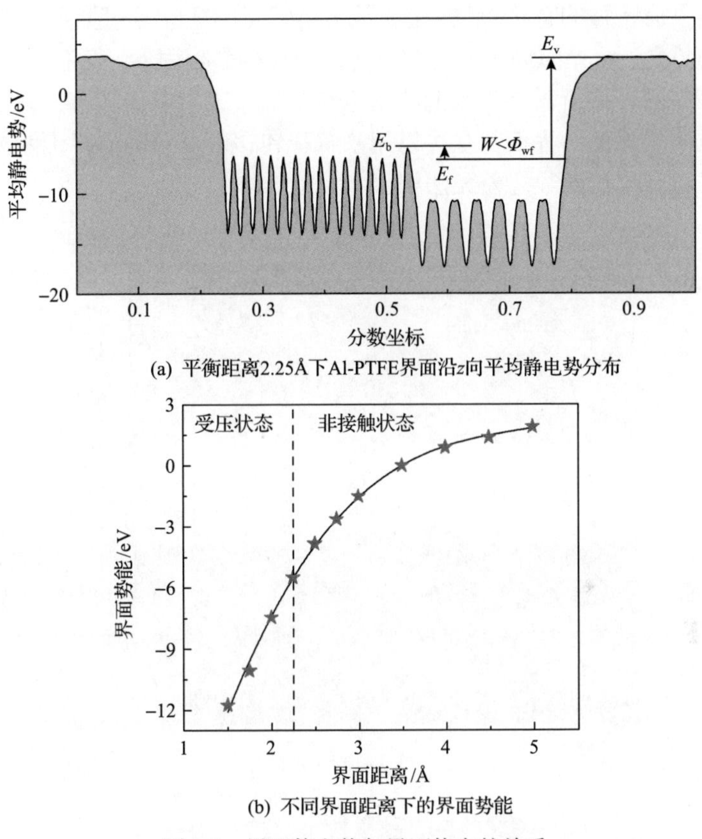

(a) 平衡距离2.25Å下Al-PTFE界面沿z向平均静电势分布

(b) 不同界面距离下的界面势能

图 2.7　界面静电势与界面势垒的关系

从图 2.7(a)可以看出，Al 的真空能级 E_v 远大于界面最大势能 E_b。这意味着电子为克服界面势垒而从 Al 转移到 PTFE 表面至少需要做的功 W($W=E_b-E_f$)远小于其有效功函数 Φ_{wf}($\Phi_{wf}=E_v-E_f$)。不同界面距离下的界面势能如图 2.7(b)所示。可以看出，界面势能随着界面距离的增加而增大。这表明，随着界面距离的增大，界面势垒增大，从而导致了电荷转移变得困难，使得转移电荷量减少。

与有效功函数类似，平均界面势垒也是静电势在界面的平均值。然而电子转移主要发生于界面特定的原子之间，平均界面势垒不足以直接反映电子在转移过程中所需要克服的真实势垒。因此，计算界面距离为 1.5Å、2.25Å、3Å 的静电势分布，如图 2.8 所示。根据量子力学理论，电子在转移过程中至少所需要做的功等于转移路径中势能变化的最大值。以图 2.8 中界面距离为 2.25Å 的静电势分布为例，电子从 Al 表面转移到 PTFE 中的 CF_2 基团至少需要做的功等于转移路径中势能最大值 Φ_b 减去电子的初始势能 Φ_a，界面 Al 和 CF_2 基团的势垒($\Phi_b-\Phi_a$)远小于电子的功函数($\Phi_c-\Phi_a$)，其中 Φ_c 为真空能级。这说明有效功函数最多与材料得失电子能力具有一定的相关性，严格来说不能作为描述接触起电机理的物理量，它不是影响电荷转移的直接参数，电子从 Al 转移到 PTFE 并不需要克服有效功函数那么大的势垒，而界面势垒才是电荷转移的直接影响因素。随着界面距离增加，电子在接触界面转移所需要克服的势垒也在增加，表示电子转移变得困难，从而导致转移电荷量降低。界面势垒可以用来解释转移电荷量随着界面距离的变化关系，而两材料有效功函数之差无法解释。

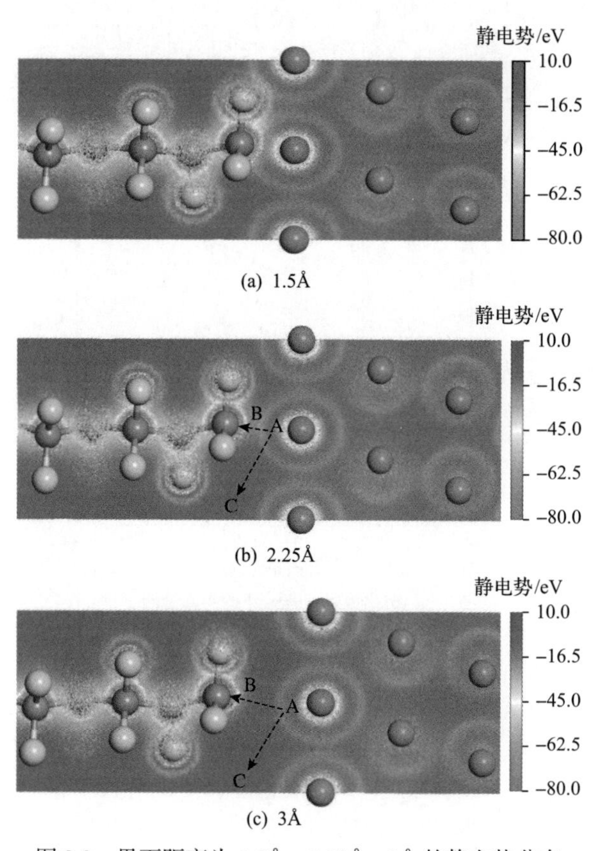

图 2.8　界面距离为 1.5Å、2.25Å、3Å 的静电势分布

2.3.4　电子受体与电荷转移方向

接触起电中电荷在材料之间的转移具有明确的方向性，根据材料之间的电荷转移方向可排列出摩擦起电序列，但不同材料之间电荷转移有明确方向的原因需要研究。为了研究电荷转移的方向和本质原因，计算界面平衡距离为 2.25Å 下的界面差分电荷密度和 PTFE 链的前线轨道，来研究电子转移的空间区域和 PTFE 中得到电子的具体分子轨道。同时考虑了 PTFE 界面含碳悬挂键和不含碳悬挂键的情形，以此来研究界面化学键在电荷转移过程中的作用及其机理。

通过计算 Al-PTFE 界面接触前后的差分电荷密度来研究电荷转移方向。差分电荷密度反映了接触起电前后的电子得失情况，可表示为

$$\sigma_{\text{diff}} = \sigma_{\text{Al-PTFE}} - \sigma_{\text{Al}} - \sigma_{\text{PTFE}} \tag{2.19}$$

式中，σ_{Al} 为接触前 Al 的电荷密度；$\sigma_{\text{Al-PTFE}}$ 为接触后体系的电荷密度；σ_{diff} 为差分电荷密度；σ_{PTFE} 为接触前 PTFE 的电荷密度。

图 2.9 为 Al-PTFE 界面接触前后的差分电荷密度和 PTFE 的最低未占据分子轨道(lowest unoccupied molecular orbit，LUMO)。可以看出，当 PTFE 表面含有碳悬挂键时，得电子区域主要位于该碳悬挂键周围，其次为界面的 F 原子，这与 Shirakawa 等[12]的研究结果一致。此外，界面 C 原子周围的部分电子发生了重排，电子趋向于移动到沿着垂直于金属和聚合物表面的方向上。这是为了平衡接触界面区域的势能差异，以减小接触界面的体系总能。对于 PTFE 表面不含悬挂键的情形，主要电子受体是表面的 F 原子，但此时的转移电荷量显著小于界面含碳悬挂键的情形。

为进一步了解电荷转移的本质原因，计算 PTFE 的 LUMO，如图 2.9(c)、(d)所示。可以看出，当 PTFE 表面含有碳悬挂键时，LUMO 主要分布在碳悬挂键周围，部分分布于与该 C 原子相连的 F 原子上；当 PTFE 表面不含碳悬挂键时，LUMO 主要分布于碳链上，少部分分布于 F 原子周围。

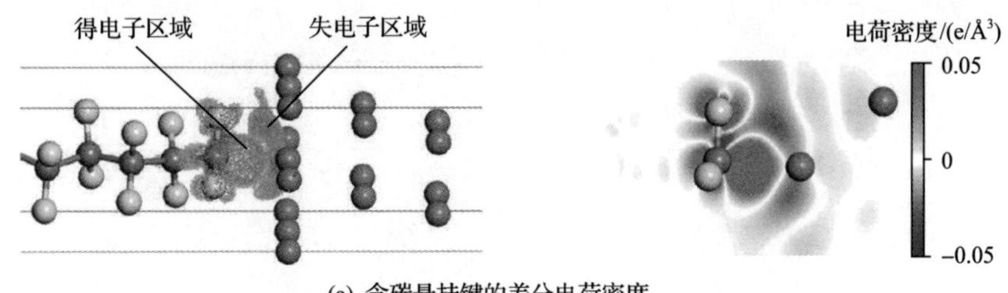

(a) 含碳悬挂键的差分电荷密度

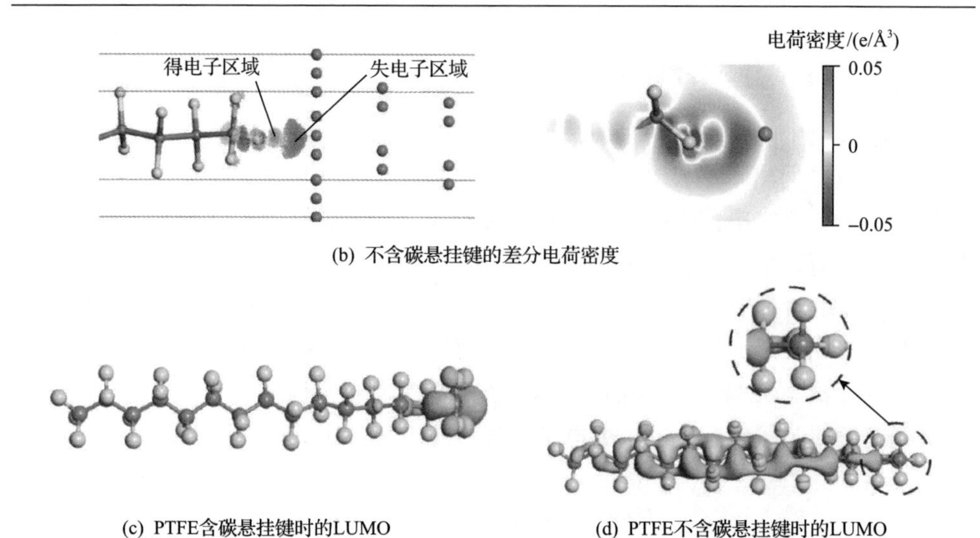

(b) 不含碳悬挂键的差分电荷密度

(c) PTFE含碳悬挂键时的LUMO　　(d) PTFE不含碳悬挂键时的LUMO

图 2.9　Al-PTFE 界面接触前后的差分电荷密度和 PTFE 的 LUMO

为了分析当碳悬挂键产生时 LUMO 发生这种转变的原因，计算 PTFE 接触起电之前的电荷密度和电荷密度差分，如图 2.10(a)～(c)所示。可以看出，在接触起电之前，PTFE 中 C 原子和 F 原子之间形成了很强的极性共价键，由于 F 原子的强电负性，成键电子主要集中在 F 原子周围。

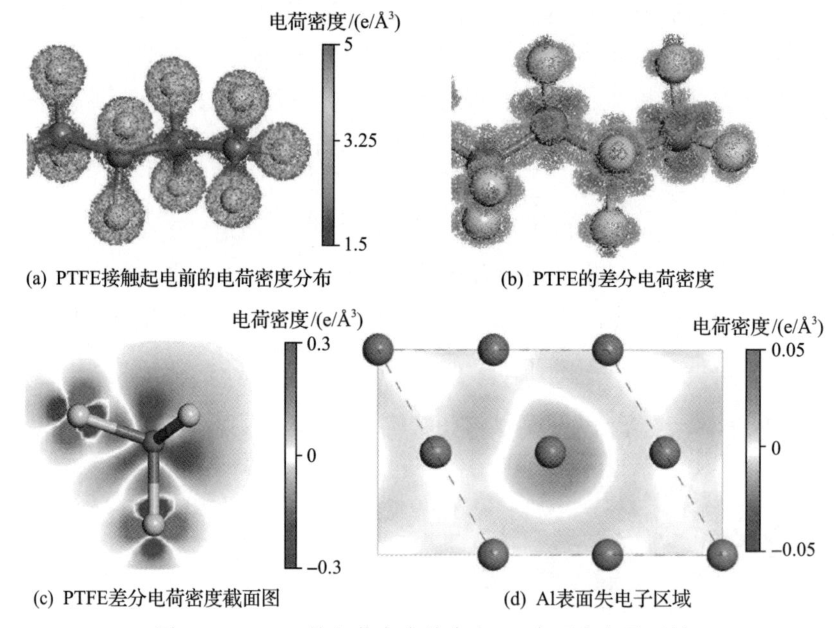

(a) PTFE接触起电前的电荷密度分布　　(b) PTFE的差分电荷密度

(c) PTFE差分电荷密度截面图　　(d) Al表面失电子区域

图 2.10　PTFE 的电荷密度分布和 Al 表面失电子区域

图 2.11 为界面碳悬挂键的形成方式。当 PTFE 表面含有碳悬挂键时，形成该

悬挂键有两种方式：一种是支链 C—F 键断裂，另一种是主链 C—C 键断裂。这两种方式所形成的碳悬挂键都会使得表面 C 原子周围形成缺电子结构，使得碳悬挂键周围的轨道能级降低，从而导致 LUMO 主要分布在此缺电子结构周围。

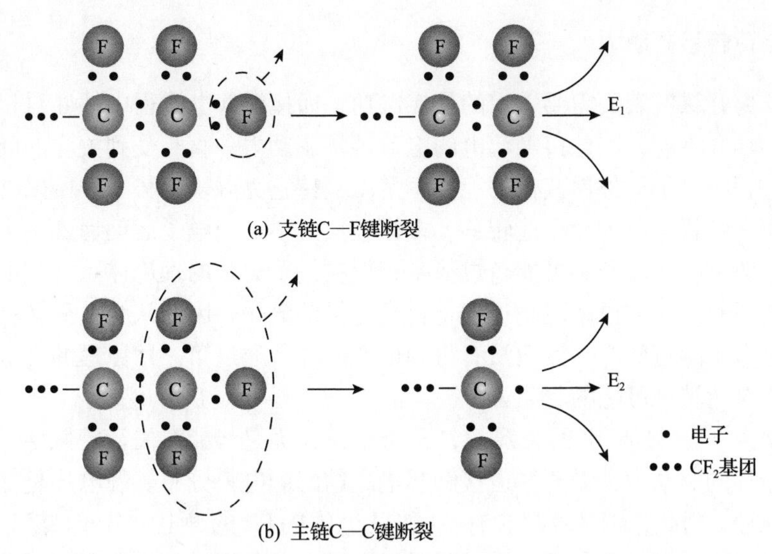

图 2.11　界面碳悬挂键的形成方式

无论表面是否含有碳悬挂键，强电负性的 F 原子在接触起电中都起着重要作用。当 PTFE 表面不含碳悬挂键时，F 原子周围为主要的电子受体；当 PTFE 表面形成碳悬挂键时，由于 F 原子与 C 原子形成的是极性很强的 C—F 共价键，使得 C 原子成为缺电子结构。此时 C—F 键的断裂会使缺电子的 C 原子暴露在表面，趋向于吸引外界电子填充其空轨道。

由图 2.9 可知，电荷转移的方向和分布与 PTFE 表面的 LUMO 分布几乎完全吻合，这直接证实了 PTFE 表面的电子受体就是其 LUMO。接触起电的本质原因在于平衡金属-聚合物界面的轨道能级差异，从而减小体系总能。这也表明可以通过化学改性的方式降低聚合物分子中的 LUMO，以提高摩擦纳米发电机的电学输出性能。

摩擦过程可以大幅提高转移电荷量的原因，在于聚合物的分子链在摩擦过程中发生断裂，产生了大量缺电子结构，降低了聚合物表面的 LUMO 能级，从而吸引大量外来电子。所以，可以通过材料改性的方法引入缺电子的分子结构来提高转移电荷量。

Al 表面的失电子区域如图 2.10(d)所示。可以看出，失电子区域主要位于与 CF_2 基团靠近的 Al 原子周围，其他较远的区域不参与失电子。这可通过静电势分析来解释。较远的 Al 原子周围的电子与 CF_2 基团之间的界面势垒太高，电子不足以克服那么高的势垒，从而不能发生电荷转移。通常来说，金属的密度要高于聚合物，这就意味着很大一部分金属原子不参与失电子。因此如果适当提高聚合物的密度，可以提高转移电荷量。

2.3.5 电荷转移驱动力

电子离开材料表面需要一定的外界做功，而接触起电过程中外界对材料表面电子做的功并不大，因此接触起电的电荷转移驱动力一直是受到关注的问题。由于接触过程中电子从外界获得的能量不足以支持它克服表面势垒，所以常用电子隧道效应来解释电荷为什么能转移。根据经典力学，当电子运动遇到一个高于自身能量的势垒时，电子不可能越过势垒；但在量子力学的理论体系下，电子的波动性使电子有一定的概率能越过高于自身能量的势垒，因此认为电荷转移的驱动力可能是电子隧道效应，然而没有得到证实。本节通过第一性原理的方法，从微观上寻找电荷转移可能的驱动力。

根据力 $\boldsymbol{F}$ 和势能 W 的关系，$\boldsymbol{F}=\partial W/\partial \boldsymbol{r}$，力是势能对矢径的偏导。为了研究电荷转移的驱动力，需要知道接触起电之前的静电势分布。静电势是标量，符合叠加原理，因此分别计算只含有 Al 和只含有 PTFE 的静电势分布，然后将二者叠加，获得 Al-PTFE 接触界面电荷转移前的静电势分布，如图 2.12 所示。

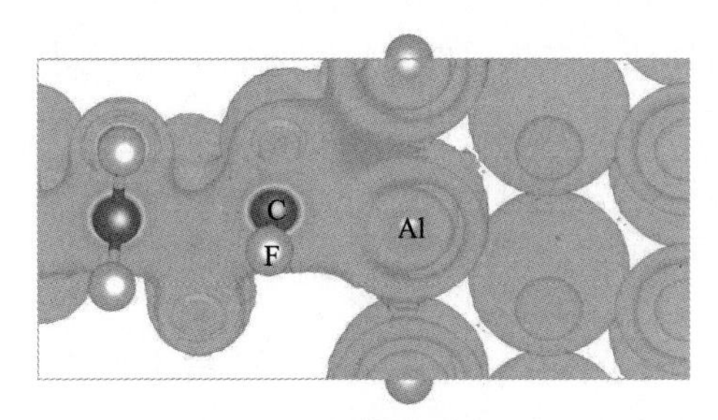

(a) 含碳悬挂键

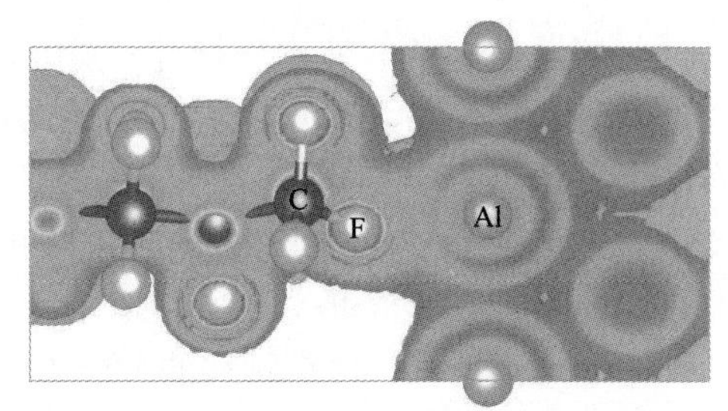

(b) 不含碳悬挂键

图 2.12　Al-PTFE 接触界面电荷转移前的静电势分布

根据电荷转移发生的主要原子空间位置，截取得失电子的原子所在截面。对于界面含碳悬挂键的情形，所取截面为 F—C—Al 所在平面；对于界面不含碳悬挂键的情形，所取截面为 C—F—Al 所在平面。电荷转移前界面静电势截面图如图 2.13 所示。

电子所受静电力的方向是沿电子静电势能衰减的方向，因此离原子核近的区域电子势能低，而远离原子核区域的电子势能高。Al 原子和 F 原子周围的静电势波动是由于核外电子产生的电势场所引起。然而，C 原子周围的势能变化是单调的，没有出现 Al 原子和 F 原子周围的静电势波动。虽然 F 原子核对电子产生的静电吸引作用要强于 C 原子核，F 原子周围区域的势能值较低。从图 2.10(a)可以

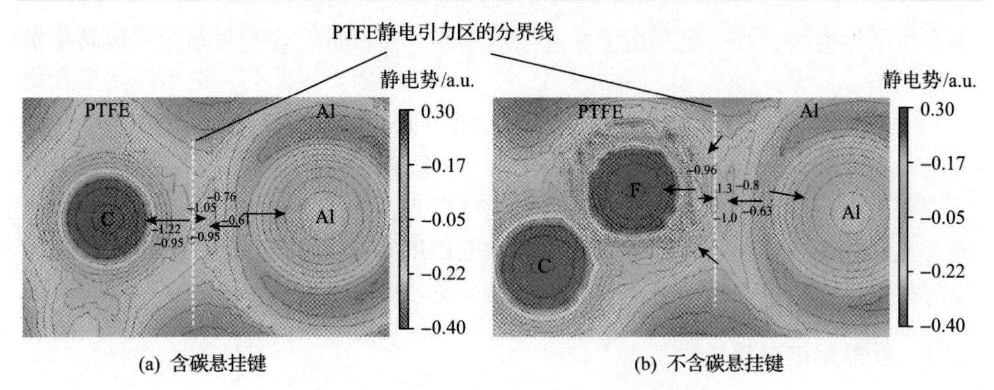

图 2.13　电荷转移前界面静电势截面图

看出，由于 F 原子的强电负性，电子主要集中于 F 原子周围，这些核外电子产生的静电斥力将会中和 F 原子核所产生的静电吸引力。从图 2.11(b)可以看出，从 Al 转移来的电子并没有直接转移到紧靠 F 原子的区域，而是被束缚在 F 原子与 Al 原子之间的势谷区域。而对于 PTFE 表面含碳悬挂键的情形，电子直接转移到紧贴碳悬挂键的区域。这说明在电荷转移过程中，缺电子的碳悬挂键所产生的较强的静电吸引作用使它更容易得到外来电子，从而提高了转移电荷量。

根据图 2.13 的静电势分布，标出界面原子之间区域的静电力方向，其中虚线为 PTFE 静电引力区的分界线。计算 Al 的电荷密度分布，并将静电引力区的分界面标在 Al 电荷密度分布图中的相应位置，其目的是为了确定当 Al-PTFE 界面形成时，Al 中的电子是否处于 PTFE 所形成的静电引力区内。如果 Al 中的电子确实处在该静电引力区内，则说明它们可以通过静电吸引作用直接转移到 PTFE 表面，而不需要通过电子隧道效应。图 2.14 为 Al 表面的电荷密度分布与 PTFE 静电引力区域。可以看出，对于 PTFE 表面含碳悬挂键的情形，Al 周围的部分电子确实处在 PTFE 中 C 原子的引力区内，这说明电子转移的驱动力来源于碳悬挂键所产生的静电吸引力。在这种情形下，电子转移的驱动力不只是以往所认为的电子隧道效应，因为此时电子转移路径中没有势垒。对于 PTFE 表面不含碳悬挂键的情形，Al 周围的部分电子也处在 F 原子所产生的静电引力区内，但是 F 原子周围的电子

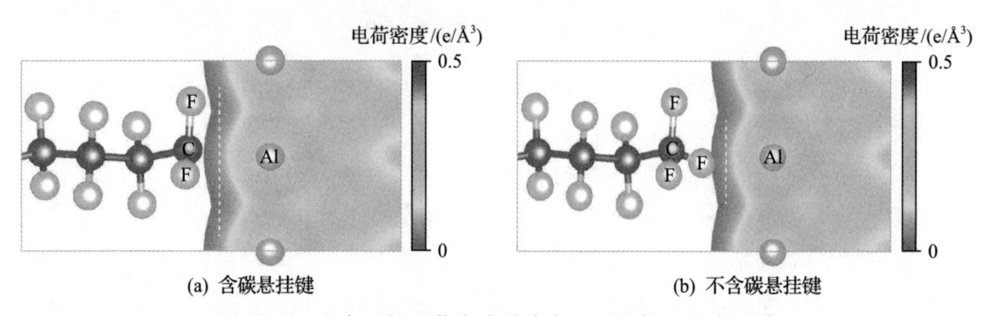

图 2.14　Al 表面的电荷密度分布与 PTFE 静电引力区域

也产生了斥力场，在一定程度上阻止了电子转移。因此，在这种情形下的转移电荷量较小。

以上结论表明，在 Al-PTFE 界面电荷转移的初始阶段，PTFE 表面所产生的静电吸引力能直接为电荷转移提供驱动力，位于 PTFE 静电引力区的 Al 表面电子不需要克服任何势垒就可以直接转移到 PTFE 表面。另外，缺电子结构提高转移电荷量的机理不仅在于降低了 PTFE 表面的 LUMO 能级，其产生的静电吸引作用也为接触界面中金属表面电子的转移提供了更强的驱动力。

2.3.6 接触起电过程描述

图 2.15 为金属-聚合物接触起电过程。接触之前 Al 中的电子为自由电子，其费米能级高于自身内部势垒。PTFE 表面的电子是局域态的，可以用分子轨道理论来描述。

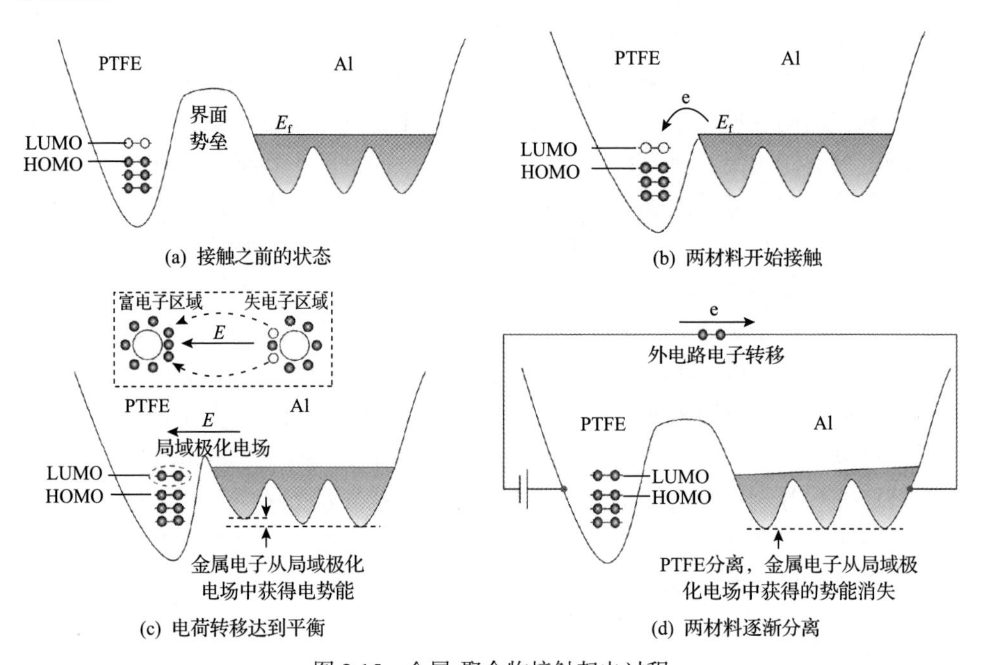

图 2.15 金属-聚合物接触起电过程

(1) 当界面距离较大时，界面势垒较高，Al 中的电子不足以克服该界面势垒，因而没有电荷转移，此时两材料是电中性的。

(2) 当两材料开始接触时，两材料表面的电子云发生重叠，Al 表面的部分电子处在 PTFE 表面较深的势阱中。为了适应新的势能分布，界面电子将会发生重排以建立新的平衡状态。由于能级差异，电子将从 Al 表面转移到 PTFE 表面的 LUMO。同时，Al 表面的剩余电子会因为 Al 原子核和转移的电子产生的局域极化电场而获得额外的势能。这个局域极化电场起到两个作用，一是在两材料之间产生静电力，二是在一定程度上阻止金属中的电子进一步转移以建立新的平衡，这相当于提高了界面势垒和给予 Al 表面剩余电子额外的势能。

(3) 随着电荷转移进一步发生，局域极化电场的强度将会逐渐增加，这也是失电子行为只发生在 Al 表面最外层区域、而其他区域电子不会补充到该失电子区域的原因。因此，当两材料接触时，摩擦纳米发电机的外电路没有电流流过。

(4) 当两材料逐渐分离时，Al 表面电子的额外势能逐渐消失。由于 Al 和 PTFE 背部电极的电势差异，将会有电子通过外部电路流向 Al 表面，以补充失电子区域产生的能级差异，摩擦纳米发电机因此而工作。

本节通过理论计算为接触起电理论模型中各阶段的机理描述提供了直接证据。并在此基础上，明确了接触过程中界面势垒的变化及其对电荷转移的影响，确定了聚合物中具体的得电子轨道，并且在此模型下从能量平衡的角度阐明了驱动摩擦纳米发电机外电路电子流动的理论机制。

2.4　Al-PET 和 Al-Kapton 接触起电机理研究

除结晶聚合物外，无定形聚合物也常用作摩擦纳米发电机的接触副材料，例如 PET 和 PI 等。一般来说，结晶聚合物可通过特定的晶格参数和原子坐标建立晶胞模型，而无定形聚合物分子结构复杂，需要借助分子动力学的方法建立无定形晶胞模型。无定形晶胞模型体系庞大，因此会在第一性原理计算中产生很大的计算量。

本节以 PET、Kapton (PI 中的一种) 与 Al 构成的接触副为研究对象，通过第一性原理计算，分析含有多种不同分子基团的 PET 和 Kapton 中对接触起电起主要贡献的分子基团及其电子结构特征，为摩擦纳米发电机的电学性能调控提供方法。

2.4.1　Al-PET 和 Al-Kapton 接触起电的第一性原理研究

1. PET 和 Kapton 无定形模型构建

PET 和 Kapton 的无定形模型采用无定形聚合物的构建方法。PET 无定形模型的建模过程如图 2.16 所示[13]。首先导入 PET 重复单元，以 6 个 PET 重复单元构建 PET 分子长链，然后将这样的 5 条分子长链加入到立方体晶胞中，构建 PET 初始无定形模型。其中，在确定 PET 分子长链中所包含的重复单元数和无定形晶胞里所包含的分子长链数时，综合考虑了第一性原理计算能力限制。建模采用了 COMPASS 力场，以 Ewald 方法考虑静电相互作用，以 Atom based 方法考虑范德瓦尔斯相互作用，其中 PET 的范德瓦尔斯截断半径选择为 8.5Å。最后，将构建的 PET 初始无定形模型进行分子力学几何优化，并进行 300～1000K 温度范围内

1200ps 两个循环的 NPT 退火处理，以消除聚合物的不稳定结构，时间步长为 1fs。

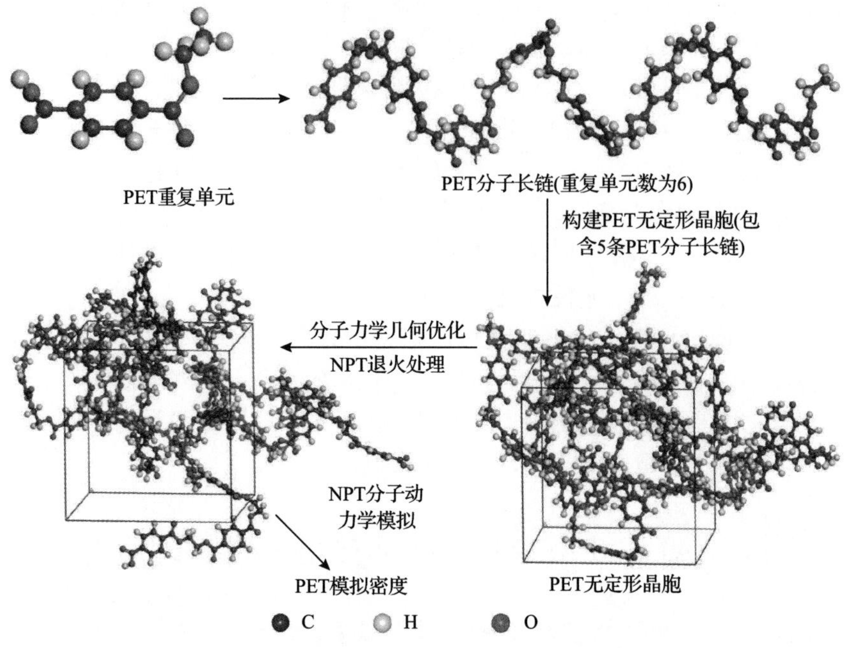

图 2.16　PET 无定形模型的建模过程[13]

在同样的模拟参数下对模型进行 500ps 的 NPT 分子动力学模拟，获得的 PET 模拟密度如图 2.17 所示。PET 的模拟密度为 1.32g/cm^3，与试验值 1.34g/cm^3[14]的相对误差小于 5%。这说明了上述建模方法和参数设置的正确性。

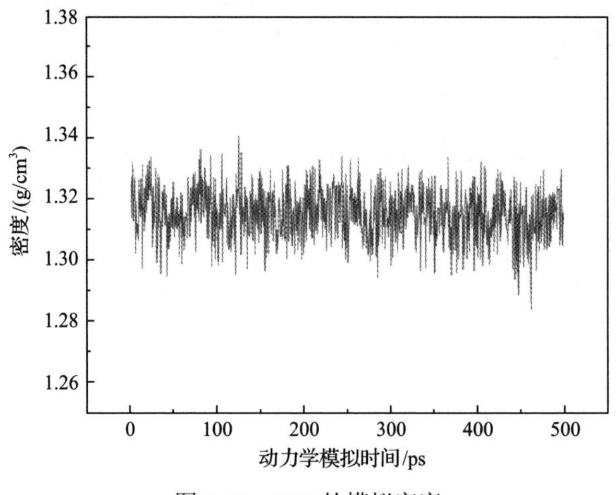

图 2.17　PET 的模拟密度

图 2.18 为 Kapton 无定形模型的建模过程。可以看出，Kapton 的建模方法与

PET 类似。不同之处在于，Kapton 分子单体结构比 PET 大，并且含有的平面刚性结构较多(如苯环、酰亚胺基团)，由于计算量的限制，它的无定形晶胞中包含的分子链为 4 条，每条分子链包含 4 个重复单元。Kapton 建模中采用的范德瓦尔斯截断半径为 15.5Å[15]。

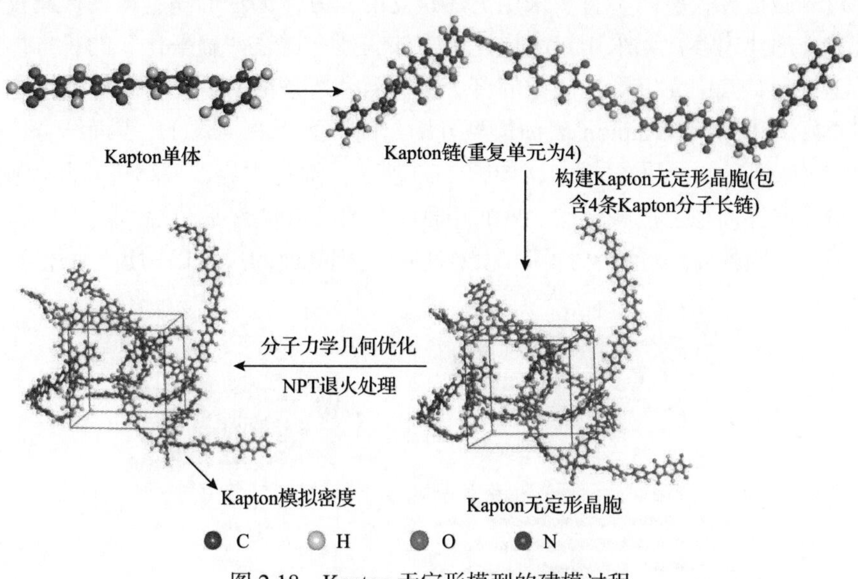

图 2.18　Kapton 无定形模型的建模过程

经过 NPT 分子动力学模拟，获得的 Kapton 模拟密度如图 2.19 所示。Kapton 的模拟密度为 1.34g/cm^3，与试验值 1.41g/cm^3[15]相对误差小于 5%，说明了建模过程和参数设置的正确性。

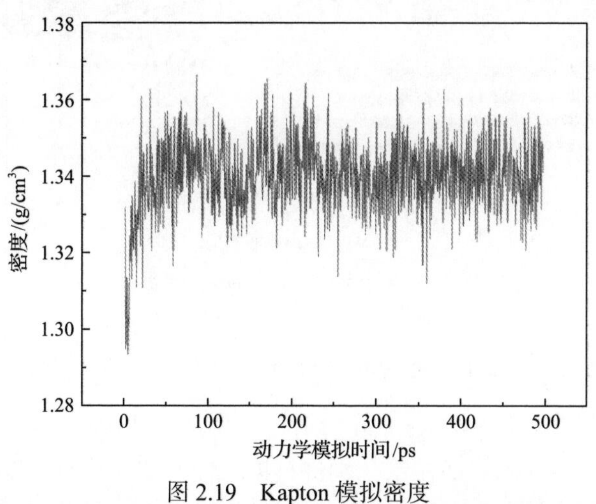

图 2.19　Kapton 模拟密度

2. Al-PET 和 Al-Kapton 界面模型构建

为了减小 Al-PET 和 Al-Kapton 接触模型的第一性原理计算量，使界面接触区域尽可能大，以获得更具有统计意义的电荷转移结果，并避免分子链的周期性结构穿过晶胞边界，所以不直接采用上述建立的立方体无定形晶胞模型，而仅以其经过验证的建模参数，采用封闭层建模方法，建立比较“扁平化”的长方体无定形晶胞模型，其中无定形晶胞中的分子链数目和每条链的重复单元数保持不变。将建立好的 PET 和 Kapton 表面模型分别与同样面积的 Al(111)表面结合，构建 Al-PET 和 Al-Kapton 界面模型，如图 2.20 所示。通过对界面模型进行几何优化，得到最终的界面稳定接触模型。两个界面模型的晶格参数 a、b 分别为 24.801Å 和 25.77Å，不同的 a、b 值是为了匹配 Al(111)超胞晶面的尺寸以构建界面模型。

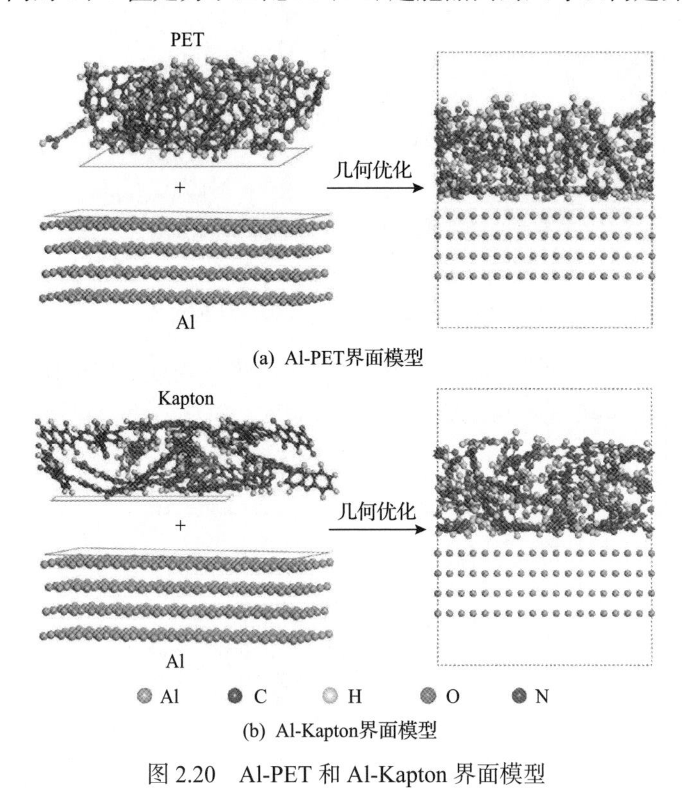

(a) Al-PET界面模型

(b) Al-Kapton界面模型

图 2.20　Al-PET 和 Al-Kapton 界面模型

3. Al- PET 和 Al- Kapton 电荷转移分析

在建立好无定形 PET 和 Kapton 与 Al 之间的接触界面模型后，采用分析软件对 Al-PET 和 Al-Kapton 界面模型分别进行第一性原理计算以获得电荷转移结果。计算中采用的交换关联泛函为 PAW-PBE，截断能为 400eV。因为无定形聚合物的体系很大，所以计算中采用的 k 点为 Gamma 点。

图 2.21 为 Al-PET 和 Al-Kapton 接触界面差分电荷密度计算结果。差分电荷密度反映了接触起电前后的电子得失情况，可以表示为

$$\sigma_{\text{diff}} = \sigma_{\text{metal-polymer}} - \sigma_{\text{metal}} - \sigma_{\text{polymer}} \tag{2.20}$$

式中，σ_{diff} 为差分电荷密度；$\sigma_{\text{metal-polymer}}$ 为接触后体系的电荷密度；σ_{metal} 和 σ_{polymer} 分别为接触前金属和聚合物各自的电荷密度。

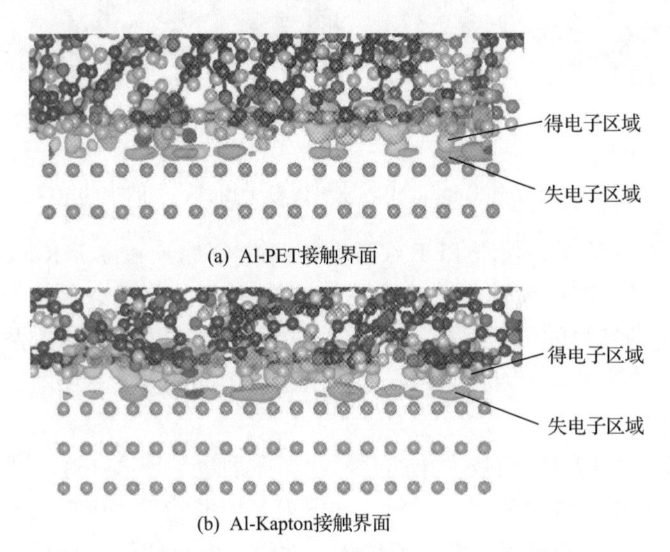

图 2.21　Al-PET 和 Al-Kapton 接触界面差分电荷密度计算结果

由图 2.21 可以看出，Al 表面仅存在失电子区域，为失电子材料；聚合物中既存在得电子区域，又存在失电子区域，这说明聚合物表面的电荷转移既包括从金属表面得到的电子，自身的分子内部又有电子的重新排列，这与 Al-PTFE 的电荷转移结果一致。

为了分析 Al 和无定形 PET 和 Kapton 之间的转移电荷量和聚合物中各原子的得电子量，分别计算 Al-PET 与 Al-Kapton 接触前后的 Bader 电荷布居，统计了接触模型中各原子的得失电子数目，从而获得了接触界面转移的电子数。将转移的电子数除以接触界面的面积，即可得到 Al-PET 和 Al-Kapton 在接触起电中转移的电荷密度，分别为 10.78μC/cm^2 和 14.29μC/cm^2。通过第一性原理计算出的电荷密度大于试验值是合理的，这是由于计算得到的电荷密度既不包括界面分离过程的电荷回流和击穿放电，也不包括空气中的气体分子、水分子和其他杂质在接触界面对电荷转移的影响。上述计算的 Al-PET 和 Al-Kapton 之间电荷密度的相对大小与试验结果一致，可以说明计算结果的有效性[16]。

图 2.22 为 PET 和 Kapton 中各原子得电子相对比例的统计结果，可以看出：

（1）PET 主要得电子的原子是位于羧基（COOH）碳氧双键上的 C、O 原子，苯环上的 C 原子和链状的 CH_2 基团也得到一些电子，羧基中单键 O 原子得电子较少；Kapton 的主要得电子的原子是位于酰亚胺基团（OCNCO）中碳氧双键上的 C 原子和 O 原子，而右侧两个苯环和苯环之间醚键中的 O 原子很少得到电子。从分子基团的角度来说，PET 和 Kapton 的主要得电子基团分别是羧基和酰亚胺基团。

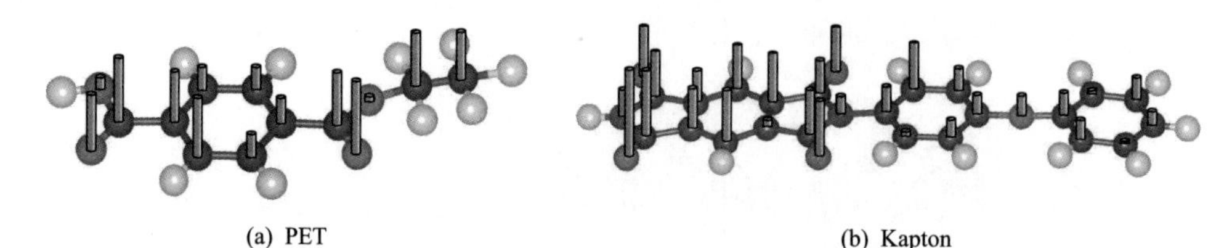

(a) PET　　(b) Kapton

图 2.22　PET 和 Kapton 中各原子得电子相对比例的统计结果

（2）同样是 O 原子，位于 PET 羧基上的双键 O 原子和位于 Kapton 酰亚胺基团上的双键 O 原子对电荷转移的贡献很大，而羧基上的单键 O 原子和醚键上的单键 O 原子对电荷转移的贡献很小。这说明从单个原子的电负性来推测整个材料的电负性可能会导致错误，因为当同样的原子组成不同的分子基团时，其对电荷转移的贡献差别很大。

反映不同材料转移电荷量大小的摩擦起电序列也呈现这一规律[16]。位于该摩擦起电序列中得电子能力较强的材料，如聚氨基甲酸酯、聚碳酸酯和聚醚酰亚胺等，分子结构中就含有这种碳氧双键结构，而没有电负性很大的 F 原子、Cl 原子等，但它们的得电子能力却要高于一些含氟聚合物，如 PVDF 等。这说明除了通常的向材料中引入 F、Cl 等卤族元素的改性方法外，还存在其他特殊的双键甚至三键官能团结构的改性方法。

2.4.2　Al-PET 单体和 Al-Kapton 单体接触起电的第一性原理研究

虽然实际的接触状态更接近于上述的 Al 和无定形聚合物的接触模型，但无定形聚合物的模型十分复杂，得失电子区域相互混杂，难以凭此分析电荷转移细节，只能得到统计意义上的转移电荷量。为了便于分析具体的得失电子区域和所在分子轨道，建立了 PET 和 Kapton 的单体与 Al(111) 表面的接触模型。因为 PET 和 Kapton 是绝缘体，分子链中的电子结构是局域的，所以用单体来代替完整的聚合物链来研究其电子行为是合理的。

1. Al-PET 单体和 Al-Kapton 单体接触模型构建

对于含有平面型芳香环结构的聚合物，芳香环结构更倾向于与接触界面平行，以达到更稳定的结合状态。因此在考虑聚合物单体在 Al 表面的接触构型时，都是将芳香环结构平行于 Al 表面放置。考虑芳香环和表面 Al 原子的相对位置，根据对称性，Al-PET 有 6 种初始接触构型，分别为 2 种顶位、2 种空位、2 种桥位，如图 2.23 所示。其中，顶位表示 Al 原子与苯环碳原子相对，空位表示 Al 原子处在苯环的中心，桥位表示 Al 原子处在苯环碳碳键的中心。

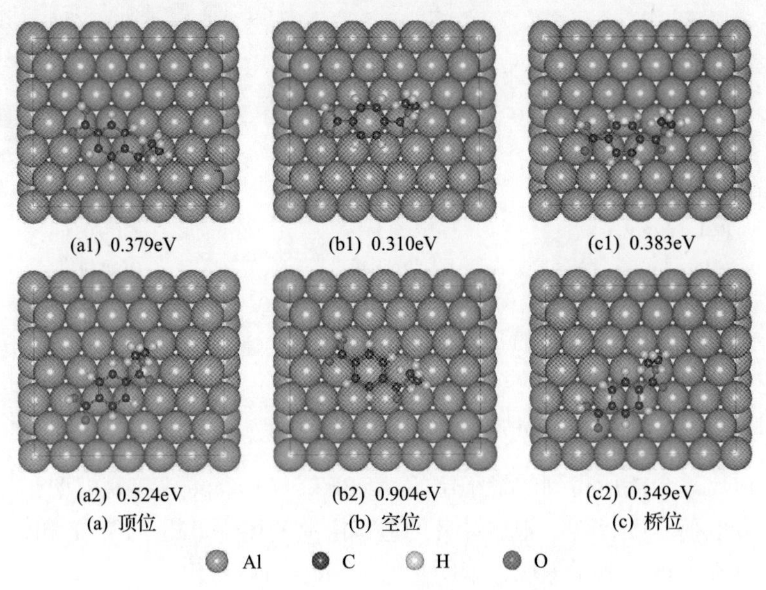

图 2.23　Al-PET 单体初始接触构型

分别对上述 6 种 Al-PET 单体初始接触构型进行第一性原理几何优化，计算中采用的 k 点为 3×3×1，平面波截断能为 400eV。结合能的计算公式为

$$E_{\text{bind}} = E_{\text{metal}} + E_{\text{polymer}} - E_{\text{metal-polymer}} \tag{2.21}$$

式中，E_{bind} 为结合能；$E_{\text{metal-polymer}}$ 为金属-聚合物单体接触后的体系总能；E_{metal} 和 E_{polymer} 分别为接触前金属和聚合物单体各自的体系总能。

结合能的数值越大，说明接触构型就越稳定。通过比较各接触构型的结合能，得到了 Al-PET 的最稳定接触构型为空位中的一种，对应的结合能为 0.904eV。

图 2.24 为 Al-Kapton 单体初始接触构型。根据 Kapton 中与酰亚胺基团相邻的苯环与 Al 原子的相对位置，也包括两种顶位、两种空位、两种桥位。利用同样的计算参数对上述初始接触构型进行几何优化，并分别计算 Al-Kapton 界面结合能。通过比较各接触构型的结合能，得到 Al-Kapton 的最稳定接触构型为顶位中的一种，对应的结合能为 0.563eV。

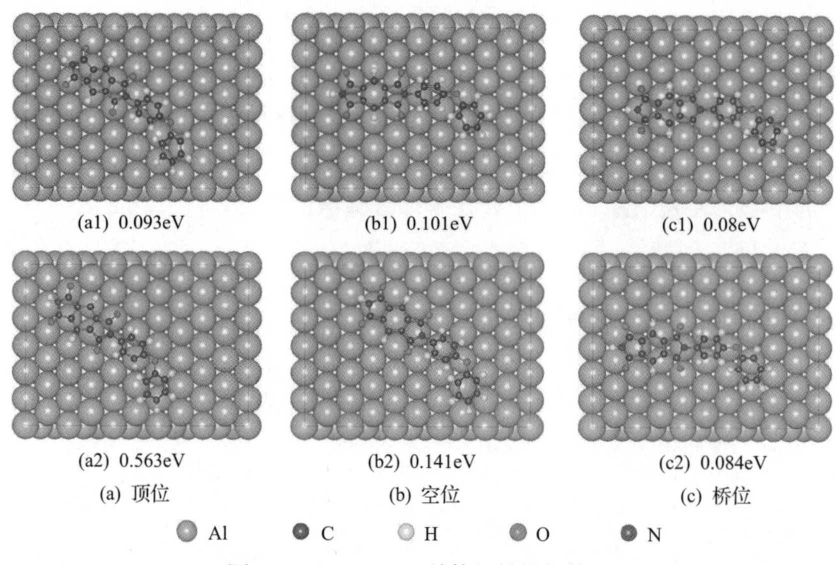

图 2.24　Al-Kapton 单体初始接触构型

2. Al-PET 单体和 Al-Kapton 单体电荷转移分析

基于对比结合能所得到的最稳定的 Al-PET、Al-Kapton 接触模型，分别计算它们的差分电荷密度 σ_{diff}。根据计算的差分电荷密度，可得 Al-PET 和 Al-Kapton 接触起电过程中得失电子区域，如图 2.25 所示。可以看出：

(1) PET 和 Kapton 中同时存在得电子区域和失电子区域，而 Al 表面只有失电子区域；得失电子区域都位于界面表层原子之间。由此可知，Al-PET 和 Al-Kapton 接触界面的电子行为包括两种：一种是电子从金属表面转移到聚合物表面；另一种是聚合物表面自身的电子重新分布。

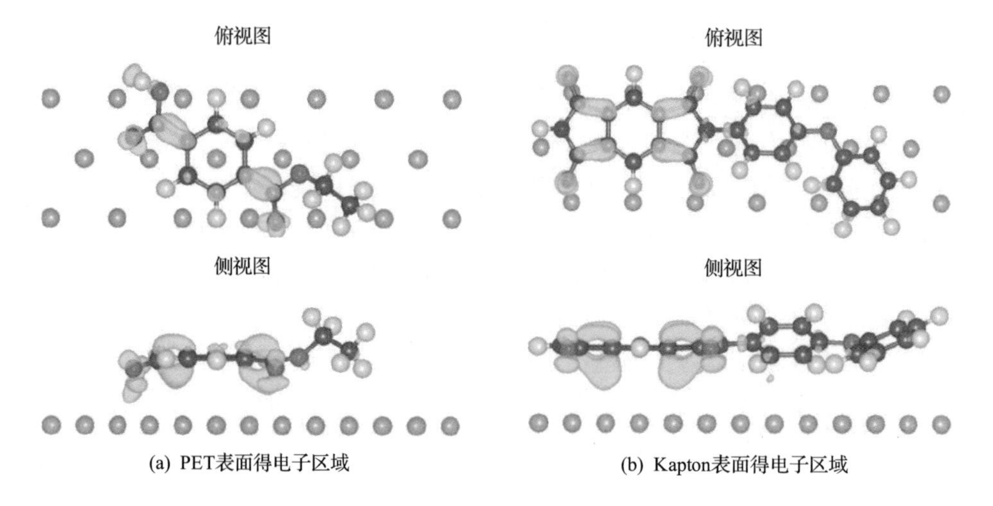

(a) PET表面得电子区域　　(b) Kapton表面得电子区域

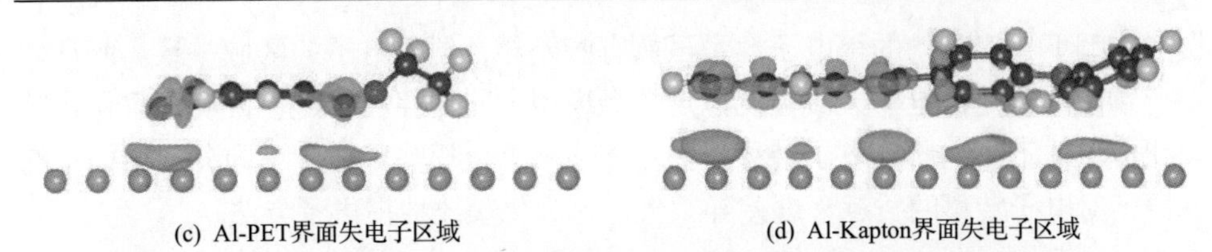

图 2.25　Al-PET 和 Al-Kapton 接触起电过程中得失电子区域

(2) PET 的主要得电子区域在羧基上，而苯环得到的电子较少，且羧基上的双键 O 原子得电子量要高于其单键 O 原子，这与无定形接触模型中的统计结论一致。不同之处在于，此处的 CH_2 基团没有得到电子。这是由于在无定形模型中，相比于由羧基和芳香环所形成的较大的平面分子结构，这种小链状 CH_2 基团更容易贴近金属表面，从而更容易得到电子。Kapton 的主要得电子区域在酰亚胺基团上，两个苯环和苯环之间的醚键只得到很少的电子。这个结论也与无定形接触模型的统计结论一致。

图 2.26 为其他接触构型下聚合物单体表面的得电子区域。可以看出，在其他

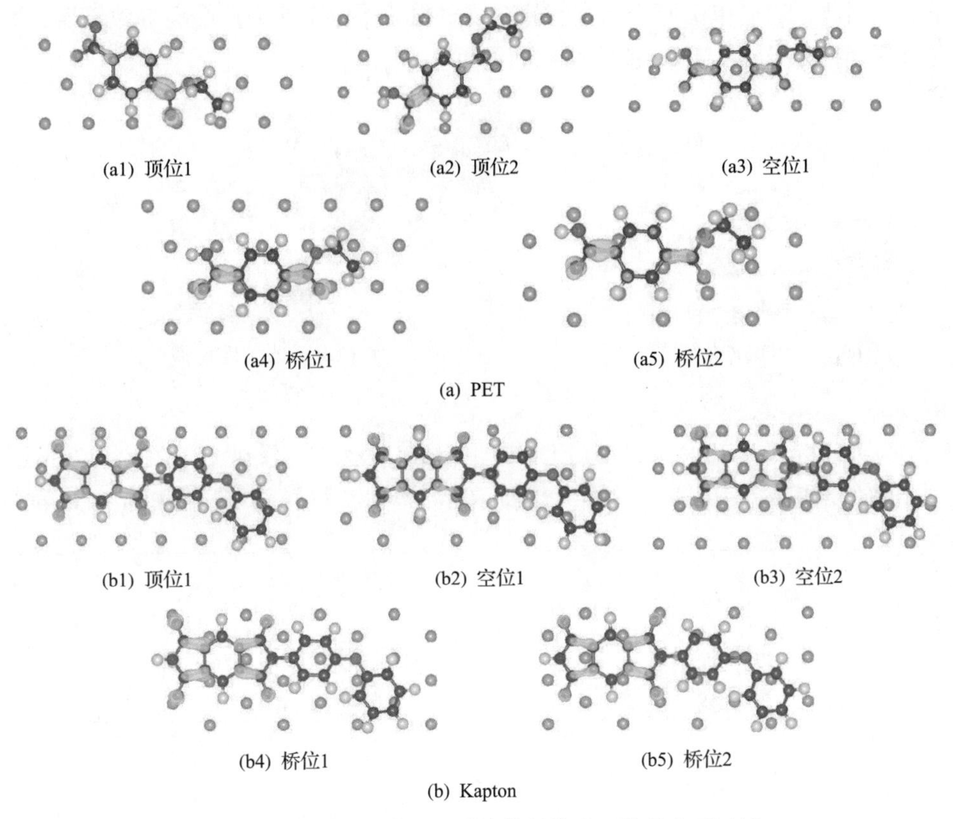

图 2.26　其他接触构型下聚合物单体表面的得电子区域

接触构型下，聚合物的得电子数量虽然有些差异，但得电子的区域一致。而且，聚合物中的这些得电子区域在无定形接触模型中同样存在，这也说明将聚合物链简化成单体不影响研究电子转移行为。上述结果也反映了位于不同分子结构中的O原子对电子转移的贡献程度差异很大，这为化学改性提供了方法。

3. PET 和 Kapton 电子受体分析

Al-PTFE 接触起电的第一性原理研究表明，PTFE 的电子受体轨道为 LUMO。为了证实这个结论是否适用于 PET 和 Kapton，分别计算 PET 和 Kapton 的 LUMO。计算中采用了 B3LYP 泛函、6-31g(d)基组。

图 2.27 为 PET 和 Kapton 的 LUMO 分布计算结果。可以看出，在 PET 中，LUMO 主要分布在羧基和苯环上；在 Kapton 中，LUMO 主要分布在酰亚胺基团上。图 2.25 和图 2.26 中各接触构型下的 PET 和 Kapton 得电子区域与 LUMO 分布区域一致。这说明 PET 和 Kapton 的电子受体轨道也是 LUMO，与 PTFE 一样，而且 LUMO 主要分布在 PET 羧基双键 O 原子和 Kapton 酰亚胺基团的双键 O 原子上。因此，通过单个原子来推测聚合物材料的得电子能力可能会导致错误，而通过聚合物分子的 LUMO 能级来判断更可靠。

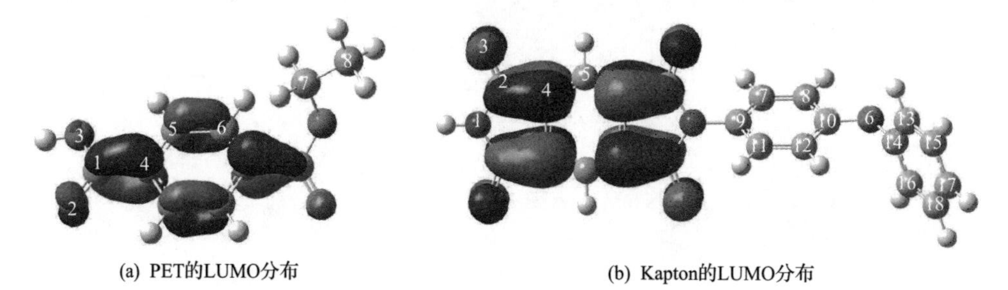

(a) PET的LUMO分布　(b) Kapton的LUMO分布

图 2.27　PET 和 Kapton 的 LUMO 分布计算结果

为了分析 PET 和 Kapton 的 LUMO 组成部分及特点，分别计算 PET 和 Kapton 与 Al 接触前后的态密度图，如图 2.28 所示。可以看出，接触前单独的 PET 和 Kapton

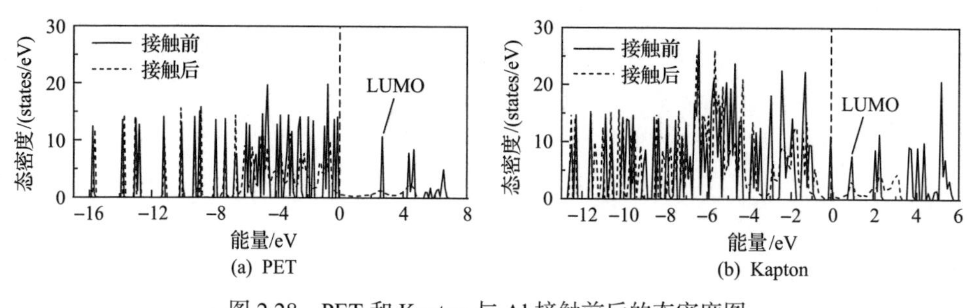

(a) PET　(b) Kapton

图 2.28　PET 和 Kapton 与 Al 接触前后的态密度图

都表现出绝缘体典型的离散且尖锐的态密度峰，电子结构具有明显的局域特性。在这些态密度峰中，能量在费米能级以上的第一个态密度峰表示 LUMO。当聚合物与金属发生接触时，由于电子的耦合作用，高能量范围内原本离散且尖锐的态密度峰变得连续。连续的态密度峰有助于电子在聚合物内的迁移，这是 PET 和 Kapton 在不同接触构型下的得电子区域总是位于 LUMO 的原因。

为了分析各原子之间的轨道和杂化轨道对 LUMO 的贡献，做出了 PET 和 Kapton 中各原子的局域态密度图，如图 2.29 所示。其中，分子中各原子的编号如图 2.27 所示。从图 2.29(a)可以看出，对 PET 的 LUMO 有贡献的原子轨道包括羧基中 C 原子以及苯环中 C 原子的 p_z 轨道，而 p_x 和 p_y 轨道几乎没贡献。其中羧基中的双键 O2 原子、C1 原子和与羧基相连的苯环 C4 原子的贡献较大，这与图 2.27(a)中 PET 的 LUMO 分布一致。结合 PET 的局域态密度成分和 LUMO 的分布形状可以判断，组成 LUMO 的分子轨道包括羧基中 C1 原子和 O2 原子的 p_z 轨道杂化形成的 π 轨道、羧基 C1 原子与苯环 C4 原子的 p_z 轨道杂化形成的 π 轨道，以及苯环 C5 和 C6 原子 p_z 轨道杂化形成的 π 轨道。这说明 π 轨道相比于 σ 轨道更容易成为得电子轨道，这在 Kapton 中也有类似体现。从图 2.29(b)可以看出，对 Kapton 的 LUMO 有贡献的原子轨道包括酰亚胺基团中的 C2、O3 和 C4 原子的 p_z 轨道，醚键 O 原子和两个苯环对 LUMO 没有贡献，这与图 2.27(b)中 Kapton 的 LUMO 一致。而结合 Kapton 的 LUMO 轨道形状来看，得电子轨道也主要是由 C2、O3 和 C4 原子的 p_z 轨道杂化形成的 π 轨道。这说明 PET 中羧基的双键 O 原子与 Kapton 中酰亚胺基团中的双键 O 原子对电子转移的贡献要大于单键 O 原子，在一定程度上要归因于碳氧双键中的 π 电子轨道，而单键 O 原子与其他原子杂化形成的分子轨道只有 σ 轨道。

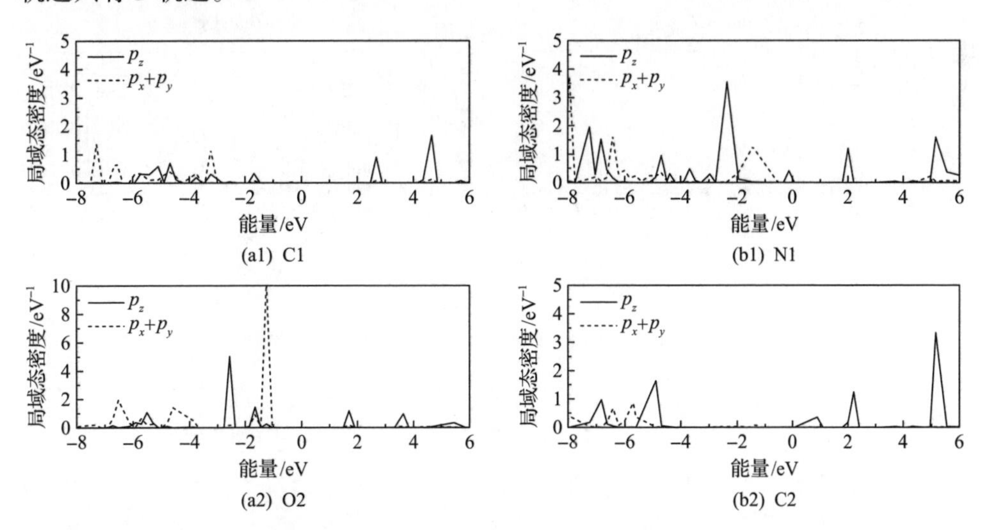

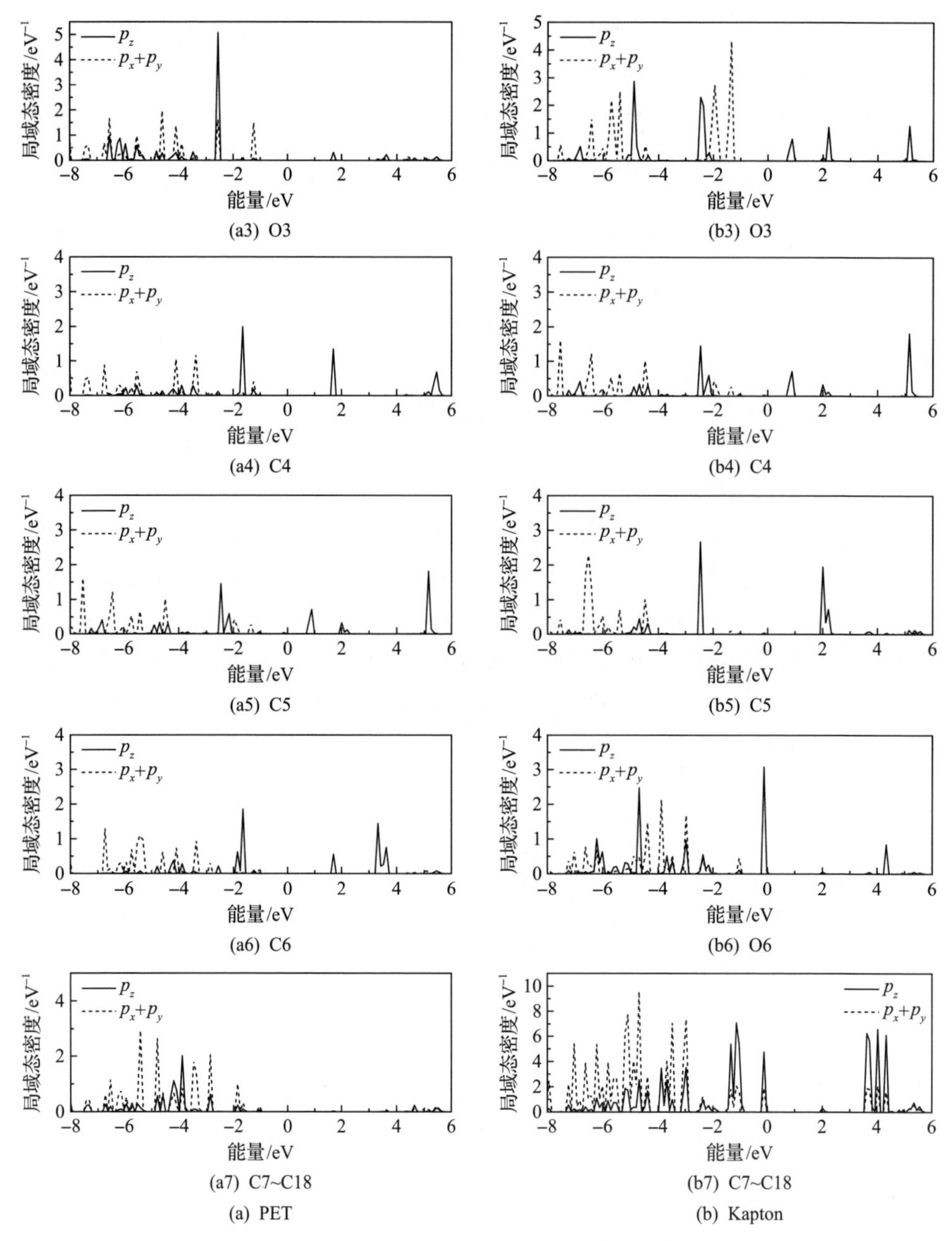

(a3) O3　(b3) O3

(a4) C4　(b4) C4

(a5) C5　(b5) C5

(a6) C6　(b6) O6

(a7) C7~C18　(b7) C7~C18

(a) PET　(b) Kapton

图 2.29　PET 和 Kapton 中各原子的局域态密度图

与卤族元素 F、Cl、Br 等不同，当 O、N 等原子作为配位原子时，与 C 原子之间能形成双键甚至三键结构。而通过摩擦起电序列和分子基团的电负性可知，同样的原子成分，当其组成双键或三键结构时，得电子能力会显著增强，例如羧基、氰基和硝基等[16]。

4. 界面距离对转移电荷量的影响

通过改变 Al-PET 单体和 Al-Kapton 单体的间距，研究界面距离对电荷转移的影响。由于 PET 和 Kapton 单体的原子数目不同，转移电荷量用 PET 和 Kapton 单位原子的得电子数进行表征。图 2.30 为不同界面距离下的转移电荷量。可以看出，Al-PET 和 Al-Kapton 的转移电荷量均随界面距离的减小而增大；同样界面距离下 Al-Kapton 的转移电荷量要略大于 Al-PET，这与摩擦起电序列中 PET 和 Kapton 的得电子能力的相对大小一致[16]。虽然不同界面距离下聚合物的得电子数不同，但它们的得电子区域仍然主要是 LUMO 分布的区域。不同的是，当界面距离较小时，其他的非 LUMO 也会由于较强的界面相互作用而得到电子，但相比于 LUMO 区域要小。这正如图 2.21 中的计算结果所示，由于在 Al-PET 无定形接触模型中，链状 CH_2 基团更容易接近 Al 表面，从而体现出在电荷转移中的贡献。

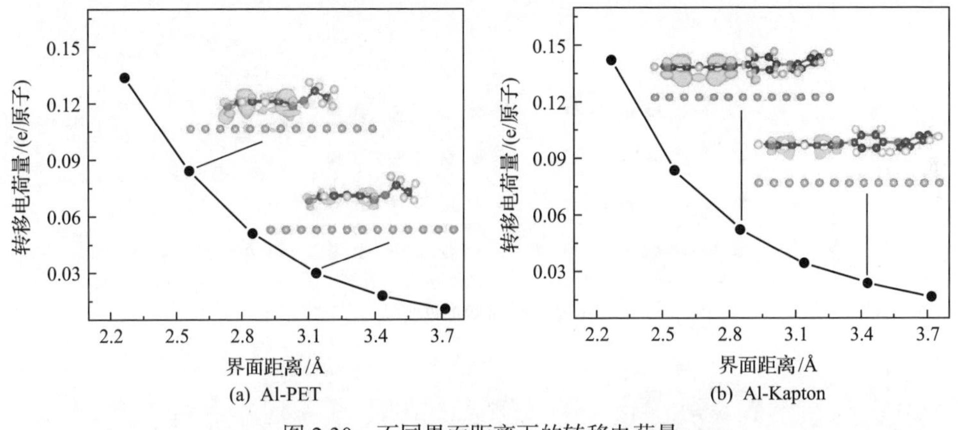

图 2.30　不同界面距离下的转移电荷量

综上所述，影响金属-聚合物接触起电量有两个主要因素：一是金属的费米能级与聚合物分子的 LUMO 能级之间的差异，二是两接触材料之间的界面距离。其中，两材料间能级差异不仅影响转移电荷量，也决定着电荷转移的方向；而界面距离主要影响电子在两材料之间转移的难易程度，一般不会影响电荷转移的方向。

2.5　Cu-PVDF 第一性原理计算

PVDF 作为一种半结晶聚合物，具有生物相容性好、传感特性优异等优点，在柔性电子、自供能传感等领域具有广阔的应用前景。为了揭示 PVDF 与金属材料间接触起电的微观作用机理，本节以 Cu-PVDF 接触副作为研究对象，采用第一性原理方法，探索极性分子相、非极性分子相、结晶度、压力对 Cu-PVDF 接触起电的影响规律，并阐明压电效应和摩擦起电效应的耦合作用。

2.5.1 Cu-PVDF 界面模型构建

PVDF 既有结晶结构，也有无定形结构，很难通过统一的模型来描述。因此，本节分别建立了 Cu-结晶 PVDF 界面模型、Cu-无定形 PVDF 界面模型、Cu-结晶 PVDF 受压界面模型，如图 2.31 所示[17]。

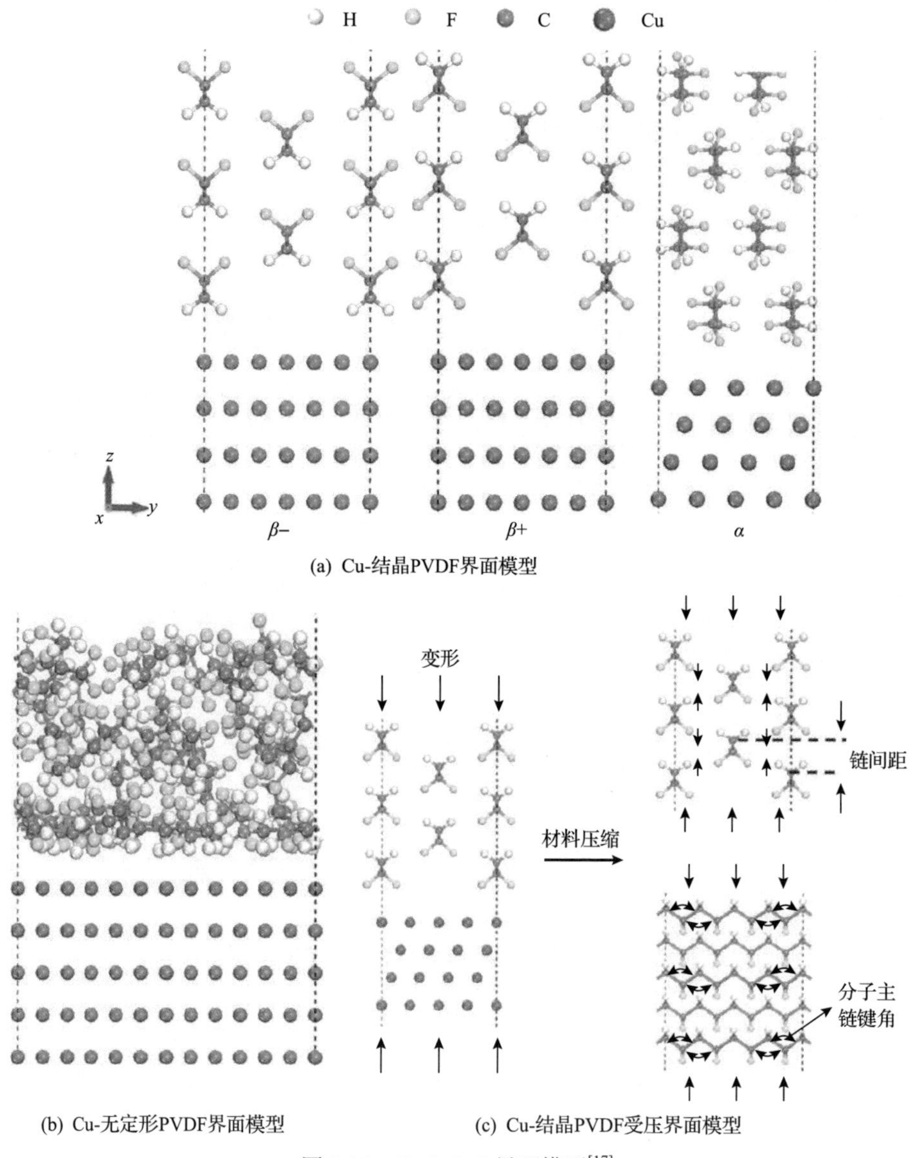

图 2.31 Cu-PVDF 界面模型[17]

1. Cu-结晶 PVDF 界面模型

由于 PVDF 中含有多种晶系，本节选择了具有代表性的 α 相(PVDF 晶体中的非极性相)和 β 相(PVDF 晶体中的极性相)作为研究对象。α 相属于单斜晶系，其晶型为 TGTG′，分子链中的偶极子排列方向相反，整体呈现非极性，晶格参数为 4.96Å×9.64Å×4.62Å。β 相为正交晶系，分子链为平面之字形 TTT 全反式结构，晶格参数为 8.58Å×4.91Å×2.56Å[18]。单晶 Cu 为面心立方结构，接触面为 Cu 的(111)面。将结晶 α 相 PVDF 和 β 相 PVDF 与 Cu 结合，建立 Cu-结晶 PVDF 界面模型，其中界面平衡距离由系统总能量确定。Cu-α 相 PVDF 界面模型沿 x、y 和 z 方向的尺寸参数分别为 10.07Å、8.88Å 和 46.85Å；Cu-β 相 PVDF 界面模型沿 x、y 和 z 方向的尺寸参数分别为 10.15Å、8.71Å 和 40.75Å。

2. Cu-无定形 PVDF 界面模型

为了研究材料的结晶度对 Cu-无定形 PVDF 接触起电的影响，构建了 Cu-无定形 PVDF 界面模型，其中无定形 PVDF 通过分子动力学方法构建。由于第一性原理计算的效率，无定形 PVDF 使用 10 条聚合度为 7 的单链构成。建模采用了 COMPASS 力场，范德瓦尔斯相互作用采用基于原子的截断法处理，截断半径 15Å，库仑相互作用使用 Ewald 方法计算。通过组合无定形 PVDF 与金属 Cu 实现界面模型的构建，并在 z 轴方向增加 20Å 的真空层以消除 z 方向的周期性。基于分子力场法进行结构优化。界面模型沿 x、y 和 z 方向的尺寸参数分别为 20.44Å、17.70Å 和 43.18Å。

3. Cu-结晶 PVDF 受压界面模型

为了分析 Cu-结晶 PVDF 接触起电过程中压电和摩擦起电效应的耦合机理，建立了 Cu-结晶 PVDF 受压界面模型。选择 β 相和 α 相结晶 PVDF 分别与 Cu 结合，建立 Cu-结晶 PVDF 受压界面模型，并基于密度泛函理论优化几何结构，使其达到平衡未压缩状态，每个原子上的力小于 0.05eV/Å。对 Cu-结晶 PVDF 受压界面模型施加沿 z 轴 0.2GPa 压力，并进行几何优化，收敛参数为能量小于 2×10^{-5}eV/原子，最大位移小于 0.002Å。在 Cu-结晶 PVDF 受压界面模型中，PVDF 的压缩变形分别由分子链之间的压缩距离和分子主链的键角来描述，其中压缩距离的范围为−0.3～0.3Å，分子主链的键角范围为 111°～116°。压缩距离定义为压缩状态下 PVDF 链间距离与未压缩状态下 PVDF 链间距离之差。

2.5.2　半结晶 PVDF 薄膜制备工艺

试验使用的半结晶 PVDF 薄膜通过溶液结晶法来制备，其制备工艺如图 2.32

所示。制备过程中通过调节使用的溶剂种类、等温结晶温度和极化电场参数，可以调控 PVDF 相的转变与结晶。

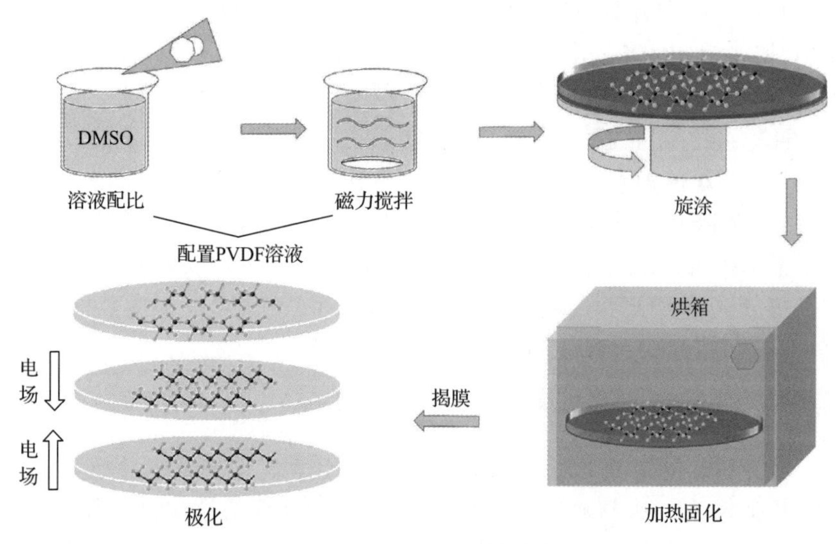

图 2.32　半结晶 PVDF 薄膜制备工艺

(1)配置 PVDF 溶液。将 10g 的 PVDF 粉末分别溶解到 N，N-二甲基乙酰胺(N,N-dimethylacetamide，DMAC)、N-甲基吡咯烷酮(N-methyl pyrrolidone，NMP)、二甲基亚砜(dimethyl sulfoxide，DMSO)等溶剂中，在 80℃下进行 24h 的磁力搅拌直至溶液呈现均匀且透明状态，并进行 30min 真空脱气处理，获得 PVDF 溶液。

(2)旋涂。三种 PVDF 溶液的黏度不完全相同，因此为保证最终制备的半结晶 PVDF 薄膜厚度一致，在将 PVDF 溶液旋涂在玻璃基板上时，需使用不同的旋涂参数。表 2.1 为不同溶剂下半结晶 PVDF 薄膜旋涂参数。

表 2.1　不同溶剂下半结晶 PVDF 薄膜旋涂参数

溶剂种类	旋涂速度(持续时间)
DMAC	40r/min(30s)、80r/min(30s)、155r/min(100s)
NMP	40r/min(30s)、100r/min(30s)、250r/min(100s)
DMSO	40r/min(30s)、100r/min(30s)、250r/min(100s)

(3)加热固化及揭膜。将旋涂有 PVDF 溶液的玻璃基板放置于烘箱中，进行加热固化。为了调控薄膜的极性相和非极性相，采用了不同的固化方法。表 2.2 为半结晶 PVDF 薄膜等温结晶固化参数。待 PVDF 固化后，揭膜即可获得半结晶 PVDF 薄膜，不同溶剂制备的半结晶 PVDF 薄膜厚度均为 24μm。

表 2.2　半结晶 PVDF 薄膜等温结晶固化参数

固化方法	加热温度(持续时间)
方法 1	30℃(30min)、60℃(3h)、120℃(30min)
方法 2	30℃(30min)、80℃(2h)、120℃(30min)
方法 3	180℃(20min)

(4)极化。为了调控偶极矩的方向，将 50MV/m 高压电场施加在薄膜上并保持 30min，极化时薄膜温度恒定为 90℃，以获得极化 PVDF 薄膜。

2.5.3　极性相/非极性相对电荷转移的影响

为了研究 PVDF 中共存的 α 相、β 相、β 相的偶极取向对 Cu-PVDF 接触起电中电荷转移的影响，计算 Cu-PVDF 接触前后的差分电荷密度 σ_{diff}，其表达式为

$$\sigma_{\text{diff}}=\sigma_{\text{Cu-PVDF}}-\sigma_{\text{Cu}}-\sigma_{\text{PVDF}} \tag{2.22}$$

式中，σ_{Cu} 为接触前金属 Cu 的电荷密度；$\sigma_{\text{Cu-PVDF}}$ 为接触后界面模型的电荷密度；σ_{PVDF} 为接触前 PVDF 的电荷密度。

图 2.33 为 Cu-PVDF 接触前后的差分电荷密度。可以看出，当 PVDF 完全由 α 相组成时，PVDF 与 Cu 界面间的得失电子区域交错在一起，电荷转移仅发生在材料表层原子之间。当 β 相 PVDF 与 Cu 接触时，若偶极取向为正向，则 Cu 表面主要为失电子区域，而 PVDF 表面为得电子区域；若偶极取向为反向，则 PVDF 表面为失电子区域，而 Cu 表面主要是得电子区域。β 相 PVDF 与 Cu 接触起电时的电荷转移，不仅发生在界面表层原子，而且存在于 PVDF 内部偶极子中。

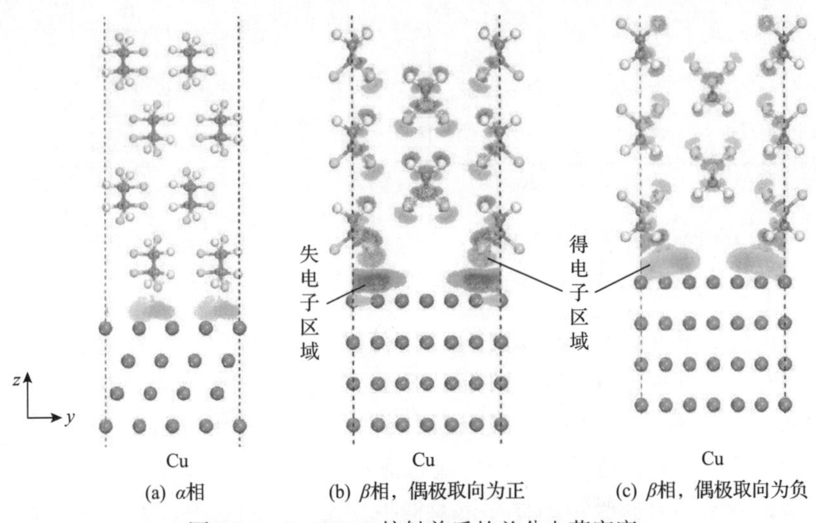

(a) α相　(b) β相，偶极取向为正　(c) β相，偶极取向为负

图 2.33　Cu-PVDF 接触前后的差分电荷密度

为了进一步获得电荷转移方向和转移电荷量，计算沿 z 轴的平均差分电荷密度和电荷密度，如图 2.34 所示。可以看出，尽管 α 相 PVDF 与 Cu 接触时的得失电子区域交错在一起，但总电荷方向为从 Cu 转移到 PVDF，但其电荷密度最小；而 β 相 PVDF 与 Cu 间的转移电荷量较大，且偶极矩方向会影响电荷转移方向。与 Cu 接触前后，α 相 PVDF 内部分子的电子分布并未发生任何变化，而 β 相 PVDF 材料内部分子则发生电荷重新分布，且与 β 相的固有偶极相关。β 相 PVDF 的电荷重新分布与孤立 PVDF 分子由于原子电负性引起的电荷重新分布不同，这种内部分子电荷重新分布是由 β 相 PVDF 与 Cu 接触起电造成的。对于 β 相 PVDF 中 $\left(C_2H_2F_2\right)_n$ 锯齿结构一侧的 C—F 键，强电负性原子 F 周围为电子富集区，而 C 原子周围为电子缺失区域；而另一侧的 C—H 键则呈现为 C 原子周围电子富集，而弱电负性原子 H 周围为电子缺失区域。总之，与 Cu 接触时 β 相 PVDF 比 α 相 PVDF 表现出特殊的电荷转移行为，包括电荷转移的增强和电荷转移方向的逆转。

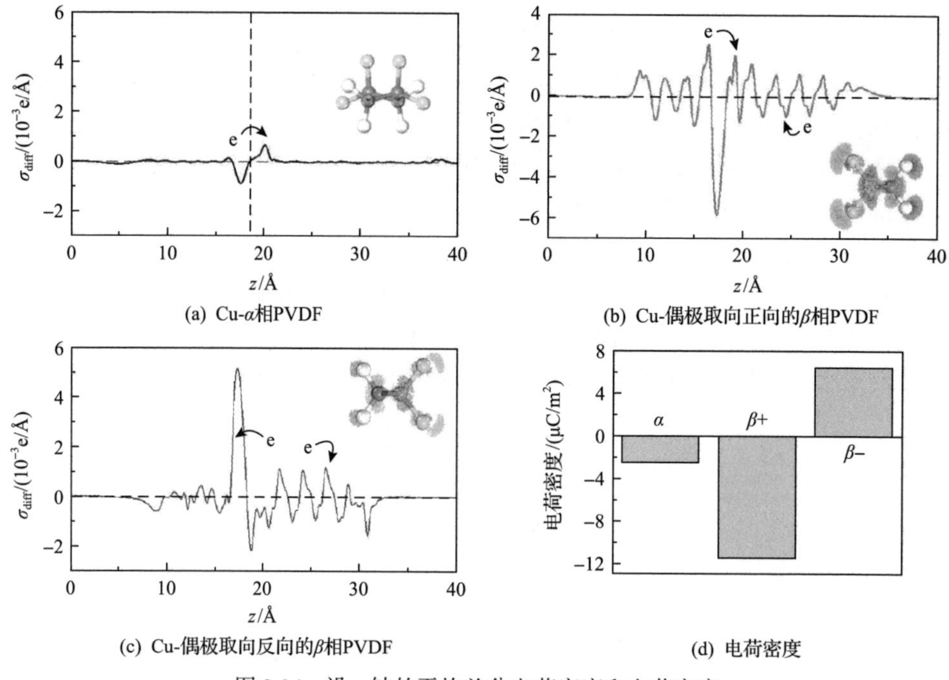

图 2.34　沿 z 轴的平均差分电荷密度和电荷密度

为了揭示 β 相 PVDF 与 Cu 之间电荷转移增强和电荷转移方向逆转的内在机理，计算沿 z 轴的平均静电势，如图 2.35 所示。可以看出，Cu-α 相 PVDF 界面模型中的电子主要被束缚在周期性变化的势阱中。当两种材料相互接近时，表面原子的电子云发生重叠，电子从势阱中越过界面势垒发生转移。对于 Cu-β 相 PVDF 界面模型，分子固有偶极矩的存在以及偶极矩定向排列，会使 β 相 PVDF 的平均静电势分布沿垂直表面方向发生倾斜，而倾斜的方向由偶极矩取向决定。材料表面被束缚电子发生转移的前提是先从自身势阱中逃离，而金属-聚合物之间的接触起电与界面势垒密切相关，较高的界面势垒不利于界面电子转移。偶极相互作用会导致 β 相 PVDF 平均静电势分布倾斜，使得界面势垒降低，从而使电子更容易发生转移。

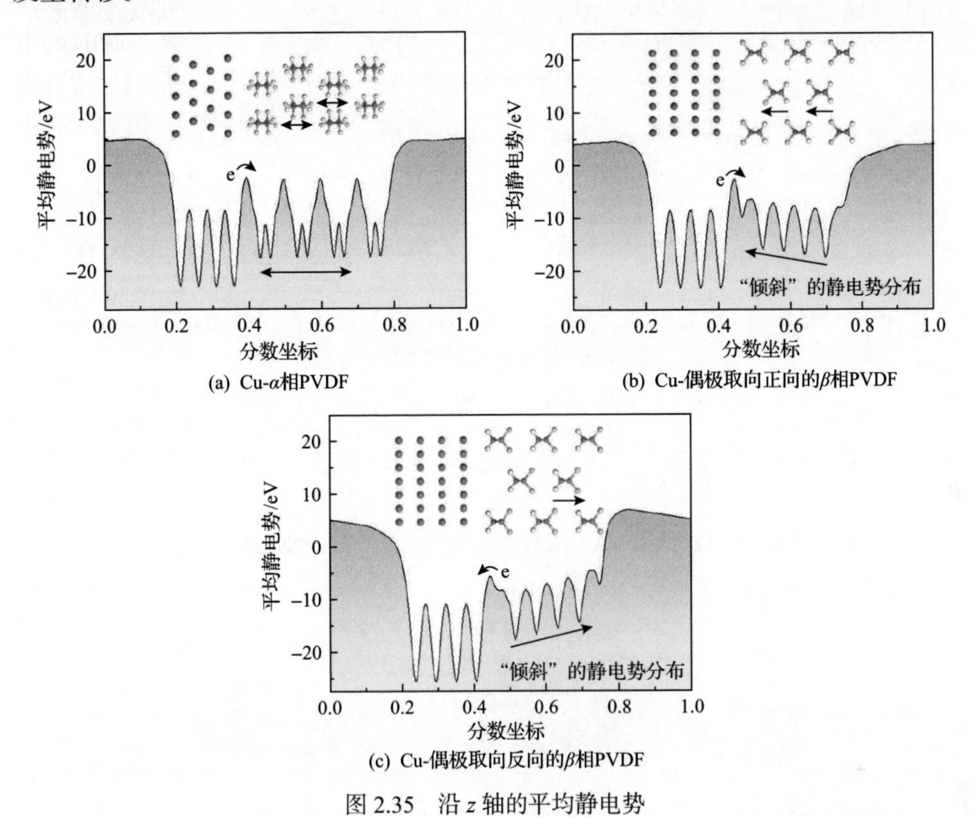

(a) Cu-α相PVDF　(b) Cu-偶极取向正向的β相PVDF

(c) Cu-偶极取向反向的β相PVDF

图 2.35　沿 z 轴的平均静电势

计算 β 相与 α 相 PVDF 分子单链的静电势与 LUMO，以从电荷转移驱动力和电子受体两个角度，进一步研究极性分子转移电荷量大、电荷转移方向逆转的内在原因。为了排除分子链终端原子对单体分子性质的影响，计算不同终端原子 PVDF 静电势分布与 LUMO，如图 2.36 所示。可以看出，不管终端原子类型如何，α 相 PVDF 的正负静电势区域都围绕碳链分散分布，且强度偏低；而 β 相 PVDF 碳链的一侧为极强的负静电势区，另一侧为极强的正静电势区。电荷转移的驱动力正是界面分子产生的静电吸引力，强负静电势区域的分子基团对电子的静电吸引力作用更强，有利于捕获 Cu 转移的电荷，而正静电势区的作用则相反。因此，从静电势的分布来看，β 相 PVDF 可比 α 相 PVDF 获得更大的转移电荷量，且电荷转移方向与分子链静电势的方向相关。

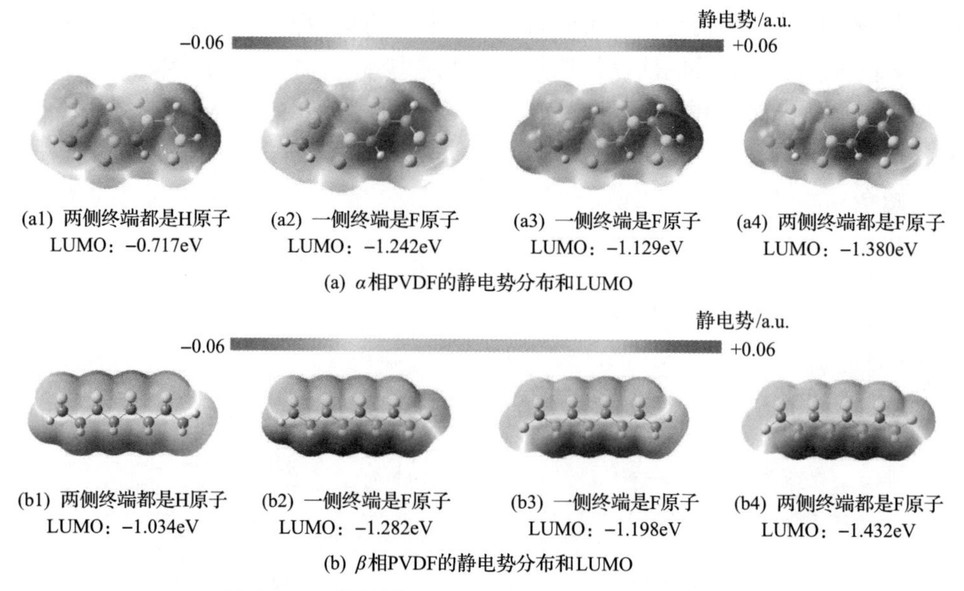

图 2.36　不同终端原子 PVDF 静电势分布与 LUMO

图 2.37 为单链 PVDF 分子的静电势分布。可以看出，PVDF 在接触界面上的

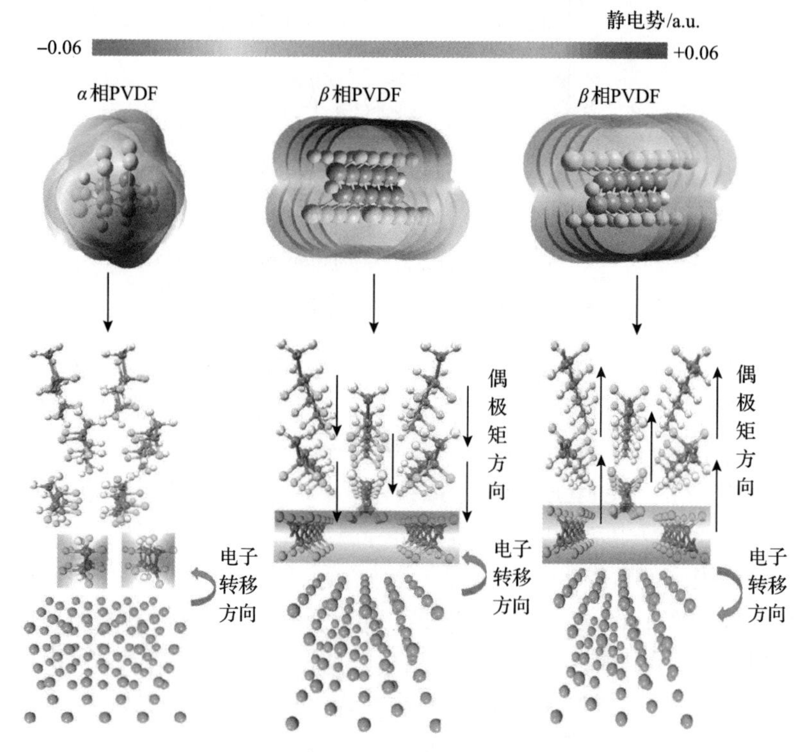

图 2.37　单链 PVDF 分子的静电势分布

电子增益区和电子损耗区，分别对应于 PVDF 分子的强负静电势区和强正静电势区，β 相 PVDF 侧的正(负)静电势区在向金属电极提供(捕获)电子方面起着重要作用。因此，当 β 相 PVDF 的不同侧与 Cu 接触时，电子转移的驱动力方向相反，这一现象揭示了当 β 相 PVDF 偶极子方向反转时,电荷转移方向也反转的内在原因。

图 2.38 为 PVDF 分子的 LUMO 能级。可以看出，β 相 PVDF 分子的 LUMO 能级相比于 α 相的更低，因此接触起电后的转移电荷量也越大。从 LUMO 分布来看，β 相 PVDF 的 LUMO 的离域程度远大于 α 相 PVDF，离域的 LUMO 分布降低了 β 相 PVDF 与金属原子间的电荷交换难度，提高了电子交换能力。综上所述，PVDF 的极性相在促进接触起电中的电子转移方面起着重要作用。

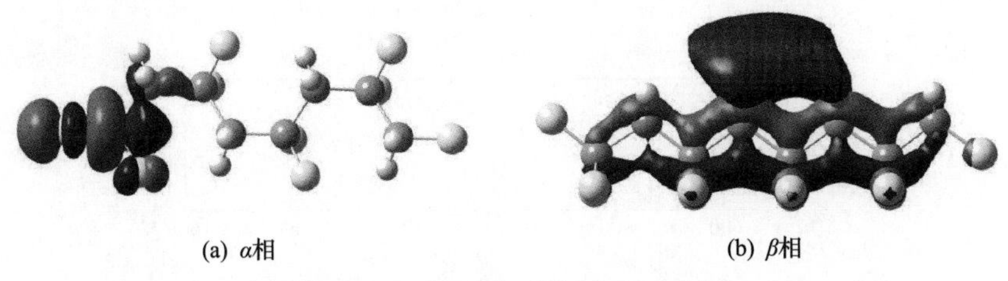

(a) α相　　(b) β相

图 2.38　PVDF 分子的 LUMO 能级

为了验证 PVDF 极性相对接触起电的增强作用，基于溶液结晶法制备了半结晶 PVDF 薄膜，通过改变其等温结晶温度来控制极性相与非极性相的含量，并测试了不同半结晶 PVDF 薄膜与 Cu 的接触起电性能。为了排除压电电荷或者表面极化电荷对电学输出的影响，本试验所用的半结晶 PVDF 薄膜均未进行极化，其压电系数为 0。

图 2.39 为不同极性相含量下半结晶 PVDF 薄膜的接触起电性能。可以看出，随着等温结晶温度升高，半结晶 PVDF 薄膜开路电压和短路电荷降低，α 相 PVDF 所对应的 CF_2 基团弯曲振动（$530cm^{-1}$）、CF_2 基团弯曲与骨架振动（$615cm^{-1}$ 和 $764cm^{-1}$）、CH_2 基团摇摆振动（$795cm^{-1}$ 和 $975cm^{-1}$）的吸收峰逐渐增强，而 β 相

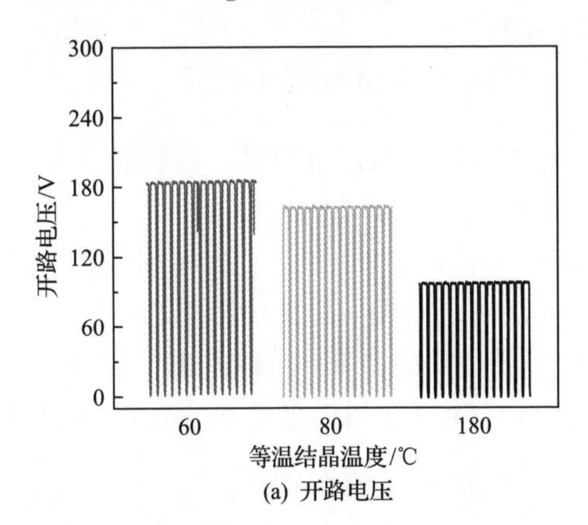

(a) 开路电压

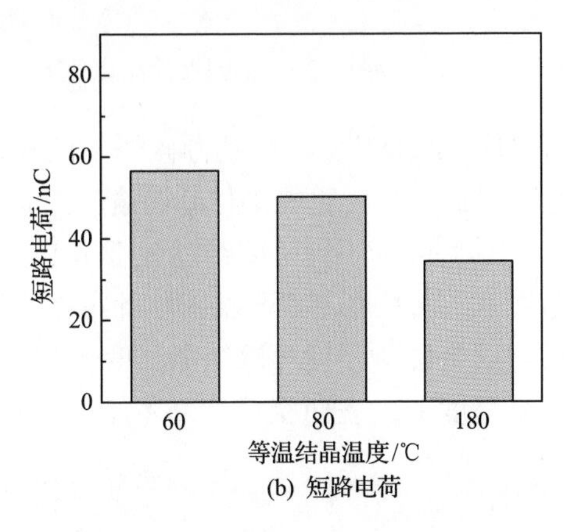

(b) 短路电荷

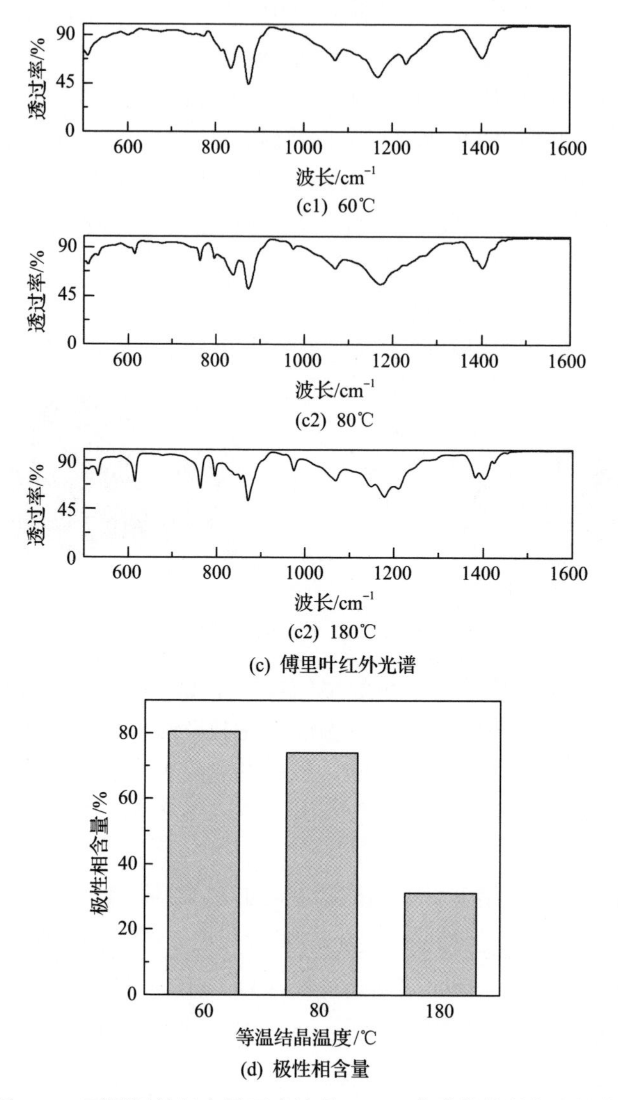

(c) 傅里叶红外光谱

(d) 极性相含量

图 2.39　不同极性相含量下半结晶 PVDF 薄膜的接触起电性能

所对应 840cm^{-1} 吸收峰逐渐减弱。此外，随着等温结晶温度升高，极性相含量也逐渐降低，其变化规律与电学输出性能成正相关。

图 2.40 为不同等温结晶温度下 PVDF 薄膜结晶度。可以看出，不同等温结晶温度下，结晶度基本不变，因此可排除结晶度对电学输出性能的影响。

图 2.41 为不同等温结晶温度下 PVDF 薄膜表面粗糙度。可以看出，不同等温结晶温度下，表面粗糙度基本不变，因此可排除表面粗糙度对电学输出性能的影响。

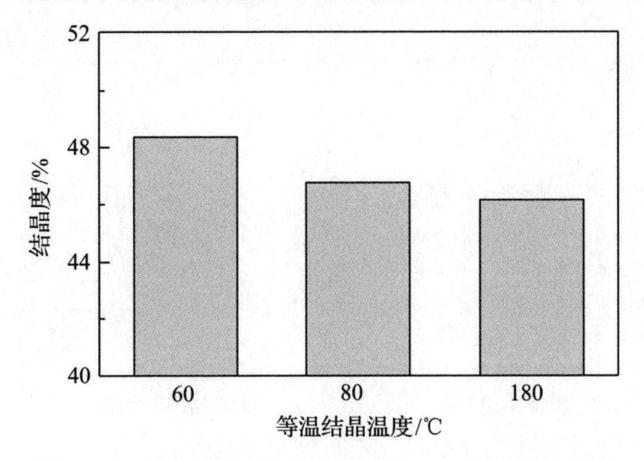

图 2.40　不同等温结晶温度下 PVDF 薄膜结晶度

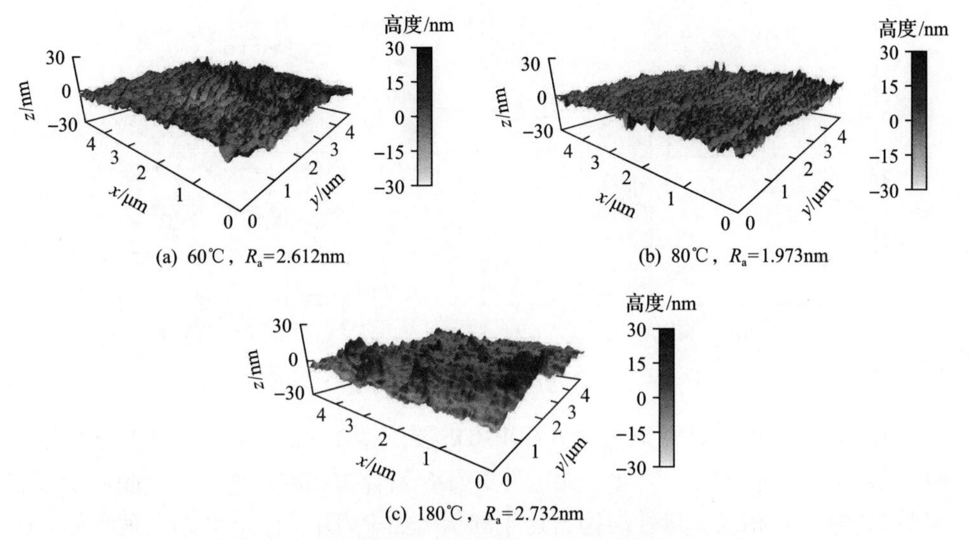

(a) 60℃，R_a=2.612nm

(b) 80℃，R_a=1.973nm

(c) 180℃，R_a=2.732nm

图 2.41　不同等温结晶温度下 PVDF 薄膜表面粗糙度

2.5.4　结晶度对电荷转移的影响

为了研究结晶度对半结晶 PVDF 薄膜与 Cu 间电子转移的影响，分析了电荷转移过程中的电子供体与电子受体。图 2.42 为差分电荷密度、电荷密度和界面体系总能量。可以看出：

(1) 当无定形 PVDF 与 Cu 接触时，界面间不仅有得电子区域也有失电子区域，且电荷转移仅发生在材料表层原子之间。也就是说，无定形 PVDF 分子链在从 Cu 表面捕获电子的同时，也为 Cu 提供电子。

(2) 当无定形 PVDF 与 Cu 接触时，界面总的电子转移方向为从 Cu 到 PVDF，其电荷密度比 β 相 PVDF 要小，但是略高于 α 相 PVDF。通过分析电荷转移区域与转移电荷量可知，无定形 PVDF 与 Cu 间的电荷转移过程与 α 相 PVDF 类似。

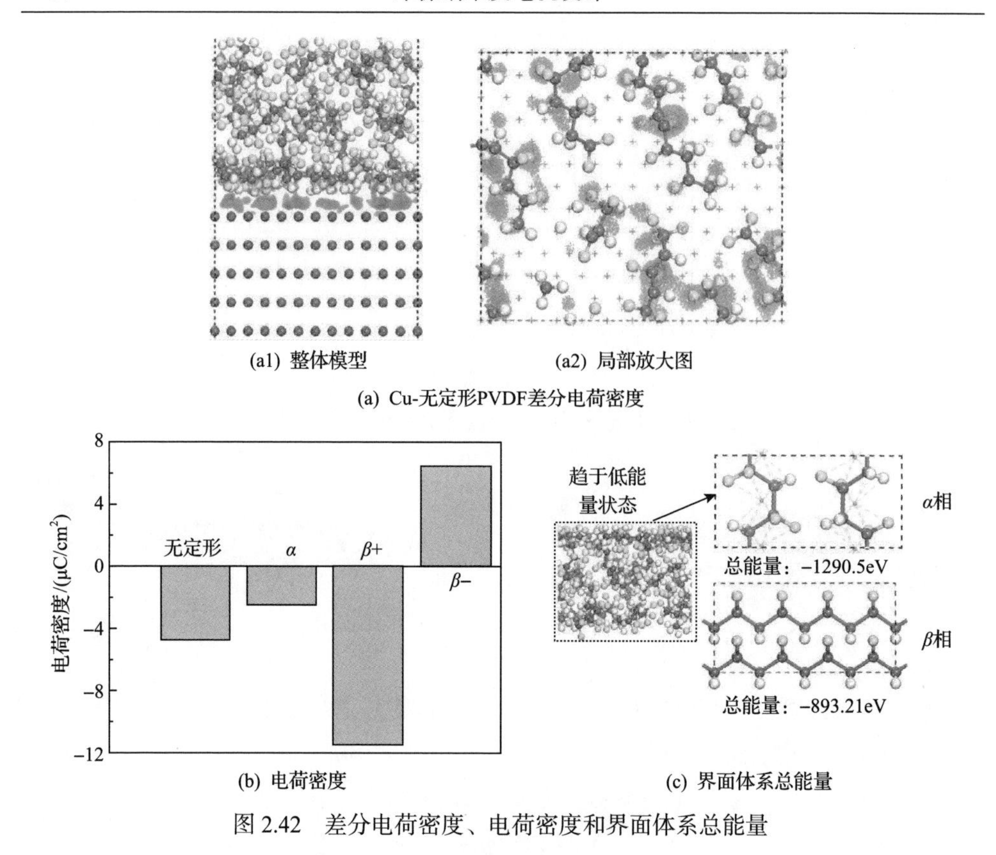

(a) Cu-无定形PVDF差分电荷密度

(b) 电荷密度　　(c) 界面体系总能量

图 2.42　差分电荷密度、电荷密度和界面体系总能量

(3) α 相 PVDF 体系总能量比 β 相 PVDF 要低得多，表明 α 相 PVDF 这种结构是更加稳定的体系状态。因此，无定形 PVDF 聚合物在常温常压下，倾向于形成能量更低的类 α 相的非极性结构，这不利于增加 PVDF 与 Cu 间的电荷转移。因此，PVDF 中非晶区比例增加不利于改善材料的摩擦起电性能。

为了验证上述结论，使用不同溶剂 DMAC、NMP 和 DMSO 制备了不同结晶度的半结晶 PVDF 薄膜。不同溶剂的使用，将同时影响半结晶 PVDF 薄膜中的极性/非极性相转变和结晶度。

图 2.43 为半结晶 PVDF 薄膜的接触起电性能。可以看出，溶剂种类会影响开路电压和短路电流。其中基于 NMP 制备的半结晶 PVDF 薄膜具有最高的开路电压和短路电流，而 DMAC 制备的 PVDF 薄膜的开路电压和短路电流最小。

为了解释上述试验结果，表征了不同溶剂制备的半结晶 PVDF 薄膜的傅里叶红外光谱，如图 2.44(a)所示。可以看出，β 相 PVDF 所对应 $840cm^{-1}$ 透过率从大到小所对应的溶剂依次为 DMSO、NMP、DMAC，而对 α 相 PVDF 所对应 $764cm^{-1}$ 透过率而言，DMAC 大于 NMP 和 DMSO。

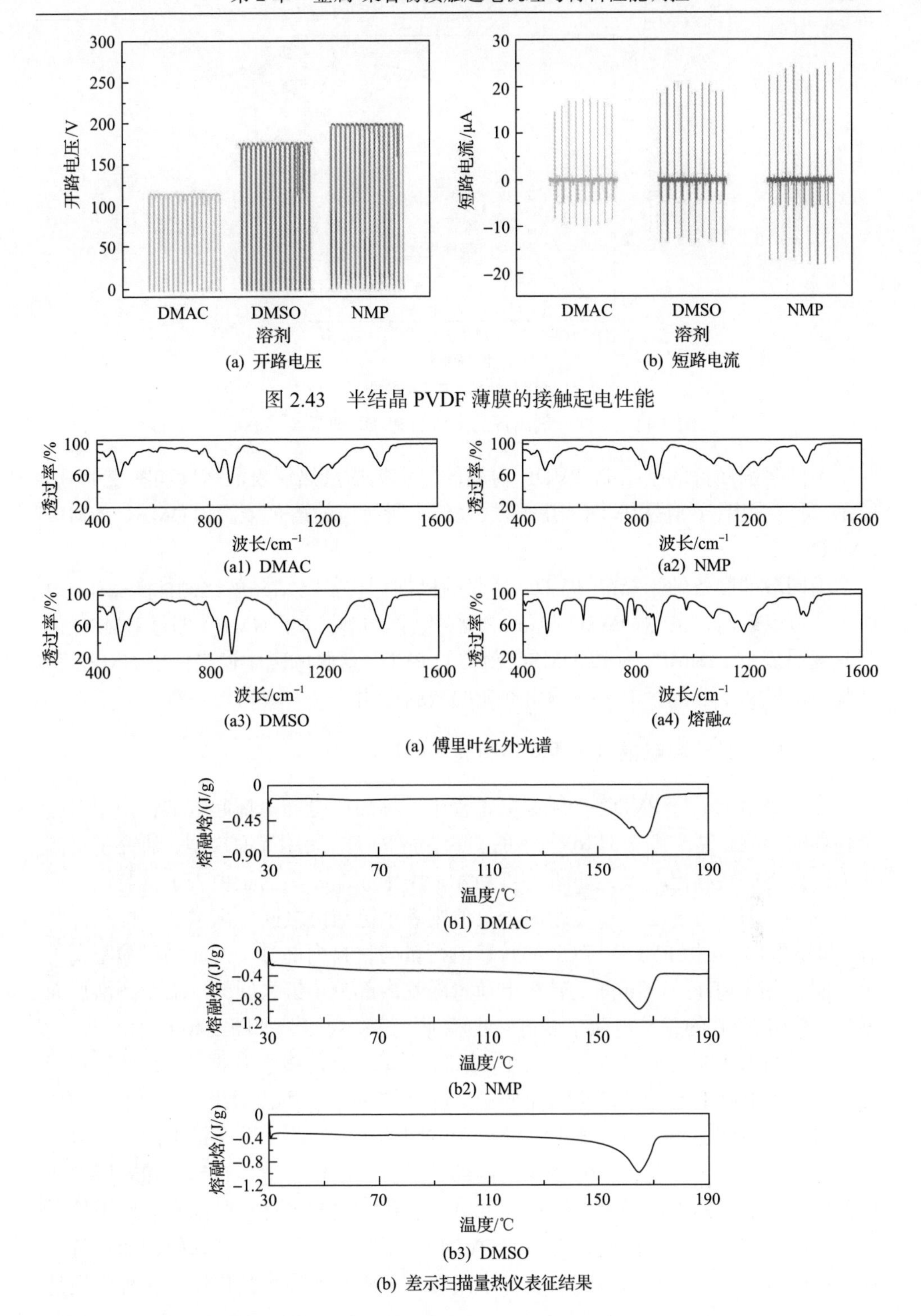

(a) 开路电压　　(b) 短路电流

图 2.43　半结晶 PVDF 薄膜的接触起电性能

(a1) DMAC　　(a2) NMP

(a3) DMSO　　(a4) 熔融α

(a) 傅里叶红外光谱

(b1) DMAC

(b2) NMP

(b3) DMSO

(b) 差示扫描量热仪表征结果

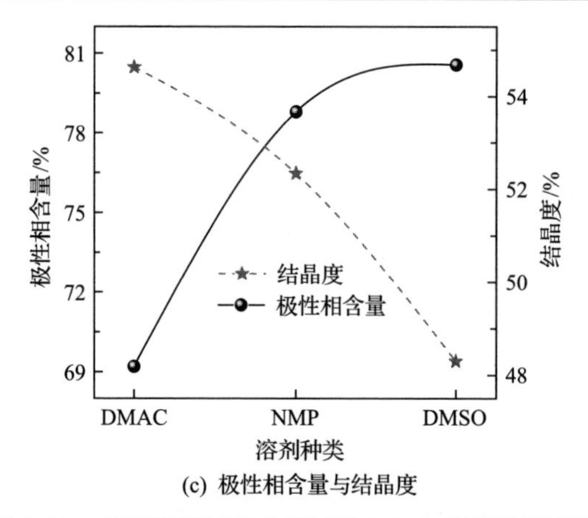

(c) 极性相含量与结晶度

图 2.44　不同溶剂制备的半结晶 PVDF 薄膜性能表征

不同溶剂制备的半结晶 PVDF 薄膜的差示扫描量热仪表征结果如图 2.44(b)所示。可以看出，半结晶 PVDF 熔融焓从大到小所对应的溶剂依次为 DMAC、NMP、DMSO。

不同溶剂制备的半结晶 PVDF 薄膜的极性相含量与结晶度比例如图 2.44(c)所示。可以看出，虽然 DMSO 制备的薄膜极性含量略高于 NMP，但是 DMSO 的结晶度明显小于 NMP，使得 DMSO 制备的 PVDF 薄膜的电学输出低于 NMP。该试验结果证实了非晶区对电学输出性能的减弱作用。

2.5.5　压电与摩擦起电耦合作用对电荷转移的影响

为了揭示 Cu 与 PVDF 接触起电过程中，界面压电与摩擦起电耦合作用对电子转移的影响，基于图 2.31(c)所示的 Cu-结晶 PVDF 受压界面模型，研究了不同压缩距离下的转移电荷量，如图 2.45 所示。图中压缩距离为正值表示链与链之间距离减小，即压缩状态；压缩距离为负值则表示链与链之间距离增加，即拉伸状态。可以看出，α 相 PVDF 与 Cu 的转移电荷量与材料内部分子链间的压缩距离无关，而 β 相 PVDF 与 Cu 间的转移电荷量随着内部分子链之间的压缩距离增加而增加。Cu-PVDF 的差分电荷密度进一步验证了这一规律，如图 2.46 所示。

为了揭示压缩变形对 β 相 PVDF 与 Cu 之间电荷转移增强的机理，计算不同受载下 β 相 PVDF 各原子的电荷布居，如图 2.47 所示。可以看出，当 β 相 PVDF 受压时，压力增加会使得 β 相 PVDF 分子链间的距离减小，分子链上的正负电荷中心与偶极矩发生改变，β 相 PVDF 内部分子链间发生了电荷转移；随着压缩变形程度的增加，PVDF 内部分子链间的电荷转移方向与极性分子固有偶极矩的方向从反向变为了同向。因此，由内部 PVDF 分子链之间的电荷转移引起的正负电荷中心的定向、有序分布，起着类似于极性分子固有偶极子的作用，这种作用是

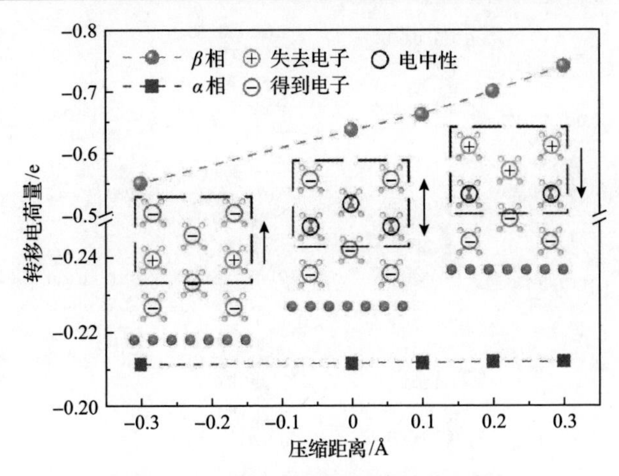

图 2.45　不同压缩距离下的转移电荷量

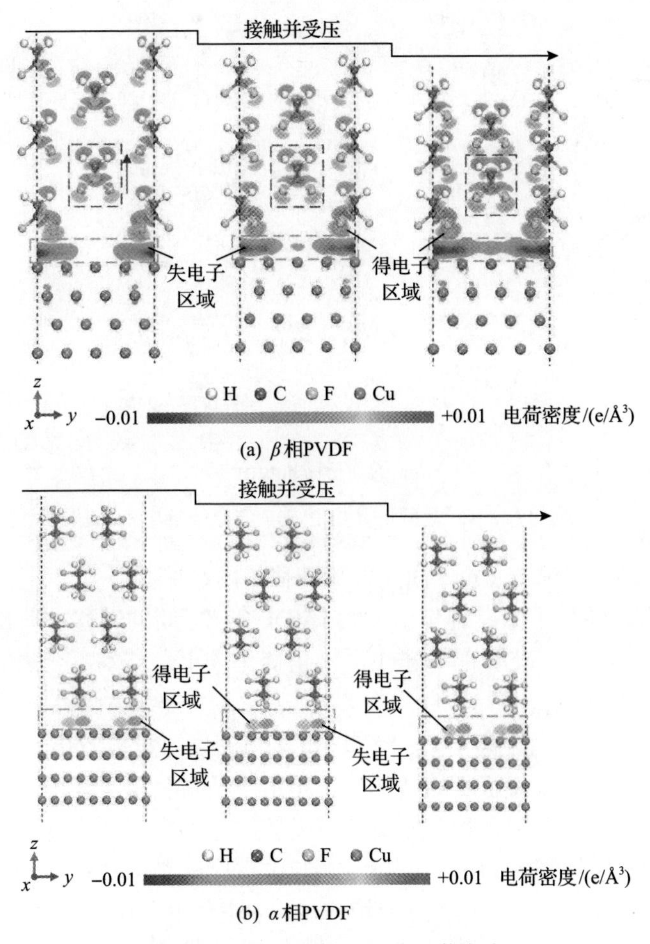

图 2.46　Cu-PVDF 的差分电荷密度

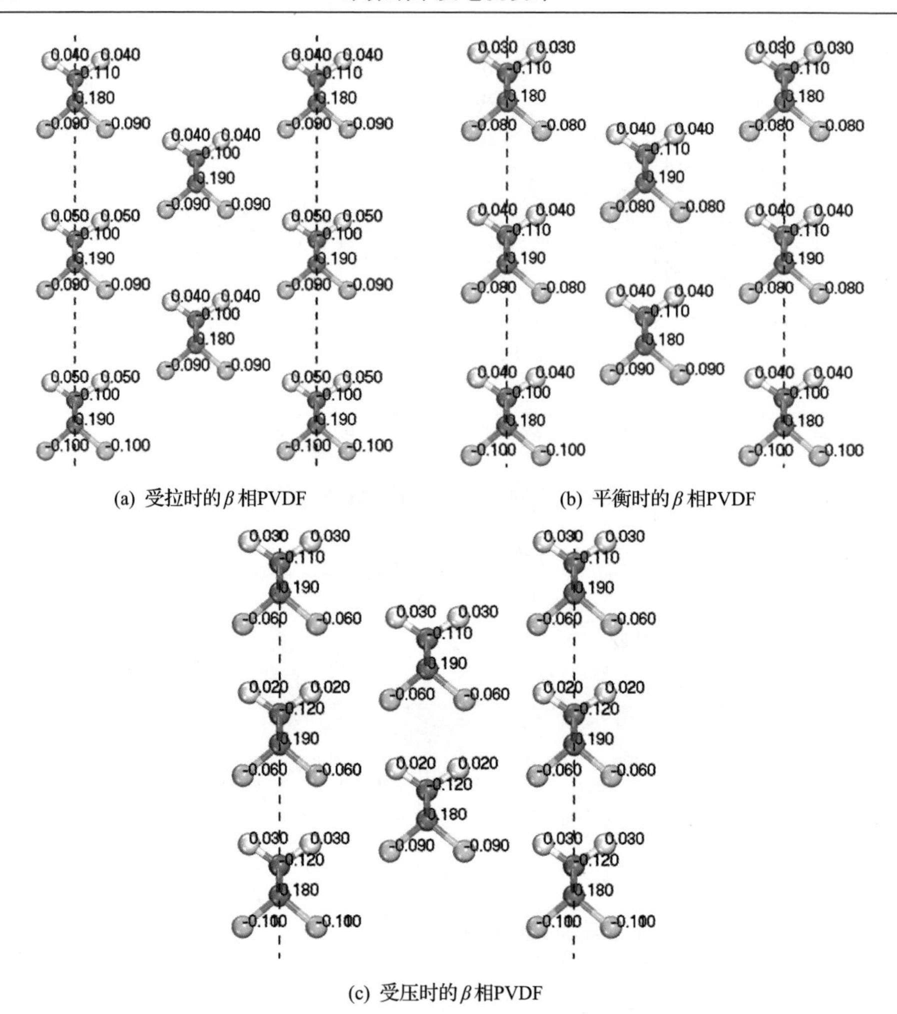

(a) 受拉时的β相PVDF　　　　(b) 平衡时的β相PVDF

(c) 受压时的β相PVDF

图 2.47　不同受载下β相 PVDF 各原子的电荷布居

进一步增强β相 PVDF 与 Cu 界面间电荷转移的内在原因。

图 2.48 为不同分子主链键角下β相 PVDF 与 Cu 间的转移电荷量。可以看出，在受压过程中，β相 PVDF 的分子主链键角变化较小，基本不会影响β相 PVDF 与 Cu 间的转移电荷量。

图 2.49 为不同界面距离下 Cu-PVDF 的电荷密度。可以看出，Cu-PVDF 界面距离的减小也会导致电荷密度的增加。这是由于两材料接触表面原子的电子云重叠程度导致的，与铁电聚合物的压电效应无关。总的来说，当外界施加压力增加时，PVDF 中的极性相能通过压电与摩擦起电效应的耦合进一步增强电荷转移，这种耦合作用的本质是变形增加了β相PVDF中正负电荷中心之间的不重合程度，并导致极性 PVDF 分子链之间的电荷转移，从而在 PVDF 和 Cu 之间产生额外的

电荷转移。

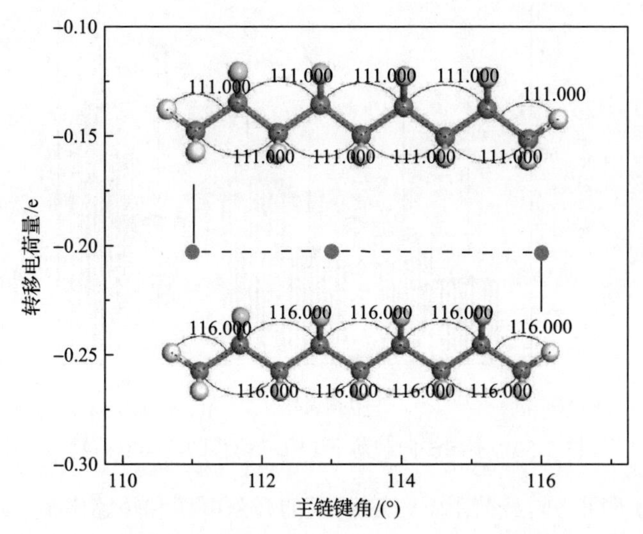

图 2.48　不同分子主链键角下 β 相 PVDF 与 Cu 间的转移电荷量

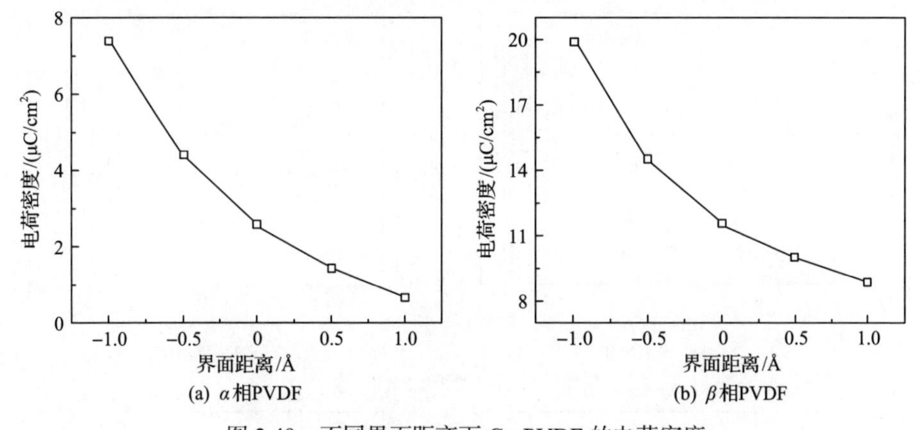

图 2.49　不同界面距离下 Cu-PVDF 的电荷密度

选择试验中极性相含量大约为 80%的极性 PVDF 薄膜，与通过熔融法制备得到的非极性 PVDF 薄膜，分别在不同法向载荷下与 Cu 进行接触起电试验。图 2.50 为不同法向载荷下 PVDF 薄膜的转移电荷量。可以看出，随着法向载荷增加，两种 PVDF 薄膜接触起电时的转移电荷量都增加，但极性 PVDF 薄膜的转移电荷量增长速率远大于非极性 PVDF 薄膜。这是由于法向载荷增加会使 β 相的正负电荷中心不重合度进一步增强，从而在极性 PVDF 与 Cu 之间产生额外的电荷转移。试验中所有的 PVDF 薄膜均从平板玻璃基板上揭膜而成，因此可以忽略表面粗糙度对结果的影响。

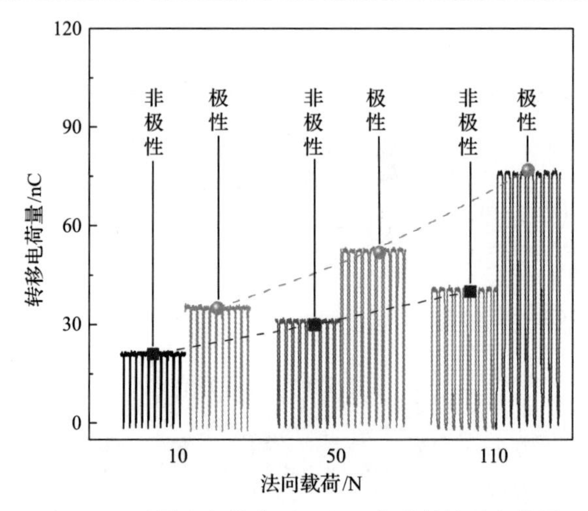

图 2.50　不同法向载荷下 PVDF 薄膜的转移电荷量

图 2.51 为不同法向载荷下 PVDF 薄膜的开路电压和短路电流。可以看出，极性 PVDF 薄膜对法向载荷的灵敏度更高，分别为 0.47V/kPa 和 33nA/kPa。

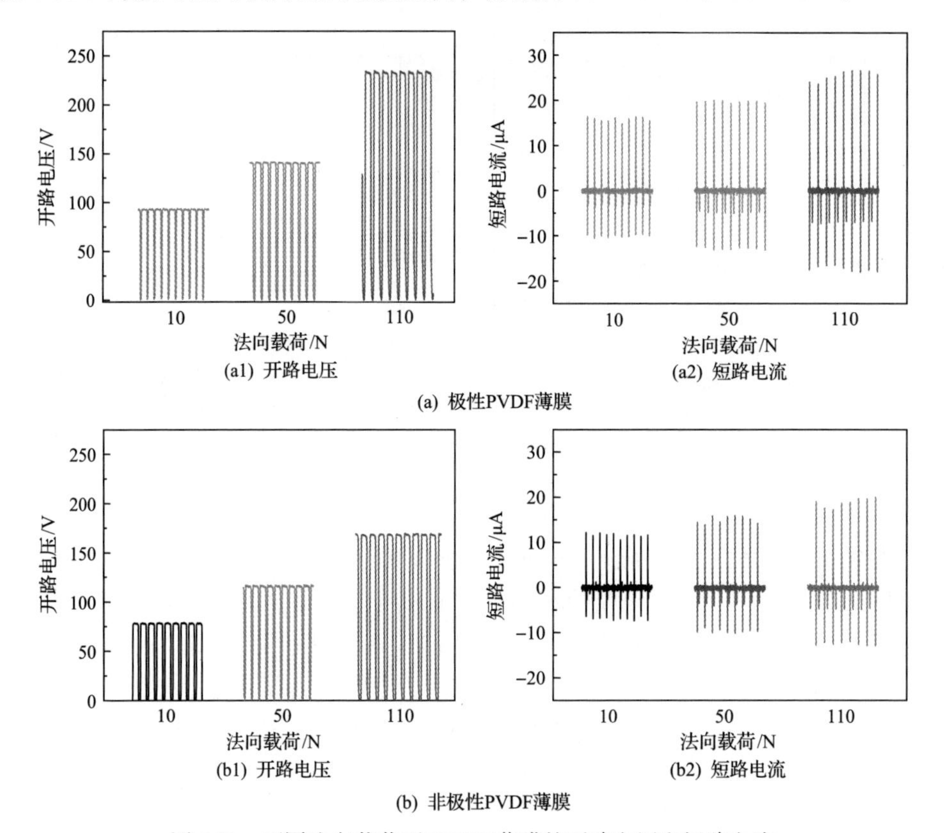

图 2.51　不同法向载荷下 PVDF 薄膜的开路电压和短路电流

2.6　聚酰亚胺材料改性及摩擦起电性能研究

基于第一性原理计算结果，接触起电中聚合物表面的电子受体为 LUMO，而双键分子基团是 LUMO 的重要组成部分。因此，本节采用向聚酰亚胺材料引入双键分子基团的方法，以提高材料的摩擦起电性能。

2.6.1　双键分子基团改性的聚酰亚胺材料制备及表征

1. 材料制备

聚酰亚胺是指主链上含有酰亚胺环的一类聚合物，其典型的合成方法主要包括一步合成法和二步合成法。一步合成法是指将二胺和二酐单体在高沸点溶剂下直接反应生成聚酰亚胺，此方法的缺点在于反应条件苛刻；而二步合成法是将二胺和二酐在极性溶剂中发生缩聚反应生成聚酰胺酸(polyamide acid，PAA)，然后再通过热亚胺法或化学亚胺法将 PAA 转化成聚酰亚胺。

本节采用二步合成法制备了改性的聚酰亚胺。所用原料有：六氟二酐(4,4'-(hexafluoroisopropylidene) diphthalic anhydride, 6FDA)、二胺基二苯醚(4,4'-oxydianiline, ODA)、二苯甲酮四甲酸二酐(3, 3', 4, 4'-benzophenonetetracarboxylic dianhydride, BTDA)和 DMAC。图 2.52 为 6FDA-ODA 和 BTDA-ODA 的化学式。可以看出，两种聚酰亚胺在分子结构上仅在酰亚胺环之间的侧基上存在差异，分别为 $C(CF_3)_2$ 基团和 C═O 基团，而在其他位置完全相同，因此可以直接对比氟化改性材料 6FDA-ODA 和双键改性材料 BTDA-ODA 的摩擦起电性能。

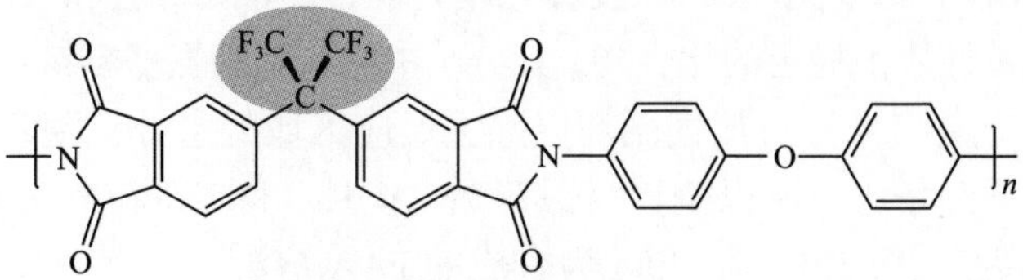

(a) 氟化改性，6FDA-ODA

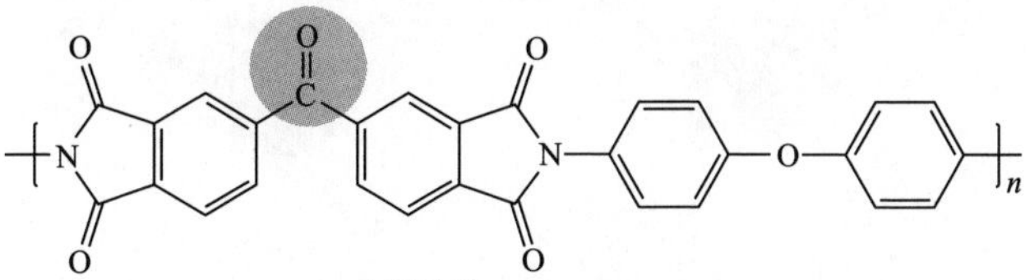

(b) 双键改性，BTDA-ODA

图 2.52　6FDA-ODA 和 BTDA-ODA 的化学式

二胺和二酐粉末使用前在干燥箱中进行烘干处理，以完全除去水分；溶剂直接使用，不做任何处理。图 2.53 为聚酰亚胺薄膜制备工艺流程，主要包括 PAA

溶液合成、旋涂、加热固化和揭膜。

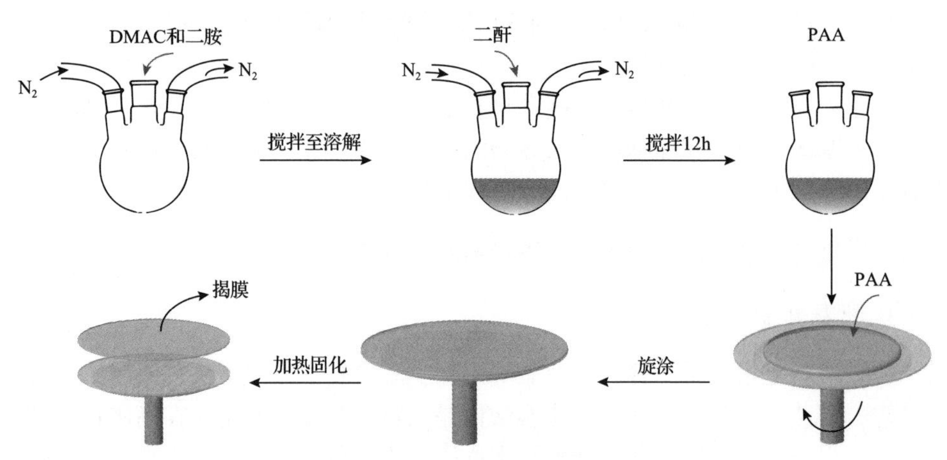

图 2.53　聚酰亚胺薄膜制备工艺流程

1) PAA 溶液合成

PAA 溶液合成所需装置主要包括三颈圆底烧瓶、水浴磁力搅拌器、氮气瓶和橡胶导管等。

试验前按照质量分数为 15%的 PAA 溶液浓度计算 DMAC 溶剂、二胺粉末和二酐粉末的用量。当二胺的摩尔质量是二酐的摩尔质量的 1.05 倍左右时，可以获得高质量的 PAA 溶液。

制备时，向 DMAC 溶剂中加入称好的二胺粉末，待二胺在溶剂中完全溶解后，分批多次地加入二酐粉末，并使每批加入的二酐都与二胺反应充分。如果一次性加入大量的二酐粉末，则溶液的黏度会急剧升高，会导致二胺和二酐反应不完全。

PAA 是一种性质不稳定的化合物，其分子中的羧基和氨基容易水解生成芳香酰亚胺，因此反应全程需保持氮气循环以除去反应区域的水分。随着反应的进行，溶液的黏度会逐渐增大，所以全程需保持磁力搅拌。待二酐粉末完全加入后，保持反应条件使其持续反应 12h。图 2.54 为合成的 PAA 溶液。

(a) 6FDA-ODA

(b) BTDA-ODA

图 2.54　合成的 PAA 溶液

2) 旋涂

聚合物薄膜的厚度对摩擦纳米发电机的电学输出性能有一定的影响。当聚合物薄膜太厚时，静电感应会受到削弱，从而导致摩擦纳米发电机电学输出性能降低；而当聚合物薄膜太薄时，电子容易在高电压作用下击穿聚合物薄膜到达背部电极，从而大幅降低摩擦纳米发电机的电学输出性能。因此，摩擦纳米发电机中聚合物薄膜的厚度通常需要控制在几十至几百微米之间。

为了将制备的聚酰亚胺薄膜厚度控制在均匀的几十微米，需要借助旋涂工艺将 PAA 溶液旋涂在基板上，通过调整旋涂参数改变 PAA 溶液在基板上的厚度，从而获得厚度可控的聚酰亚胺薄膜。

首先将圆形玻璃基板置于匀胶机上进行对中调平，然后向玻璃基板上倒入稍微过量的 PAA 溶液，最后使用匀胶机进行旋涂，使 PAA 溶液在玻璃基板上均匀分布。所采用的玻璃基板直径为 110mm，倒入的质量分数为 15%的 PAA 溶液约 8mL。在旋涂离心力的作用下，溶液会在玻璃基底上充分铺展，过量的溶液会被甩出玻璃基板。

各 PAA 溶液的黏度不同，因此如要获得膜厚相同的聚酰亚胺薄膜，所需的旋涂速度等参数也不同。表 2.3 为两种改性聚酰亚胺薄膜旋涂工艺参数。其中，旋涂速度依次增加，这样操作有利于溶液均匀平稳地在玻璃基底上铺展。通常旋涂过程中的低速持续时间不需要太长，而最高旋涂速度下需要持续较长时间，以使 PAA 溶液充分铺展均匀并且完全甩出过量的溶液。

表 2.3　两种改性聚酰亚胺薄膜旋涂工艺参数

薄膜名称	旋涂速度/(r/min)	旋涂时间/s
6FDA-ODA	30	30
	60	60
	85	90
BTDA-ODA	30	30
	60	60
	100	90

3) 加热固化

采用热亚胺法将 PAA 溶液转化成聚酰亚胺薄膜，可将旋涂有 PAA 溶液的玻璃基板放入干燥箱中进行梯度升温加热。各 PAA 溶液的化学性质存在差异，因此其溶剂蒸发速率和完全热亚胺化所需要的最高加热温度均不相同。最终成膜质量主要受溶剂蒸发过程和完全热亚胺化过程两方面的影响。

在溶剂还未完全蒸发之前需要避免发生热亚胺化，否则会导致最终的薄膜中存在气泡。溶剂蒸发过程的温度宜在 80～100℃，持续时间依据不同种类的 PAA

溶液性质进行调整，在进一步升温之前必须完全去除溶液中的溶剂。

制得的聚酰亚胺薄膜是否完全热亚胺化取决于最高加热温度。6FDA-ODA 和 BTDA-ODA 因化学组分不同，达到完全热亚胺化所需的最高加热温度也有所差异，其加热固化工艺参数如表 2.4 所示。

表 2.4　加热固化工艺参数

薄膜名称	加热温度/℃	时间/h
6FDA-ODA	50	0.5
	80	2
	120	1
	160	1
	200	1
	250	1
BTDA-ODA	50	0.5
	80	2
	120	1
	160	1
	200	1
	250	1
	300	1

4）揭膜

待聚酰亚胺薄膜冷却至室温后，将带有聚酰亚胺薄膜的玻璃基底浸入去离子水中约 1min 后取出，再用刀片沿着玻璃基板边沿进行揭膜，并将揭下的聚酰亚胺薄膜置于 50℃的干燥箱中进行低温烘干。浸入去离子水中再进行揭膜的原因在于：加热后的薄膜与玻璃基板的结合力较大，直接揭膜比较困难，而且可能会导致薄膜发生塑性变形或撕裂。

2. 材料表征

1）化学结构表征

判断合成的聚酰亚胺薄膜质量的依据在于 PAA 溶液是否充分热亚胺化。如果热亚胺化不充分，将会对聚酰亚胺薄膜的力学和电学性能产生影响。图 2.55（a）为热亚胺化反应，主要涉及的化学反应是羧基（COOH）和氨基（NH_2）的脱水环化反应。因此，判断热亚胺化是否充分的主要标准是最终制得的聚酰亚胺薄膜中是否还残留有未发生脱水环化的 O—H 键和 N—H 键。

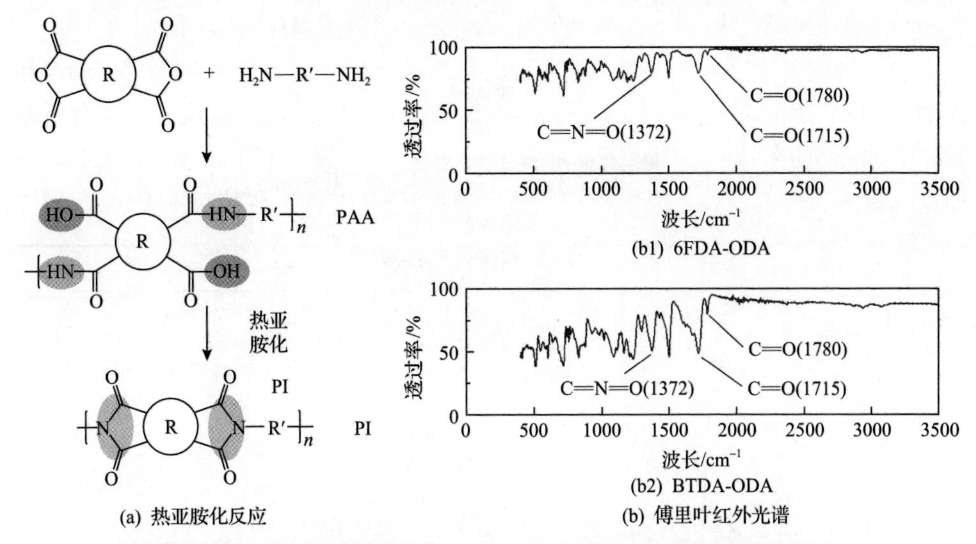

(a) 热亚胺化反应　(b) 傅里叶红外光谱

图 2.55　聚酰亚胺薄膜的热亚胺化反应和傅里叶红外光谱测试结果

为了判断各 PAA 溶液的热亚胺化程度，对各聚酰亚胺薄膜分别进行傅里叶红外光谱测试。由常见分子基团的傅里叶红外光谱吸收峰范围对照表可知，O—H 键的伸缩振动峰主要出现在 3200～3500 cm^{-1}，N—H 键的伸缩振动峰主要出现在 3100～3500 cm^{-1}。

测试前将薄膜置于无水乙醇溶液中进行超声清洗 10min，并用氮气吹干以除去表面杂质。聚酰亚胺薄膜的傅里叶红外光谱测试结果如图 2.55(b)所示。可以看出，各聚酰亚胺薄膜的傅里叶红外光谱中，均未出现未反应的 PAA 溶液羧基中的 O—H 键和 NHCO 基团中的 N—H 键，但均出现了反应产生的 C═O 键(1715 cm^{-1} 和 1780 cm^{-1})和 C—N 键(1372 cm^{-1})。这说明在上述的加热工艺参数下，PAA 溶液已充分热亚胺化成聚酰亚胺。

2)膜厚表征

用表面形貌仪表征聚酰亚胺薄膜的厚度。图 2.56 为 6FDA-ODA 和 BTDA-ODA 的膜厚测量结果。可以看出，制备的聚酰亚胺薄膜厚度均约 40μm。

2.6.2　双键改性材料接触起电性能研究

1. 试验研究

图 2.57 为接触起电测试平台，主要包括力-位移控制系统和电学性能测量系统。力-位移控制系统主要包括线性马达、压力传感器、伺服驱动器、嵌入式控制器、计算机，为摩擦纳米发电机提供可以调控的法向载荷；电学性能测量系统主要包括静电计，其功能是测量摩擦纳米发电机接触分离过程中产生的电学

信号。

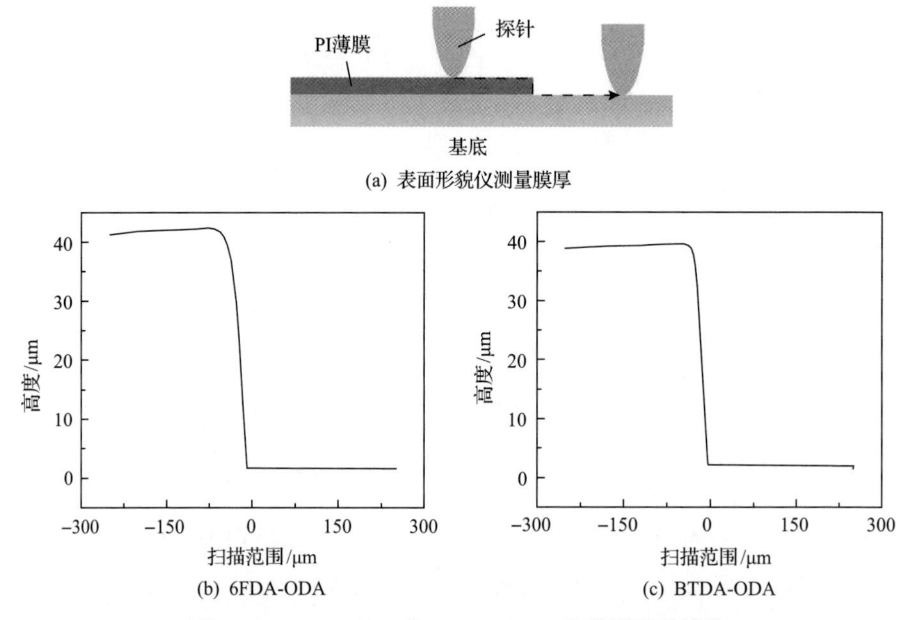

(a) 表面形貌仪测量膜厚

(b) 6FDA-ODA

(c) BTDA-ODA

图 2.56　6FDA-ODA 和 BTDA-ODA 的膜厚测量结果

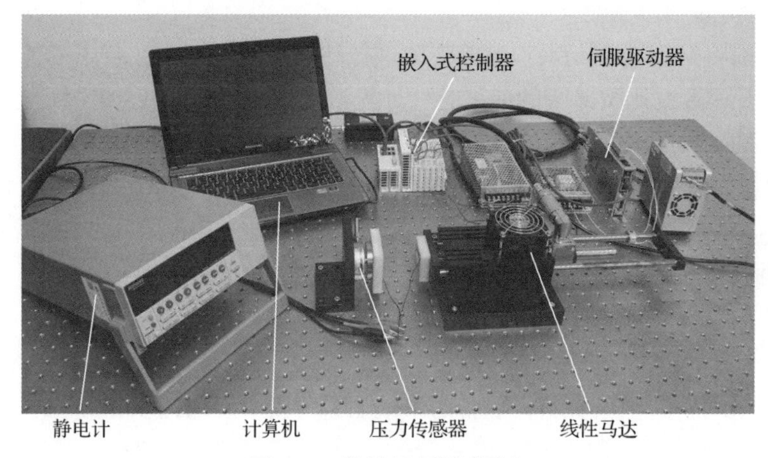

图 2.57　接触起电测试平台

基于接触起电测试平台，对 Cu 箔和聚酰亚胺(6FDA-ODA 和 BTDA-ODA)薄膜构成的摩擦纳米发电机的电学输出性能进行测试。

试验中，聚酰亚胺薄膜和 Cu 箔的尺寸均为 25mm×15mm，Cu 箔与聚酰亚胺薄膜间的最大分离距离为 10mm，如图 2.58 所示。试验所处环境的温度为 25℃，湿度为 30%，法向载荷为 20N，往复运动的频率为 2Hz。

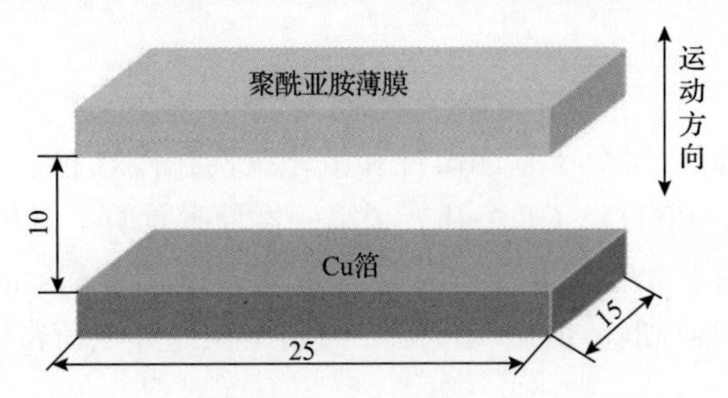

图 2.58　Cu 箔和聚酰亚胺薄膜的尺寸(单位：mm)

图 2.59 为不同聚酰亚胺薄膜的电学输出性能。BTDA-ODA 薄膜的开路电压 V_{oc}、短路电流 I_{sc} 和短路电荷 Q_{sc} 相比于 6FDA-ODA 薄膜高 40%～50%。其中 BTDA-ODA 薄膜的开路电压达到 56V，短路电流达到 1.2μA，电荷密度达到 46.1μC/m^2，因此 BTDA-ODA 薄膜的得电子能力要强于 6FDA-ODA 薄膜。

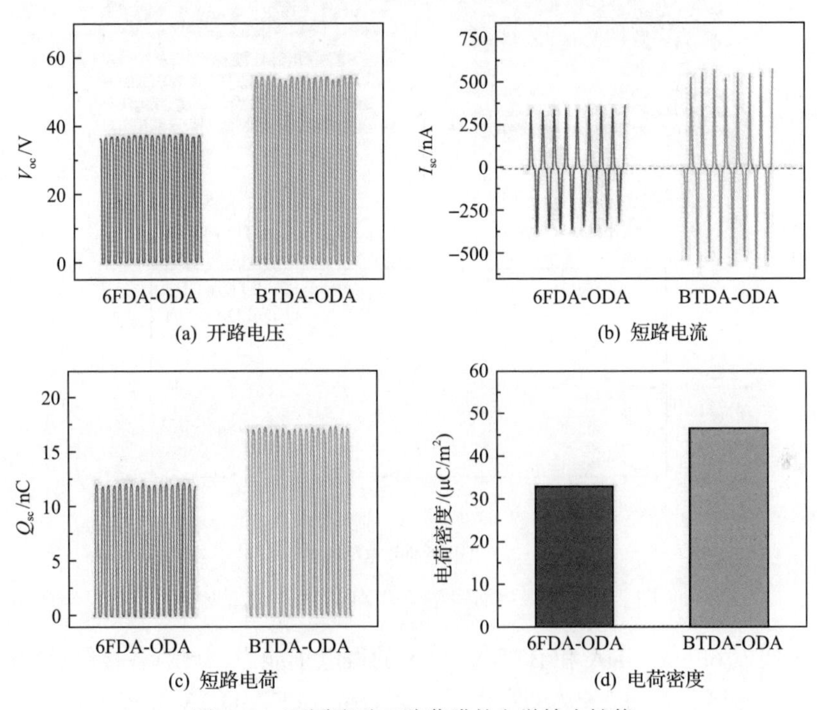

图 2.59　不同聚酰亚胺薄膜的电学输出性能

6FDA-ODA 薄膜与 BTDA-ODA 薄膜在分子结构上仅在酰亚胺环之间的侧基上存在差异，分别为 $C(CF_3)_2$ 基团和 C═O 基团，如图 2.52 所示。这说明从分子基团的角度来看，C═O 基团在接触起电中的得电子能力要强于 $C(CF_3)_2$ 基团。因此，相比于氟化改性，双键分子基团改性在接触起电中所起到的作用要更高效。

2. 机理解释

为了进一步解释双键分子基团改性和氟化改性在接触起电中的作用机理，对 Cu/6FDA-ODA 和 Cu/BTDA-ODA 开展了第一性原理计算。其中，6FDA-ODA 和 BTDA-ODA 均采用了无定形聚合物模型，Cu/6FDA-ODA 和 Cu/BTDA-ODA 接触界面模型如图 2.60(a) 和 (b) 所示。接触界面模型在计算电荷密度前均进行了几何优化。

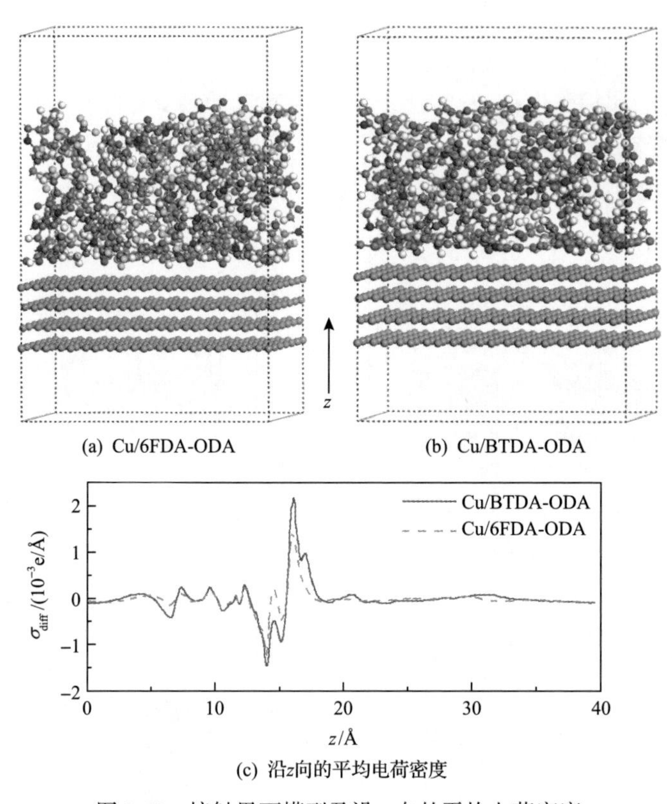

图 2.60　接触界面模型及沿 z 向的平均电荷密度

为了比较 6FDA-ODA 和 BTDA-ODA 的得电子能力，计算各接触界面沿 z 向的平均电荷密度，如图 2.60(c) 所示。可以看出，6FDA-ODA 与 BTDA-ODA 均为得电子材料，得电子区域主要位于接触界面表层，而且 BTDA-ODA 的得电子能力要强于 6FDA-ODA，这与试验研究结论一致。

根据 Al-PTFE、Al-Kpaton 和 Al-PET 的第一性原理计算结果可知，两接触材料的表面能级差异与界面电荷转移驱动力差异共同决定了接触界面转移电荷量的大小。对于本节中 Cu/6FDA-ODA 和 Cu/BTDA-ODA 这两类接触副，失电子材料均为 Cu，因此影响接触起电量的主要因素在于 6FDA-ODA 和 BTDA-ODA 的

LUMO 能级差异和分子静电势(反映了电荷转移驱动力)的差异。对 6FDA-ODA 和 BTDA-ODA 单体的 LUMO 能级和静电势分布进行了计算。计算采用了密度泛函理论方法、B3LYP 交换关联泛函、6-31g(d, p)基组。

图 2.61 为 6FDA-ODA 和 BTDA-ODA 单体的 LUMO 能级和分布。可以看出，BTDA-ODA 的 LUMO 能级要低于 6FDA-ODA。两接触起电材料的能级差异越大，接触界面的转移电荷量也就越大，而 Cu 为高表面能级的失电子材料，因此得电子 LUMO 能级更低的 BTDA-ODA 在与 Cu 进行接触起电时起电量也越大。从 LUMO 在分子结构中的分布来看，6FDA-ODA 中的 $C(CF_3)_2$ 基团不属于 LUMO 能级的分布区域，仅是起到间接降低整体分子 LUMO 能级的作用；而 BTDA-ODA 中的 C═O 基团不仅有效降低了整体分子的 LUMO 能级，还在接触起电过程中，直接作为电子受体基团，接收由 Cu 表面转移而来的电子，这进一步解释了双键的 C═O 基团更能促进接触起电电荷转移的内在机理。

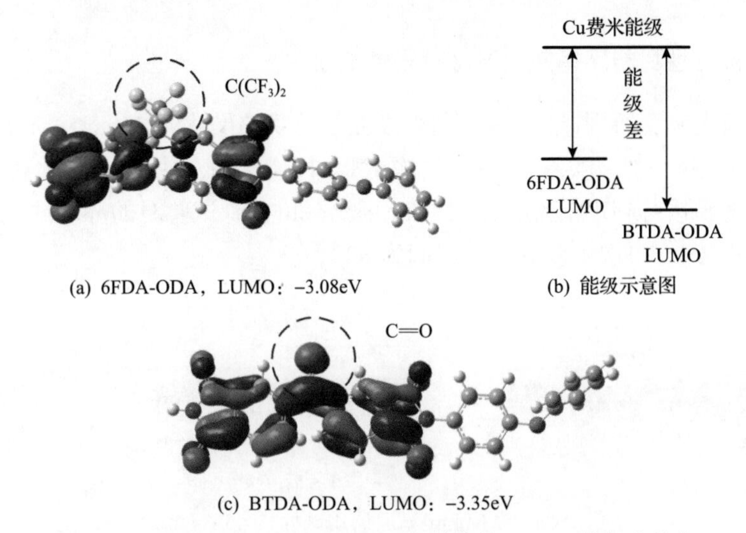

(a) 6FDA-ODA，LUMO：−3.08eV　(b) 能级示意图

(c) BTDA-ODA，LUMO：−3.35eV

图 2.61　6FDA-ODA 和 BTDA-ODA 单体的 LUMO 能级和分布

图 2.62 为 6FDA-ODA 与 BTDA-ODA 的静电势分布。可以看出，BTDA-ODA 分子中的C═O基团附近区域对电子的静电吸引作用要显著强于6FDA-ODA 分子中相同位置的 $C(CF_3)_2$ 基团。因此，从电荷转移驱动力的角度来看，BTDA-ODA 吸引外来电子的能力也要强于 6FDA-ODA，体现了双键分子基团在静电吸引作用中的重要地位。对于 $C(CF_3)_2$ 基团，虽然氟元素的电负性很强，但氟原子在组成分子的过程中就由于其强电负性吸引了配位原子中的电子，使氟原子核外形成了稳定的 8 电子结构；而对于 C═O 基团，由于 O 原子较强的电负性和双键的不饱和性，使其仍具有很强的吸引外来电子的能力。

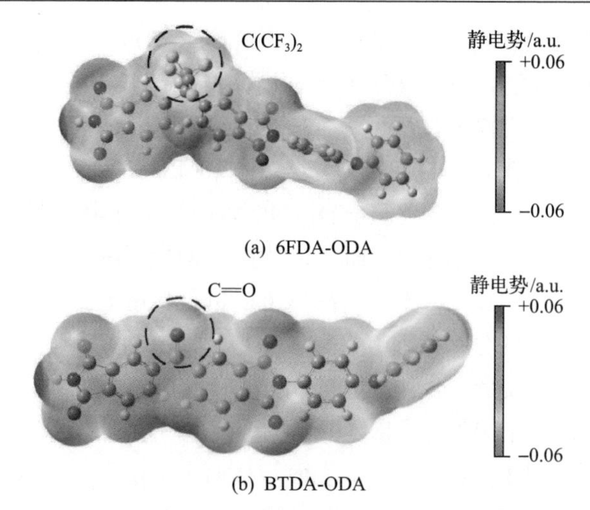

(a) 6FDA-ODA

(b) BTDA-ODA

图 2.62　6FDA-ODA 与 BTDA-ODA 的静电势分布

2.6.3　双键改性材料摩擦起电及摩擦学性能研究

摩擦起电试验所用试件 Cu 箔与聚酰亚胺薄膜的尺寸为 25mm×15mm，最大分离距离为 15mm，如图 2.63 所示。每次试验前，需要依次用去离子水和无水乙醇对聚合物薄膜进行超声清洗，以去除表面杂质和电荷。试验时的环境温度为 25℃，湿度为 30%RH，每次试验的持续时间为 600s。

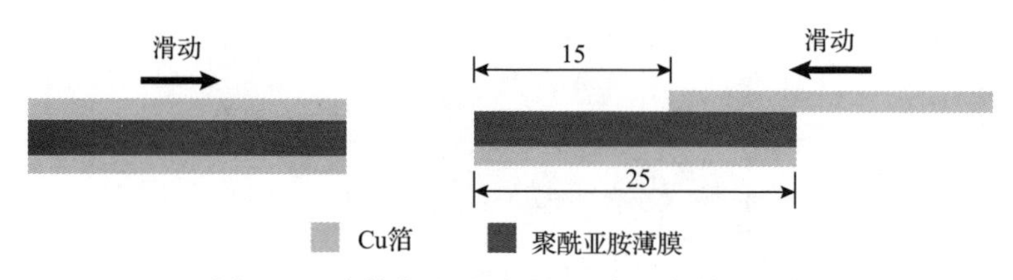

图 2.63　摩擦起电试验所用试件(单位：mm)

Cu/BTDA-ODA 和 Cu/6FDA-ODA 的电荷密度如图 2.64(a)所示。可以看出，在整个滑动历程中，BTDA-ODA 的电荷密度均高于 6FDA-ODA。这表明双键改性对提高材料摩擦起电性能的作用也要比氟化改性更高效。然而，BTDA-ODA 的电荷密度衰减程度要高于 6FDA-ODA。在滑动 600s 后，BTDA-ODA 的电荷密度衰减率达到 36%，而 6FDA-ODA 的电荷密度衰减率仅为 23%。

Cu/BTDA-ODA 和 Cu/6FDA-ODA 的平均摩擦系数如图 2.64(b)所示。可以看出，BTDA-ODA 薄膜与 Cu 箔摩擦时的平均摩擦系数为 0.53；而 6FDA-ODA 薄膜与 Cu 箔间的平均摩擦系数为 0.46。因此，当工况条件相同时，BTDA-ODA 薄膜与 Cu 箔间的摩擦更剧烈，更容易使摩擦副材料在表面间发生转移。

(a) 电荷密度　　(b) 平均摩擦系数

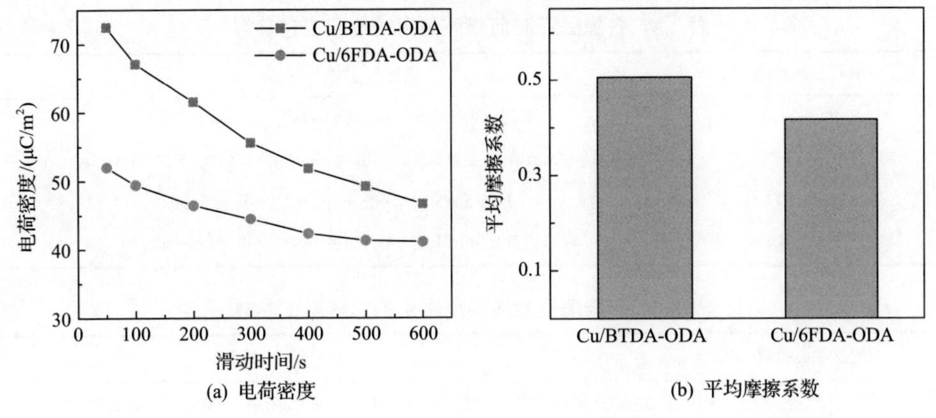

图 2.64　Cu/BTDA-ODA 和 Cu/6FDA-ODA 的电荷密度和平均摩擦系数

2.7　透明摩擦纳米发电机

如果将摩擦纳米发电机用于触摸屏等场合，就需要其组成材料具有高透明性。为此，本节介绍通过氟化改性制备高透光率聚酰亚胺薄膜的方法，系统分析改性聚酰亚胺薄膜的起电性能、黏附性能和摩擦性能。

2.7.1　透明聚酰亚胺材料制备及表征

1. 材料制备

图 2.65 为四种聚酰亚胺薄膜的化学式。合成各聚酰亚胺所需的原料有 DMAC、均苯四甲酸二酐(pyromellitic dianhydride，PMDA)、ODA、6FDA 和二氨基-双三氟甲基联苯(2,2'-bis(trifluoromethyl)-4,4'-diamino biphenyl，TFDB)。制备工艺主要包括合成 PAA 溶液、旋涂、加热固化和揭膜。其中各聚酰亚胺薄膜所采用的旋涂工艺参数和加热固化参数，分别如表 2.5 和表 2.6 所示。

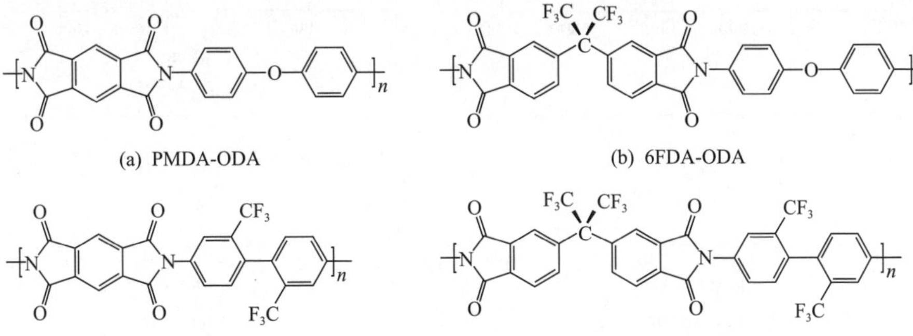

(a) PMDA-ODA　　(b) 6FDA-ODA

(c) PMDA-TFDB　　(d) 6FDA-TFDB

图 2.65　四种聚酰亚胺薄膜的化学式

表 2.5　各聚酰亚胺薄膜所采用的旋涂工艺参数

聚酰亚胺种类	旋涂速度(持续时间)
PMDA-ODA	40r/min(30s)、80r/min(60s)、120r/min(90s)
PMDA-TFDB	100r/min(30s)、200r/min(30s)、300r/min(60s)、350r/min(90s)
6FDA-ODA	30r/min(30s)、60r/min(60s)、85r/min(90s)
6FDA-TFDB	30r/min(30s)、60r/min(60s)、90r/min(90s)

表 2.6　各聚酰亚胺薄膜所采用的加热固化参数

聚酰亚胺种类	加热温度(持续时间)
PMDA-ODA	50℃(0.5h)、80℃(2h)、120℃(1h)、160℃(1h)、200℃(1h)、250℃(1h)、300℃(1h)
PMDA-TFDB	50℃(0.5h)、80℃(2h)、120℃(1h)、160℃(1h)、200℃(1h)、250℃(1h)、300℃(1h)、330℃(0.5h)
6FDA-ODA	50℃(0.5h)、80℃(2h)、120℃(1h)、160℃(1h)、200℃(1h)、250℃(1h)
6FDA-TFDB	50℃(0.5h)、80℃(2h)、120℃(1h)、160℃(1h)、200℃(1h)、250℃(1h)、300℃(1h)

2. 材料表征

1)化学结构表征

为了判断各 PAA 溶液的热亚胺化程度，对上述四种聚酰亚胺薄膜分别进行了傅里叶红外光谱测试，根据傅里叶红外光谱的特征吸收频率来判断特定分子基团是否存在，从而判断化学反应程度。测试前薄膜置于无水乙醇中进行超声清洗并吹干，以除去表面杂质。图 2.66 为不同聚酰亚胺薄膜的傅里叶红外光谱。

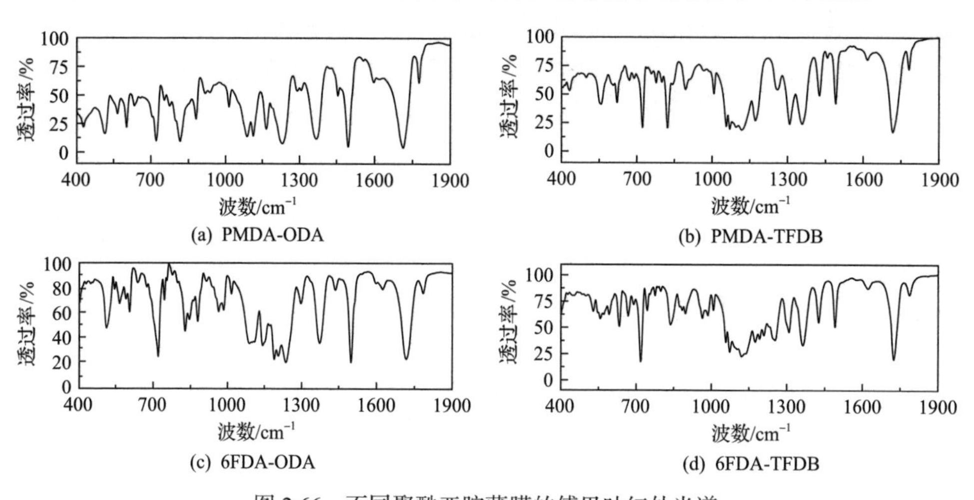

图 2.66　不同聚酰亚胺薄膜的傅里叶红外光谱

O—H 键的伸缩振动峰主要出现在 3200～3500cm^{-1}，N—H 键的伸缩振动峰主要出现在 3100～3500 cm^{-1}。从图 2.66 可以看出，各聚酰亚胺薄膜的傅里叶红外光谱中均未出现PAA溶液羧基(COOH)中的O—H键和NHCO基团中的N—H键，均出现了反应产生的 C═O 键(1782 cm^{-1} 和 1720 cm^{-1})和 C—N 键(1362 cm^{-1})特征吸收峰，这说明各 PAA 溶液已充分热亚胺化成聚酰亚胺。

2)膜厚表征

采用表面形貌仪对制备的各聚酰亚胺薄膜厚度进行了测试，如图 2.67 所示。可以看出，不同聚酰亚胺薄膜的厚度基本保持一致。

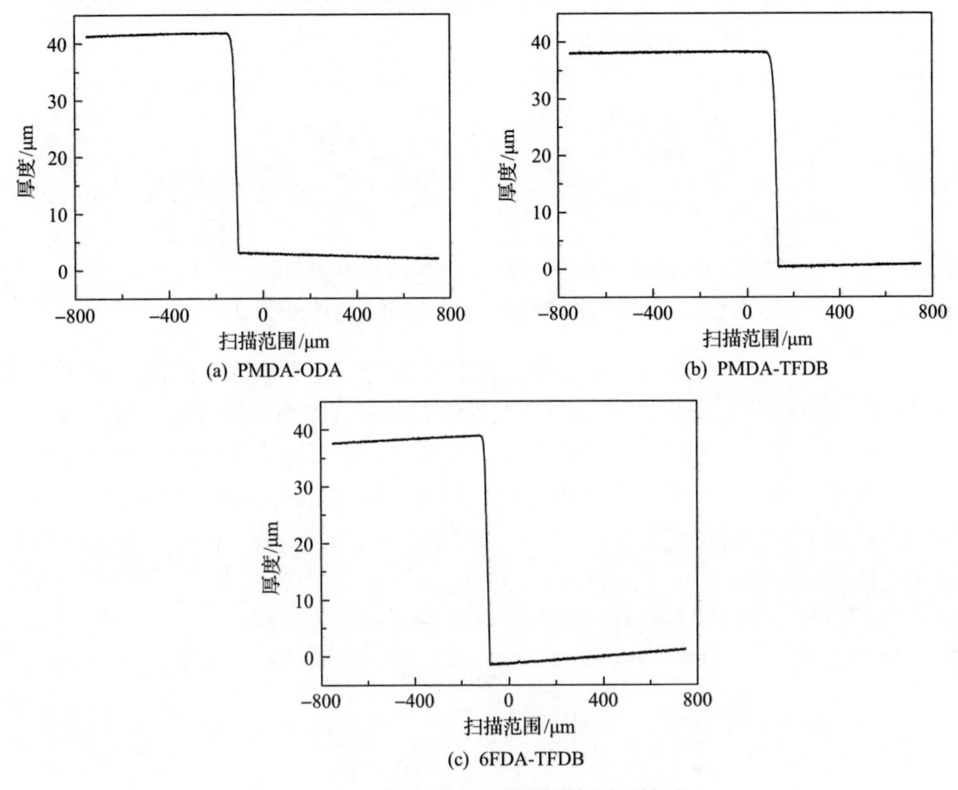

(a) PMDA-ODA　(b) PMDA-TFDB　(c) 6FDA-TFDB

图 2.67　各聚酰亚胺薄膜厚度测试结果

2.7.2　聚酰亚胺薄膜透光率及黏附特性测试

1. 透光率

高透光率是将摩擦纳米发电机应用于触摸屏上的首要要求。图 2.68 为聚酰亚胺薄膜在手机屏幕表面的透光效果[19]。可以看出，PMDA-ODA(也就是 Kapton)薄膜颜色较深，分别对二酐和二胺进行氟化改性的 6FDA-ODA 薄膜和 PMDA-

TFDB 薄膜颜色明显变浅，而对二酐和二胺同时氟化改性的 6FDA-TFDB 薄膜呈现无色透明，几乎不会影响屏幕内背景图案的显示效果。

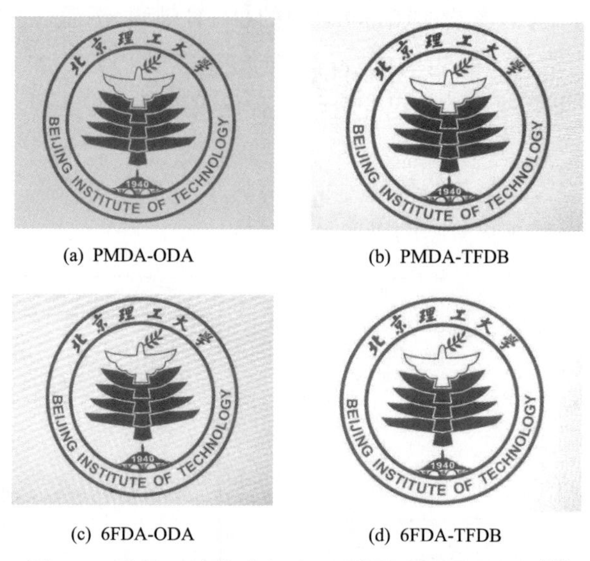

(a) PMDA-ODA　(b) PMDA-TFDB

(c) 6FDA-ODA　(d) 6FDA-TFDB

图 2.68　聚酰亚胺薄膜在手机屏幕表面的透光效果[19]

用紫外可见分光光度计对各薄膜的透光率进行了定量表征，测试采用的波长扫描范围为 300～1100nm。图 2.69 为聚酰亚胺薄膜透光率测试结果。可以看出，随着 F 原子的引入，薄膜的透光率有了明显改善。在可见光范围内，当二胺和二酐均引入 F 原子时，可将聚酰亚胺薄膜的透光率从 Kapton 薄膜的 75%提高到了 90%以上，这使得原本无法用于显示屏的棕黄色 Kapton 薄膜，通过氟化改性转变成无色透明的薄膜。

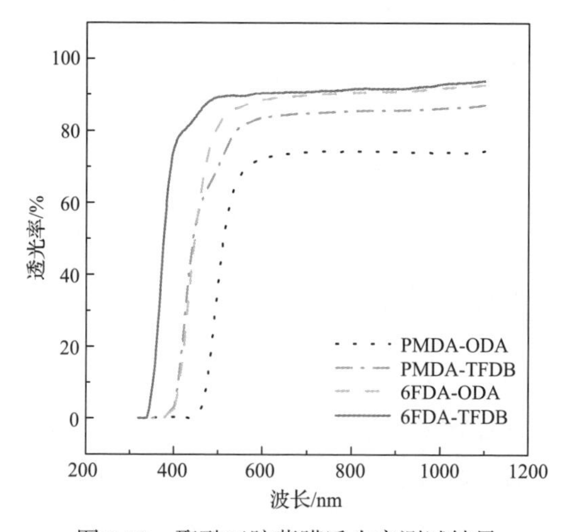

图 2.69　聚酰亚胺薄膜透光率测试结果

提高聚酰亚胺薄膜透光率的根本途径在于限制聚酰亚胺分子内和分子间的电荷移动。二胺上引入的强吸电子基团 CF_3 基团吸引了苯环内的电子，从而降低了二胺的给电子性(TFDB)；二酐上引入的 CF_3 基团打断了聚酰亚胺中的环状共轭分子单元(6FDA)，降低了整个分子单元的共轭程度，这二种作用都有利于限制电子在聚酰亚胺分子内的移动。因此 6FDA-TFDB 具有最优的透光性。而且，对比 6FDA-ODA 和 PMDA-TFDB 的透光率，可以看出，对薄膜透光性的改善起主要作用的是二酐上的 CF_3 基团的引入(6FDA)。这表明打断聚酰亚胺分子链内的环状共轭分子单元，对限制聚酰亚胺分子内的电荷移动具有更显著的效果。

2. 黏附特性

当聚酰亚胺薄膜用于触摸屏时，其黏附性能关系到手指触摸屏幕表面的流畅程度，因此应用于触摸屏的材料需要具备低黏附的特点。

通过原子力显微镜(atomic force microscope, AFM)对具有最高透光率的 6FDA-TFDB 薄膜的黏附力进行测试，并与 Kapton 薄膜和 PDMS 薄膜进行对比。图 2.70

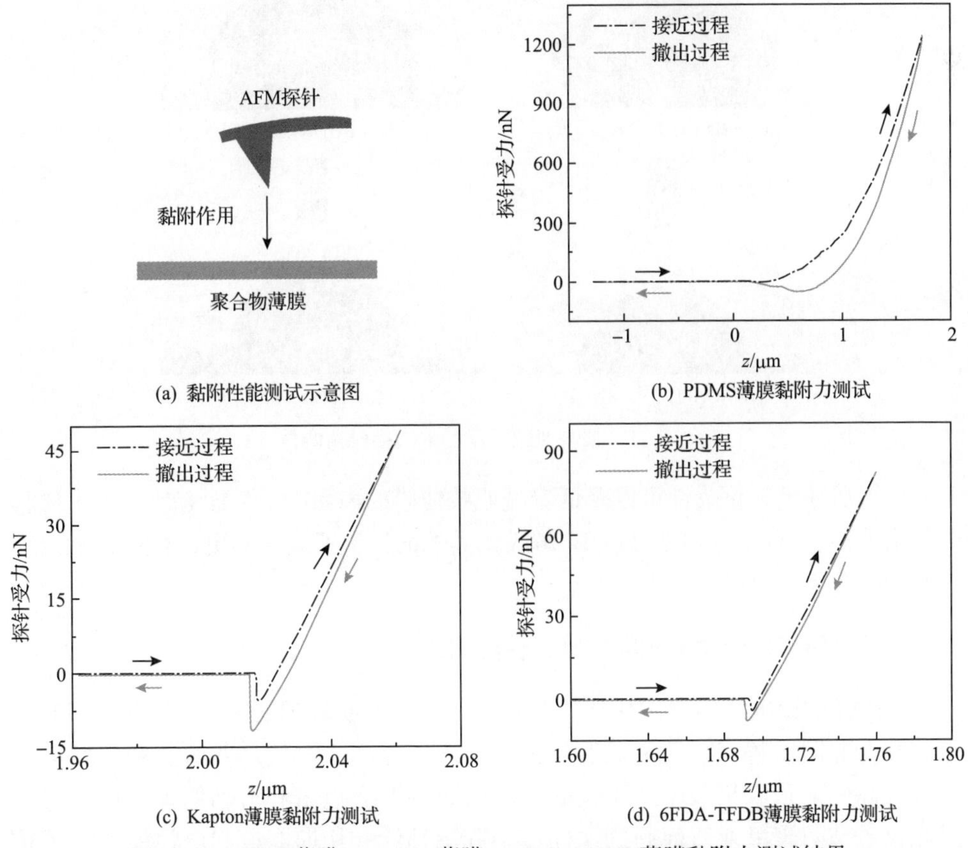

(a) 黏附性能测试示意图　(b) PDMS薄膜黏附力测试

(c) Kapton薄膜黏附力测试　(d) 6FDA-TFDB薄膜黏附力测试

图 2.70　PDMS 薄膜、Kapton 薄膜、6FDA-TFDB 薄膜黏附力测试结果

为 PDMS 薄膜、Kapton 薄膜、6FDA-TFDB 薄膜黏附力测试结果。探针离开被测聚合物薄膜表面的瞬间，因黏附作用而发生突跳，在发生突跳之前探针所受到的最大黏附吸引力即为黏附力 F_{ad}。可以看出，PDMS 薄膜与探针之间的黏附力高达 50nN，不适合应用于触摸屏表面；Kapton 薄膜与探针间的黏附力为 11.34nN，其黏附力数值和黏附作用范围均远小于 PDMS 薄膜；6FDA-TFDB 薄膜与探针间的黏附力仅为 7.89nN。

材料的黏附特性与其表面能有关，而材料表面能也可以通过静态接触角来表征。为了研究氟化改性对聚酰亚胺薄膜黏附特性的影响机制，分别测试了四种聚酰亚胺薄膜的静态接触角，如图 2.71 所示。可以看出，Kapton 薄膜静态接触角为 65.5°，而对聚酰亚胺中二胺和二酐进行氟化改性的 6FDA-TFDB 薄膜的静态接触角可达 87.2°，相对于 Kapton 有了明显提高。

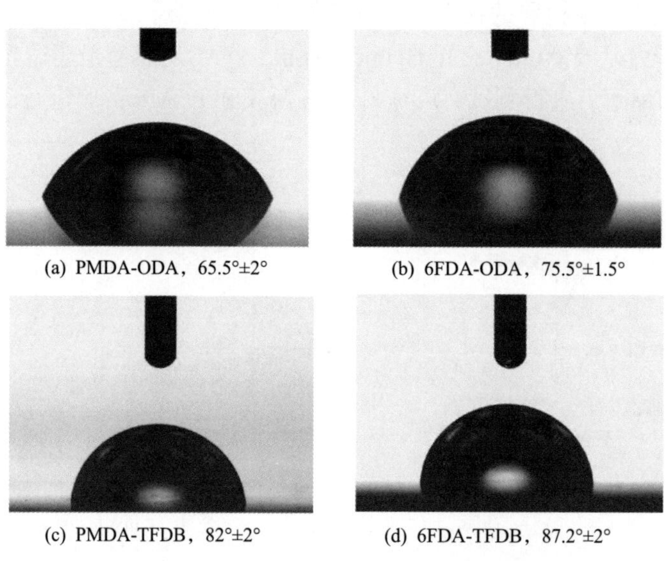

(a) PMDA-ODA，65.5°±2°　(b) 6FDA-ODA，75.5°±1.5°

(c) PMDA-TFDB，82°±2°　(d) 6FDA-TFDB，87.2°±2°

图 2.71　聚酰亚胺薄膜的静态接触角测试

综上所述，氟化改性可以降低聚酰亚胺薄膜的表面能，从而有效改善了薄膜的黏附特性，因此，6FDA-TFDB 薄膜比其他的聚酰亚胺薄膜更适合作为触摸屏表面的摩擦起电材料。

2.7.3　透明摩擦纳米发电机电学输出性能测试

当改性的聚酰亚胺薄膜用于收集触摸屏幕的机械能时，除了需具有良好的透光性和低黏附的特点，还需具有较强的得电子能力，以使透明摩擦纳米发电机具有较高的能量收集效率。手指触摸屏幕时主要有点击和滑动两种运动形式。因此，本节对聚酰亚胺薄膜的法向接触起电性能和切向摩擦起电性能进行了系统研究。

1. 聚酰亚胺薄膜的法向接触起电性能

为了表征各改性聚酰亚胺的法向接触起电性能，通过接触起电测试平台，对聚酰亚胺薄膜与Cu箔构成的单电极模式摩擦纳米发电机的电学输出性能进行测试，获得了接触起电过程中的开路电压 V_{oc}、短路电流 I_{sc}、短路电荷 Q_{sc}，计算单位接触面积下外电路转移的电荷密度，如图 2.72 所示。可以看出，随着强电负性氟元素的引入，单电极模式摩擦纳米发电机的电学输出性能得到了提升。相比于不含氟的 Kapton 薄膜(PMDA-ODA)，对聚酰亚胺中二胺和二酐进行氟化改性的 6FDA-TFDB 薄膜的电荷密度提高了近 60%。上述试验结果说明氟化改性可以有效改善聚酰亚胺薄膜的接触起电性能。另外，PMDA-TFDB 的电学输出性能高于 6FDA-ODA。这是由于含有 π 电子的双键和苯环的分子结构在接触起电中是主要的电子受体。在 PMDA-TFDB 中，二胺苯环上的 H 原子被强电负性的 CF_3 基团取代，提高了分子的得电子性，而且没有破坏分子中的共轭结构(苯环)。而在 6FDA-ODA 中，虽然也引入了强电负性的 CF_3 基团，但是同时也打破了原 Kapton 中的环状共轭大分子结构，因此对摩擦纳米发电机电学输出性能

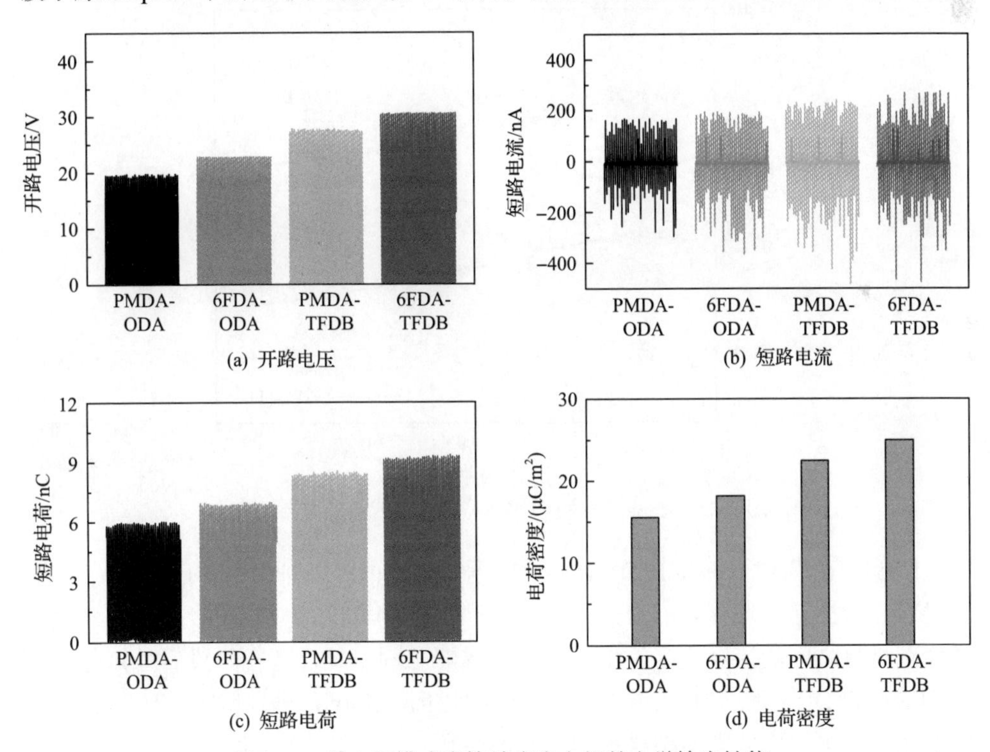

(a) 开路电压　(b) 短路电流

(c) 短路电荷　(d) 电荷密度

图 2.72　单电极模式摩擦纳米发电机的电学输出性能

的提升作用较小。

2. 聚酰亚胺薄膜的切向摩擦起电性能

由于实际应用中，手指与触摸屏之间除了有点击，还有滑动。因此，对原 Kapton 薄膜以及接触起电性能和透光率最佳的 6FDA-TFDB 薄膜的摩擦起电性能进行了测试。

摩擦起电过程中的电荷密度和摩擦系数测试基于摩擦磨损试验机开展，试验中施加的法向载荷为 2N，往复频率为 2Hz，每次试验持续时间为 600s。试验时环境温度为 25℃，相对湿度为 30%。在进行试验前，依次用去离子水和无水乙醇对聚合物薄膜进行超声清洗，以去除表面杂质和电荷。

图 2.73 为 Kapton 薄膜和 6FDA-TFDB 薄膜的电荷密度。可以看出，在整个摩擦历程中，6FDA-TFDB 薄膜与 Cu 箔之间的电荷密度始终高于未经氟化的 Kapton 薄膜。与 Kapton 薄膜相比，6FDA-TFDB 薄膜在摩擦初期的电荷密度提高了约 70%，而在摩擦后期提高了约 1 倍。因此，氟化改性不仅提高了材料的摩擦起电特性，同时还减缓了摩擦过程中电学输出性能的衰减程度。

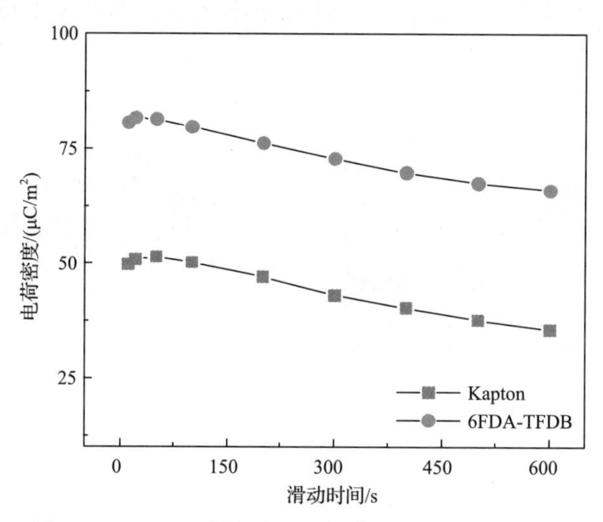

图 2.73　Kapton 薄膜和 6FDA-TFDB 薄膜的电荷密度

Kapton 薄膜和 6FDA-TFDB 薄膜的摩擦系数如图 2.74 所示。可以看出，摩擦副材料在摩擦初期均存在磨合过程，两对摩擦副的摩擦系数比较接近。这是由于摩擦副材料之间的接触主要发生于微小粗糙峰之间。经过磨合阶段后，氟化改性的 6FDA-TFDB 薄膜与 Cu 箔的摩擦系数相比于原 Kapton 薄膜降低了约 0.09，表明氟化改性可以降低摩擦副材料间的摩擦系数。

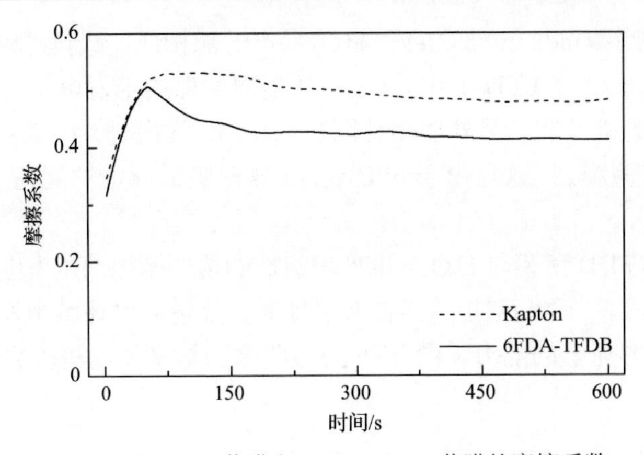

图 2.74　Kapton 薄膜和 6FDA-TFDB 薄膜的摩擦系数

2.7.4　透明摩擦纳米发电机的应用

为了验证 6FDA-TFDB 薄膜在触摸屏上应用的可行性，制作了透明摩擦纳米发电机，用来做驱动 LED 的演示试验。

透明摩擦纳米发电机为 LED 供电时的电路原理图如图 2.75(a)所示。透明摩擦纳米发电机通过全波桥式整流电路与 LED 相连，LED 的输出端接地，以构成单电极回路。透明摩擦纳米发电机的实物图如图 2.75(b)所示，主要由透明聚酰亚

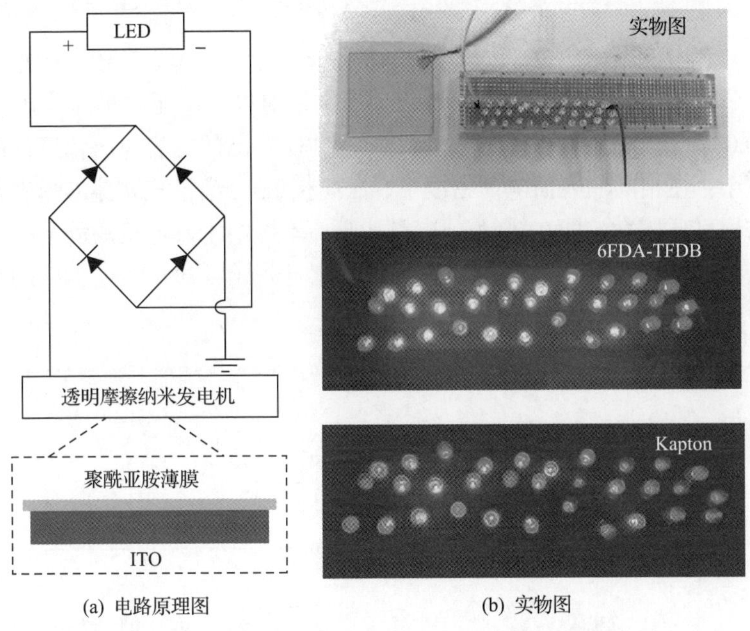

(a) 电路原理图　　(b) 实物图

图 2.75　透明摩擦纳米发电机为 LED 供电性能测试

胺薄膜和氧化铟锡(indium tin oxide，ITO)导电玻璃构成。试验过程中用手轻拍薄膜表面即可驱动 32 个 LED 工作，这表明此透明摩擦纳米发电机可以有效收集手与薄膜表面间的机械能。另外在驱动同样的 LED 阵列时，6FDA-TFDB 薄膜的亮度比 Kapton 薄膜高，这是由于 6FDA-TFDB 薄膜的起电性能高于 Kapton 薄膜所致。

将 6FDA-TFDB 薄膜与 ITO 导电玻璃组成的透明摩擦纳米发电机应用于手机屏幕表面。测试了当手指对屏幕点击或滑动时，该透明摩擦纳米发电机收集机械能并为 1μF 电容充电的能力。图 2.76 为透明摩擦纳米发电机电容充电性能测试装置。

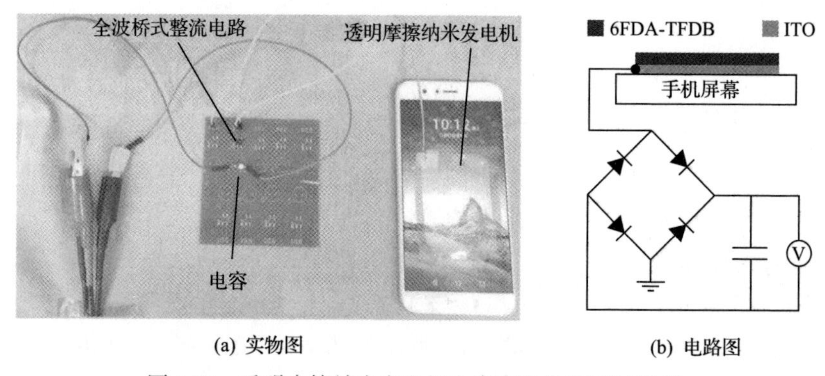

(a) 实物图　(b) 电路图

图 2.76　透明摩擦纳米发电机电容充电性能测试装置

图 2.77 为透明摩擦纳米发电机对电容的充电曲线。可以看出，多指按压、多指滑动、单指按压、单指滑动下，每个运动周期对电容电压的提高分别为 0.18V、0.15V、0.08V 和 0.03V。其中，多指按压运动模式下的电容电压幅度提高更大，其原因在于：在相同的表面电荷密度下，法向接触-分离模式摩擦纳米发电机具有更高的结构品质因数，即在接触-分离模式下，摩擦纳米发电机的静电感应作用能在外电路中产生更高的电学输出。从电容的充电曲线可知，经过 60s 的点击，电容电压可达十几伏。

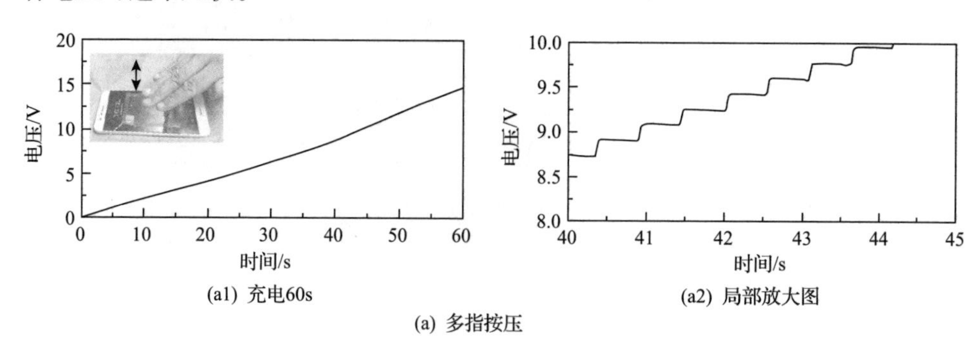

(a1) 充电60s　(a2) 局部放大图

(a) 多指按压

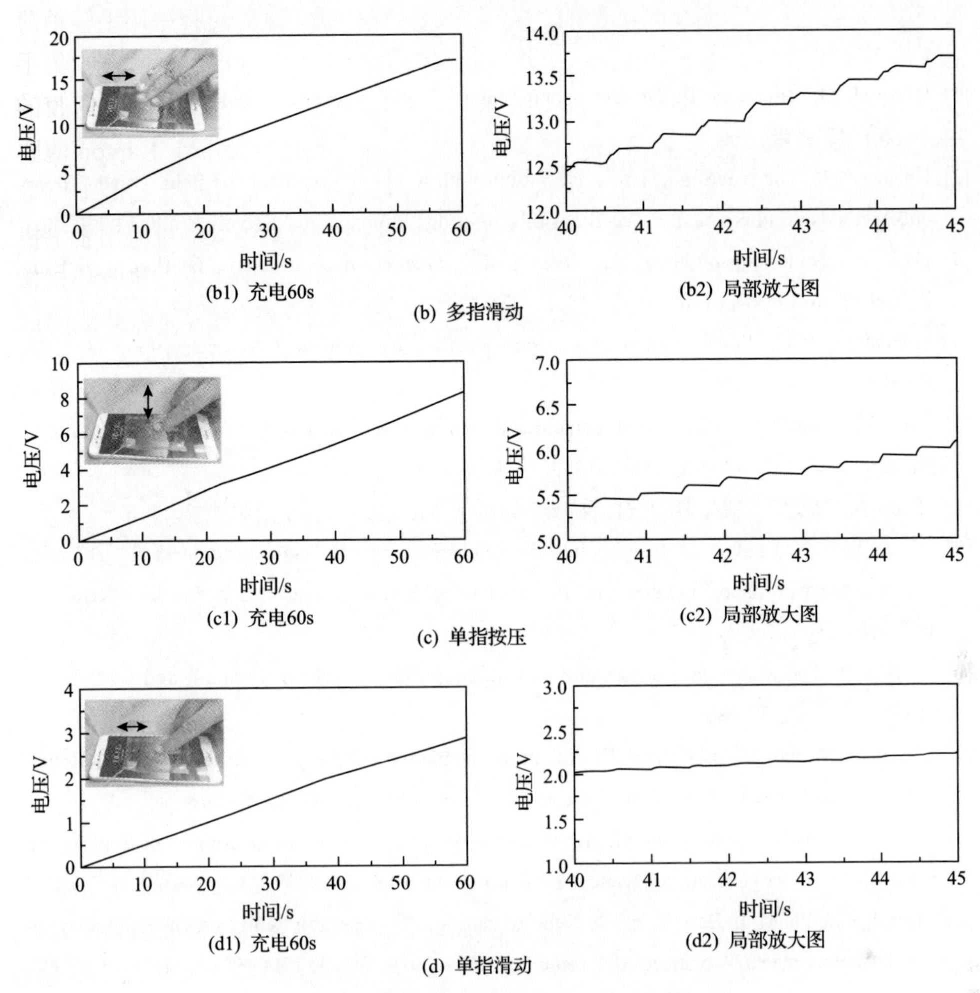

图 2.77　透明摩擦纳米发电机对电容的充电曲线

2.8　本 章 小 结

本章针对摩擦纳米发电机常用的金属-聚合物接触副材料，如 Al-PTFE、Al-PET、Al-Kapton 和 Cu-PVDF 等，通过第一性原理计算，系统阐述了金属-聚合物接触起电机理；研究了转移电荷量与界面接触状态、界面势垒的相关性；明确了聚合物材料表面的主要电子受体为最低未占据分子轨道 LUMO，接触界面的电荷转移驱动力为电子受体材料对电子的静电吸引力；提出了双键分子基团材料改性的方法。

参考文献

[1] Born M, Oppenheimer R. On the quantum theory of molecules. Annalen der Physik, 1927, 84(20): 457-484.

[2] Hartree D R. The wave mechanics of an atom with a non-coulomb central field. Part I. Theory and Methods. Mathematical Proceedings of Cambridge Philosophical Society, 1928, 24: 89-111.

[3] Fock V. Naherungsmethode zur losung des quanten-mechanischen mehrkoperprobleme. Zeitschrift für Physik,1930, 61: 126-148.

[4] Hohenberg P C, Kohn W. Inhomogeneous electron gas. Physical Review, 1964, 136(3B): B864-B871.

[5] Kohn W, Sham L J. Selfconsistent equations including exchange and correlation effects. Physical Review, 1965, 140(4A): A1133-A1138.

[6] 于金, 吴三械, 等. 第一性原理计算——Heusler 合金. 北京: 科学出版社, 2016.

[7] Wu J, Wang X, Li H, et al. Insights into the mechanism of metal-polymer contact electrification for triboelectric nanogenerator via first-principles investigations. Nano Energy, 2018, 48: 607-616.

[8] Clark E S. The molecular conformations of polytetrafluoroethylene: Forms ii and iv. Polymer, 1999, 40(16): 4659-4665.

[9] Quarti C, Milani A, Castiglioni C. Ab initio calculation of the ir spectrum of PTFE: Helical symmetry and defects. Journal of Physical Chemistry B, 2013, 117(2): 706-718.

[10] Bui V, Zhou Q, Kim J, et al. Treefrog toe pad-inspired micropatterning for high-power triboelectric nanogenerator. Advanced Functional Materials, 2019, 29(28): 1901638.

[11] Liu J, Cheikh M I, Bao R, et al. Tribo-tunneling DC generator with carbon aerogel/silicon multi-nanocontacts. Advanced Electronic Materials, 2019, 5(12): 1900464.

[12] Shirakawa Y, Ii N, Yoshida M, et al. Quantum chemical calculation of electron transfer at metal/polymer interfaces. Advanced Powder Technology, 2010, 21(4): 500-505.

[13] Wu J, Wang X, Li H, et al. First-principles investigations on the contact electrification mechanism between metal and amorphous polymers for triboelectric nanogenerators. Nano Energy, 2019, 63: 103864.

[14] Zhou J, Nicholson T M, Davies G R, et al. Towards firstprinciples modelling of the mechanical properties of oriented poly(ethylene terephthalate). Computational and Theoretical Polymer Science, 2000, 10(1-2): 43-51.

[15] Minelli M, De Angelis M G, Hofmann D. A novel multiscale method for the prediction of the volumetric and gas solubility behavior of high-T_g polyimides. Fluid Phase Equilibria, 2012, 333: 87-96.

[16] Zou H, Zhang Y, Guo L, et al. Quantifying the triboelectric series. Nature Communications, 2019, 10(1): 1427.

[17] Li L, Wang X, Hu Y, et al. Understanding the ferroelectric polymer-metal contact electrification for triboelectric nanogenerator from molecular and electronic structure. Advanced Functional Materials, 2022, 32(10): 2109949.

[18] Bachmann M A, Lando J B. A reexamination of the crystal structure of phase II of poly(vinylidene fluoride). Macromolecules, 1981, 14(1): 40-46.

[19] Wu J, Wang X, He J, et al. Synthesis of fluorinated polyimide towards a transparent triboelectric nanogenerator applied on screen surface. Journal of Materials Chemistry A, 2021, 9(10): 6583-6590.

第 3 章　界面黏附接触起电模型与表面织构设计

在聚合物表面制备出一定形状和尺寸的微纳织构，是提高法向接触-分离模式摩擦纳米发电机输出功率的常用手段。当织构接触区域小至微纳尺度时，界面黏附力相对于重力和惯性力等体积力而言占主导地位，经典接触理论不再适用。建立摩擦纳米发电机界面黏附接触起电模型，获得织构参数与真实接触面积、转移电荷量间的定量关系，对于指导法向接触-分离模式摩擦纳米发电机表面织构设计具有重要意义。

本章以金属-聚合物材料为研究对象，介绍考虑范德瓦尔斯相互作用、静电力和表面织构的界面黏附接触起电模型及其数值求解方法，阐明电荷密度、外载荷、织构形状和尺寸等对黏附接触及起电性能的作用机制，提出法向接触-分离模式摩擦纳米发电机表面织构设计准则。

3.1　界面黏附接触力学基础

接触力学的核心是建立载荷与真实接触面积、接触应力、法向位移之间的关系。固体表面之间的接触模型一般从理想光滑表面间的接触模型出发。接触理论已由早期的宏观 Hertz 弹性接触理论[1]，发展到考虑表面力作用的 JKR 理论[2]、DMT 理论[3]、弹塑性接触理论[4]及黏弹性接触理论[5]。为提高摩擦纳米发电机的电学输出，聚合物表面大多具有各种尺度的表面织构，因此需将理想光滑表面的接触模型拓展到织构表面间的接触模型。本节主要介绍黏附接触相关理论、接触面积计算方法和静电力模型等内容。

3.1.1　光滑表面黏附接触理论

黏附通常用于描述物体之间的相互作用，包括范德瓦尔斯相互作用、静电力、化学和毛细作用力等。一般来说，由静电力、化学和毛细作用力等引起的黏附可通过充分放电处理及涂覆表面膜等方式消除，而范德瓦尔斯相互作用普遍存在于分子之间，是分子间作用力中的核心部分，无法被消除。当其他黏附力减小至可以忽略不计时，范德瓦尔斯相互作用成为影响物体黏附的主导因素。对于整个物体，其范德瓦尔斯相互作用是物体内部所有分子之间范德瓦尔斯相互作用的总和。分子间范德瓦尔斯相互作用包含取向力、诱导力和色散力三部分，其中色散力远大于其他两种，是主要的黏附力。色散力由分子间的瞬间偶极-偶极相互作用引起，通常用依赖于两分子之间距离 l 的幂级数吸引势 $4\varpi\zeta^6/l^6$ 来描述，其中 ϖ 为势阱参数，ζ 为零势能间距。然而，当 l 趋于零时，吸引作用并不会如 $4\varpi\zeta^6/l^6$ 一样趋于无穷，因为当分子之间的距离较小时，原子的电子云会发生重叠，从而产生很强的斥力作用，这种斥力常被称为玻恩斥力，它决定了相邻原子或分子之间的最近距离，可用排斥势来描述。吸引势能和排斥势能的加和为全分子间作用势，最常用的是 Lennard-Jones 势函数[6]，可以表示为

$$w(l) = 4\varpi\left[\left(\frac{\zeta}{l}\right)^{12} - \left(\frac{\zeta}{l}\right)^{6}\right] = \frac{B}{l^{12}} - \frac{C}{l^{6}} \tag{3.1}$$

式中，B 和 C 为与材料主体性质相关的常数；B/l^{12} 为排斥接触势函数；$-C/l^6$ 为范德瓦尔斯吸引势函数；l 为两分子之间距离；ζ 为零势能间距；ϖ 为势阱参数。

Lennard-Jones 势函数是许多基于连续介质力学的黏附接触理论研究的基础，如针对光滑表面黏附接触的经典理论[7,8]、基于 Derjaguin 近似[9]的理论、基于 Hamaker 求和法[10]的理论、基于 Lifshitz-Hamaker 方法[11]的理论等。

此外，Muller 等[12]基于 Lennard-Jones 势函数，给出了两半无限大平行表面间单位面积上黏附力的表达式，即

$$p(h) = \frac{A}{6\pi\varepsilon^3}\left[\left(\frac{\varepsilon}{h}\right)^{9} - \left(\frac{\varepsilon}{h}\right)^{3}\right] \tag{3.2}$$

式中，A 为 Hamaker 常数；h 为两表面之间的距离；ε 为不考虑变形且黏附力为零时两平行平面间的“平衡距离”。

式(3.2)常被称为 Lennard-Jones 表面力定律。

1. 经典黏附接触理论

经典接触力学的发展起始于 Hertz 弹性接触理论[1]，但该理论忽略了物体之间的黏附作用。Bradley[7]首次考虑了接触时的黏附作用，给出了两刚性微球接触的黏附分离力或 pull-off 力(分离两物体所需要的拉力)计算公式，即

$$F_{\text{pull-off}} = 2\pi R w_0 \tag{3.3}$$

式中，R 为两接触微球的等效半径。

$$R = \frac{R_1 R_2}{R_1 + R_2} \tag{3.4}$$

该理论忽略了微球在黏附作用下的表面变形，因而仅适用于微球之间距离较

大的情况。之后，Johnson 等[2]、Derjaguin 等[3]和 Maugis[8]对弹性微球和平面之间的黏附接触问题进行研究，分别提出了经典的 JKR 理论、DMT 理论和 M-D 理论。JKR 理论和 DMT 理论分别描述了两种极端 Tabor 数情形的接触特性，而 M-D 理论描述了中间 Tabor 数情形的接触特性。

Tabor 数代表由黏附引起的弹性变形与表面力的作用范围之比，在量级上反映弹性变形能与表面能的比值[13]。其表达式为

$$\mu = \left(\frac{R{w_0}^2}{E^{*2}\varepsilon^3} \right)^{\frac{1}{3}} \tag{3.5}$$

式中，E^*为等效弹性模量；ε 为分子平衡间距。

$$E^* = \frac{E_1 E_2}{(1-\nu_1^2)E_2 + (1-\nu_2^2)E_1} \tag{3.6}$$

式中，E_1 为微球 1 的弹性模量；E_2 为微球 2 的弹性模量；ν_1 为微球 1 的泊松比；ν_2 为微球 2 的泊松比。

从本质上讲，Hertz 理论、JKR 理论、DMT 理论和 M-D 理论所考虑的表面间相互作用都是对 Lennard-Jones 力的简化，区别仅在于简化的内容不同。不同理论中单位面积上的黏附力随间距的变化如图 3.1 所示[14]。在 Hertz 理论中，仅考虑接触力，不考虑黏附作用；在 JKR 理论中，表面间相互作用由仅存在短程排斥力的类 delta 函数来描述；在 DMT 理论中，由仅存在长程表面力的类阶跃函数来描述；在 M-D 理论中，由 Dugdale 函数来描述。

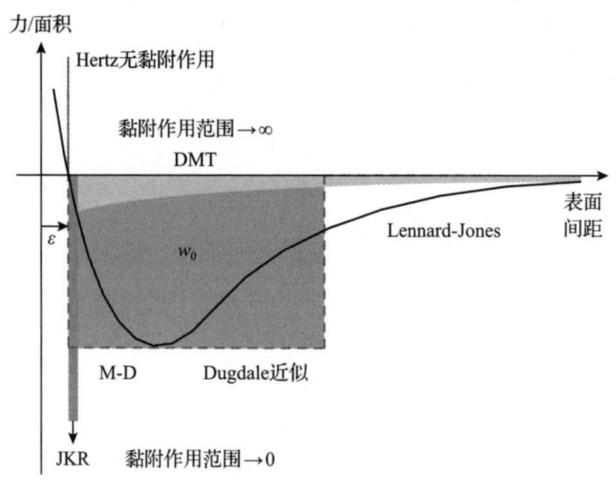

图 3.1　不同理论中单位面积上的黏附力随间距的变化[14]

图 3.2 为 Hertz 理论、JKR 理论、DMT 理论和 M-D 理论的压力及间距分布。Hertz 理论、JKR 理论、DMT 理论和 M-D 理论的共同假设包括：接触体表面光滑，材料各向同性、线弹性；接触面轮廓可用抛物面近似，物体之间的黏附作用可用相邻表面之间的相互作用代替，接触区域内两表面之间间距恒定。Hertz 理论、JKR 理论、DMT 理论和 M-D 理论的区别在于：

(1) Hertz 理论忽略了黏附作用。

(2) JKR 理论仅考虑接触区内的短程力，低估了外载大小；适用于 Tabor 数较大的情况；当 Pull-off 力为 $1.5\pi Rw_0$ 时，该力下的接触面积不为 0。

(3) DMT 理论只考虑接触区外的长程力，低估了接触面积；适用于 Tabor 数较小时；当 Pull-off 力为 $2\pi Rw_0$ 时，在该力处接触面积为 0。

(4) M-D 理论利用 Dugdale 势描述表面力；适用于任意 Tabor 数；Pull-off 力在 $1.5\pi Rw_0$ 到 $2\pi Rw_0$ 之间，在该力处接触面积不为 0。

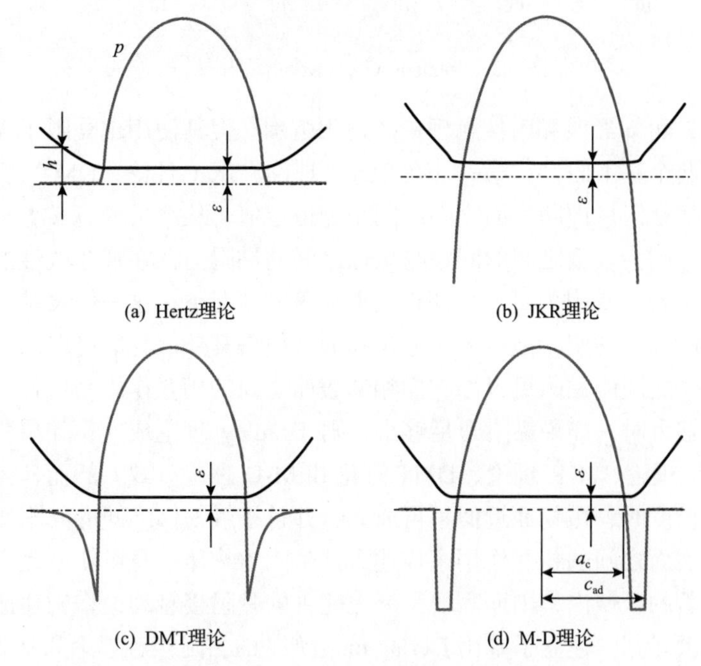

(a) Hertz理论　(b) JKR理论　(c) DMT理论　(d) M-D理论

图 3.2　Hertz 理论、JKR 理论、DMT 理论和 M-D 理论的压力及间距分布

a_c. 接触半径；c_{ad}. 黏附区半径；h. 两表面之间的距离；p. 压力；
ε. 不考虑变形且黏附力为 0 时两平行表面间的“平衡距离”

为了定量给出上述经典黏附接触理论的具体适用范围，指导实际应用中模型的选取，Johnson 等[15]以弹性参数 λ 和无量纲黏附力 $F/(\pi Rw_0)$ 分别为横、纵坐标，以弹性压缩量与距离参数之比 δ_1/h_0 和 δ_a/h_0 为划分区域界限的参量，给出了 Johnson-Greenwood 黏附图，如图 3.3 所示[15]。图中，$\delta_1 = a_c^2/R$、$\delta_a = -2\sigma_0\left(c_{ad}^2 -\right.$

$\left.a_{\mathrm{c}}^{2}\right)^{0.5}/E^{*}$ 、 $F_{\mathrm{a}}=-2\sigma_{0}c_{\mathrm{ad}}^{2}\left[\cos^{-1}\left(a_{\mathrm{c}}/c_{\mathrm{ad}}\right)+a_{\mathrm{c}}\left(c_{\mathrm{ad}}^{2}-a_{\mathrm{c}}^{2}\right)^{0.5}\right]$ 、 $h_{0}=0.97\varepsilon$ 和 $\sigma_{0}=w_{0}/h_{0}$。

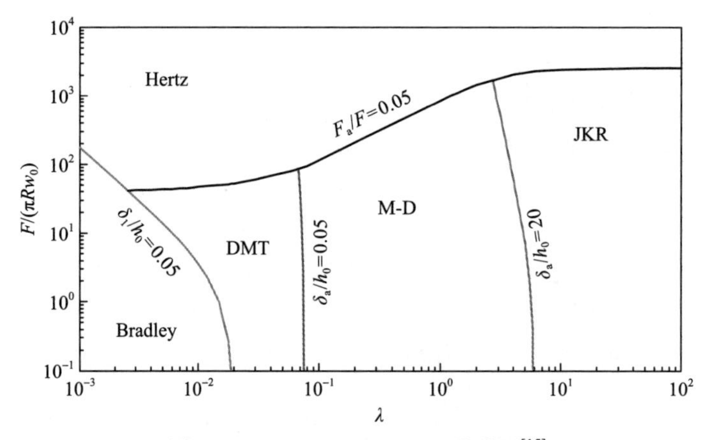

图 3.3　Johnson-Greenwood 黏附图[15]

由图 3.3 可知经典黏附接触理论的适用范围，但其使用也受限于经典黏附接触理论中的两个基本假设。第一，在 Hertz 理论、JKR 理论、DMT 理论和 M-D 理论中假设接触区域内两表面之间的间距为恒定值。从严格的意义上讲，这一假设难以成立，因为表面之间的间距与微球之间的黏附力存在强非线性的关系。当然，在 Tabor 数和黏附力足够大使得变形显著的情况下，这一假设基本合理。第二，经典接触理论均假设微球的尺寸足够大，使得其外部轮廓可以用抛物面来近似，且两物体之间的黏附可以用它们相邻表面之间的相互作用来代替。因此，当微球尺寸足够大时，如果黏附力足够小，则 Bradley 理论成立；如果黏附力足够大，则 Hertz 理论、JKR 理论、DMT 理论和 M-D 理论有效。然而，当微球半径减小到一定尺度时，抛物面近似不再成立，并且接触物体之间的黏附作用也不能仅用其相邻表面之间的相互作用来描述，这是因为物体本身可能已完全处于相互作用比较显著的区域内，因而需要发展更完善的黏附接触理论，构建适用于更广尺度的黏附图。为此，建立了基于 Derjaguin 近似[9]的黏附接触理论和基于 Hamaker 求和法[10]的黏附接触理论，给出了黏附接触问题的数值解。

2. 基于 Derjaguin 近似的黏附接触理论

Derjaguin 近似是指两物质曲面间的黏附力可通过相应物质两平面间相互作用的黏附能来得到，即可以用多组由两平行表面构成的简单几何单元来近似任意的几何形状对黏附力的影响[9]。Derjaguin 近似中表面几何形状简化的示意图如图 3.4 所示。当微球位于未变形平面之上时，$\alpha<0$；反之，则 $\alpha>0$。

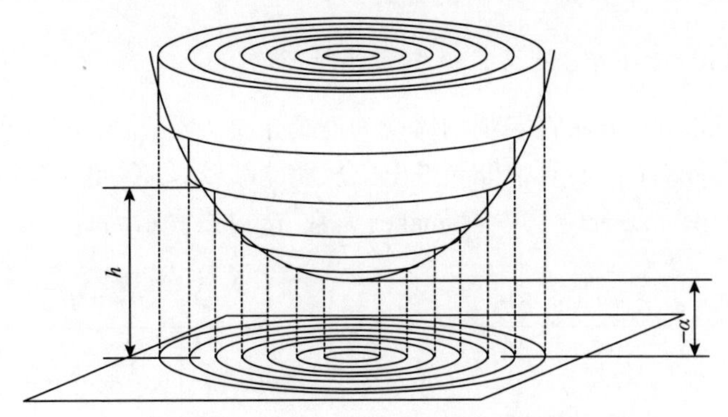

图 3.4　Derjaguin 近似中表面几何形状简化的示意图

h. 微球上任一单元与平面之间的距离；*α*. 接近距离

在 Derjaguin 近似的基础上，Muller 等[12]结合 Lennard-Jones 表面力定律提出了基于 Derjaguin 近似的黏附接触理论。该理论与经典黏附接触理论的共同特征是均采用相邻表面之间的相互作用来代替两物体之间的相互作用，不同之处是该模型采用 Lennard-Jones 表面力定律来描述表面之间的相互作用，可以考虑表面间距与黏附力的非线性关系，摒弃接触区域内表面间距为恒定值的假设。

对于基于 Derjaguin 近似的黏附接触理论，当微球半径与两表面间距之比较大时，该模型比较准确，但是随着微球半径与两表面间距之比的减小，Derjaguin 近似的误差逐渐增大。这是因为此时物体之间的相互作用不能仅用相邻表面之间的相互作用来代替，而是需要考虑物体内部所有分子之间的相互作用。

3. 基于 Hamaker 求和法的黏附接触理论

针对 Derjaguin 近似在微球半径与两表面间距之比减小时误差增大的问题，Argento 等[16]提出了基于 Hamaker 求和法的黏附接触理论。该理论假设分子数密度和分子间相互作用势中的系数在整个物体内均保持不变，且物体之间总的能量或黏附力可以由物体内所有分子之间的相互作用进行累加求和得到，即

$$U = \rho_1 \rho_2 \int_{V_2} \int_{V_1} w(l) \mathrm{d}V_1 \mathrm{d}V_2 \tag{3.7}$$

$$\boldsymbol{A} = \rho_1 \rho_2 \int_{V_2} \int_{V_1} \nabla_2 w(l) \mathrm{d}V_1 \mathrm{d}V_2 \tag{3.8}$$

式中，$\boldsymbol{A}$ 为两物体间的黏附力矢量；$\mathrm{d}V_1$ 和 $\mathrm{d}V_2$ 为两物体内的体积单元；U 为两物体之间的能量；ρ_1 和 ρ_2 为两物体的分子数密度。

然而，基于 Hamaker 求和法的黏附接触模型忽略了相邻其他分子对两分子间相互作用的影响，会造成计算偏差。此外该模型仅被用于光滑表面黏附接触的研究，无法预测表面织构对黏附接触性能的影响。

4. 基于 Lifshitz-Hmaker 方法的黏附接触理论

Lifshitz-Hmaker 方法将宏观物体视为连续介质，两物体间的相互作用力从介电常数和折射率等主体性质中推导得出，从而能够较好地考虑相邻分子的相互作用[11]。Lifzhitz-Hamaker 方法中 Hamaker 常数 A_H 可以表示为

$$A_H \approx \frac{3}{4}kT\frac{\varepsilon_1-\varepsilon_3}{\varepsilon_1+\varepsilon_3}\frac{\varepsilon_2-\varepsilon_3}{\varepsilon_2+\varepsilon_3}+\frac{3h_P\upsilon_e}{8\sqrt{2}}\frac{\left(n_1^2-n_3^2\right)\left(n_2^2-n_3^2\right)}{\left(n_1^2+n_3^2\right)^{\frac{1}{2}}\left(n_2^2+n_3^2\right)^{\frac{1}{2}}\left[\left(n_1^2+n_3^2\right)^{\frac{1}{2}}+\left(n_2^2+n_3^2\right)^{\frac{1}{2}}\right]} \tag{3.9}$$

式中，h_P 为普朗克常数；k 为玻尔兹曼常数；n_1、n_2、n_3 分别为物体 1、物体 2、两物体所处介质的光学折射率；T 为热力学温度；ε_1、ε_2、ε_3 分别为物体 1、物体 2、两物体所处介质的介电常数；υ_e 为电子吸收频率，$\upsilon_e=3\times10^{15}\text{s}^{-1}$。

尽管基于 Lifshitz-Hamaker 方法的黏附接触模型克服了经典黏附接触模型及其他数值模型中的某些局限，但该模型主要被应用于光滑表面黏附接触情况，仍不适用于直接求解织构界面黏附接触问题。

3.1.2 粗糙表面黏附接触理论

研究粗糙表面黏附接触特性的方法包括解析法和数值模拟法。对于解析方法，黏附分离力具有显式的计算式，相关模型可以分为两类，第一类是仅考虑范德瓦尔斯相互作用的模型，第二类是同时考虑范德瓦尔斯相互作用和接触体弹性响应的模型。对于第一类粗糙表面黏附接触解析模型，最典型的是 Rumpf 模型[17]及其拓展模型[18-20]，其理论基础是 Hamaker 求和法[10]。Rumpf[17]最先对 Hamaker 方法进行修正以评估纳米尺度的粗糙峰对黏附的影响，建立了同时考虑压头与粗糙峰之间的相互作用和压头与粗糙峰所在平面之间的相互作用的模型，给出了黏附分离力的表达式。但是，该模型中粗糙峰的半径仍难以确定，为解决这一问题，Rabinovich 等[18]引入试验中容易测量的均方根粗糙度来替换粗糙峰的半径，对 Rumpf 模型进行了修正。然而，上述 Rumpf 模型和改进的 Rumpf 模型均假设半球形粗糙峰的中心位于基体平面上，不具备通用性。因此，Rabinovich 等[18]将粗糙峰的中心移至基体平面之下，考虑粗糙峰的间距 λ_p 和粗糙峰高度的影响，提出了 Rabinovich 模型。由于许多表面都具有两个尺度的粗糙度，Rabinovich 等[19]再次对其模型进行修正，提出了改进的 Rabinovich 模型。除上述针对球形压头与粗糙表面接触的研究之外，Katainen 等[20]考察了平压头与具有多个粗糙峰的表面的接触问题，在 Rumpf 模型[17]的基础上，考虑平压头与粗糙峰的相对尺寸，建立了 Katainen 模型。但是，该模型直接对压头与单个粗糙峰的相互作用进行求和来得

到多个粗糙峰的相互作用，不适用于表面粗糙峰排布紧密且高度较小的情况。上述第一类模型虽使用简便，但其仅考虑了范德瓦尔斯相互作用，忽略了接触体的局部变形，一般会低估黏附分离力的大小。

为解决第一类模型无法考虑接触体变形的问题，研究者结合经典的 JKR 理论和 DMT 理论建立了第二类粗糙表面黏附接触解析模型。Rabinovich 等[19]用 JKR 理论中黏附分离力的表达式$1.5\pi w_0 R r_{p2} / \left(R + r_{p2}\right)$来替换改进的 Rabinovich 模型[19]中的第一项，以此来考虑接触体弹性变形的影响，提出了 Rabinovich 修正模型。Liu 等[21]在假设紧密排布的多个粗糙峰可以用一个半径 r_p 等于表面粗糙度均方根值的平均粗糙峰来代替的前提下，用 DMT 理论中的 $2\pi w_0$ 项来替换 Rumpf 模型中的系数 $A_H / \left(6H_0^2\right)$。但上述模型的准确性会受到单峰接触的 JKR 理论及 DMT 理论自身局限性的影响。此外，用一个半径与表面粗糙度均方根值相同的单个粗糙峰来代替整个粗糙表面的假设并不合理[22]。因此，为了更加准确地描述粗糙表面的黏附接触特性，需要建立更加完善的接触模型。

解决粗糙表面黏附接触问题最常使用的数值模拟方法为统计方法。统计方法源于 Archard[23]提出的多粗糙峰接触的物理模型。Greenwood 等[24]对这一模型进行了简化，认为粗糙表面是由许多半径相同且高度服从高斯分布的球形粗糙峰组成，并将粗糙表面的统计参数与 Hertz 理论相结合建立了 GW 模型。但该模型依赖于一个特定的粗糙峰半径，没有考虑 Archard 所提出的粗糙表面的多尺度特性。为此，Majumdar 等[25]将粗糙表面的分形参数与 Hertz 理论相结合建立了 MB 分形接触模型。

由此可见，关于粗糙表面黏附接触特性的研究仍存在很多不足，且几乎所有模型都没有考虑相邻粗糙峰之间的相互作用以及黏附分离力随粗糙表面之间接触位置的变化，不适用于摩擦纳米发电机表面织构设计。

3.1.3　接触面积模型研究

粗糙表面的真实接触面积计算主要基于统计方法，其依据是 Archard 于 1957 年提出的多粗糙峰接触模型[23]。在此基础上，Greenwood 等[24]假设粗糙表面由多个半径相同且其高度服从高斯分布的球形粗糙峰构成，忽略粗糙峰之间的相互作用，将粗糙表面的统计参数与 Hertz 接触理论相结合提出了 GW 模型，其真实接触面积 A_r 为

$$A_r = \pi N \beta \int_{d_r}^{\infty} \left(z - d_r\right) \phi(z) \mathrm{d}z \tag{3.10}$$

式中，d_r 为两参考面间的距离；N 为粗糙峰的个数；β 为粗糙峰的半径；$\phi(z)$ 为微凸体的高度分布概率密度函数。

接触面积一般在接触区域确定后计算得出。然而，根据 Lennard-Jones 表面力定律，相互接触两表面之间的间隙始终是非零的。对于球体与光滑表面的接触区域主要有两种定义方式：一是接触中心到接触应力为最大拉应力的区域为接触区域，如图 3.5 中接触区域 I 所示；二是接触应力为压应力的区域为接触区域，如图 3.5 中接触区域 II 所示。

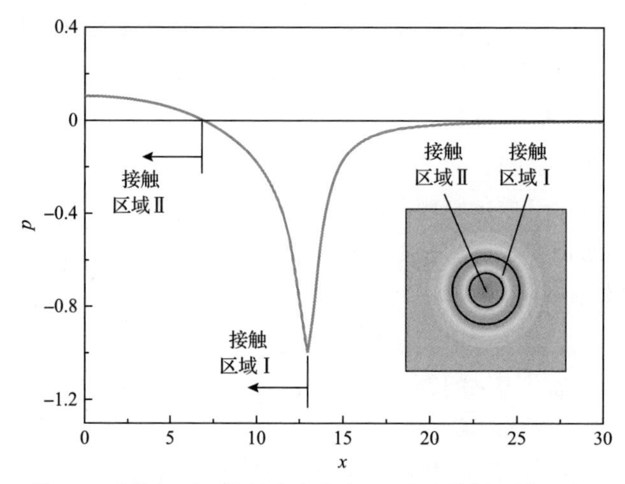

图 3.5　球体与平面接触应力分布 (y=0) 及接触区域示意图

对于带有表面织构的摩擦纳米发电机，接触与起电相伴而生，因此关于接触面积的计算更为复杂。例如，在对光滑平面与棱锥织构表面进行接触计算时，有将接触区域内棱锥的投影面积视为有效接触面积，如图 3.6(a) 所示；也有将接触区域内棱锥织构的表面积视为有效接触面积，如图 3.6(b) 所示。在摩擦纳米发电机中，接触面积直接影响接触起电量，因此需要定量分析织构界面参与接触起电的有效接触面积。

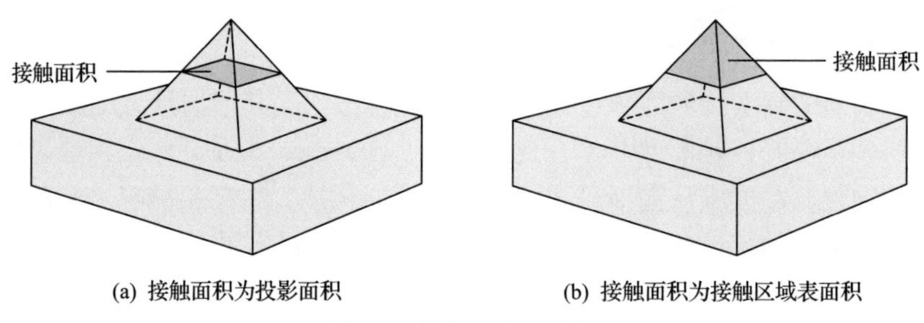

(a) 接触面积为投影面积　　(b) 接触面积为接触区域表面积

图 3.6　接触面积示意图

3.1.4　静电力模型研究

静电力的本质为电场对于电荷的作用，真空中两静止点电荷之间静电作用力

F_{ele} 可以表示为

$$F_{ele} = \frac{q_1 q_2}{4\pi\varepsilon_0 r^2} \tag{3.11}$$

式中，q_1 和 q_2 分别为两点电荷的带电量；r 为两电荷间的距离；ε_0 为真空介电常数。

以两电荷间的静电力为基础，针对不同形状的接触体，可以建立相应的物体间静电力计算模型，如平面-平面模型、球-平面模型、圆锥形针尖模型、渐近线模型、双曲面模型、圆柱体模型等。

试验研究表明，在某些接触起电过程中，静电力比范德瓦尔斯相互作用力和排斥接触力对接触性能的影响更为显著。例如，试验发现云母-硅片之间的黏附力中 80%来自接触起电产生的静电力[26]。

对于接触副通常为金属与聚合物的摩擦纳米发电机，需要建立全面考虑范德瓦尔斯相互作用力、排斥接触力和静电力的黏附接触模型，探讨界面的黏附接触及起电特性。

3.2　织构化摩擦纳米发电机黏附接触起电模型

为了揭示表面织构对接触起电的影响规律，建立摩擦纳米发电机表面织构设计准则，本节以织构化法向接触-分离模式摩擦纳米发电机为研究对象，介绍考虑范德瓦尔斯相互作用力、静电力和织构几何参数的黏附接触起电模型及其数值求解方法。

3.2.1　考虑微纳织构及静电力的黏附接触模型

图 3.7 为法向接触-分离模式摩擦纳米发电机结构[27]。由于织构均匀分布，为简便起见，取一织构单元与接触电极作为分析对象。聚合物薄膜织构单元与接触电极黏附接触模型如图 3.8 所示[28]。

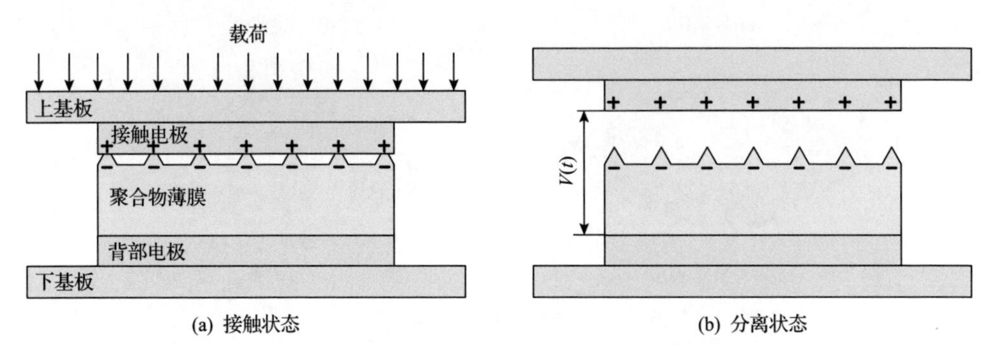

图 3.7　法向接触-分离模式摩擦纳米发电机结构[27]

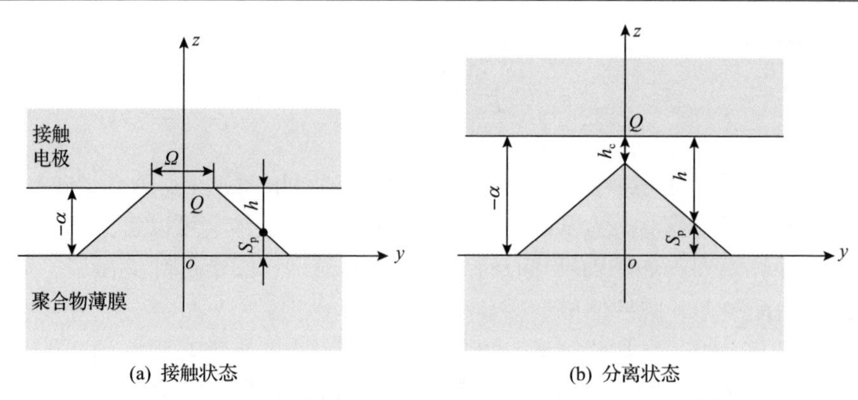

(a) 接触状态　　(b) 分离状态

图 3.8　聚合物薄膜织构单元与接触电极黏附接触模型[28]

金属接触电极与聚合物薄膜的弹性模量相差较大，因此黏附接触计算时将接触电极视为刚体，而织构化聚合物薄膜视为弹性体。接触电极与织构聚合物薄膜的间距 $h(x,y)$ 可以表示为

$$h(x,y) = -\alpha - S_{\mathrm{p}}(x,y) + u(x,y) \tag{3.12}$$

式中，$S_{\mathrm{p}}(x,y)$ 为织构高度分布；$u(x,y)$ 为织构表面的弹性变形量；α 为接触电极底部与未变形 z=0 平面之间的距离，称为接近距离。

当接触电极位于未变形 z=0 平面之上时，定义 $\alpha<0$；否则，$\alpha>0$。图 3.9 为摩擦纳米发电机常见织构，包括棱锥织构、方柱织构、圆锥织构和圆柱织构。

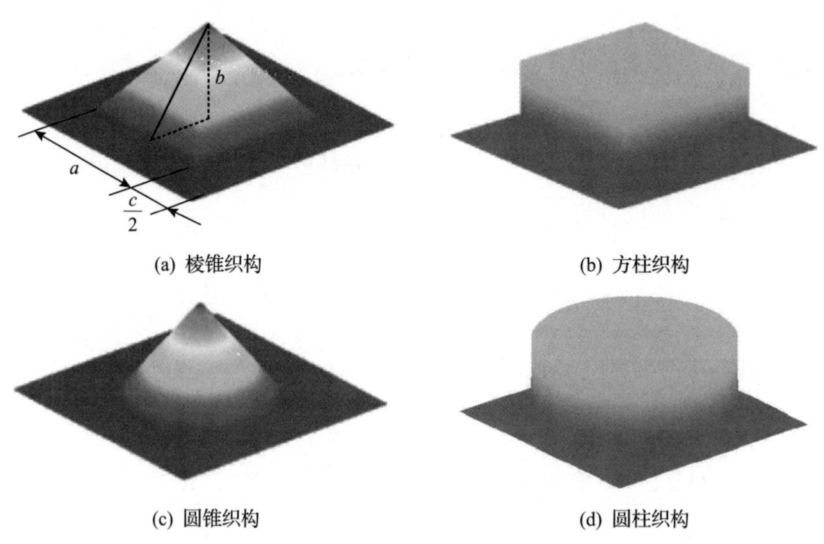

(a) 棱锥织构　　(b) 方柱织构

(c) 圆锥织构　　(d) 圆柱织构

图 3.9　摩擦纳米发电机常见织构

a. 织构宽度；*b*. 织构高度；*c*. 织构间距

棱锥织构的高度分布 $S_{\mathrm{p}}(x, y)$ 表达式为

$$S_{\mathrm{p}}(x, y)=\begin{cases} b-\dfrac{b(|x+y|+|x-y|)}{a}, & |x| \leqslant \dfrac{a}{2},\ |y| \leqslant \dfrac{a}{2} \\ 0, & \text{其他} \end{cases} \tag{3.13}$$

方柱织构的高度分布 $S_{\mathrm{p}}(x, y)$ 表达式为

$$S_{\mathrm{p}}(x, y)=\begin{cases} b, & |x| \leqslant \dfrac{a}{2},\ |y| \leqslant \dfrac{a}{2} \\ 0, & \text{其他} \end{cases} \tag{3.14}$$

圆锥织构的高度分布 $S_{\mathrm{p}}(x, y)$ 表达式为

$$S_{\mathrm{p}}(x, y)=\begin{cases} b-\dfrac{2b\sqrt{x^2+y^2}}{a}, & \left(x^2+y^2\right) \leqslant \left(\dfrac{a}{2}\right)^2 \\ 0, & \text{其他} \end{cases} \tag{3.15}$$

圆柱织构的高度分布 $S_{\mathrm{p}}(x, y)$ 表达式为

$$S_{\mathrm{p}}(x, y)=\begin{cases} b, & \left(x^2+y^2\right) \leqslant \left(\dfrac{a}{2}\right)^2 \\ 0, & \text{其他} \end{cases} \tag{3.16}$$

式中，a 为织构的宽度；b 为织构的高度。

式(3.12)中的 $u(x,y)$ 根据 Boussinesq 公式可表示为

$$u(x, y)=\frac{1}{\pi E^*} \iint \frac{p_{\mathrm{ah}}(\xi, \eta)}{\sqrt{(x-\xi)^2+(y-\eta)^2}} \mathrm{d}\xi \mathrm{d}\eta \tag{3.17}$$

$$E^*=\frac{E}{1-\nu^2} \tag{3.18}$$

式中，E 为聚合物薄膜的弹性模量；$p_{\mathrm{ah}}(\xi,\eta)$ 为接触表面之间的黏附接触应力；ν 为聚合物薄膜的泊松比。

黏附接触应力包括范德瓦尔斯相互作用应力 $p_{\mathrm{vdW}}(x, y)$、静电应力 $p_{\mathrm{ele}}(x, y)$、排斥接触应力 $p_{\mathrm{rep}}(x, y)$。范德瓦尔斯相互作用起源于材料中分子的固有极化，排斥接触力起源于分子间距较小时电子云的相互重叠，二者普遍存在于所有计算区域。尽管二者产生的基本机制属静电性质，但在黏附接触中范德瓦尔斯相互作用力和排斥接触力通常被认为是非静电力。范德瓦尔斯相互作用力和排斥接触力可

以基于描述两非键合分子之间相互作用势的 Lennard-Jones 势函数共同考虑，可以表示为

$$w(l)=\frac{B}{l^{12}}-\frac{C}{l^{6}} \tag{3.19}$$

基于 Lifshitz-Hamaker 方法，接触电极与织构化聚合物薄膜之间的范德瓦尔斯相互作用力和排斥接触力可以通过对Lennard-Jones势函数进行两步体积分获得[11]，即分别将 Lennard-Jones 势函数的排斥项和吸引项对接触电极进行积分，得出接触电极对聚合物薄膜中任一分子的排斥相互作用与吸引相互作用。图 3.10 为黏附接触示意图。可以看出，对于接触电极内截面积为 $\mathrm{d}y^*\mathrm{d}z^*$，半径为 y^*的圆环，圆环体积为 $2\pi y^*\mathrm{d}y^*\mathrm{d}z^*$。因此接触电极与聚合物薄膜内任一分子 M 之间的范德瓦尔斯吸引势能 W_{vdW} 和排斥接触势能 W_{rep} 分别表示为

$$W_{\mathrm{vdW}}(L)=\rho_1\int_{V_1} w_{\mathrm{vdW}}(l)\mathrm{d}V_1=-2\pi\rho_1\int_L^{+\infty}\int_0^{+\infty}\frac{Cy^*}{\left(y^{*2}+z^{*2}\right)^3}\mathrm{d}y^*\mathrm{d}z^*=-\frac{\pi C\rho_1}{6L^3} \tag{3.20}$$

$$W_{\mathrm{rep}}(L)=\rho_1\int_{V_1} w_{\mathrm{rep}}(l)\mathrm{d}V_1=2\pi\rho_1\int_L^{+\infty}\int_0^{+\infty}\frac{By^*}{\left(y^{*2}+z^{*2}\right)^6}\mathrm{d}y^*\mathrm{d}z^*=\frac{\pi B\rho_1}{45L^9} \tag{3.21}$$

式中，L 为接触电极底部与分子 M 之间的距离；V_1 为接触电极的体积；ρ_1 为接触电极的分子数密度。

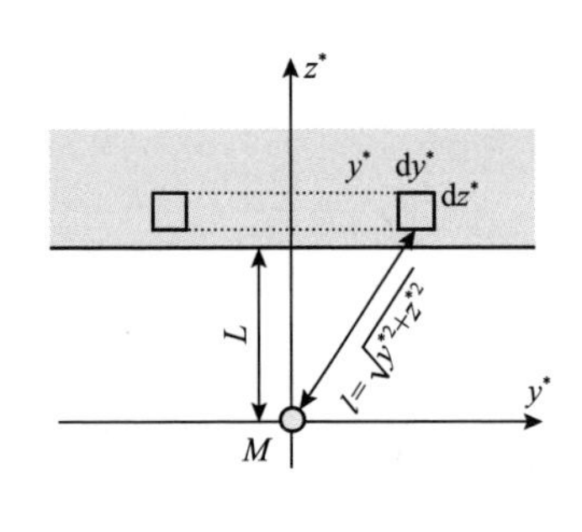

(a) 接触电极与聚合物薄膜内任一分子

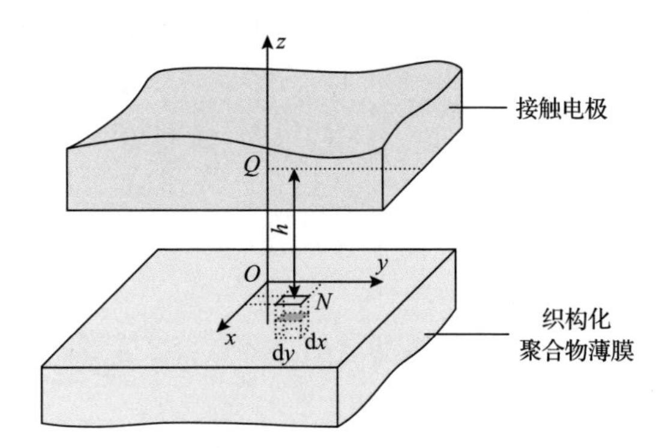

(b) 接触电极与织构化聚合物薄膜微单元

图 3.10　黏附接触示意图

因此，接触电极对于分子 M 的范德瓦尔斯相互作用力 f_{vdW} 和排斥接触力 f_{rep} 可以分别表示为

$$f_{\mathrm{vdW}}(L)=-\frac{\mathrm{d}W_{\mathrm{vdW}}(L)}{\mathrm{d}L}=-\frac{\pi C\rho_1}{2L^4} \tag{3.22}$$

$$f_{\mathrm{rep}}(L)=-\frac{\mathrm{d}W_{\mathrm{rep}}(L)}{\mathrm{d}L}=\frac{\pi B\rho_1}{5L^{10}} \tag{3.23}$$

下面推导接触电极与织构化聚合物薄膜内任意一点之间的范德瓦尔斯相互作用力和排斥接触力。为简单起见，并未示意出聚合物薄膜表面的织构，如图 3.10(b) 所示。取聚合物薄膜上体积为 $z\mathrm{d}x\mathrm{d}y$（$z\to-\infty$）的微单元，则接触电极与该微单元之间的相互作用力可以表示为

$$p(L)=\rho_2\int_{-\infty}^{0}\int_{y}^{y+\mathrm{d}y}\int_{x}^{x+\mathrm{d}x}f(L)\,\mathrm{d}x\mathrm{d}y\mathrm{d}z \tag{3.24}$$

式中，ρ_2 为聚合物薄膜的分子数密度。

$p(L)$ 可以被认为是接触电极与织构化聚合物薄膜表面微单元 $\mathrm{d}x\mathrm{d}y$ 之间的作用力，则接触电极作用在织构化聚合物薄膜表面任意一点 N（坐标为 (x,y)）的范德瓦尔斯相互作用应力 p_{vdW} 和排斥接触应力 p_{rep} 可以表示为

$$p_{\mathrm{vdW}}(x,y)=\lim_{\mathrm{d}x\to0,\mathrm{d}y\to0}\frac{\rho_2}{\mathrm{d}x\mathrm{d}y}\int_{-\infty}^{0}\int_{y}^{y+\mathrm{d}y}\int_{x}^{x+\mathrm{d}x}f_{\mathrm{vdW}}(x,y,h)\,\mathrm{d}x\mathrm{d}y\mathrm{d}z=-\frac{\pi C\rho_1\rho_2}{6h^3(x,y)} \tag{3.25}$$

$$p_{\mathrm{rep}}(x,y)=\lim_{\mathrm{d}x\to0,\mathrm{d}y\to0}\frac{\rho_2}{\mathrm{d}x\mathrm{d}y}\int_{-\infty}^{0}\int_{y}^{y+\mathrm{d}y}\int_{x}^{x+\mathrm{d}x}f_{\mathrm{rep}}(x,y,h)\,\mathrm{d}x\mathrm{d}y\mathrm{d}z=\frac{\pi B\rho_1\rho_2}{45h^9(x,y)} \tag{3.26}$$

式中，$h(x,y)$ 为接触电极底部与织构化聚合物薄膜表面上任意一点 N 之间的距离。

当两分子间距为平衡间距 l_0 时，分子间相互作用力为零，则参数 B 可以由参数 C 表示

$$B=\frac{Cl_0{}^2}{2} \tag{3.27}$$

参数 C 可以表示为

$$C=\frac{A_{\mathrm{H}}}{\pi^2\rho_1\rho_2} \tag{3.28}$$

计算中假设三种物质的电子吸收频率相等，均为 $3\times10^{15}\mathrm{s}^{-1}$。因此，接触电极作用在织构化聚合物薄膜表面任意一点的范德瓦尔斯相互作用应力和排斥接触应力可以分别表示为

$$p_{\mathrm{vdW}}(x,y)=-\frac{A_{\mathrm{H}}}{6\pi h^{3}(x,y)} \tag{3.29}$$

$$p_{\mathrm{rep}}(x,y)=\frac{A_{\mathrm{H}}l_{0}^{6}}{90\pi h^{9}(x,y)} \tag{3.30}$$

接触电极与织构化聚合物薄膜之间的静电应力 $p_{\mathrm{ele}}(x,y)$ 起源于接触电极与聚合物薄膜之间电荷转移而产生的接触电荷，其本质为经典的库仑吸引力。若忽略电荷的耗散作用，静电相互作用仅存在于接触或已经发生过接触的区域。织构高度相对于聚合物薄膜的厚度非常小，并且接触电极与聚合物薄膜之间的间距远小于摩擦纳米发电机器件的尺寸，因此两表面可以简化为无限大平行板电容器。若假设电荷密度恒定，接触区域两表面间的静电应力可以表示为[29]

$$p_{\mathrm{ele}}(x,y)=-\frac{\sigma(x,y)^{2}}{2\varepsilon_{3}}\left(\frac{B_{2}}{B_{2}+h(x,y)}\right)^{2} \tag{3.31}$$

$$B_{2}=\frac{d_{2}}{\varepsilon_{\mathrm{r2}}} \tag{3.32}$$

式中，d_2 为聚合物薄膜的厚度；ε_3 为接触电极和聚合物薄膜所处介质的自由空间的介电常数；$\varepsilon_{\mathrm{r2}}$ 为聚合物薄膜的相对介电常数；$\sigma(x,y)$ 为聚合物薄膜的电荷密度。

接触电极与织构化聚合物薄膜的黏附接触应力可以表示为

$$p_{\mathrm{ah}}(x,y)=\begin{cases}p_{\mathrm{vdW}}(x,y)+p_{\mathrm{rep}}(x,y)+p_{\mathrm{ele}}(x,y), & (x,y)\in\Omega\\ p_{\mathrm{vdW}}(x,y)+p_{\mathrm{rep}}(x,y), & \text{其他}\end{cases} \tag{3.33}$$

式中，Ω 为接触区域。

接触区域采用传统接触力学的定义，即接触应力是压应力的区域为接触区域。接触过程中，接触区域内发生接触的织构表面的面积为有效接触面积 S_{c}，其中，对于棱锥织构和圆锥织构，假设接触过程中织构的侧面参与接触起电，因此当接触仅发生在织构区域时，有效接触面积等于参与接触的织构侧面积之和，如图 3.11(a)、(b)所示；当接触同时发生在织构和基底区域时，有效接触面积等于参与接触的织构侧面积和基底表面积之和，如图 3.12(a)、(b)所示。对于方柱织构和圆柱织构，假设接触过程中织构的侧面未参与接触起电，因此当接触仅发生在织构区域时，有效接触面积为参与接触的织构上表面面积，如图 3.11(c)、(d)所示；当接触同时发生在织构和基底区域时，有效接触面积为参与接触的织构上表面面积和基底面积之和，如图 3.12(c)、(d)所示。接触电极与聚合物织构单元之间的总黏附力 F_{ah} 为黏附接触应力 $p_{\mathrm{ah}}(x,y)$ 乘以有效接触面积微元并积分。

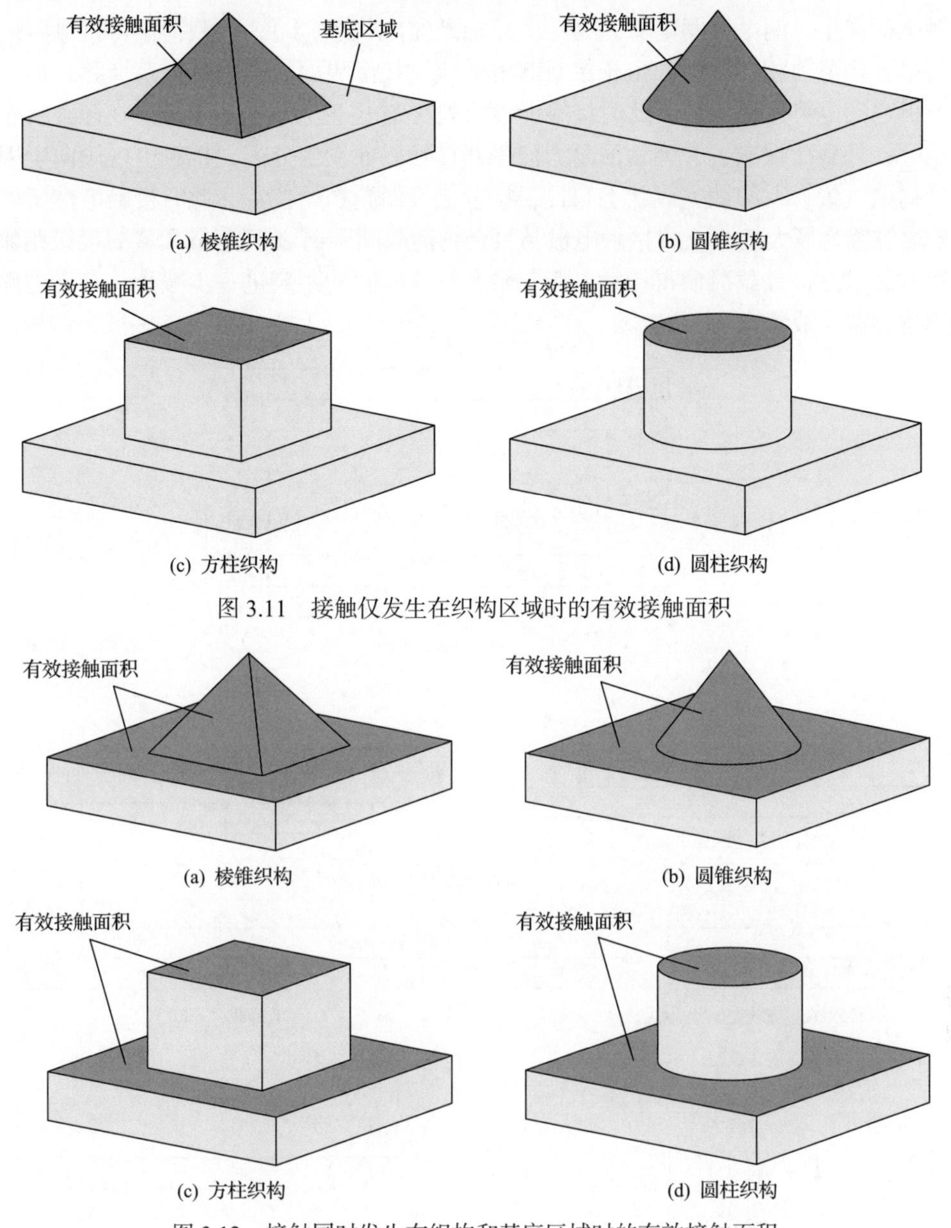

(a) 棱锥织构　(b) 圆锥织构

(c) 方柱织构　(d) 圆柱织构

图 3.11　接触仅发生在织构区域时的有效接触面积

(a) 棱锥织构　(b) 圆锥织构

(c) 方柱织构　(d) 圆柱织构

图 3.12　接触同时发生在织构和基底区域时的有效接触面积

3.2.2　摩擦纳米发电机起电模型

对于典型的由弹簧支撑的法向接触-分离模式摩擦纳米发电机，整个运动循环为加载完成(Ⅰ)→卸载(Ⅱ)→卸载完成(Ⅲ)→加载(Ⅳ)→加载完成(Ⅰ)，如图 3.13 所示。在初始状态下，接触电极与聚合物薄膜尚未发生接触，因此没有接触电荷产生，两电极间电势差为零。在加载完成状态(Ⅰ)，外载荷使得接触电极与聚合物薄膜相互接触，由于接触起电效应，接触界面处会发生电荷转移，但两电极之间电势差仍为零，此时接触电极所处 Z 轴位置为最小值 $Z_{\min}$。在卸载状态(Ⅱ)，外载荷被撤去，弹簧回复力使得两接触界面发生分离，接触电极倾向于回到初始位置。在卸载完成状态(Ⅲ)，接触电极回到初始位置，此时接触电极所处 Z 轴位置为最大值 $Z_{\max}$，接触电极与聚合物薄膜间距离 d 到达最大值 $d_{\max}$。在加载状态(Ⅳ)，外载荷使得接触电极与聚合物薄膜间的距离进一步减小，直至再次到达加载完成状态(Ⅰ)。

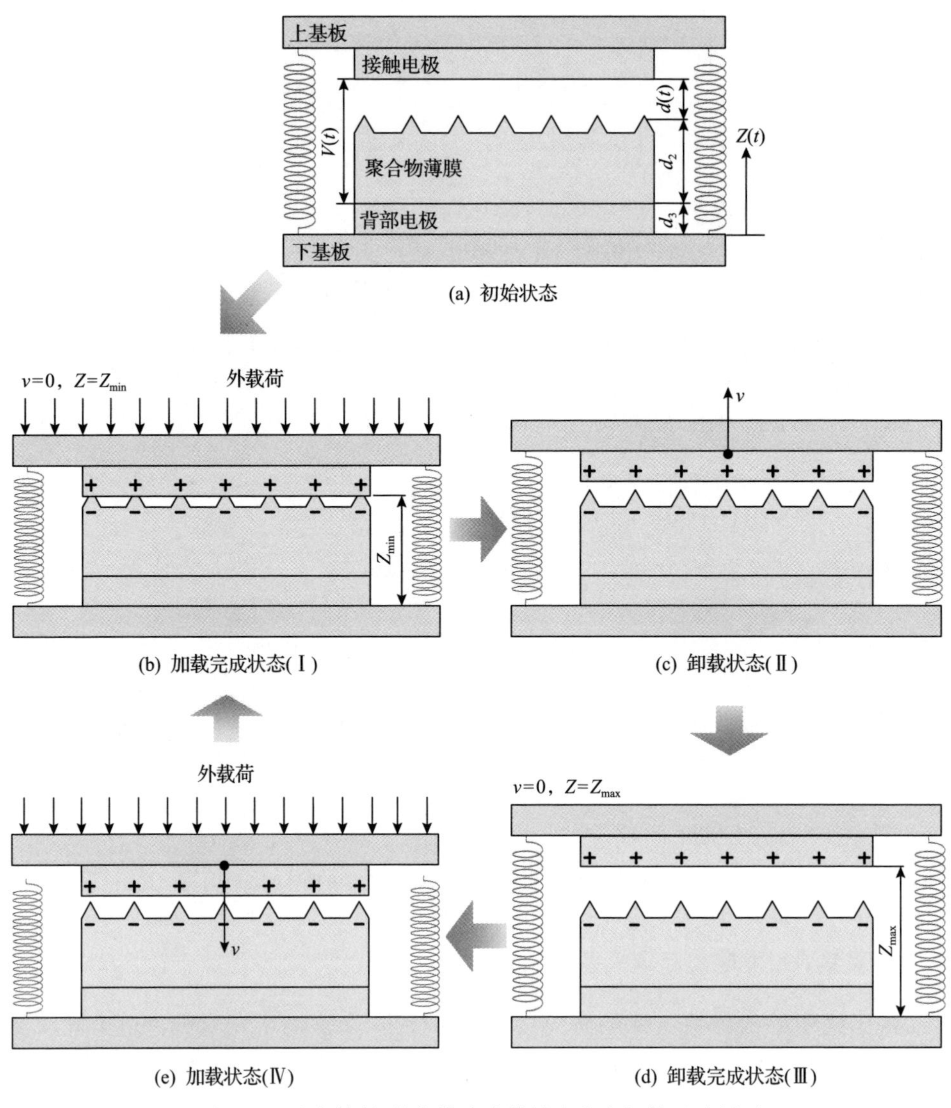

图 3.13　法向接触-分离模式摩擦纳米发电机的运动循环

摩擦纳米发电机起电特性和接触电极与聚合物薄膜之间的间距有关，因此需要对摩擦纳米发电机的运动特性进行分析。

1. 加载完成状态（Ⅰ）

当摩擦纳米发电机处于加载完成状态（Ⅰ）时，外载荷使得接触电极与聚合物薄膜相互接触，并且维持接触状态一定时间，则运动方程和初始条件可以表示为

$$\begin{cases} Z(t) = Z_{\min} \\ Z'(t) = 0 \end{cases} \tag{3.34}$$

式中，$Z(t)$为接触电极底部在 t 时刻所处位置的 Z 轴坐标；$Z'(t)$为 $Z(t)$对时间 t 的导数；$Z_{\min}$为接触电极底部所能到达的 Z 轴最小位置处，其数值与外载荷有关。

2. 卸载状态（Ⅱ）

当摩擦纳米发电机处于卸载状态（Ⅱ）时，外载荷被撤去，弹簧回复力使得两接触界面发生分离，接触电极倾向于回到初始位置。将上基板与接触电极看成一个整体，其运动可以被模拟为弹簧质量系统，则运动方程和初始条件可以表示为

$$\begin{cases} mZ''(t) = k_e\left(l_e - Z(t) - d_2\right) + F_{ah}(t) - mg \\ Z\left(t_2\right) = Z_{\min} \\ Z'\left(t_2\right) = 0 \end{cases} \tag{3.35}$$

式中，$F_{ah}(t)$为两接触表面之间的黏附力（向上为正）；g 为重力加速度；k_e为弹簧的弹性系数；l_e为弹簧的原长；m 为上基板和接触电极的总质量；t_2为卸载状态开始的时刻。

$F_{ah}(t)$与接近距离 α 有关，α 与 $Z(t)$的关系为

$$Z(t) = d_2 + d_3 - \alpha - c \tag{3.36}$$

式中，c 为织构的高度；d_2和 d_3分别为聚合物薄膜和背部电极的厚度。

3. 卸载完成状态（Ⅲ）

当摩擦纳米发电机处于卸载完成状态（Ⅲ）时，接触电极回到初始位置，接触电极底部到达 Z 轴最大位置 $Z_{\max}$处，接触电极与聚合物薄膜间距离 d 到达最大值 $d_{\max}$。使接触电极保持在此位置一定时间，则运动方程和初始条件可以表示为

$$\begin{cases} Z(t) = Z_{\max} \\ Z'(t) = 0 \end{cases} \tag{3.37}$$

4. 加载状态(Ⅳ)

当摩擦纳米发电机处于加载状态(Ⅳ)时，上基板和接触电极由外载荷驱动沿着 Z 轴方向做简谐运动，则运动方程为

$$\begin{cases} Z(t)=\dfrac{1}{2}\left(Z_{\max}-Z_{\min}\right)\left[1+\cos\dfrac{\pi\left(t-t_4\right)}{T_4}\right]+Z_{\min} \\ Z'(t)=-\dfrac{\pi}{2T_4}\left(Z_{\max}-Z_{\min}\right)\sin\dfrac{\pi\left(t-t_4\right)}{T_4} \end{cases} \tag{3.38}$$

式中，t_4 为加载状态开始的时刻；T_4 为加载状态持续时间。

根据上述摩擦纳米发电机运动特性分析，可以获得接触电极与聚合物薄膜之间的距离 d 随时间的变化规律。织构高度相对于聚合物薄膜厚度非常小，因此计算时认为电场线只沿着垂直于接触电极的方向，并且指向聚合物薄膜的为正方向。根据高斯定理，穿过封闭曲面的电通量与封闭曲面所包围的电荷量成正比，则聚合物薄膜内部的电场强度 $E_{\mathrm{fs,p}}$ 可以表示为

$$E_{\mathrm{fs,p}}=-\frac{Q(t)}{S_{\mathrm{d}}\varepsilon_2} \tag{3.39}$$

式中，$Q(t)$ 为转移电荷量；S_{d} 为器件面积；ε_2 为聚合物薄膜的介电常数。

间隙内部的电场强度 $E_{\mathrm{fs,air}}$ 可以表示为

$$E_{\mathrm{fs,air}}=-\frac{Q(t)}{S_{\mathrm{d}}\varepsilon_3}+\frac{\sigma S_{\mathrm{c}}}{S_{\mathrm{d}}\varepsilon_3} \tag{3.40}$$

式中，S_{c} 为有效接触面积；ε_3 为摩擦纳米发电机所处介质的介电常数。

S_{c} 可以通过接触力学计算获得，若外载荷一定，则 S_{c} 不随时间变化。因此，接触电极与背部电极之间的电势差可以表示为

$$V(t)=E_{\mathrm{fs,p}}d_2+E_{\mathrm{fs,air}}d(t)=-\frac{Q(t)}{S_{\mathrm{d}}}\left(\frac{d_2}{\varepsilon_2}+\frac{d(t)}{\varepsilon_3}\right)+\frac{\sigma S_{\mathrm{c}}d(t)}{S_{\mathrm{d}}\varepsilon_3} \tag{3.41}$$

式中，$d(t)$ 为接触电极与聚合物薄膜之间的距离。

$$d(t)=\max\left(Z(t)-d_2-d_3,0\right) \tag{3.42}$$

开路条件下，转移电荷量 $Q(t)=0$，则开路电压 $V_{\mathrm{oc}}(t)$ 可以表示为

$$V_{oc}(t)=\frac{\sigma S_c d(t)}{S_d \varepsilon_3} \tag{3.43}$$

3.2.3　黏附接触及起电模型的数值求解

黏附接触模型的数值求解首先需要对相关参数和方程进行无量纲化和离散化处理，随后采用快速傅里叶变换(fast Fourier transform，FFT)、双共轭梯度稳定算法(Bi-CGSTAB)和非精确牛顿法(inexact newton method)等方法对离散化的计算方程等进行迭代求解。起电模型的数值求解主要采用四阶龙格-库塔法(Runge-Kutta method)。起电模型的数值求解相对较简单，而黏附接触模型的数值求解相对较复杂，因此本节主要介绍黏附接触模型的数值求解过程。

1. 无量纲化及离散

此处采用的无量纲参数包括无量纲长度$\bar{L}$、无量纲接触应力$\bar{p}$、无量纲黏附力$\bar{F}_{ah}$、无量纲电荷密度$\bar{\sigma}$，其表达式分别为

$$\bar{L}=\frac{L}{l_0} \tag{3.44}$$

$$\bar{p}=\frac{p l_0^3}{A_H} \tag{3.45}$$

$$\bar{F}_{ah}=\frac{F_{ah} l_0}{2\pi A_H} \tag{3.46}$$

$$\bar{\sigma}=\frac{\sigma l_0^{\frac{3}{2}}}{\left(A_H \varepsilon_3\right)^{\frac{1}{2}}} \tag{3.47}$$

式中，A_H为 Hamaker 常数；l_0为分子的平衡间距；L 为模型中涉及的与长度相关的量，包括织构宽度 a、a_m、a_n，织构高度 b、b_m、b_n，织构间距 c、c_m、c_n，接近距离 α 等；ε_3为接触电极和聚合物薄膜所处介质的介电常数。

在数值模拟中计算区域为单个织构单元，其中织构计算区域为$-(\bar{a}+\bar{c})/2 \leqslant \bar{x} \leqslant (\bar{a}+\bar{c})/2$、$-(\bar{a}+\bar{c})/2 \leqslant \bar{y} \leqslant (\bar{a}+\bar{c})/2$，计算网格数为 $M\times N$。

(1)无量纲间距方程和其离散形式为

$$\bar{h}(\bar{x},\bar{y})=-\bar{\alpha}-\bar{S}_p(\bar{x},\bar{y})+\bar{u}(\bar{x},\bar{y}) \tag{3.48}$$

$$\bar{h}_{ij} = -\bar{\alpha} - \bar{S}_{\mathrm{p},ij} + \bar{u}_{ij} \tag{3.49}$$

(2)无量纲织构高度分布方程和其离散形式为

①棱锥织构：

$$\bar{S}_{\mathrm{p}}(\bar{x},\bar{y}) = \begin{cases} \bar{b} - \dfrac{\bar{b}\left(|\bar{x}+\bar{y}|+|\bar{x}-\bar{y}|\right)}{\bar{a}}, & |\bar{x}| \leqslant \dfrac{\bar{a}}{2} \text{且} |\bar{y}| \leqslant \dfrac{\bar{a}}{2} \\ 0, & \text{其他} \end{cases} \tag{3.50}$$

$$\bar{S}_{\mathrm{p},ij} = \begin{cases} \bar{b} - \dfrac{\bar{b}\left(\left|\bar{x}_i+\bar{y}_j\right|+\left|\bar{x}_i-\bar{y}_j\right|\right)}{\bar{a}}, & |\bar{x}_i| \leqslant \dfrac{\bar{a}}{2} \text{且} \left|\bar{y}_j\right| \leqslant \dfrac{\bar{a}}{2} \\ 0, & \text{其他} \end{cases} \tag{3.51}$$

②方柱织构：

$$\bar{S}_{\mathrm{p}}(\bar{x},\bar{y}) = \begin{cases} \bar{b}, & |\bar{x}| \leqslant \dfrac{\bar{a}}{2} \text{且} |\bar{y}| \leqslant \dfrac{\bar{a}}{2} \\ 0, & \text{其他} \end{cases} \tag{3.52}$$

$$\bar{S}_{\mathrm{p},ij} = \begin{cases} \bar{b}, & |\bar{x}_i| \leqslant \dfrac{\bar{a}}{2} \text{且} \left|\bar{y}_j\right| \leqslant \dfrac{\bar{a}}{2} \\ 0, & \text{其他} \end{cases} \tag{3.53}$$

③圆锥织构：

$$\bar{S}_{\mathrm{p}}(\bar{x},\bar{y}) = \begin{cases} \bar{b} - \dfrac{2\bar{b}\sqrt{\bar{x}^2+\bar{y}^2}}{\bar{a}}, & \bar{x}^2+\bar{y}^2 \leqslant \left(\dfrac{\bar{a}}{2}\right)^2 \\ 0, & \text{其他} \end{cases} \tag{3.54}$$

$$\bar{S}_{\mathrm{p},ij} = \begin{cases} \bar{b} - \dfrac{2\bar{b}\sqrt{\bar{x}_i^{\,2}+\bar{y}_j^{\,2}}}{\bar{a}}, & \bar{x}_i^{\,2}+\bar{y}_j^{\,2} \leqslant \left(\dfrac{\bar{a}}{2}\right)^2 \\ 0, & \text{其他} \end{cases} \tag{3.55}$$

④圆柱织构：

$$\bar{S}_{\mathrm{p}}(\bar{x},\bar{y}) = \begin{cases} \bar{b}, & \bar{x}^2+\bar{y}^2 \leqslant \left(\dfrac{\bar{a}}{2}\right)^2 \\ 0, & \text{其他} \end{cases} \tag{3.56}$$

$$\bar{S}_{\mathrm{p},ij}=\begin{cases}\bar{b}, & \bar{x}_i^{\,2}+\bar{y}_j^{\,2}\leqslant\left(\dfrac{\bar{a}}{2}\right)^2\\ 0, & \text{其他}\end{cases} \tag{3.57}$$

(3)无量纲弹性变形方程和其离散形式为

$$\bar{u}(\bar{x},\bar{y})=\frac{A_{\mathrm{H}}}{\pi E^{*}l_0^3}\iint\frac{\bar{p}_{\mathrm{ah}}(\bar{\xi},\bar{\eta})}{\sqrt{(\bar{x}-\bar{\xi})^2+(\bar{y}-\bar{\eta})^2}}\mathrm{d}\bar{\xi}\,\mathrm{d}\bar{\eta} \tag{3.58}$$

$$\bar{u}_{ij}=\frac{A_{\mathrm{H}}}{\pi E^{*}l_0^3}\sum_{I=0}^{M}\sum_{J=0}^{N}\bar{K}_{IJ}^{ij}\,\bar{p}_{\mathrm{ah},IJ} \tag{3.59}$$

式中，$\bar{K}_{IJ}^{ij}$ 为无量纲压力-变形影响系数，即节点(I,J)上作用的单位力在节点(i,j)产生的弹性变形。

式(3.59)的求和运算实际上为影响系数与黏附接触应力的线性卷积，本节采用离散卷积-快速傅里叶变换算法来求解，即通过对影响系数序列与黏附接触应力序列进行傅里叶变换、并将对应项相乘得到弹性变形的离散傅里叶变换，随后对其进行傅里叶逆变换来获得弹性变形。该算法避免了传统直接求解法中的矩阵相乘运算，显著减小了存储量，提高了计算效率。

无量纲黏附接触应力及其离散形式为

$$\bar{p}_{\mathrm{ah}}(\bar{x},\bar{y})=\begin{cases}\bar{p}_{\mathrm{vdW}}(\bar{x},\bar{y})+\bar{p}_{\mathrm{rep}}(\bar{x},\bar{y})+\bar{p}_{\mathrm{ele}}(\bar{x},\bar{y}), & (\bar{x},\bar{y})\in\bar{\Omega}\\ \bar{p}_{\mathrm{vdW}}(\bar{x},\bar{y})+\bar{p}_{\mathrm{rep}}(\bar{x},\bar{y}), & \text{其他}\end{cases} \tag{3.60}$$

$$\bar{p}_{\mathrm{ah},ij}(\bar{x},\bar{y})=\begin{cases}\bar{p}_{\mathrm{vdW},ij}(\bar{x},\bar{y})+\bar{p}_{\mathrm{rep},ij}(\bar{x},\bar{y})+\bar{p}_{\mathrm{ele},ij}(\bar{x},\bar{y}), & \left(\bar{x}_i,\bar{y}_j\right)\in\bar{\Omega}\\ \bar{p}_{\mathrm{vdW},ij}(\bar{x},\bar{y})+\bar{p}_{\mathrm{rep},ij}(\bar{x},\bar{y}), & \text{其他}\end{cases} \tag{3.61}$$

无量纲范德瓦尔斯相互作用应力及其离散形式为

$$\bar{p}_{\mathrm{vdW}}(\bar{x},\bar{y})=-\frac{1}{6\pi\bar{h}^3(\bar{x},\bar{y})} \tag{3.62}$$

$$\bar{p}_{\mathrm{vdW},ij}=-\frac{1}{6\pi\bar{h}_{ij}^3} \tag{3.63}$$

无量纲排斥接触应力及其离散形式为

$$\bar{p}_{\mathrm{rep}}(\bar{x},\bar{y})=\frac{1}{90\pi\bar{h}^9(\bar{x},\bar{y})} \tag{3.64}$$

$$\bar{p}_{\text{rep},ij} = \frac{1}{90\pi \bar{h}_{ij}^{\ 9}} \tag{3.65}$$

无量纲静电应力及其离散形式为

$$\bar{p}_{\text{ele}}(\bar{x},\bar{y}) = -\frac{\bar{\sigma}(\bar{x},\bar{y})^2}{2}\left(\frac{\bar{B}_2}{\bar{B}_2 + \bar{h}(\bar{x},\bar{y})}\right)^2 \tag{3.66}$$

$$\bar{p}_{\text{ele},ij} = -\frac{\bar{\sigma}_{ij}^2}{2}\left(\frac{\bar{B}_2}{\bar{B}_2 + \bar{h}_{ij}}\right)^2 \tag{3.67}$$

无量纲总黏附力及其离散形式为

$$\bar{F}_{\text{ah}} = \frac{1}{2\pi}\iint \bar{p}_{\text{ah}}(\bar{x},\bar{y})\mathrm{d}\bar{x}\mathrm{d}\bar{y} \tag{3.68}$$

$$\bar{F}_{\text{ah}} = \frac{1}{2\pi}\sum_{i=0}^{M}\sum_{j=0}^{N} D_{ij}\,\bar{p}_{\text{ah},ij} \tag{3.69}$$

式中，D_{ij} 为积分系数。

2. 模型数值求解方法

黏附接触中一个接近距离 α 可能对应多个黏附力，而一个中心间距 h_{c}(x=0，y=0 处的两表面间距)仅对应一个黏附力，因此，为在一个计算流程中得到接触电极接近或远离织构化聚合物薄膜的黏附力，在计算中用中心间距 $\bar{h}_{\text{c}}$ 替代接近距离 α 作为自变量进行求解，中心间距 $\bar{h}_{\text{c}}$ 可以表示为

$$\bar{h}_{\text{c}} = -\bar{\alpha} + \frac{A_{\text{H}}}{\pi E^* l_0^3}\sum_{I=0}^{M}\sum_{J=0}^{N} \bar{K}_{IJ}^{i_{\text{c}} j_{\text{c}}}\,\bar{p}_{IJ} \tag{3.70}$$

式中，i_{c} 和 j_{c} 为 x=0，y=0 所对应的网格节点标号。

将 $\bar{\alpha}$ 用 $\bar{h}_{\text{c}}$ 表示，则间距方程式(3.49)可以表示为

$$\begin{aligned}\bar{h}_{ij} &= \bar{h}_{\text{c}} - \left(\bar{S}_{\text{p},ij} - \bar{S}_{\text{p},i_0 j_0}\right) + \left(\bar{u}_{ij} - \bar{u}_{i_0 j_0}\right)\\ &= \bar{h}_{\text{c}} - \left(\bar{S}_{\text{p},ij} - \bar{S}_{\text{p},i_0 j_0}\right) + \frac{A_{\text{H}}}{\pi E^* l_0^3}\sum_{I=0}^{M}\sum_{J=0}^{N}\left(\bar{K}_{IJ}^{ij} - \bar{K}_{IJ}^{i_0 j_0}\right)\bar{p}_{\text{ah},IJ}\end{aligned} \tag{3.71}$$

利用 Newton-Raphson 方法，式(3.71)非线性方程组可以转化为线性方程组

$$\begin{cases} \boldsymbol{J}\left(\overline{\boldsymbol{h}}_k\right)\Delta\overline{\boldsymbol{h}} = -\boldsymbol{R}\left(\overline{\boldsymbol{h}}_k\right) \\ \overline{\boldsymbol{h}}_{k+1} = \overline{\boldsymbol{h}}_k + \beta\Delta\overline{\boldsymbol{h}} \end{cases} \tag{3.72}$$

式中，$\boldsymbol{R}$ 为方程组的残差；β 为松弛因子。

$$R_{ij} = \overline{h}_{ij} - \overline{h}_{\mathrm{c}} + \left(\overline{S}_{\mathrm{p},ij} - \overline{S}_{\mathrm{p},i_0 j_0}\right) - \frac{A_{\mathrm{H}}}{\pi E^* l_0^3}\sum_{I=0}^{M}\sum_{J=0}^{N}\left(\overline{K}_{IJ}^{ij} - \overline{K}_{IJ}^{i_0 j_0}\right)\overline{p}_{\mathrm{ah},IJ} \tag{3.73}$$

$\boldsymbol{J}$ 为残差 $\boldsymbol{R}$ 相对于间距 $\overline{\boldsymbol{h}}$ 的 Jacobi 矩阵，计算公式为

$$J_{ijIJ} = \frac{\partial R_{ij}}{\partial \overline{h}_{IJ}} = \frac{\partial \overline{h}_{ij}}{\partial \overline{h}_{IJ}} - \frac{A_{\mathrm{H}}}{\pi E^* l_0^3}\left(\overline{K}_{IJ}^{ij} - \overline{K}_{IJ}^{i_0 j_0}\right)\frac{\partial \overline{p}_{\mathrm{ah},IJ}}{\partial \overline{h}_{IJ}} \tag{3.74}$$

$$\frac{\partial \overline{h}_{ij}}{\partial \overline{h}_{IJ}} = \begin{cases} 1, & i = I, j = J \\ 0, & \text{其他} \end{cases} \tag{3.75}$$

$$\frac{\partial \overline{p}_{\mathrm{ah},IJ}}{\partial \overline{h}_{IJ}} = \begin{cases} \dfrac{\partial \overline{p}_{\mathrm{vdW},IJ}}{\partial \overline{h}_{IJ}} + \dfrac{\partial \overline{p}_{\mathrm{rep},IJ}}{\partial \overline{h}_{IJ}} + \dfrac{\partial \overline{p}_{\mathrm{ele},IJ}}{\partial \overline{h}_{IJ}}, & \left(\overline{x}_i, \overline{y}_j\right) \in \overline{\Omega} \\ \dfrac{\partial \overline{p}_{\mathrm{vdW},IJ}}{\partial \overline{h}_{IJ}} + \dfrac{\partial \overline{p}_{\mathrm{rep},IJ}}{\partial \overline{h}_{IJ}}, & \text{其他} \end{cases} \tag{3.76}$$

$$\frac{\partial \overline{p}_{\mathrm{vdW},IJ}}{\partial \overline{h}_{IJ}} = \frac{1}{2\pi \overline{h}_{ij}^4} \tag{3.77}$$

$$\frac{\partial \overline{p}_{\mathrm{rep},IJ}}{\partial \overline{h}_{IJ}} = -\frac{1}{10\pi \overline{h}_{ij}^{10}} \tag{3.78}$$

$$\frac{\partial \overline{p}_{\mathrm{ele},IJ}}{\partial \overline{h}_{IJ}} = \frac{\overline{\sigma}_{ij}^2 \overline{B}_2^2}{\left(\overline{B}_2 + \overline{h}_{ij}\right)^3} \tag{3.79}$$

Jacobi 矩阵 $\boldsymbol{J}$ 为具有 $M\times N$ 行与 $M\times N$ 列的矩阵。采用双共轭梯度稳定算法对式(3.72)进行迭代求解，这种在 Newton-Raphson 方法中采用迭代法对线性化之后的方程组进行求解的算法常称为非精确牛顿法。在此方法中，对于每一牛顿迭代步，线性方程组迭代求解的收敛精度根据该步残差 $\boldsymbol{R}$ 的变化而改变，避免了计算时间上的浪费，有利于提高计算效率；并且双共轭梯度稳定计算迭代中采用双正交残差向量 $\boldsymbol{r}$，收敛更为平滑。上述计算方法能够解决传统基于高斯消元法或 LU 分解法的精确牛顿法中存在的计算收敛性依赖于初值、且在每一牛顿迭代步

因需精确获得线性方程组的解而要进行矩阵运算的问题，可实现快速高效的数值运算。

在求解过程中，为实现摩擦纳米发电机的加载/卸载，保持织构化聚合物薄膜不动，使接触电极从初始间距逐步接近/远离织构化聚合物薄膜，即逐步减小/增加中心间距 $\bar{h}_c$，计算每个 $\bar{h}_c$ 值下的接近距离 $\bar{\alpha}$、弹性变形 $\bar{u}(\bar{x},\bar{y})$、黏附接触应力 $\bar{p}_{ah}(\bar{x},\bar{y})$、总黏附力 $\bar{F}_{ah}$、接触区域 Ω，直到加载过程总黏附力 $\bar{F}_{ah}$ 达到设定的外载荷值 $\bar{F}_{app}$，或卸载过程接近距离到达所设定的值，并且加载/卸载次数达到设定的次数。根据接触区域计算外载荷 $\bar{F}_{app}$ 下的接触面积 $\bar{S}_c$，计算结束。黏附接触加载过程的求解流程图如图 3.14 所示。

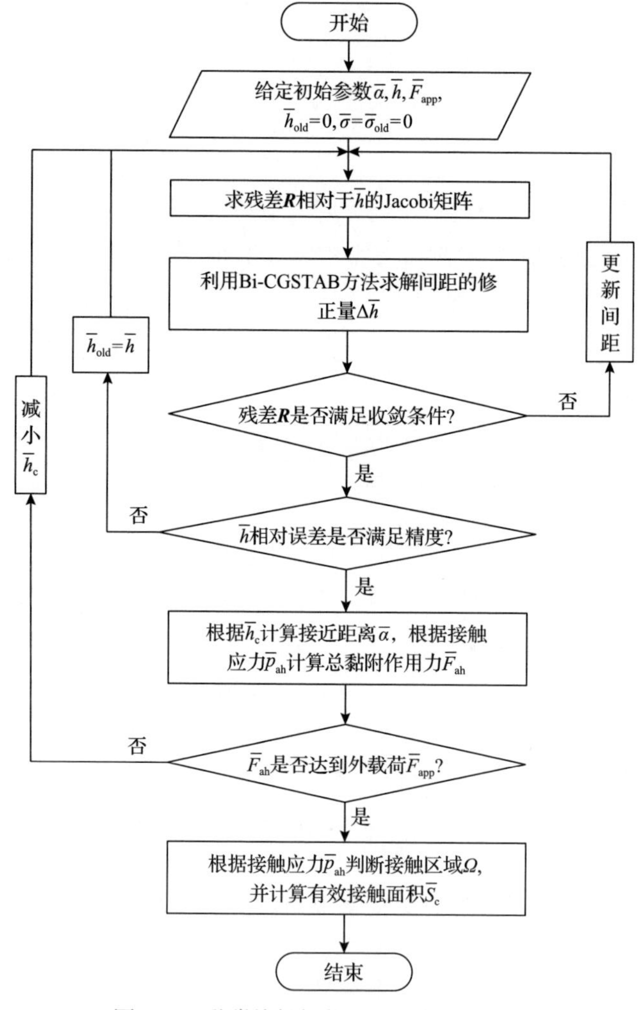

图 3.14　黏附接触加载过程的求解流程图

3.3　织构化摩擦纳米发电机接触面积测试

为了分析织构化摩擦纳米发电机的黏附接触起电性能，需要预先获得织构化表面的电荷密度。电荷密度为转移电荷量与接触面积之比，其中转移电荷量可通过接触起电测试平台获得。本节以织构化 PDMS 薄膜为例，介绍摩擦纳米发电机接触面积测试方法。

3.3.1　棱锥织构化 PDMS 薄膜制备工艺

通过光学光刻、湿法刻蚀、复型等工艺制备了不同宽度、高度、间距的棱锥织构化 PDMS 薄膜。

1. 织构尺寸参数

PDMS 薄膜表面棱锥织构的尺寸参数包括棱锥底部宽度 a、高度 b 和间距 c，如图 3.15 所示[30]。棱锥织构样品尺寸如表 3.1 所示。

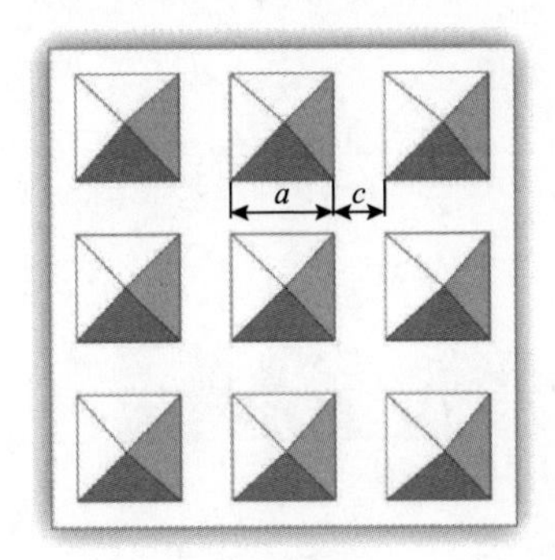

(a) 俯视图

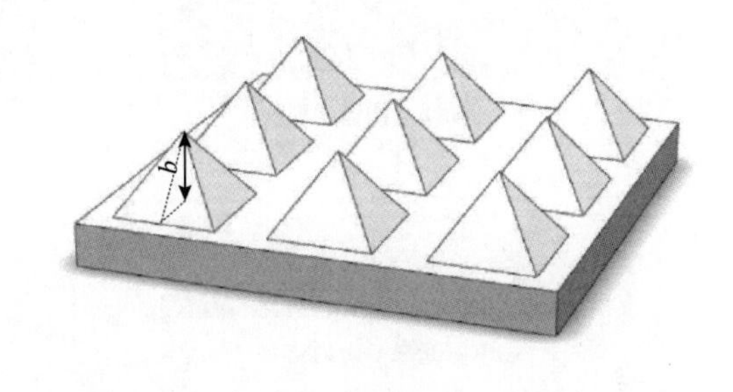

(b) 轴测图

图 3.15　棱锥织构示意图[30]

表 3.1　棱锥织构样品尺寸

织构参数	宽度 a/μm	高度 b/μm	间距 c/μm
C1	2	1.4	1
C2	5	3.5	1
C3	10	7	1
C4	10	7	2
C5	10	7	5
C6	10	7	10

2. 表面织构制备工艺

织构化聚合物薄膜的制备主要包括棱锥硅模板制备和复型两大步骤。

1) 棱锥硅模板制备工艺

棱锥凹坑硅模板的制备工艺主要包括热氧化、光学光刻、KOH 湿法刻蚀等。在硅模板加工前，首先利用 Piranha 溶液对硅片进行预处理。Piranha 溶液为硫酸和过氧化氢按体积比 4∶1 组成的混合溶液，清洗时将硅片浸泡于 Piranha 溶液中 10min。随后采用去离子水对硅片进行清洗。最后，以 2000r/min 的转速将硅片甩干，持续 5min。硅片的预处理结束后，进入到硅模板的加工阶段。棱锥硅模板制备工艺如图 3.16 所示。

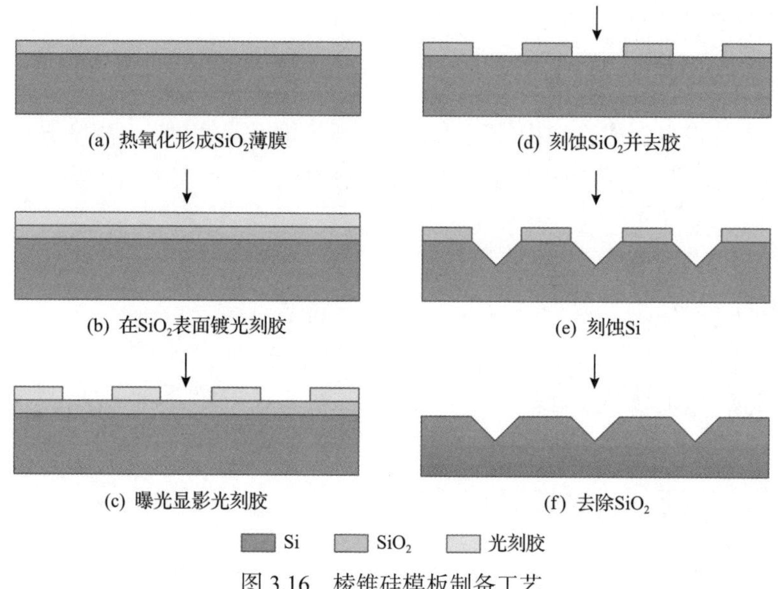

图 3.16　棱锥硅模板制备工艺

(1) 热氧化形成 SiO_2 薄膜。将硅片置于快速退火炉中，通入氧气，加热到 1000℃，持续 10min，即可在硅片表面形成厚度约为 130nm 的致密 SiO_2 薄膜。热氧化生长法适合在硅片表面生成比较薄的 SiO_2 膜，具有操作简单、覆盖能力强的特点。其原理为：单晶硅在室温条件下容易被氧化而形成厚度约为 2nm 的 SiO_2 薄膜，由于该薄膜的钝化作用，氧化反应在室温条件下无法继续进行，然而在高温下，氧原子能够扩散穿过已形成的 SiO_2 薄膜，到达 SiO_2-Si 的界面与 Si 原子发生反应生成 SiO_2，使薄膜不断增厚。制备 SiO_2 薄膜的主要目的是为后续 KOH 湿法刻蚀硅时形成掩蔽层。

(2) 在 SiO_2 表面镀光刻胶。为去除硅片表面吸附的水蒸气，使硅片在镀胶阶段严格干燥，首先对硅片进行 150℃的脱水烘焙。并且，为了确保光刻胶与硅片表面之间具有良好的黏附性，将六甲基二硅亚胺增黏剂旋涂到硅片表面。随后，待硅片冷却至室温，将光刻胶滴于硅片表面，通过匀胶机以 2000r/min 的转速旋转硅片，持续约 60s，使光刻胶均匀分布在 15.25cm 的硅片表面，光刻胶厚度为 1.5μm。最后，将旋涂有光刻胶的硅片置于 90℃的烘箱中烘烤 30min，其主要目的是去除光刻胶中的溶剂和水分，提高光刻胶与硅片之间的黏附力和抗机械擦伤能力，释放光刻胶膜内的应力。

(3) 曝光显影光刻胶。首先将硅片固定于光刻机托盘上，采用紫外线照射表面盖有掩模板的硅片，对硅片表面的光刻胶进行接触式曝光，由于所镀光刻胶的厚度为 1.5μm，需进行 3 次曝光，每次曝光 3.3s，冷却 10～15s。然后，采用正胶显影液对光刻胶进行显影，使曝光区的光刻胶溶解。在显影过程中，将硅片浸没于显影液 5s，不时将硅片取出观察，直到曝光区的光刻胶完全溶解，能够看到圆形凹坑阵列图案。显影结束后，利用去离子水对硅片进行清洗，并将硅片甩干。最后，将显影后的硅片放置在 90℃的烘箱中烘烤 30min。其主要目的是去除残留的显影液和水分，增加胶膜与硅片之间的黏附力，提高抗刻蚀的能力。

(4) 刻蚀 SiO_2 并去胶。首先，以硅片顶面曝光后的光刻胶为掩模，利用 BOE 溶液对 SiO_2 进行湿法刻蚀，刻蚀时间为 2min，即可将光刻胶上的圆形阵列图案转移到 SiO_2 表面。BOE 溶液是由氟化铵和氢氟酸按体积比为 7∶1 组成的混合溶液，相比于氢氟酸溶液，BOE 溶液湿法刻蚀得到的图案具有更好的均匀性，并且光刻胶具有更小的凹割程度。室温条件下，BOE 溶液对 SiO_2 的刻蚀速度约为 800Å/min，而对光刻胶和硅的刻蚀极小，可忽略不计。在刻蚀过程中超声搅拌 BOE 溶液，以消除湿法刻蚀中产生的气泡，保证刻蚀的一致性。并且为了防止超声过度造成光刻胶损坏，搅拌时间为每分钟 5～10s。随后，将刻蚀后的硅片浸泡于 Piranha 溶液中 10min，去除光刻胶和残余的 BOE 溶液。最后，采用去离子水清洗硅片，并以 2000r/min 的转速将硅片甩干，持续约 5min。

(5) 刻蚀 Si。根据 KOH 对单晶硅各向异性刻蚀的特点，将具有圆形阵列图案的 SiO_2 作为掩模，用 30%的 KOH 溶液在温度为 80℃对硅片进行腐蚀，持续约 5min，即可形成倒棱锥凹坑阵列。

(6) 去除 SiO_2。将 KOH 湿法腐蚀后的硅片浸泡于 BOE 溶液中 2min，以去除硅片表面的 SiO_2。利用去离子水清洗硅片并甩干，即可获得具有棱锥凹坑织构的硅模板。

2) 复型

复型的目的是将硅模板的图形转移到聚合物表面，制备出具有棱锥织构的聚合物薄膜。图 3.17 为织构化 PDMS 薄膜复型制备工艺。

(1) 硅烷化处理。硅模板表面存在大量的 Si—OH 基团，表现出良好的亲水特性，因此 PDMS 薄膜与硅模板之间黏附力比较大。为减小硅模板与 PDMS 薄膜之

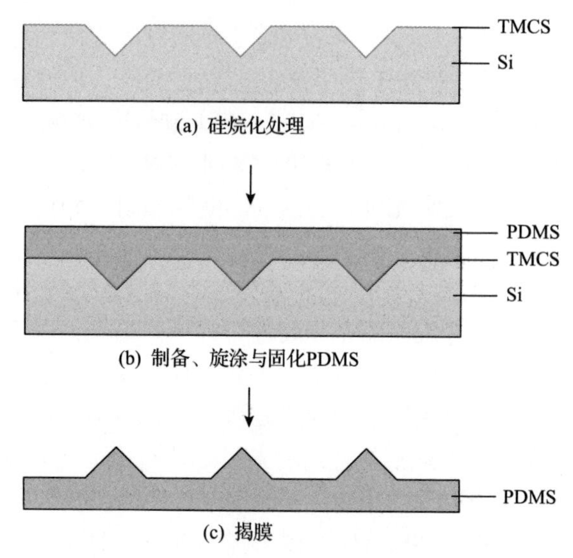

图 3.17　织构化 PDMS 薄膜复型制备工艺

间的黏附，方便后续将 PDMS 薄膜从硅模板上完整揭下，需对硅模板进行硅烷化处理，使烷基取代硅表面的 Si—OH 基团，改善其亲水特性。本节采用三甲基氯硅烷(chlorotrimethylsilane，TMCS)溶液对硅模板进行硅烷化处理。

将硅模板放入培养皿，将 TMCS 溶液倒入培养皿中，使其没过硅模板上表面，浸泡 10min，并利用保鲜膜封口，防止 TMCS 迅速挥发；采用无水乙醇和去离子水清洗硅模板，并利用氮气将硅模板吹干。

(2)制备、旋涂与固化 PDMS。首先，将 PDMS 弹性体与固化剂按质量比 10∶1 的比例混合，用玻璃棒充分搅拌使其混合均匀；然后，将配制好的 PDMS 溶液放入连接有真空泵的真空干燥器中，将真空泵压力设置为−0.1MPa，抽气 30min，以去除 PDMS 溶液在搅拌过程中产生的气泡。随后，将硅模板固定于匀胶机的托盘上，将总质量约为 16.5g 的 PDMS 溶液滴于 6in 硅模板表面，利用匀胶机进行旋涂。旋涂过程主要包含两步：设定转速 100r/min，旋转 10s，使 PDMS 溶液匀开；设定转速 250r/min，旋转 60s，使 PDMS 溶液均匀覆盖于硅模板上；将旋涂有 PDMS 溶液的硅模板放入真空干燥器中，抽气 10min，以去除 PDMS 溶液在旋涂过程中产生的气泡。最后，将旋涂有 PDMS 溶液的硅模板放置于加热台上进行热固化，加热温度为 125℃，固化时间为 20min。

(3)揭膜。待硅片冷却至室温，用刀片将 PDMS 薄膜与硅模板的边缘划开，以释放膜内的应力。缓慢地将已固化的 PDMS 薄膜从硅模板上揭下来，即可获得棱锥织构化 PDMS 薄膜。

3. 表面织构形貌表征

利用扫描电子显微镜(scanning electron microscope，SEM)对织构化 PDMS 薄膜表面的棱锥织构进行观测。由于 PDMS 薄膜的绝缘特性，为防止拍摄过程中材料表面荷电，需对 PDMS 薄膜进行喷铂处理，铂的厚度约为 9nm。图 3.18 为样品 C3～C5 的棱锥织构 SEM 图。其中，C3 样品的尺寸参数为宽度 a=10μm，高度 b=7μm，间距 c=1μm；C4 样品的尺寸参数为宽度 a=10μm，高度 b=7μm，间距 c=2μm；C5 样品的尺寸参数为宽度 a=10μm，高度 b=7μm，间距 c=5μm。

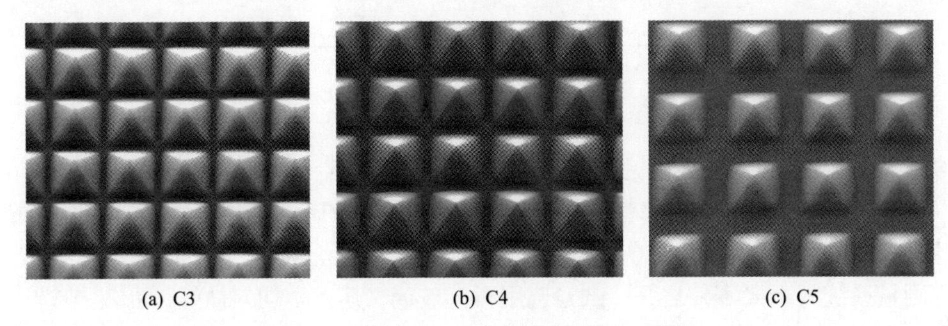

(a) C3　(b) C4　(c) C5

图 3.18　样品 C3～C5 的棱锥织构 SEM 图

3.3.2　织构化 PDMS 薄膜接触面积测试

1. 接触面积测试平台

接触面积测试平台主要包括力/位移控制系统和接触面积测量系统，如图 3.19 所示。力/位移控制系统与接触起电测试平台中的一致，主要包括线性马达、压力

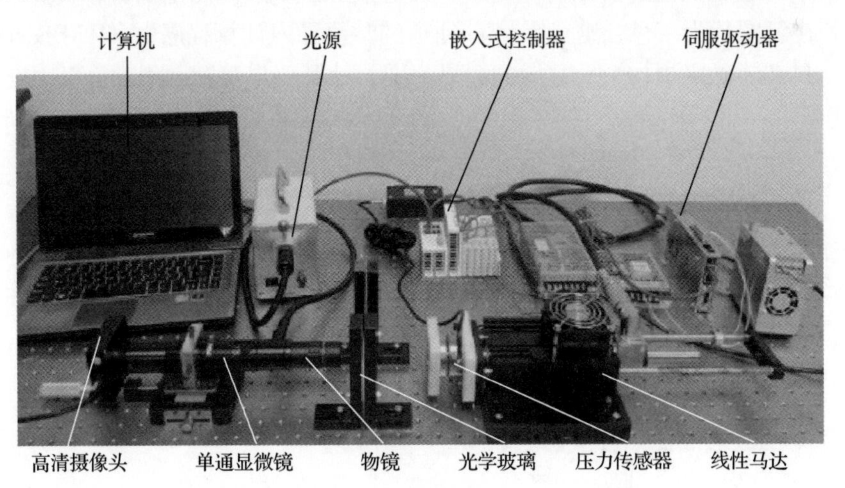

(a) 实物图

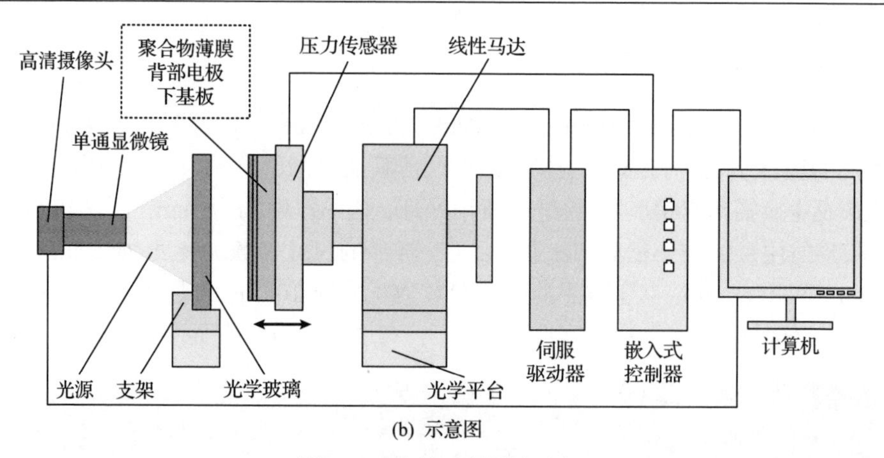

(b) 示意图

图 3.19　接触面积测试平台

传感器、伺服驱动器、嵌入式控制器、计算机和程序，为起电性能的测试提供可以调控的外载荷。接触面积测量系统主要包括光学玻璃、单通显微镜、物镜、光源、高清摄像头。其中，试验台的光学玻璃与织构化 PDMS 薄膜接触，是接触面积测量系统的重要零件之一。试验选用石英玻璃，其光学均匀性好，机械强度高，表面强度大，易于加工研磨和抛光。石英玻璃折射率为 1.456，经超精加工后表面粗糙度 R_a<10nm。石英玻璃长 150mm、宽 80mm、厚度 3mm。

图 3.20 为图像处理流程。首先，加载高清摄像头拍摄的接触图片，划定指定区域，利用程序读出图片各点的红(red，R)、绿(green，G)、蓝(blue，B)三个颜色通道的数值，分别将 R、G、B 三个通道的数值保存成 255×255 的二维数组；然后，将 R、G、B 三个通道中一个通道的数值导入计算程序中；最后，通过二值化阈值来对通道数值进行二值化处理，确定接触区域边界点坐标值，计算接触面积。若接触图片为灰色，则只需将 G 通道的数值导入计算程序中。由于织构对称分布，只需要确定织构一个方向的边界，即可计算得出接触面积。

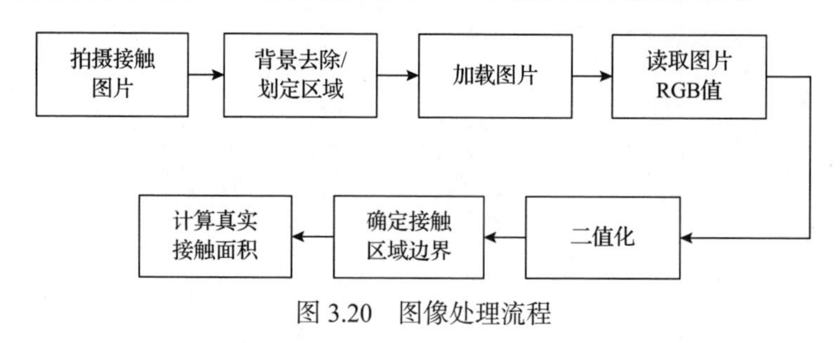

图 3.20　图像处理流程

2. 有效接触面积测试原理和步骤

图 3.21 为棱锥织构与光学玻璃的接触成像原理。对于棱锥织构区域，与石英

玻璃发生接触的区域入射光主要以小角度反射回到接触面积测量系统，而未接触的区域入射光主要以大角度反射，大量反射光不能被接触面积测量系统所收集，因此相比于未发生接触的织构区域，发生接触的织构区域成像颜色较浅；对于基底区域，当基底区域未与石英玻璃发生接触时，其与发生接触的织构界面存在高度差，因此与发生接触的织构区域相比，未接触的基底区域成像颜色较浅；当基底区域与石英玻璃发生接触时，基底区域成像颜色与发生接触的织构区域颜色相当。

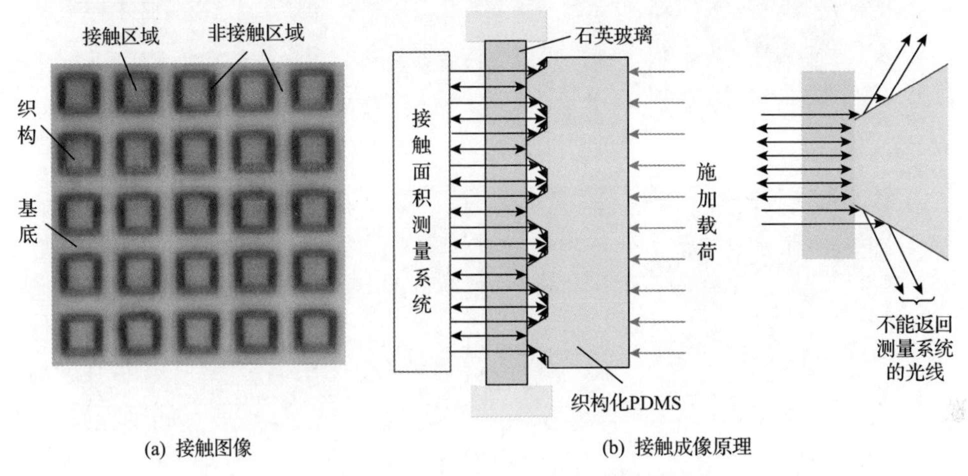

图 3.21　棱锥织构与光学玻璃的接触成像原理

根据上述成像原理判断接触区域后，可以获得棱锥织构表面参与接触起电的有效接触面积。

(1)将织构化 PDMS 薄膜粘贴于压力传感器上，并将压力传感器与线性马达相连接。

(2)设定外载荷、运动速度和加速度等参数，通过嵌入式控制器和伺服驱动器将设定参数传递给线性马达。

(3)启动线性马达，带动固定于其上的织构化 PDMS 薄膜趋近光学玻璃运动。当压力传感器反馈的值达到指定外载荷后，运动停止一定时间，利用显微镜与高清摄像机拍摄接触图像，并将接触图像传递并存储到计算机中，通过自行编写的程序，确定出该外载荷下的接触区域，再计算接触区域内织构的表面积，得出有效接触面积。

3.3.3　外载荷对接触面积的影响

对样品编号为 C5 的棱锥织构的接触面积进行测试，其尺寸参数为宽度 a=10μm，高度 b=7μm，间距 c=5μm。图 3.22 为不同外载荷下的接触图像。当外载荷 F_{app}=0 时，织构化 PDMS 薄膜与光学玻璃尚未发生接触；当外载荷 5N $\leqslant F_{app}\leqslant$ 30N 时，仅棱锥织构尖端参与接触，随着外载荷的增加，棱锥织构尖端接触区域逐渐增加；当外载荷 40N ≤ F_{app}<70N 时，基底区域开始与石英玻璃发生接触；当外载荷 F_{app}=70N 时，织构化表面区域均参与接触，即光学玻璃与织构化表面达到完全接触。

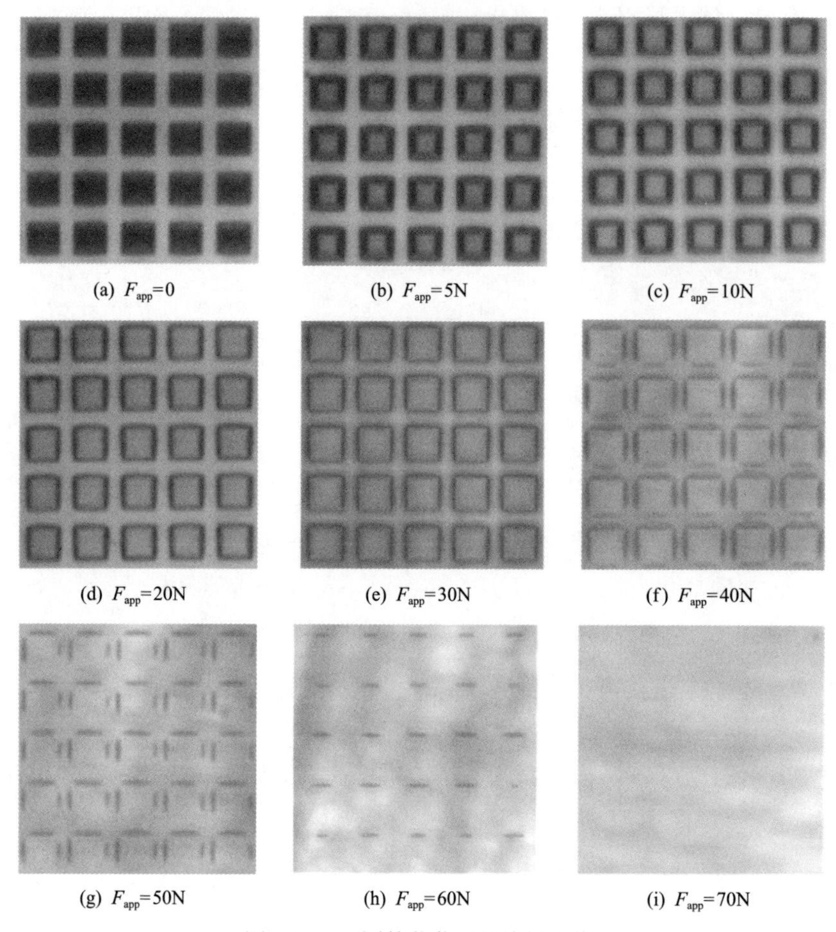

(a) F_{app}=0　(b) F_{app}=5N　(c) F_{app}=10N

(d) F_{app}=20N　(e) F_{app}=30N　(f) F_{app}=40N

(g) F_{app}=50N　(h) F_{app}=60N　(i) F_{app}=70N

图 3.22　不同外载荷下的接触图像

利用拍摄得到的接触图像，即可根据程序判断接触区域，计算接触区域内的棱锥织构表面的表面积，从而获得有效接触面积随外载荷的变化。图 3.23 为有效接触面积随外载荷的变化。可以看出，随着外载荷的增加，有效接触面积呈现逐渐增加的趋势；而当外载荷增加到一定值时，织构化聚合物薄膜达到完全接触状态，因此有效接触面积不再随着外载荷的增加而继续增加。

采用接触起电测试平台测试了不同外载荷下的开路电压，如图 3.24 所示。可以看出，随着外载荷的增加，开路电压呈现两种变化趋势。当外载荷较小时，开路电压随着外载荷的增加而显著增加，其主要原因是有效接触面积的增加；而当外载荷较大时，开路电压随外载荷的增加而基本保持不变，其原因为此时织构化

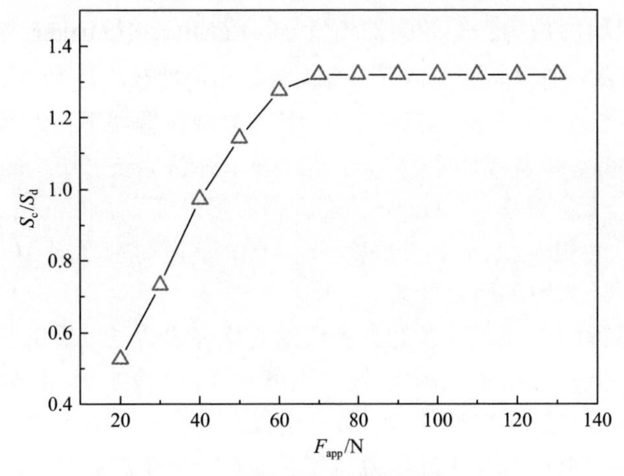

图 3.23　有效接触面积随外载荷的变化

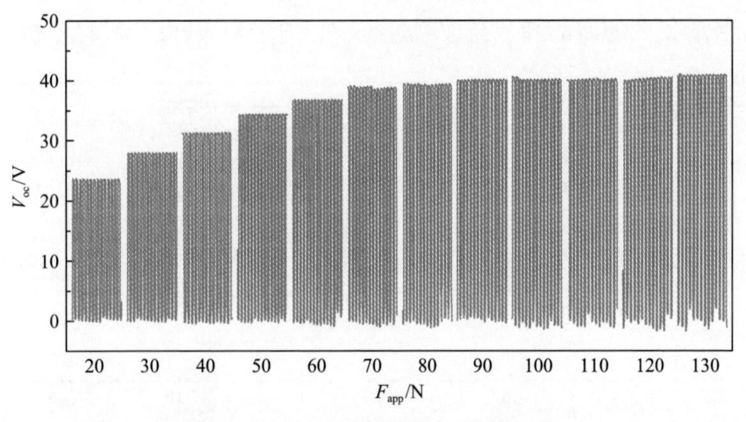

图 3.24　不同外载荷下的开路电压

PDMS 薄膜表面与接触电极达到完全接触状态，有效接触面积基本不变。另外，开路电压随外载荷变化所呈现的两种变化趋势的载荷分界点与有效接触面积的载荷分界点相同，均为 70N。

3.4　织构化摩擦纳米发电机黏附接触起电特性

本节基于建立的黏附接触起电模型及其数值求解方法，分析外载荷和织构形状和尺寸对黏附接触及起电性能的影响，为法向接触-分离模式摩擦纳米发电机的表面织构设计提供理论指导。

3.4.1　黏附接触及起电的主要特征

本节计算使用的聚合物为 PDMS 薄膜，该材料是摩擦纳米发电机最典型的材料之一。相关材料参数为：等效弹性模量 E^*=1.5MPa，Hamaker 常数 $A_H = 3.34\times 10^{-13}$ J，分子平衡间距 l_0=0.46μm。聚合物薄膜织构选择为规则分布的棱锥阵列，尺寸参数为：a=5μm、b=3.5μm、c=1μm。其他参数设置如下：上基板与接触电极的总质量 m=3.36g，弹簧弹性系数 k_e=1.28kN/m，弹簧原长 l_e=0.7mm，接触电极可以达到的 Z 轴最大位置 Z_{max}=0.6mm，聚合物薄膜厚度 d_2=400μm，背部电极厚度 d_3=100μm，器件面积 S_d=1cm^2，外载荷 F_{app}=250N，电荷密度σ=1000μC/m^2。若无特殊说明，以下计算均采用此参数。

图 3.25 为黏附力 F_{ah} 随加载卸载次数的变化规律。可以看出，除第一次加载外，其他加载卸载过程中的黏附力-接近距离曲线均与第一次卸载时的黏附力-接近距离曲线重合。当第一次加载时，接触电极与聚合物薄膜尚未发生过接触，因此，两表面间没有电荷产生，静电力为零。随着接近距离的增加，两表面开始发生接触，接触起电效应使得两表面产生等量异号的电荷，因此产生静电力 F_{ele}，如图 3.26 所示。在随后的卸载与加载过程中，由于两表面已经发生过接触，若忽

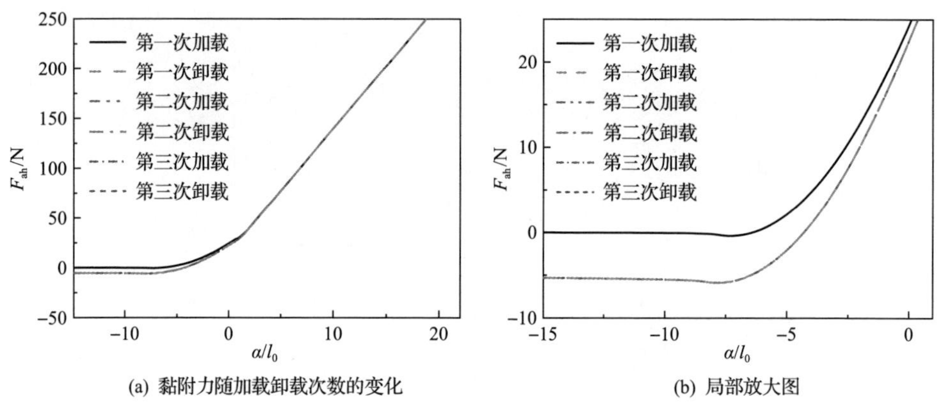

(a) 黏附力随加载卸载次数的变化　　(b) 局部放大图

图 3.25　黏附力 F_{ah} 随加载卸载次数的变化规律

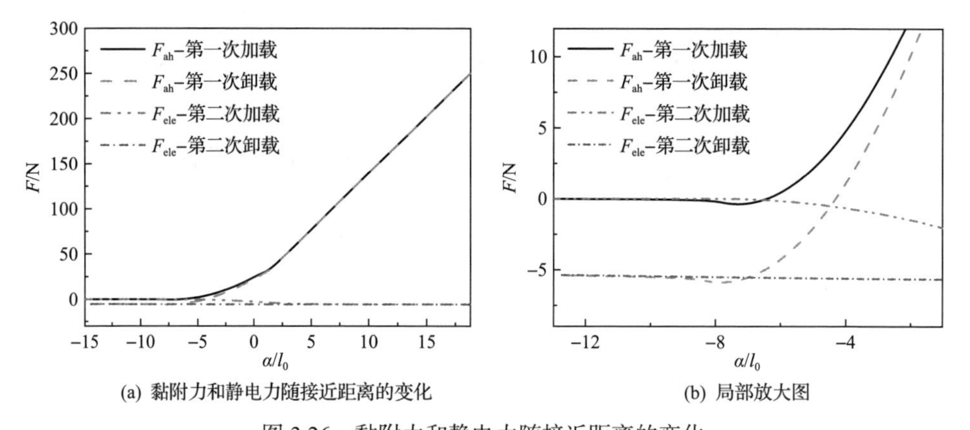

(a) 黏附力和静电力随接近距离的变化　　(b) 局部放大图

图 3.26　黏附力和静电力随接近距离的变化

略电荷的耗散，则可认为两表面间的接触电荷一直存在，那么即使在接近距离较小时，静电力依然存在。

根据黏附计算结果和起电模型，即可获得摩擦纳米发电机接触电极位移和开路电压随时间的变化曲线，如图 3.27 所示。可以看出，当接触电极与聚合物薄膜相互接触时(加载完成状态(Ⅰ))，接触电极所处 Z 轴位置为最小值 Z_{min}，由于接触电极与聚合物薄膜材料的得失电子能力存在差异，接触电极在接触过程中失去电子带正电，而聚合物薄膜则带等量负电。但接触时两电极间不存在电势差，因此输出开路电压为零。当撤离外载荷时(卸载状态(Ⅱ))，接触电极所处 Z 轴坐标逐渐增加，两带电表面发生分离，两电极间即形成电势差，并且随着距离的增加，开路电压增加。当接触电极运动到所预定的 Z 轴最大位置 Z_{max} 时(卸载完成状态(Ⅲ))，开路电压达到最大值。随后，再次加载使得接触电极与聚合物薄膜之间的距离减

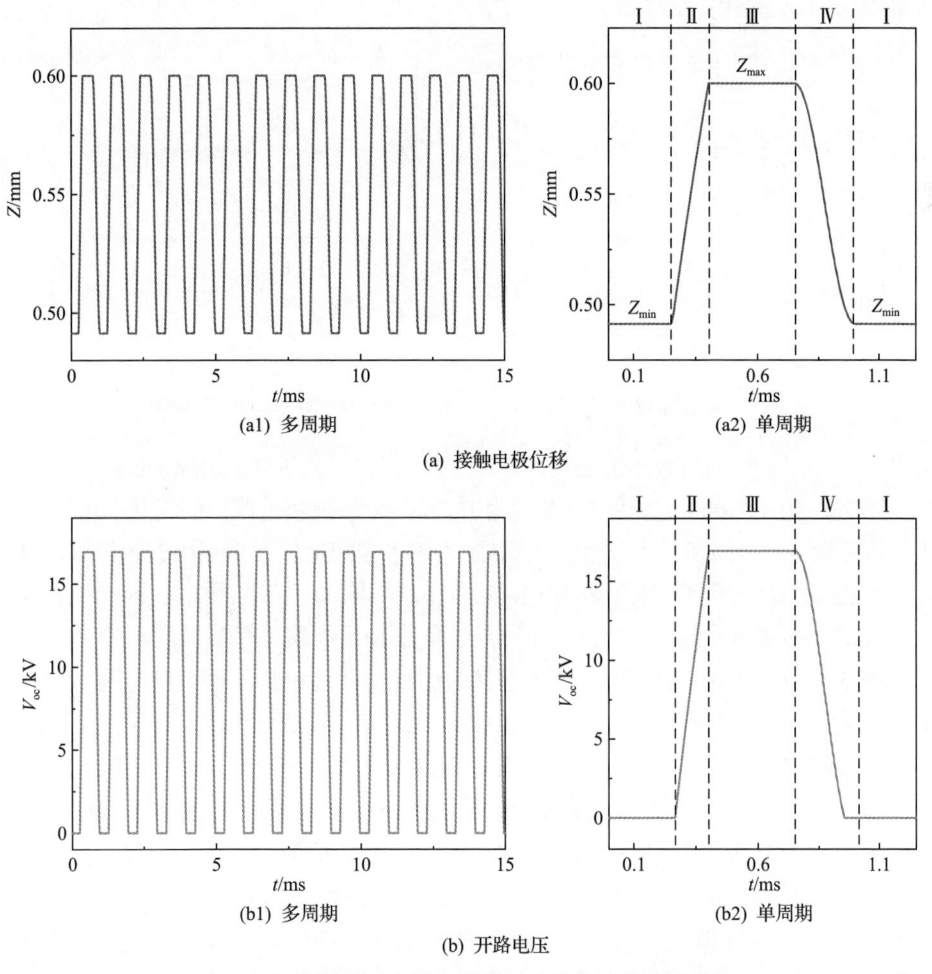

图 3.27　接触电极位移和开路电压随时间的变化曲线

小(加载状态(Ⅳ))，接触电极所处 Z 轴位置减小，两电极之间的电势差逐渐降低，直到二者发生接触(加载完成状态(Ⅰ))，开路电压值再次变为零。

3.4.2　电荷密度对接触及起电性能的影响

电荷密度为转移电荷量与接触面积之比。设定电荷密度分别为 σ=10μC/m^2、50μC/m^2、100μC/m^2、500μC/m^2、1000μC/m^2 时，研究电荷密度对接触及起电性能的影响规律。

图 3.28 为不同电荷密度下的黏附接触性能。可以看出，当电荷密度 $\sigma \leqslant$ 50μC/m^2 时，静电力较小，黏附分离时静电力在总黏附力(此时称为黏附分离力，$F_{\text{pull-off}}$)中占比均小于 3.6%；当电荷密度 σ>50μC/m^2，如 σ=1000μC/m^2 时，静电力较大，黏附分离时静电力在总黏附力中占比为 94%，此时考虑静电力时的黏附力与不考虑静电力时的黏附力差异显著。

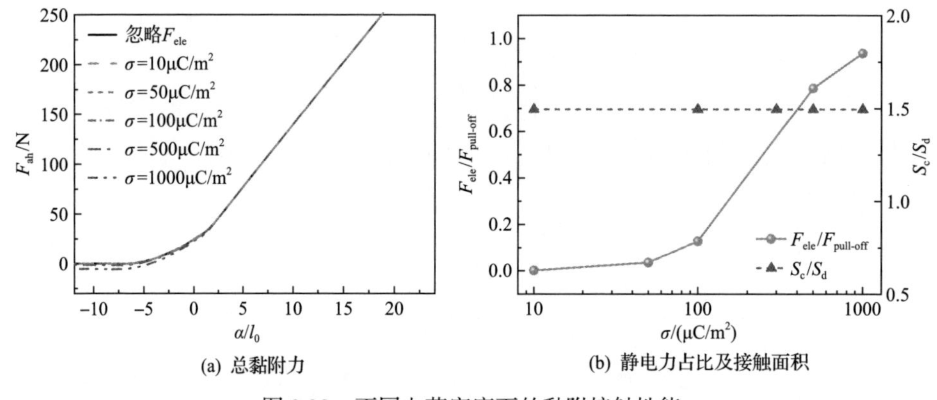

(a) 总黏附力　　(b) 静电力占比及接触面积

图 3.28　不同电荷密度下的黏附接触性能

图 3.29 为 σ=1000μC/m^2 时总黏附力 F_{ah} 及其分量随接近距离的变化。可以看出，当接近距离 $\alpha<-4.3l_0$ 时，静电力在总黏附力中占主导地位，而当接近距离 $\alpha>-4.3l_0$ 时，范德瓦尔斯相互作用力及排斥接触力在总黏附力中占主导。然而，电荷密度的变化对于接触面积几乎没有影响，这主要是由于外载荷保持恒定不变。

图 3.30 为不同电荷密度下接触电极的位移和开路电压。计算中电荷密度的取值分别为 σ=100μC/m^2、500μC/m^2、1000μC/m^2。以 σ=1000μC/m^2 为例进行分析：开路电压随时间呈现“梯形”趋势变化，当接触电极达到 Z 轴最大位置 Z_{max} 处时，开路电压达到最大值。当卸载开始时，黏附力 F_{ah}、弹簧力 F_{ke} 和重力 mg 作用于接触电极和上基板，并且三力合力的方向沿 Z 轴正方向，因此，卸载开始时接触电极的运动为垂直向上的运动，并且运动速度逐渐增加。在卸载过程中，随着接触电极与聚合物薄膜之间间距的增加，两表面间的黏附力由排斥作用力转变为吸引作用力，即由与运动方向相同转变为与运动方向相反，一旦 $F_{ah}+mg>F_{ke}$，接触

电极的加速度与其运动方向相反，接触电极的速度开始减小。当卸载完成时，接触电极运动到 $Z=Z_{max}$ 位置处，外部驱动使接触电极速度迅速降为零。并且，开路电压随着电荷密度的增加而增加，这主要是由于开路电压与电荷密度的正比关系。

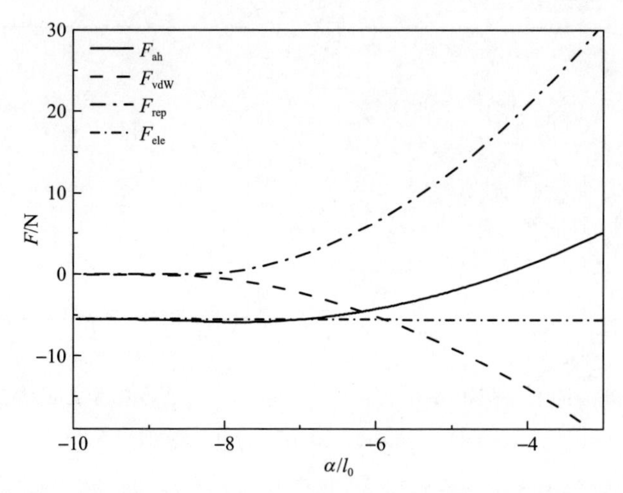

图 3.29　σ=1000μC/m² 时总黏附力及其分量随接近距离的变化

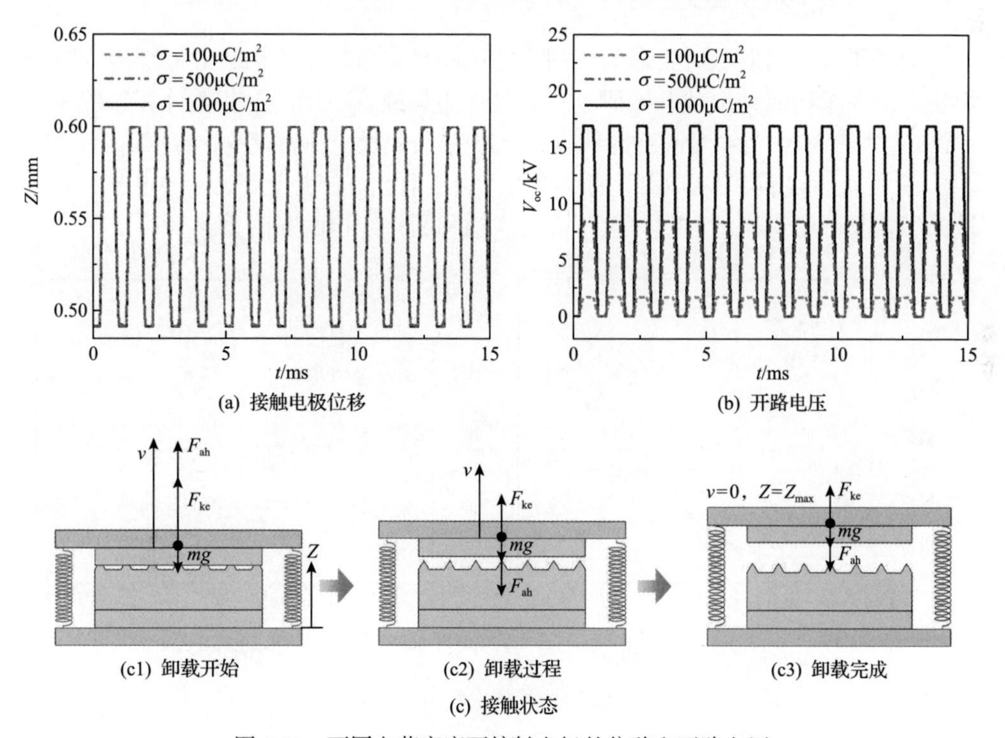

图 3.30　不同电荷密度下接触电极的位移和开路电压

图 3.31 为不同接触应力下的电荷密度[31]。为了获得电荷密度与接触应力的关

系，可首先通过接触起电测试平台，获得不同外载荷下的转移电荷量；然后基于接触面积测试方法，测试相应外载荷下的接触面积，获得相应的接触应力和电荷密度；最后对试验数据进行拟合，得到电荷密度σ与接触应力 p 的表达式。

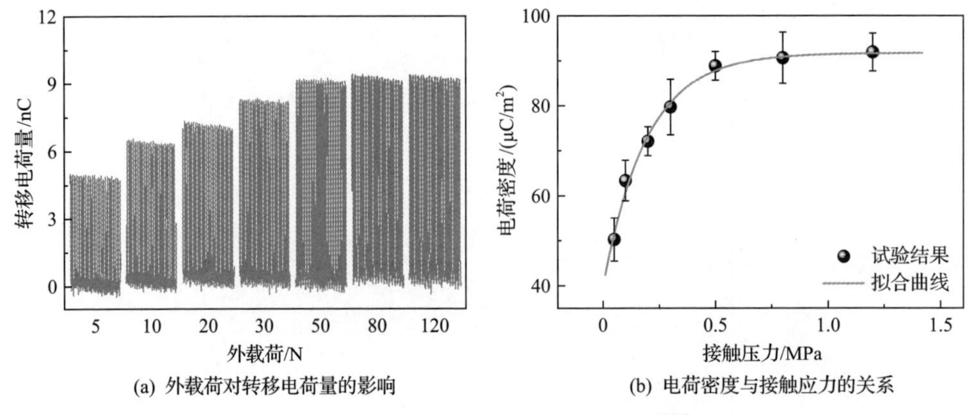

(a) 外载荷对转移电荷量的影响　　(b) 电荷密度与接触应力的关系

图 3.31　不同接触应力下的电荷密度[31]

3.4.3　表面织构对接触及起电性能的影响

为了研究织构形状对于黏附作用力的影响，选取棱锥织构、方柱织构、圆锥织构、圆柱织构四种形状开展研究，其底部边长或直径相同，相关计算参数为：a=5μm，b=3.5μm，c=1μm，外载荷 F_{app}=250N，假设电荷密度为σ=1000μC/m^2。

图 3.32 为不同织构形状下的黏附力。可以看出，当接近距离α<–9.68l_0时，棱锥织构与圆锥织构的黏附力大于方柱织构和圆柱织构的黏附力。

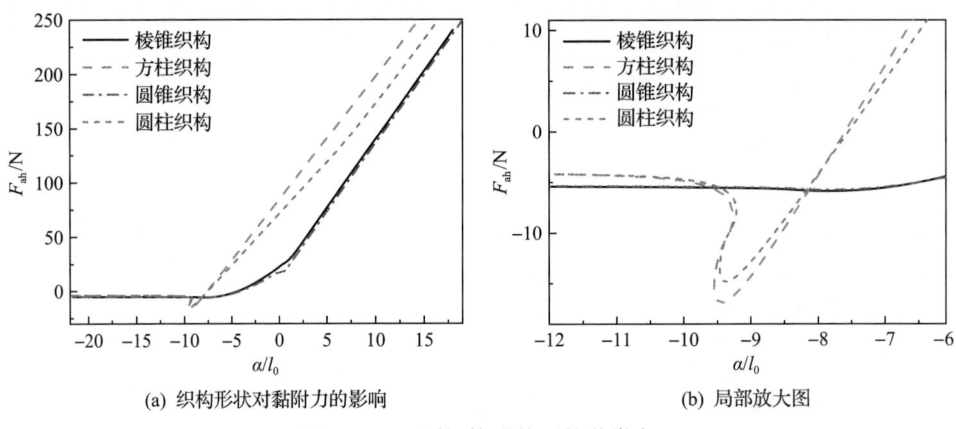

(a) 织构形状对黏附力的影响　　(b) 局部放大图

图 3.32　不同织构形状下的黏附力

图 3.33 为不同形状织构的接触应力和表面间距等值线分布。可以看出，当外载荷为 250N 时，棱锥织构与圆锥织构全部区域接触应力均为正，即处于完全接

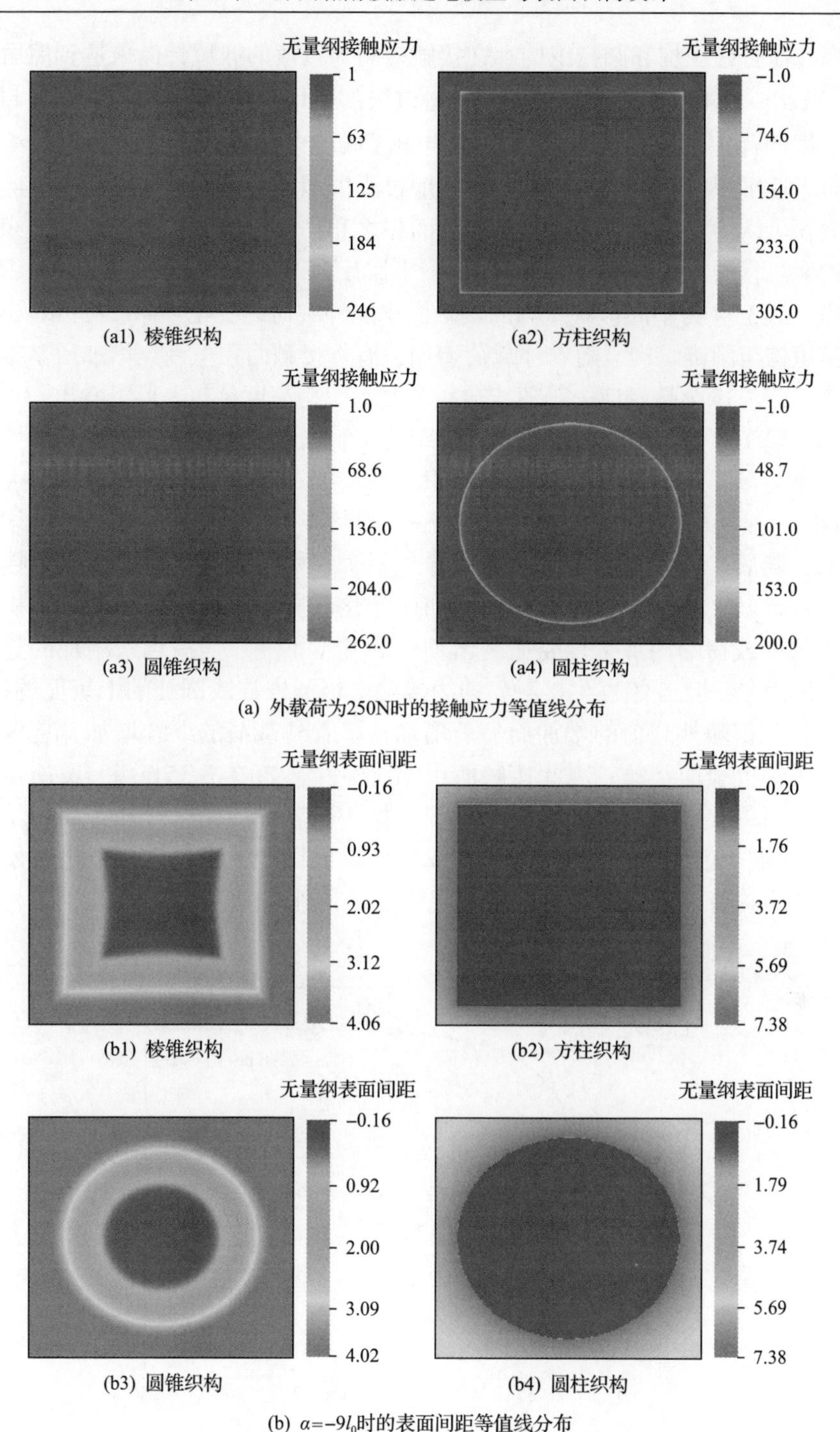

图 3.33　不同形状织构的接触应力和表面间距等值线分布

触状态，而方柱织构和圆柱织构存在接触应力为负值的区域，尚未达到完全接触状态。当$\alpha=-9l_0$时，四种织构表面与接触电极的平均间距$\bar{h}_{方柱}<\bar{h}_{圆柱}<\bar{h}_{棱锥}<\bar{h}_{圆锥}$。

根据四种织构与接触电极之间的接触区域可以获得二者之间的有效接触面积。对于棱锥织构和圆锥织构，假设接触过程中织构的侧面参与接触，因此有效接触面积可认为是接触区域内织构的表面积之和；而对于方柱织构和圆柱织构，假设接触过程中织构的侧面未参与接触，因而计算有效接触面积时不计入织构的侧面积。图 3.34 为不同形状织构的接触面积随外载荷的变化规律。可以看出，对于棱锥织构与圆锥织构，随着外载荷增加，有效接触面积呈现先增加后基本不变的趋势。图 3.35 为接触应力等值线分布和变形织构高度分布。可以看出，当外载荷较小，如 F_{app}=2.5N 时，接触电极与织构接触区域较小，随着外载荷的增加，接触区域逐渐扩大，因此有效接触面积逐渐增加；随着外载荷进一步增大，如F_{app}=60N，接触电极开始与基底发生接触，因此有效接触面积随外载荷的增加继续增加；随后，外载荷的继续增加会导致整个织构表面与接触电极完全接触，因此有效接触面积不再随外载荷的增加而变化。对于方柱织构和圆柱织构，接触面积随外载荷的增加呈现先显著增加、后基本不变、而后再次增加的趋势，其主要原因是一旦开始发生接触，即为接触电极与方柱或圆柱的上表面的接触，因此接触面积随外载荷的增加而显著增加；随着外载荷的继续增加，接触电极仍仅与织构上表面接触，因此接触面积保持不变，如图 3.35(a)和(b)所示；随后，外载荷的继续增加会导致接触电极开始与基底区域发生接触，因此接触面积逐渐增加。相比于方柱织构，圆柱织构的基底区域更容易与接触电极发生接触，圆柱织构有效接触面积再次增加趋势出现在外载荷为 117.8N，而方柱织构为 172.4N。

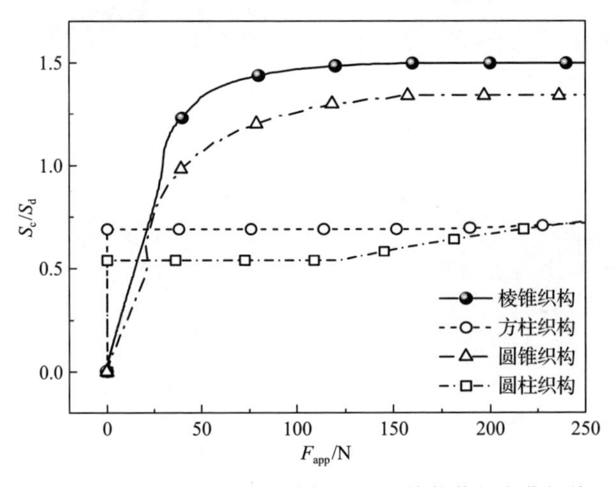

图 3.34　不同形状织构的接触面积随外载荷的变化规律

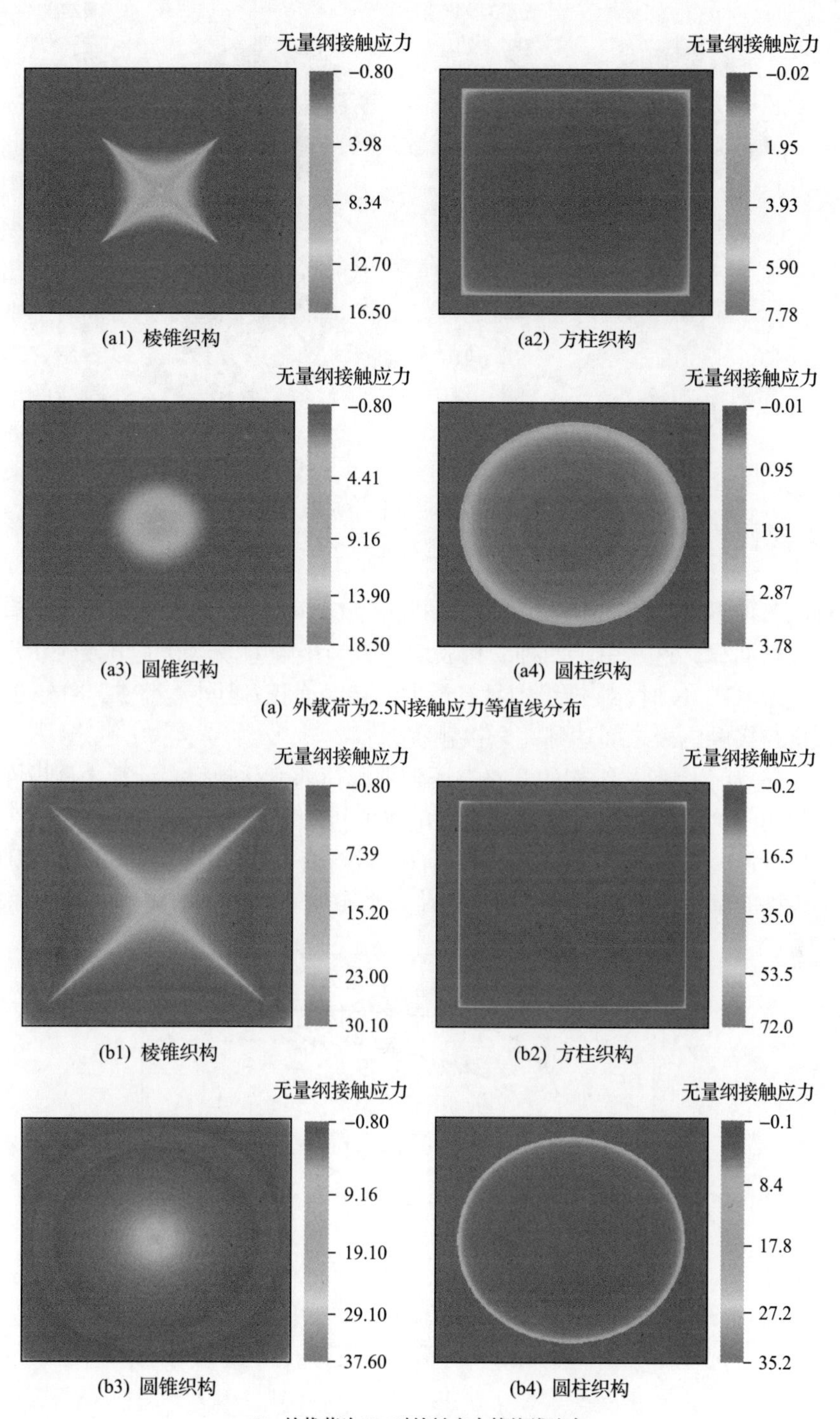

(a1) 棱锥织构　(a2) 方柱织构

(a3) 圆锥织构　(a4) 圆柱织构

(a) 外载荷为2.5N接触应力等值线分布

(b1) 棱锥织构　(b2) 方柱织构

(b3) 圆锥织构　(b4) 圆柱织构

(b) 外载荷为60N时接触应力等值线分布

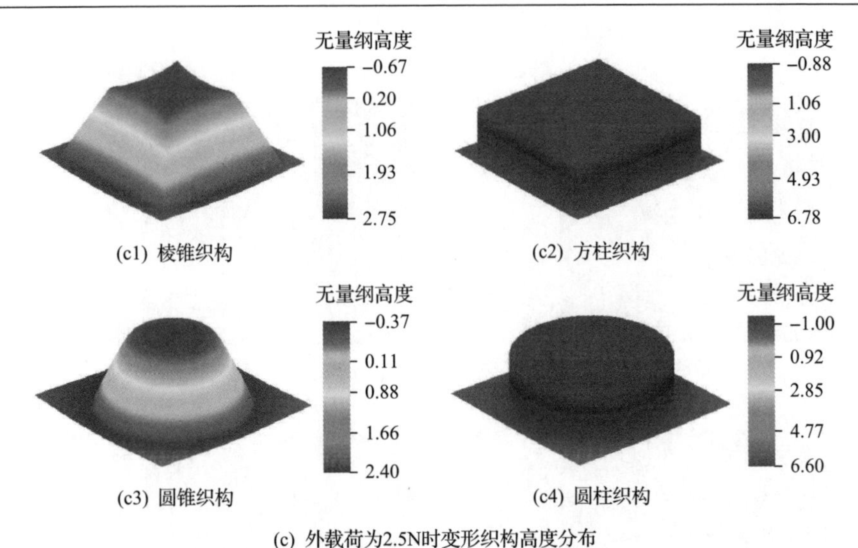

(c) 外载荷为2.5N时变形织构高度分布

图 3.35　接触应力等值线分布和变形织构高度分布

对比四种不同形状的织构可知，当外载荷 F_{app}<21.3N 时，方柱织构具有最大的有效接触面积，这是由于四种织构表面均未与接触电极达到完全接触状态；当外载荷 $F_{app}\geqslant$ 21.3N 时，棱锥织构具有最大的接触面积；当外载荷 F_{app}>153.3N 时，棱锥织构与接触电极之间达到完全接触状态。

图 3.36 为不同形状织构的开路电压随外载荷的变化规律。计算中假设在外加驱动的作用下，所有织构化摩擦纳米发电机的接触电极均能够到达所预定的 Z 轴最大坐标位置。可以看出，对于表面具有棱锥织构、圆锥织构、方柱织构、圆柱织构四种织构的摩擦纳米发电机，当外载荷较小，如 F_{app}<21.3N 时，方柱织构摩擦

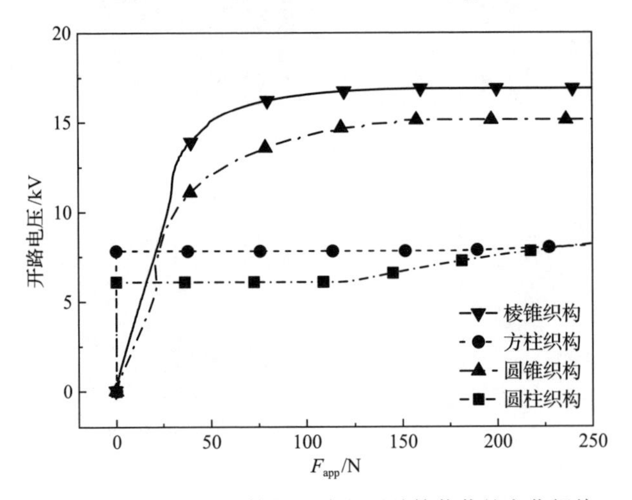

图 3.36　不同形状织构的开路电压随外载荷的变化规律

纳米发电机的输出开路电压最大；而当外载荷较大，如 $F_{app} \geqslant 21.3$N 时，棱锥织构摩擦纳米发电机的开路电压最大。开路电压呈现如此规律是由于其与有效接触面积的正比关系。

下面将研究棱锥织构尺寸参数对于黏附接触及起电性能的影响。相关计算参数为：织构宽度 a=2μm、5μm、10μm，织构高度 $b=0.7a$，织构间距 c=1μm，电荷密度为 σ=2.78μC/m^2。

图 3.37 为不同棱锥织构宽度下的有效接触面积。可以看出，当外载荷较小，如 F_{app}<30.4N 时，宽度较小的棱锥织构接触面积更大。这是由于相同载荷下，宽度较小的棱锥织构更容易发生变形，且此时接触电极与三种不同宽度的棱锥织构均处于部分接触状态，如图 3.38(a)所示。因此宽度较小的棱锥织构具有更大的接触面积。随着外载荷的增加，基底区域开始参与接触。当外载荷较大，如 F_{app}>44.5N 时，宽度较大的棱锥织构接触面积更大。当外载荷为 250N 时，三种不同宽度的棱锥织构与接触电极均处于完全接触状态，如图 3.38(b)所示。此时宽度较大的棱锥织构具有更大的表面积，因此其有效接触面积最大。

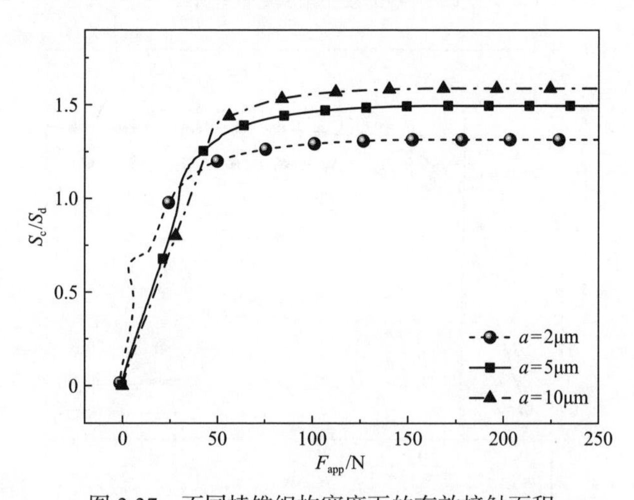

图 3.37　不同棱锥织构宽度下的有效接触面积

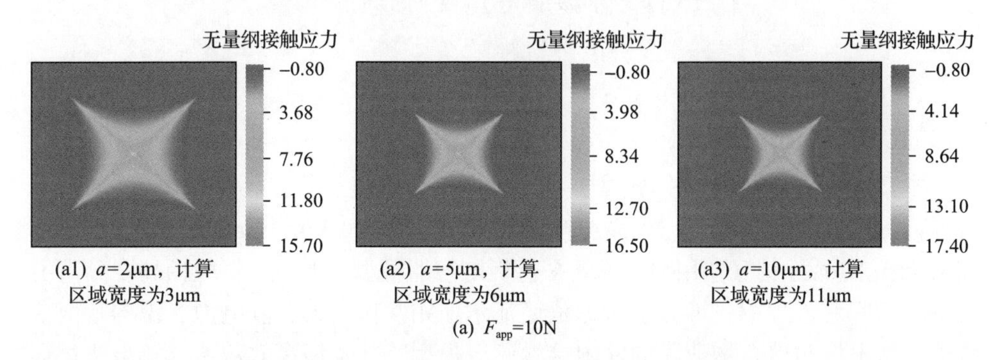

(a) F_{app}=10N

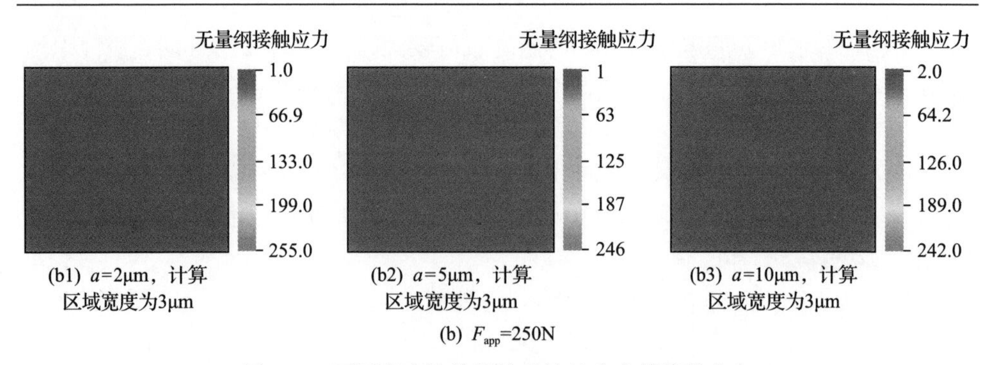

图 3.38　不同宽度棱锥织构的接触应力等值线分布

图 3.39 为不同棱锥织构宽度下的开路电压。可以看出，棱锥织构在较小的外载荷下，棱锥织构宽度越小，输出的开路电压越大；而在较大的外载荷下，棱锥织构宽度越大，开路电压越大。为获得较高的输出开路电压，在摩擦纳米发电机表面织构设计中，如果织构个数相同，当外载荷较小时，应选择宽度较小的棱锥织构；当外载荷较大时，则选择宽度较大的棱锥织构。

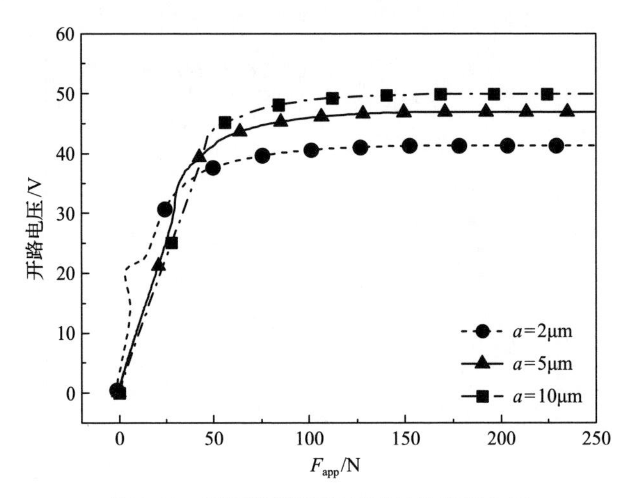

图 3.39　不同棱锥织构宽度下的开路电压

3.5　本章小结

本章以法向接触-分离模式摩擦纳米发电机为研究对象，介绍了摩擦纳米发电机界面黏附接触起电模型与表面织构设计方法。以 Lifshitz-Hamaker 方法、分子间 Lennard-Jones 相互作用势、等效平行板电容器模型为基础，将织构高度分布引入到表面间距方程中，推导了考虑范德瓦尔斯相互作用力、静电力、织构几何参数的接触电极与聚合物薄膜的黏附接触起电模型，并发展高效数值求解方法；揭示了织构形状和尺寸等对黏附接触及起电性能的影响规律，提出了摩擦纳米发电机表面织构设计准则。

参 考 文 献

[1] Hertz H. On the contact of elastic solids. Journal Fur Die Reine Und Angewandte Mathematik, 1881, 92: 156-171.

[2] Johnson K L, Kendall K, Roberts A D. Surface energy and the contact of elastic solids. Proceedings of the Royal Society of London A: Mathematical and Physical Sciences, 1971, 324(1558): 301-313.

[3] Derjaguin B V, Muller V M, Toprov Yu P J. Effect of contact deformation on the adhesion of particles. Journal of Colloid and Interface Science, 1975, 53(2): 314-326.

[4] Maugis D, Pollock H M. Surface forces, deformation and adherence at metal microcontacts. Acta Metallurgica, 1984, 32: 1323-1334.

[5] Johnson K L. Contact Mechanics. Cambridge: Cambridge University Press, 1985.

[6] Lennard-Jones J E. On the determination of molecular fields. Proceedings of the Royal Society of London A: Mathematical and Physical Sciences, 1924, 106 (738): 463-477.

[7] Bradley R S. The cohesive force between solid surfaces and the surface energy of solids. Philosophy Magazine, 1932, 13(86): 853-862.

[8] Maugis D. Adhesion of spheres: The JKR-DMT transition using a Dugdale model. Journal of Colloid and Interface Science, 1992, 150(1): 243-269.

[9] Derjaguin B V. Theorie des anhaftens kleiner teilchen. Kolloid-Zeitschrift, 1934, 69(4): 155-164.

[10] Hamaker H C. The London-van der Waals attraction between spherical particles. Physica, 1937, 4(10): 1058-1072.

[11] Lifshitz E. The theory of molecular attractive forces between solids. Soviet Physics, 1956, 2(1):73-83.

[12] Muller V M, Yushchenko V S, Derjaguin B V. On the influence of molecular forces on the deformation of an elastic sphere and its sticking to a rigid plane. Journal of Colloid and Interface Science, 1980, 77(1): 91-101.

[13] 赵亚溥. 纳米与介观力学. 北京: 科学出版社, 2014.

[14] 张玉言. 微/纳尺度黏附接触及其滚动摩擦特性研究[博士学位论文]. 北京: 北京理工大学, 2016.

[15] Johnson K L, Greenwood J A. An adhesion map for the contact of elastic spheres. Journal of Colloid and Interface Science, 1997, 192(2): 326-333.

[16] Argento C, Jagota A, Carter W. Surface formulation for molecular interactions of macroscopic bodies. Journal of the Mechanics and Physics of Solids, 1997, 45(7): 1161-1183.

[17] Rumpf H. Particle Technology. London: Chapman and Hall, 1990.

[18] Rabinovich Y I, Adler J J, Ata A, et al. Adhesion between nanoscale rough surfaces I. Role of asperity geometry. Journal of Colloid and Interface Science, 2000, 232(1): 10-16.

[19] Rabinovich Y I, Adler J J, Ata A, et al. Adhesion between nanoscale rough surfaces II. Measurement and comparison with theory. Journal of Colloid and Interface Science, 2000, 232(1): 17-24.

[20] Katainen J, Paajanen M, Ahtola E, et al. Adhesion as an interplay between particle size and surface roughness. Journal of Colloid and Interface Science, 2006, 304(2): 524-529.

[21] Liu D L, Martin J, Burnham N A. Optimal roughness for minimal adhesion. Applied Physics Letters, 2007, 91(4): 1-3.

[22] Thoreson E J, Martin J, Burnham N A. The role of few-asperity contacts in adhesion. Journal of Colloid and Interface Science, 2006, 298(1): 94-101.

[23] Archard J. Elastic deformation and the laws of friction. Proceedings of the Royal Society of London A: Mathematical and Physical Sciences, 1957, 243(1233): 190-205.

[24] Greenwood J A, Williamson J B P. Contact of nominally flat surfaces. Proceedings of the Royal Society of London A: Mathematical and Physical Sciences, 1966, 295(1442): 300-319.

[25] Majumdar A, Bhushan B. Fractal model of elastic-plastic contact between rough surfaces. Journal of Tribology, 1991, 113(1): 1-11.

[26] Mcguiggan P M. Stick slip contact mechanics between dissimilar materials: Effect of charging and large friction. Langmuir, 2008, 24(8): 3970-3976.

[27] Yang W, Wang X, Li H, et al. Fundamental research on the effective contact area of micro-/nano-textured surface in triboelectric nanogenerator. Nano Energy, 2019, (57): 41-47.

[28] Yang W, Wang X, Li H, et al. Comprehensive contact analysis for vertical-contact-mode triboelectric nanogenerators with micro-/nano-textured surfaces. Nano Energy, 2018, 51: 241-249.

[29] Horn R G, Smith D T. Contact electrification and adhesion between dissimilar materials. Science, 1992, 256(5055): 362.

[30] 杨潍旭. 摩擦纳米发电机织构界面黏附接触与起电特性研究[博士学位论文]. 北京: 北京理工大学, 2018.

[31] Yang W, Wang X, Chen P, et al. On the controlled adhesive contact and electrical performance of vertical contact-separation mode triboelectric nanogenerators with micro-grooved surfaces. Nano Energy, 2021, 85: 106037.

第 4 章　金属-聚合物摩擦起电与摩擦磨损性能

为了满足实际应用需求，摩擦纳米发电机应在预定工作时间内维持稳定的功率输出。然而接触材料间干摩擦会使聚合物材料发生磨损，导致输出功率降低，因此需要对摩擦纳米发电机进行耐久性设计。

为了提高摩擦纳米发电机的耐久性，常用的方法有表面改形和表面改性。其中，表面改形主要是利用各种微纳制备工艺，在聚合物表面制备出不同尺寸和形状的织构；而表面改性主要采用化学的或物理的方法，来改变聚合物表面的化学成分或组织结构。本章系统介绍聚合物材料摩擦学基本理论，研究表面改形和表面改性对摩擦纳米发电机摩擦磨损及起电性能的影响机制，可为改善摩擦纳米发电机耐久性提供理论指导。

4.1　聚合物材料摩擦学基础

摩擦学是研究材料在摩擦、磨损过程中，相对运动表面间的相互作用、变化及其有关的理论与实践的一门学科[1]。其中，摩擦是指两个接触表面相互作用引起的滑动阻力和能量损耗，而磨损则是指相互接触的物体在相对运动中表层材料不断损伤的过程，是伴随摩擦而产生的必然结果。本节主要介绍聚合物材料摩擦磨损相关概念。

4.1.1　聚合物材料的摩擦

当一个粗糙的刚性物体在聚合物表面滑动时，摩擦功一般消耗在两个区域，一个是位于界面或靠近界面很薄的界面区，另一个是位于界面以下的内聚区，如图 4.1 所示[2]。界面区摩擦功是黏着作用的结果，该部分摩擦功与聚合物的硬度、分子结构、聚合物的玻璃化转变温度和结晶度、对偶面表面粗糙度、摩擦副间的化学/静电相互作用等因素有关。而内聚区摩擦功主要由对偶面粗糙峰对聚合物表面的犁沟作用引起，该部分摩擦功主要与聚合物的拉伸强度、断裂伸长率、对偶面微凸体的几何参数(高度、切削角)等有关。当聚合物的黏弹性应变较大时，弹性滞后也会对内聚区摩擦功产生影响。此外，界面温度、环境温度、相对速度等因素会改变聚合物材料的性能参数，因此这些因素也会对界面区摩擦功和内聚区摩擦功产生影响。

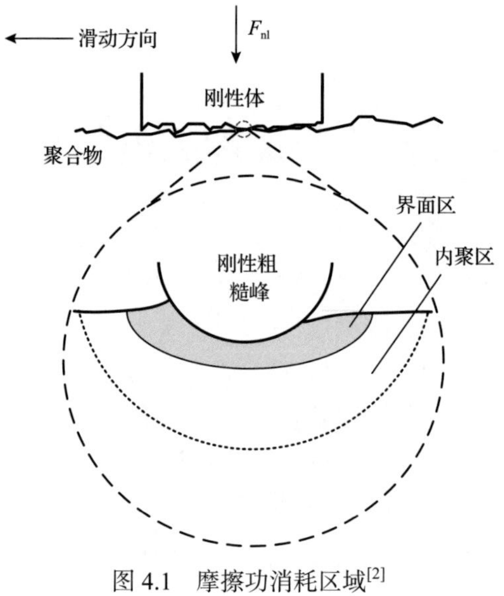

图 4.1　摩擦功消耗区域[2]

F_{nl}. 法向载荷

1. 黏着摩擦

刚性体在聚合物表面上滑动，此时所产生的摩擦力主要来源于界面区域分子间的范德瓦尔斯相互作用力、极性原子相互作用引起的偶极力、静电力和氢键的相互作用。黏着摩擦过程中能量消耗在剪切黏结点上，因此黏着摩擦力 F_{ah} 可表示为

$$F_{ah} = A_r \tau \tag{4.1}$$

式中，A_r 为真实接触面积；τ 为聚合物的剪切强度。

一般来说，当温度和滑动速度不变时，聚合物的剪切强度 τ 与接触压力 p 的关系可表示为[3]

$$\tau = \tau_0 + \alpha_c p \tag{4.2}$$

式中，α_c 和 τ_0 为试验获得的常数。

则黏着摩擦系数 μ_{ah} 可表示为

$$\mu_{ah} = \frac{F_{ah}}{F_{nl}} = \frac{A_r \tau}{A_r p} = \frac{\tau_0}{p} + \alpha_c \tag{4.3}$$

2. 变形摩擦

当刚性表面圆锥粗糙峰在弹性体表面滑动，此时产生的摩擦力主要来源于材料变形的弹性滞后[4]。假设圆锥粗糙峰的半角为 θ，嵌入弹性体的深度为 h，在距离圆锥中心距离为 r 处垂直于界面的接触压力为 p，如图 4.2 所示[4]。

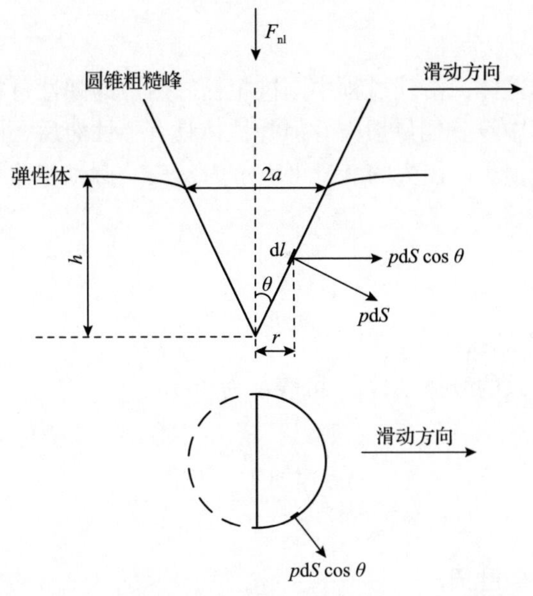

图 4.2　刚性表面的圆锥粗糙峰与弹性体的滑动接触模型[4]

在圆锥体前沿面取半径为 r、宽度为 $\mathrm{d}l$ 的单元，该单元沿滑动方向的接触压力平均值可表示为 $2p\mathrm{d}S\cos\theta/\pi$，单元的面积可表示为

$$\mathrm{d}S = \pi r\mathrm{d}l \tag{4.4}$$

$$\mathrm{d}l = \csc\theta\mathrm{d}r \tag{4.5}$$

圆锥滑动过程中沿滑动方向的力为

$$F_{\mathrm{hs}} = \int \frac{2}{\pi} p\pi r\cos\theta\mathrm{d}l = 2\cot\theta\int_0^a pr\mathrm{d}r \tag{4.6}$$

滑动过程中的法向载荷可表示为

$$F_{\mathrm{nl}} = \int 2\pi rp\sin\theta\mathrm{d}l = 2\pi\int_0^a pr\mathrm{d}r \tag{4.7}$$

因此

$$F_{\mathrm{hs}} = \frac{F_{\mathrm{nl}}}{\pi}\cot\theta \tag{4.8}$$

此时，单位距离内聚合物产生形变所作的弹性功 E_e 可表示为

$$E_e = \frac{F_{nl}}{\pi} \cot\theta \tag{4.9}$$

对于理想的弹性体，滑动过程中圆锥粗糙峰后边的弹性材料也会输出等量的能量，使滑动过程中没有能量损失。但弹性体具有弹性滞后，因此每滑动单位距离都存在部分能量损失，损失的能量可表示为 $\alpha_1 E_e$。圆锥粗糙峰滑动过程中的摩擦力可表示为

$$F_h = \alpha_1 E_e \tag{4.10}$$

式中，α_1 为滞后损失因子。

由弹性滞后导致的摩擦系数 μ_h 可表示为

$$\mu_h = \frac{F_h}{F_{nl}} = \frac{\alpha_1}{\pi} \cot\theta \tag{4.11}$$

4.1.2 聚合物材料的磨损

聚合物磨损是指相互接触的物体在相对运动中表层材料不断损伤的过程，是聚合物摩擦产生的必然结果。根据聚合物摩擦表面的损伤情况和破坏形式，聚合物材料的磨损机制主要分为磨粒磨损、黏着磨损、疲劳磨损和化学磨损等。聚合物磨损是一个复杂的过程，一般涉及以上一种或几种机制，并且还会受到对偶面的表面形貌、聚合物材料特性、工况条件和环境条件的影响。

1. *磨粒磨损*

磨粒磨损是指外界硬颗粒、对磨表面上的硬突起物或粗糙峰在摩擦过程中引起表面材料脱落的现象。磨粒磨损包括二体磨粒磨损和三体磨粒磨损。其中，二体磨粒磨损是指磨粒沿着一个固体表面相对运动产生的磨损，而三体磨粒磨损是指磨粒在摩擦副表面间移动而产生的类似于研磨作用的磨损。磨粒磨损的特征是摩擦面上有明显的擦伤或因犁沟作用而产生的沟槽。例如，当聚合物与金属接触时，金属表面粗糙峰会嵌入聚合物中，此时如果两表面间发生相对滑动，金属表面粗糙峰会对聚合物表面产生划伤、微切削、微犁沟等作用，从而使聚合物表面产生槽状磨痕或碎屑。聚合物的磨粒磨损不仅会受硬质对偶表面微凸体的曲率半径、斜率等因素影响，也会受到聚合物自身的断裂功、韧性和环境条件的影响。

2. 黏着磨损

当摩擦副表面相对滑动时，由于黏着效应所形成的黏结点发生剪切断裂，被剪切的材料或脱落成磨屑，或由一个表面迁移到另一个表面，这一磨损称为黏着磨损。例如，当聚合物与金属密切接触时，接触面出现黏着，随着接触副发生相对滑动，黏结点将发生断裂。聚合物材料的原子结合力较弱，因此断裂发生在聚合物表层，从而使一部分聚合物材料转移到对偶表面形成转移膜。影响黏着磨损的主要因素有聚合物的内聚力、对偶面粗糙度、界面温度、载荷和速度等。降低聚合物黏着磨损的方法有：改变摩擦表面的粗糙度、选取互溶性差的材料构成摩擦副、对聚合物表面进行处理等。

由材料黏着磨损导致的磨损体积 V_{wv} 一般可通过 Archard 模型[5]计算得出。图 4.3 为 Archard 黏着磨损模型示意图。

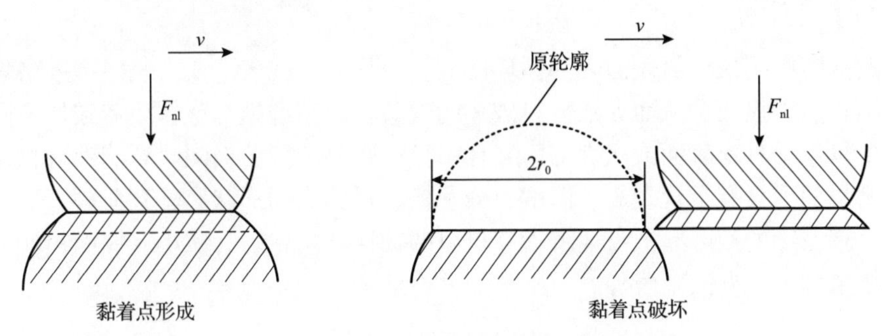

图 4.3　Archard 黏着磨损模型示意图

在法向载荷 F_{nl} 作用下，两材料表面微凸体相互挤压形成半径为 r_0 的黏结点，如果表面处于塑性接触，则黏结点上法向载荷 F_{nl} 可表示为

$$F_{nl} = \pi r_0^2 \sigma_s \tag{4.12}$$

式中，σ_s 为两接触材料中较软材料的受压屈服极限。

假设移除的磨屑是半球形，当相对滑动距离 $s=2r_0$ 时，磨损体积 V_{wv} 为

$$V_{wv} = \frac{2}{3}\pi r_0^3 \tag{4.13}$$

黏着磨损的体积磨损率可表示为

$$\frac{dV_{wv}}{ds} = \frac{\frac{2}{3}\pi r_0^3}{2r_0} = \frac{F_{nl}}{3\sigma_s} \tag{4.14}$$

在相对滑动的过程中，并非所有的黏结点都会形成半球形的磨屑，因此引入无量纲磨损系数 K_w，表示黏结点发生磨损的概率。则

$$\frac{dV_{wv}}{ds} = K_w \frac{F_{nl}}{3\sigma_s} \tag{4.15}$$

由式(4.15)可知，磨损体积 V_{wv} 与法向载荷 F_{nl} 和滑动距离 s 成正比，而与接触副中较软材料的受压屈服极限 σ_s 成反比。材料的屈服极限与其硬度有关，因此式(4.15)也可表示为

$$\frac{dV_{wv}}{ds} = K_w \frac{F_{nl}}{H} \tag{4.16}$$

式中，H 为被磨材料的硬度。

3. 疲劳磨损

疲劳磨损是指材料表面受到循环接触应力作用，在表层或次表层形成微裂纹并逐渐扩展至表面，从而导致材料破坏的现象。疲劳磨损与整体疲劳破坏不同，它主要发生于材料表面或次表层，并且不存在明显的疲劳极限。影响聚合物材料疲劳磨损的因素有微观裂纹、温度、分子量、材料表面形状和外载荷等。通常情况下，聚合物的疲劳磨损可通过提高材料的韧性和内聚力、减小对偶面粗糙度、降低接触应力等方法来改善。

4. 化学磨损

化学磨损是指在摩擦过程中接触表面与周围介质发生化学反应而产生的表面损伤[6]。聚合物的化学磨损主要表现为化学降解和氧化。影响聚合物化学磨损的因素有温度、滑动速度、介质中氧化物等。

4.1.3 聚合物材料的性能调控

调控聚合物材料的摩擦学性能主要有表面改形和表面改性两种方法，如在聚合物表面制备出微纳织构、在聚合物材料中掺杂增强体等。

1. 表面改形技术

表面改形技术主要是在聚合物表面通过微纳加工工艺，制备出一定形状和尺寸的微纳织构，从而实现对摩擦磨损性能的调控。例如，采用纳米球光刻技术和复型工艺，可在低密度聚乙烯表面制备出不同长度的圆柱织构[7]。随着织构长度增加，摩擦力呈现先增加后降低的趋势。这是由于织构长度的增加会提高圆柱织构的柔顺性，增大滑动过程中的接触面积，使得摩擦力增大；但当织构长度超过

一定数值后，范德瓦尔斯相互作用力会导致织构顶端发生积聚，降低织构的柔顺性，又会使摩擦力减小。还可以采用 3D 打印技术制备出多种不同形状的织构，改善滑动过程中摩擦系数的稳定性[8]。除此以外，也可以利用微细超声加工方法在 PI 表面制备出不同深度和面密度的圆柱凹坑织构，改善聚合物材料的耐磨性能[9]。

2. 表面改性技术

表面改性技术一般以纯聚合物材料为基体，通过添加石墨烯、氧化物、金属颗粒、碳纤维、玻璃纤维等组分来构成复合材料，以调控聚合物材料的摩擦学性能。例如，在 PI 中添加改性氧化石墨烯，可以降低材料磨损[10]。在 PI 中添加少量的 TiO_2 有利于降低摩擦系数和磨损量，但是当添加的 TiO_2 含量较高时，复合材料亚表面层又会出现裂纹而导致磨损加重[11]。在 PI 和碳纤维中添加碳纳米管，可以增强碳纤维与 PI 之间的结合力，提高材料耐磨性能。

4.2　表面织构对摩擦起电及摩擦磨损性能的影响

本节以 Cu 箔和 PI 薄膜所构成的水平滑动模式摩擦纳米发电机为例，研究表面织构对其摩擦学及电学性能的影响机制，分析织构高度、织构间距对 PI 薄膜和 Cu 箔间的摩擦系数、磨损量、开路电压、短路电流的影响规律，阐明摩擦磨损与电学性能的相关性，为水平滑动模式摩擦纳米发电机的耐久性设计提供指导。

4.2.1　圆柱织构化 PI 薄膜的制备工艺

1. 织构尺寸

本节选用圆柱织构为研究对象，其主要参数包括：直径 a、高度 b 和间距 c，如图 4.4 所示。表 4.1 为圆柱织构尺寸参数。

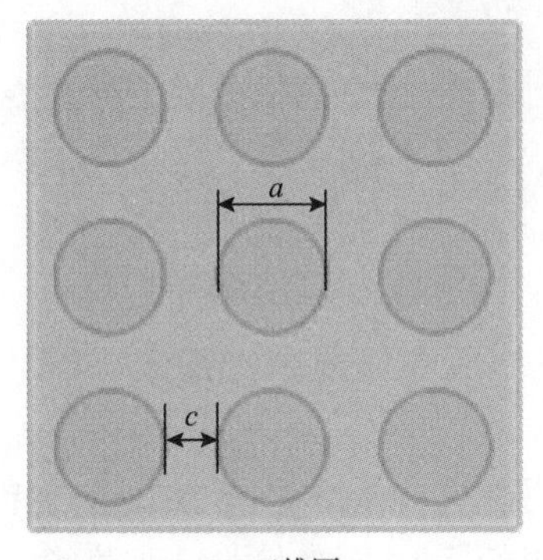

(a) 二维图

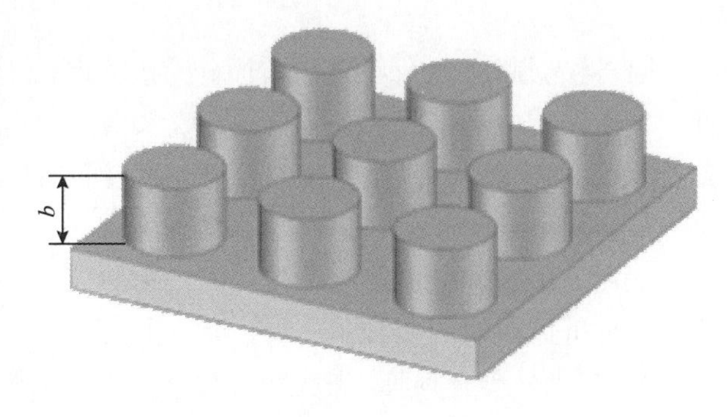

(b) 三维图

图 4.4　圆柱织构尺寸示意图

表 4.1　圆柱织构尺寸参数

序号	直径 a/μm	间距 c/μm	高度 b/μm
1	5	1	3
2	5	2	3
3	5	5	3
4	5	10	3

2. 圆柱织构化 PI 薄膜制备工艺

圆柱织构化 PI 薄膜的制备工艺主要包括圆柱硅模板制备和复型两大步骤。

1)圆柱硅模板制备工艺

在硅片加工前，需先采用 Piranha 溶液对硅片进行预处理。Piranha 溶液是由硫酸和过氧化氢按体积比 4∶1 混合得到的混合溶液。预处理时首先将硅片置于 Piranha 溶液中浸泡 10min，随后利用去离子水对硅片进行清洗，最后将硅片吸附于匀胶机吸盘，以转速 2000r/min 运转 5min，将硅片表面去离子水甩干。待预处理结束后，即可进行圆柱硅模板加工。图 4.5 为圆柱硅模板制备工艺[12]。

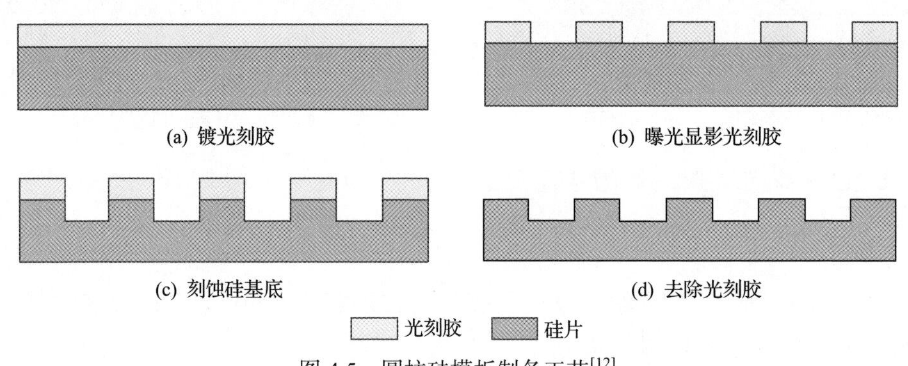

图 4.5　圆柱硅模板制备工艺[12]

(1)镀光刻胶。为保证镀胶阶段硅片表面严格干燥，防止水蒸气吸附于硅片表面，镀胶前首先需将硅片进行 150℃脱水烘焙。然后，需将六甲基二硅亚胺增黏剂旋涂于硅片表面，以增强光刻胶与硅片表面的黏附性，防止光刻胶在显影过程中被显影液浸渗。随后，将冷却至室温的硅片放置到匀胶机吸盘上，将光刻胶滴于硅片表面，以 2000r/min 转速旋转 60s。最后，将硅片置于加热台，设定温度 90℃，进行 30min 的烘烤。

(2)曝光显影光刻胶。首先将硅片固定于光刻机托盘，然后利用紫外线透过掩模板照射硅片表面，对光刻胶进行接触式曝光，最后利用显影液将光刻胶溶解，即可在硅片上形成圆柱凹坑图案。所镀光刻胶厚度为 1.5μm，需进行 3 次曝光，每次曝光时间为 3.3s，基片冷却 10～15s。在显影过程中，将硅片浸没在正胶显影液中 5s，并不时将硅片取出观察，待硅片表面出现图形即可。

(3) 刻蚀硅基底。以硅片表面的光刻胶作为掩模，采用深反应离子刻蚀技术(deep reactive ion etching，DRIE) 刻蚀硅基底，通过调节刻蚀时间，形成不同深度的圆柱凹坑结构。

(4) 去除光刻胶。首先将刻蚀后的硅片浸泡在 Piranha 溶液中 10min，然后将其转移到去离子水中浸泡 5min，最后，利用匀胶机将硅片甩干，即可获得表面带有圆柱凹坑的硅模板。

2) 复型工艺

复型工艺的主要目的是将圆柱硅模板上的图案转移到聚合物表面，从而获得表面带有圆柱织构阵列的聚合物薄膜。试验中选用的聚合物材料为热塑性 PI。该薄膜是通过 PAA 溶液制备。表 4.2 为 PAA 溶液参数。

表 4.2　PAA 溶液参数

外观	固含量/%	黏度/(Pa · s)	密度/(g/cm^3)
黄色透明液体	19	18～21	1.0～1.1

图 4.6 为复型制备工艺[13]，主要包括硅烷化处理、PAA 溶液旋涂及固化、揭膜三大步骤。

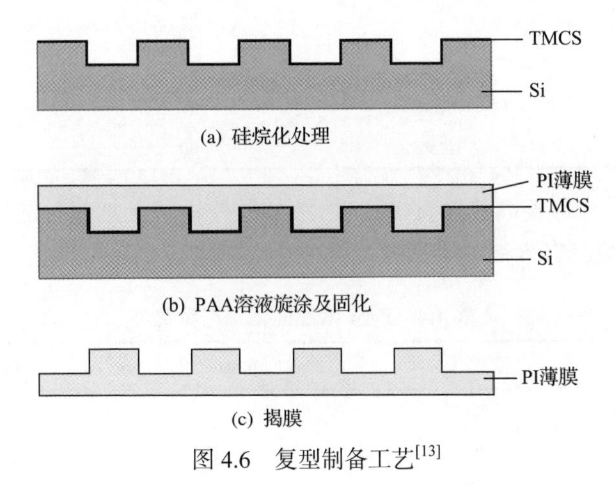

图 4.6　复型制备工艺[13]

(1) 硅烷化处理。圆柱硅模板表面带有大量的 Si—OH 基团，因此具有较高的表面能。如直接在其表面旋涂 PAA 溶液并固化，会由于 PI 薄膜与硅模板间较强的结合力，而无法获得完整的 PI 薄膜。为了减小 PI 薄膜与硅模板间结合力，在旋涂 PAA 溶液前，需使用 TMCS 溶液对硅模板表面进行硅烷化处理，以降低其表面能。

首先，将圆柱硅模板浸泡于丙酮溶液中，超声清洗 10min，取出后利用压缩氮气将圆柱硅模板表面吹干；然后，将圆柱硅模板放置于玻璃培养皿中，表面带有圆柱凹坑的一侧朝上，将 TMCS 倒入培养皿，直至溶液将硅模板完全浸没；随后，将玻璃培养皿密闭，浸泡 12min；最后，将圆柱硅模板取出，依次用无水乙醇和去离子水清洗，并利用压缩氮气将圆柱硅模板上残余液体吹干。为了避免挥发的 TMCS 污染室内环境，整个过程需在通风橱中完成。

(2) PAA 溶液旋涂及固化。为防止 PAA 溶液水解，影响成膜质量，旋涂前需要将硅模板和所有接触 PAA 溶液的器皿进行 150℃脱水烘焙，保证其表面干燥。为防止 PAA 溶液性能退化，保证不同批次制备的 PI 薄膜性能一致，溶液需置于低温环境保存。在旋涂试验开始前，将少量 PAA 溶液移入烧杯中，静置 1h，使溶液恢复至 20℃。由于 PAA 溶液转移过程中会产生气泡，需利用真空泵对转移入烧杯内的 PAA 溶液进行脱气处理。

将恢复到室温且无气泡的 PAA 溶液缓慢倾倒于硅模板表面，开始旋涂。由于 PAA 溶液黏度较高，为了保证 PI 薄膜厚度均匀，本次旋涂设置阶梯转速。表 4.3 为 PAA 溶液旋涂工艺参数。

表 4.3　PAA 溶液旋涂工艺参数

步骤	转速/(r/min)	运行时间/s	加速度/(m/s^2)
1	100	50	200
2	200	50	200
3	300	50	200
4	400	50	200
5	450	100	200

旋涂完成后，将表面涂覆有 PAA 溶液的硅模板移至加热台加热固化。表 4.4 为 PAA 溶液固化工艺参数。

表 4.4　PAA 溶液固化工艺参数

步骤	温度/℃	时间/min	备注
1	80	20	预热
2	120	30	预热
3	150	30	脱溶剂段，需要缓慢进行
4	200	10	过渡段
5	220	20	过渡段
6	250	30	环化段，增加薄膜的力学性能

(3) 揭膜。加热完成后，首先将圆柱硅模板移出加热台，冷却至室温；然后利用刀片沿着 PI 薄膜与圆柱硅模板结合边缘处划开，释放薄膜内部热应力；最后，缓慢将 PI 薄膜从圆柱硅模板揭下，即可获得圆柱织构化 PI 薄膜。经台阶仪测定，上述工艺流程制备的薄膜厚度为 80μm ± 2μm。

3. 织构表面表征

织构表面二维形貌主要通过 SEM 进行观测，其三维形貌通过三维白光干涉仪观测。由于 PI 薄膜导电性差，为避免长时间电子束轰击引起表面荷电，进行 SEM 观测前，需在 PI 薄膜表面溅射一定厚度的铂，增强表面导电性。图 4.7 为不同间距织构表面的 SEM 图和三维形貌图。

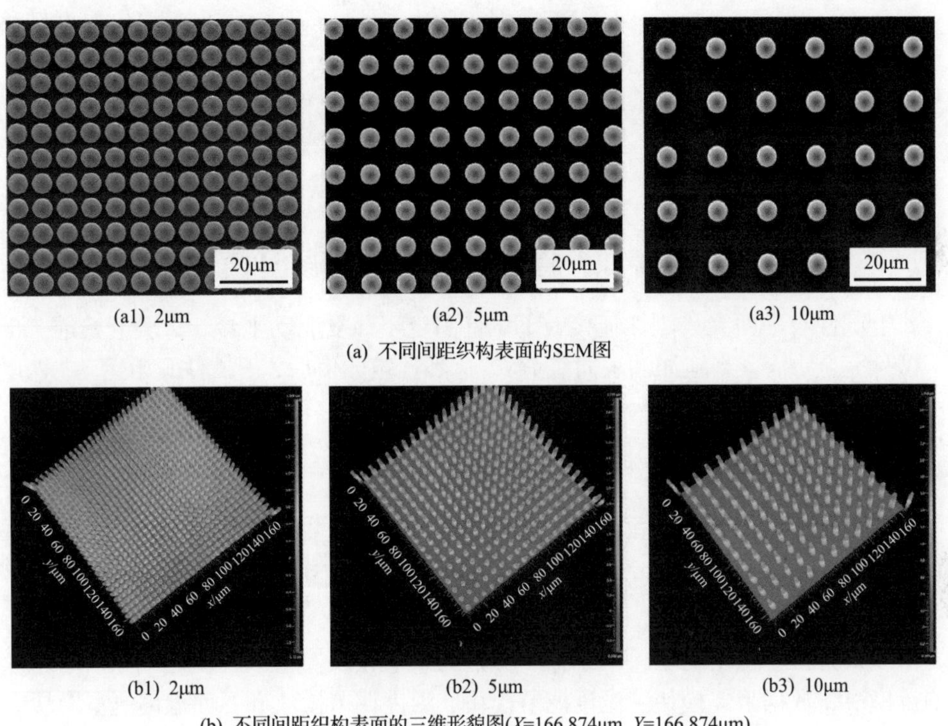

(a1) 2μm　(a2) 5μm　(a3) 10μm

(a) 不同间距织构表面的SEM图

(b1) 2μm　(b2) 5μm　(b3) 10μm

(b) 不同间距织构表面的三维形貌图(X=166.874μm, Y=166.874μm)

图 4.7　不同间距织构表面的 SEM 图和三维形貌图

4. 水平滑动模式摩擦纳米发电机结构

图 4.8 为水平滑动模式摩擦纳米发电机的结构，主要由上试件和下试件组成。上试件由亚克力和 Cu 箔组成，亚克力的尺寸为 25mm×15mm×2mm，Cu 箔的尺寸为 25mm×15mm×0.08mm。Cu 箔不仅作为摩擦材料，也用作水平滑动模式摩擦纳米发电机的上电极。下试件是由 PI 薄膜、Cu 箔和亚克力组成。PI 薄膜与上

试件中的 Cu 箔构成摩擦副。

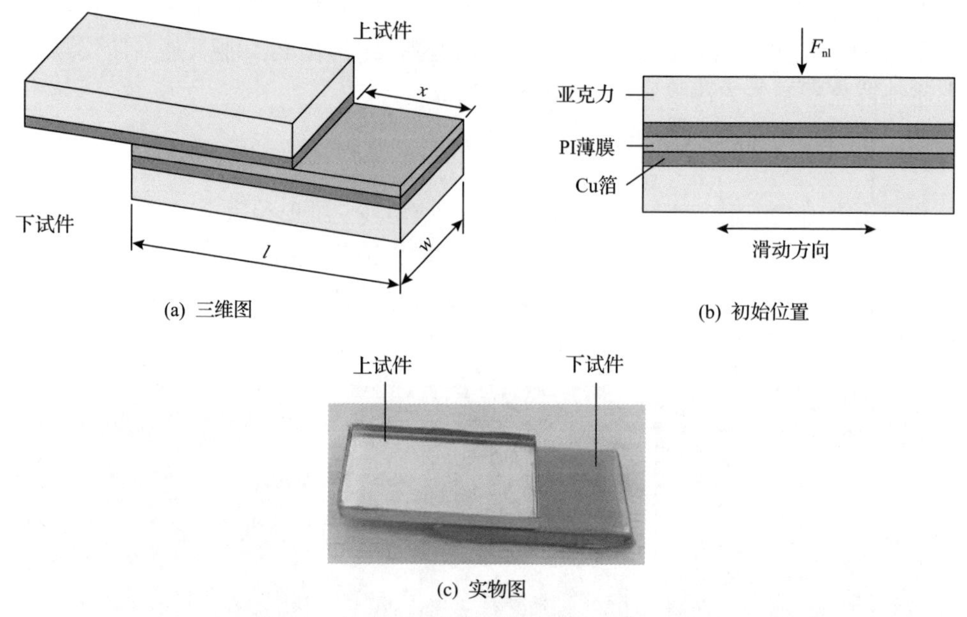

图 4.8　水平滑动模式摩擦纳米发电机的结构

上试件与平面夹具刚性连接，下试件固定于往复驱动平台。试验开始前，上下试件完全重合。当施加的法向载荷 F_{nl} 达到预定数值后，下试件开始运动。两电极间产生周期性的电学信号。

4.2.2　多环境摩擦起电试验台构建

图 4.9 为湿度及温度可控的多环境摩擦起电试验台结构，可开展温度和湿度对摩擦纳米发电机摩擦及起电性能影响的试验研究。图 4.10 为湿度及温度可控的多环境摩擦起电试验台实物图。

该试验台主要由七个模块组成，分别为加载模块、直线往复运动模块、电学测量模块、数据采集模块、湿度调节模块、温度调节模块和界面温度测量模块。

(1)加载模块主要由电机、直线导轨、2D 力传感器和夹具组成。其中电机和导轨用来调节上试件位置，并施加法向载荷；2D 力传感器用于测量法向载荷和滑动过程中界面摩擦力；夹具用于安装上试件。

(2)直线往复运动模块主要由电机和曲柄滑块机构组成。曲柄滑块机构将电机旋转运动转化为下试件直线往复运动；滑动过程中往复频率通过电机转速调节，行程通过改变曲柄长度实现。

(3)电学测量模块主要由静电计组成。其功能是测量水平滑动模式摩擦纳米发电机上下电极间开路电压、短路电流和短路电荷。

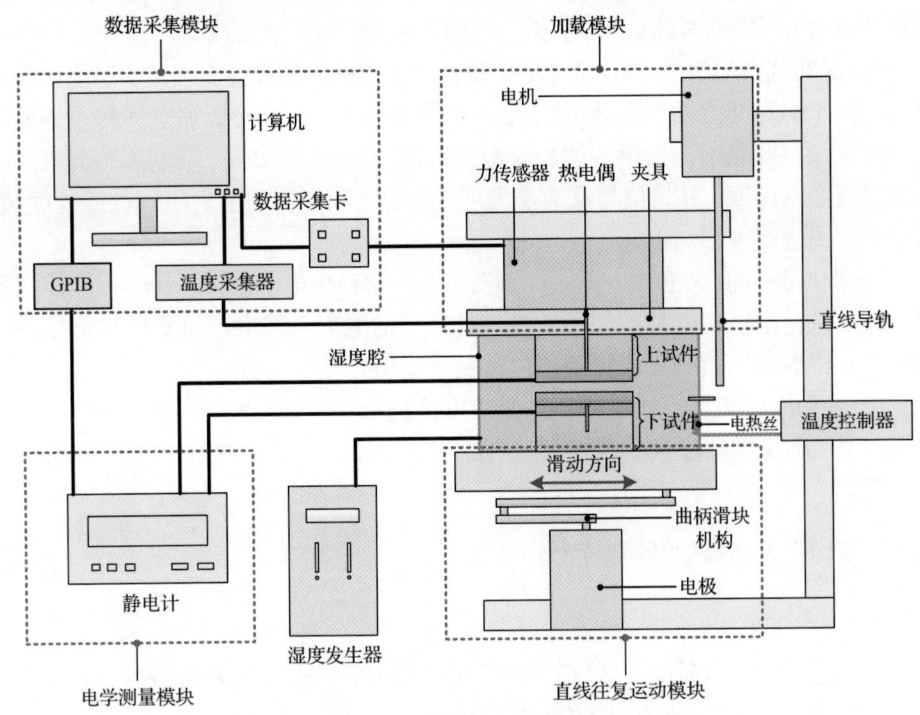

图 4.9　湿度及温度可控的多环境摩擦起电试验台结构

GPIB. 通用接口总线(general-purpose interface bus)

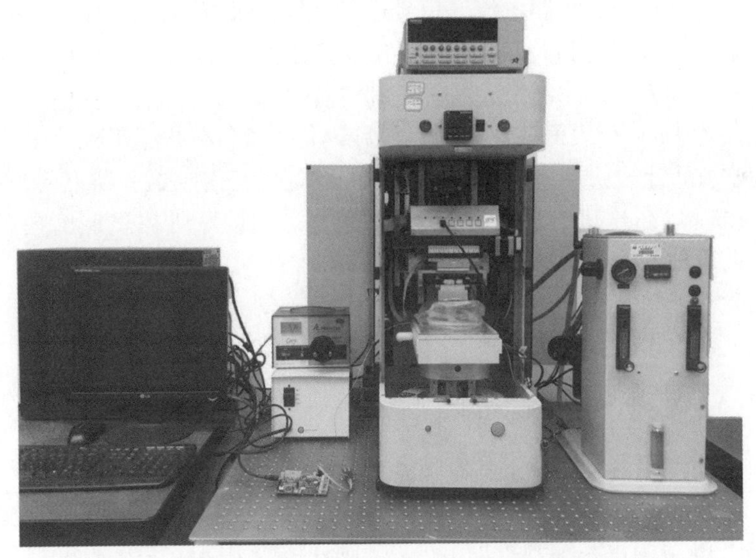

图 4.10　湿度及温度可控的多环境摩擦起电试验台实物图

(4)数据采集模块主要由 GPIB、数据采集卡、STM32 开发板和计算机组成。其中 GPIB 主要用于采集电学信号。数据采集卡主要用于采集摩擦系数、法向载荷和摩擦力等信号。STM32 开发板主要用于采集界面温度信号。

(5)湿度调节模块主要由湿度发生器、湿度传感器和湿度腔组成。湿度发生器通过控制干燥和潮湿两路气体的配比来实现湿度调节，借助压缩空气将干燥或潮湿气体泵入湿度腔中，可调节的相对湿度范围为 10%～90%。湿度传感器可实时监测湿度腔内湿度，并将信号反馈至湿度发生器。湿度腔用于封闭试件所处区域，保证试件周边湿度相对恒定。

(6)温度调节模块主要由温度控制器、电热丝和热电偶组成。其中温度控制器用于设定试验温度；电热丝用于改变试件区域的温度。热电偶可对区域温度进行测量，并将信号反馈至温度控制器进行显示输出。

(7)界面温度测量模块主要由薄膜热电偶组成。薄膜热电偶粘贴于摩擦副材料背部，用于测量滑动过程中摩擦副材料的表面温度，并将测量信号传输至 STM32 开发板。

4.2.3　织构化表面摩擦及起电行为

1. 试验方案

试验过程中环境温度为 27℃，相对湿度为 35%，法向载荷为 16N，下试件往复频率为 4Hz，上下试件最大横向分离距离为 10mm。单次试验滑动距离为 2km，以保证摩擦纳米发电机的电学输出达到稳定。基于数据采集模块，对滑动历程中摩擦系数、开路电压、短路电流等信号进行采集，每组试验重复 3 次。

PI 薄膜的磨损量通过称重法获得。试验开始前，首先，将 PI 薄膜依次利用丙酮、无水乙醇和去离子水清洗，每种试剂清洗 10min；然后，将薄膜烘干，并利用去静电装置去除 PI 表面残留电荷；最后，利用微量分析天平称量 PI 薄膜原始质量，每次称重重复进行 5 次，结果求取平均值。待滑动试验结束后，将磨损后的 PI 薄膜取下，依次进行清洗、烘干和去静电，称量得到 PI 薄膜磨损后的质量。基于试验前后称量数据，计算 PI 薄膜磨损量。

利用光学显微镜和 SEM 观测 PI 薄膜和 Cu 箔表面磨损形貌，利用三维白光干涉形貌仪表征织构表面三维形貌。

2. 滑动距离对摩擦磨损及起电性能的影响

图 4.11 为不同滑动距离下的摩擦系数。可以看出，当织构化 PI 薄膜与 Cu 箔对磨时，摩擦系数随滑动距离的增加，呈现先增加后基本保持稳定的规律。这是由于织构化 PI 薄膜存在纳米级加工误差，圆柱织构顶部存在微观不平度导致，如图 4.12(a)所示。随着滑动距离增加，织构顶部的粗糙峰发生塑性变形或轻微磨损，如图 4.12(b)所示。这会使得接触面积增加，黏着摩擦增大，摩擦系数增大。当织构化 PI 薄膜与 Cu 箔完全接触时，接触面积基本不变，此时摩擦系数基本保持稳定。

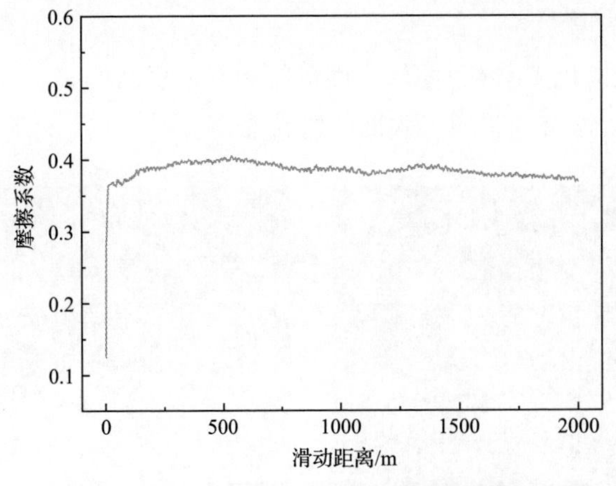

图 4.11　不同滑动距离下的摩擦系数

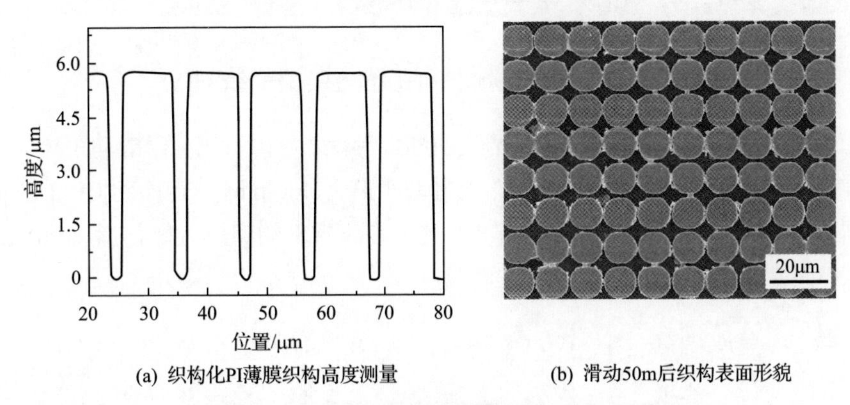

图 4.12　织构化 PI 薄膜织构高度和表面形貌

图 4.13 为不同滑动距离下织构化 PI 薄膜的磨损量。可以看出，随着滑动距离

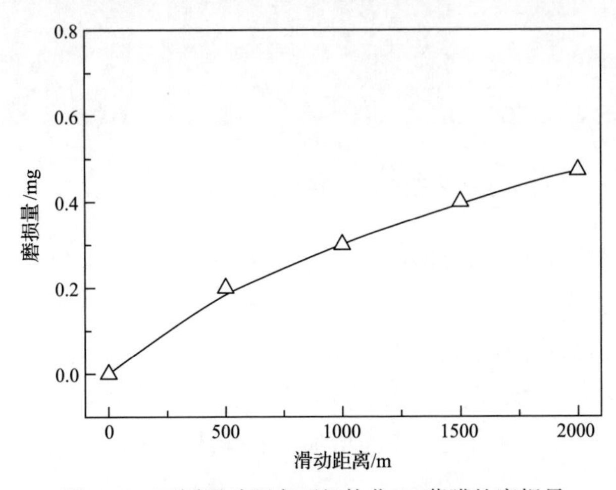

图 4.13　不同滑动距离下织构化 PI 薄膜的磨损量

增加，磨损量逐渐增大。

图 4.14 为织构化 PI 薄膜原始表面形貌和磨损表面形貌。可以看出，织构表面可以储存磨屑，这有利于减轻表面的磨粒磨损。

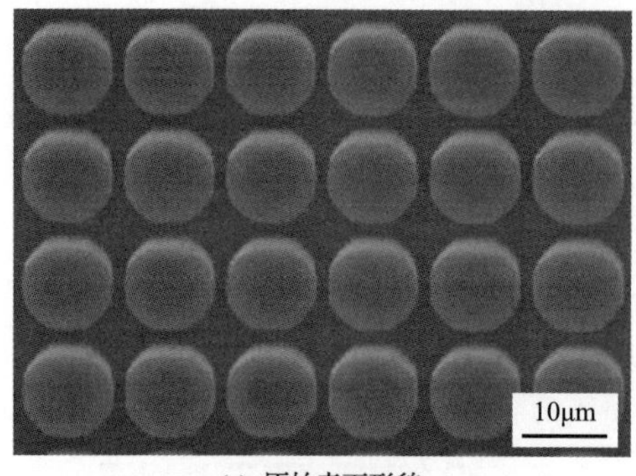

(a) 原始表面形貌

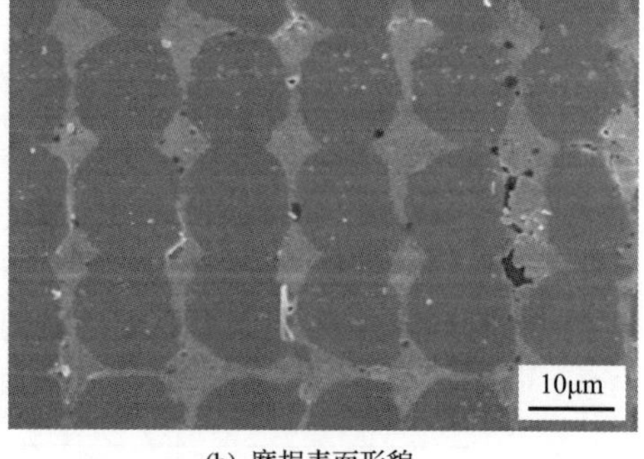

(b) 磨损表面形貌

图 4.14　织构化 PI 薄膜原始表面形貌和磨损表面形貌

图 4.15 为不同滑动距离下 Cu 箔表面磨损形貌。可以看出，当滑动距离为 50m 时，转移到 Cu 箔表面的磨屑较少；当滑动距离为 400m 时，转移到 Cu 箔表面的磨屑显著增多；当滑动距离为 2km 时，Cu 表面附着的磨屑数量与滑动 400m 的 Cu 箔表面基本一致，无明显增加。

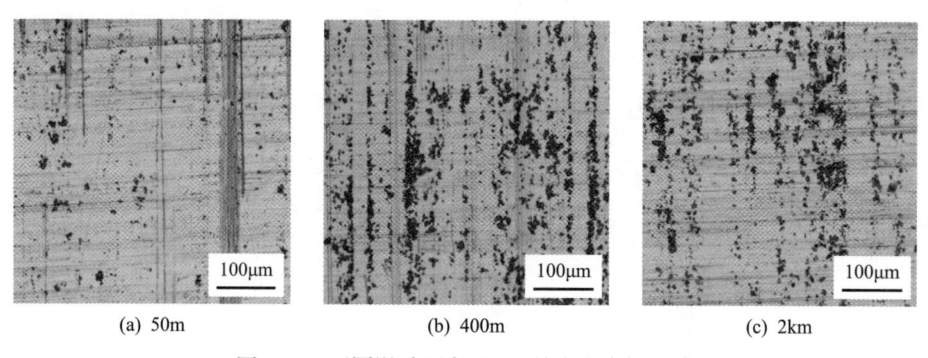

(a) 50m　　(b) 400m　　(c) 2km

图 4.15　不同滑动距离下 Cu 箔表面磨损形貌

图 4.16 为与织构化 PI 薄膜对磨的 Cu 箔表面磨屑成分分析。可以看出，磨屑主要包括 C、N、O 元素，其含量分别为 74.5%、4.84%、19.78%，由此可以确定转移到 Cu 箔表面的磨屑成分应为 PI。

图 4.17 为不同滑动距离下的开路电压和短路电流。可以看出，随着滑动距离增加，开路电压和短路电流均呈现先增加、后降低、最后保持稳定的规律。

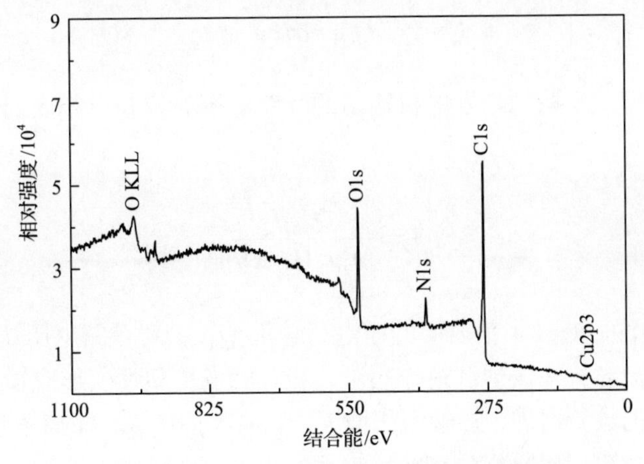

图 4.16 与织构化 PI 薄膜对磨的 Cu 箔表面磨屑成分分析

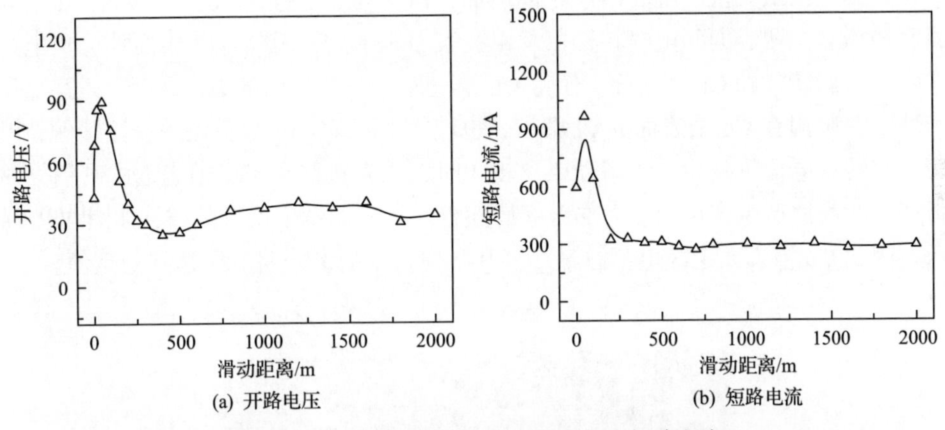

(a) 开路电压 (b) 短路电流

图 4.17 不同滑动距离下的开路电压和短路电流

水平滑动模式摩擦纳米发电机的开路电压 V_{oc} 与聚合物薄膜的表面电荷密度 σ 和滑动过程中分离距离 x 有关，即

$$V_{oc} = \frac{\sigma x}{\varepsilon_0 (l - x)} \frac{d_2}{\varepsilon_{r2}} \tag{4.17}$$

PI 薄膜转移到 Cu 箔表面的转移电荷量 Q 可表示为

$$Q=\sigma lw \tag{4.18}$$

式中，w 为聚合物薄膜的宽度。

Cu 箔和 PI 薄膜重叠区域中正负电荷产生的电场相互抵消，Cu 箔表面的净电荷总量 Q_{net} 为

$$Q_{\text{net}}=\sigma lx \tag{4.19}$$

水平滑动模式摩擦纳米发电机输出的开路电压 V_{oc} 与 Cu 箔表面的净电荷总量 Q_{net} 的关系为

$$V_{\text{oc}}=\frac{Q_{\text{net}}d_2}{\varepsilon_0\varepsilon_{\text{r}}(l-x)l} \tag{4.20}$$

由式(4.20)可知，Cu 箔表面的净电荷总量 Q_{net} 会对开路电压 V_{oc} 产生影响。当滑动距离较短时，在法向载荷作用下，粗糙峰发生塑性变形或轻微磨损，使得参与接触的织构数量增加，接触面积增大，黏着摩擦增大，摩擦系数增加，Cu 箔和 PI 薄膜间转移电荷量增多，Cu 箔表面的净电荷总量 Q_{net} 增加，开路电压逐渐增大，并达到最大值。随着滑动距离增加，PI 表面磨损量增大，转移到 Cu 箔表面磨屑增多。两表面间电荷转移仅发生在表面原子层，因此，PI 表面部分负电荷伴随着磨屑转移到 Cu 箔表面，使得 Cu 箔表面的净电荷总量 Q_{net} 减少，开路电压降低[14]。吸附在 Cu 箔表面的 PI 磨屑，也使得 Cu 箔与 PI 薄膜无法直接接触，两表面间转移电荷量减少。当滑动距离较大时，原先转移到 Cu 箔表面的磨屑，对新产生的磨屑产生排斥力，大部分磨屑随着往复运动排出接触区域，如图 4.18 所示。因此 Cu 箔表面上净电荷总量 Q_{net} 基本保持不变，开路电压达到稳定值。

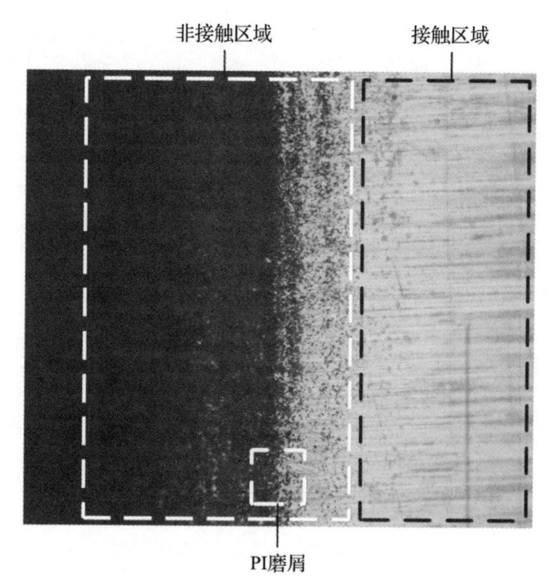

图 4.18　滑动 2km 后 Cu 箔表面磨损形貌

短路电流 I_{sc} 与转移电荷量 Q 的关系为

$$I_{sc}=\frac{dQ}{dt} \tag{4.21}$$

由式(4.19)和式(4.21)可知

$$I_{sc}=\frac{Q_{net}}{x}\frac{dx}{dt} \tag{4.22}$$

由式(4.22)可知，短路电流也与金属表面净电荷总量 Q_{net} 成正比，因此滑动过程中短路电流随着滑动距离的变化规律与开路电压一致。

图 4.19 为滑动历程中织构化摩擦纳米发电机摩擦起电机制。依据织构化摩擦纳米发电机的开路电压随滑动距离的变化规律，可将整个滑动历程分为四个阶段：

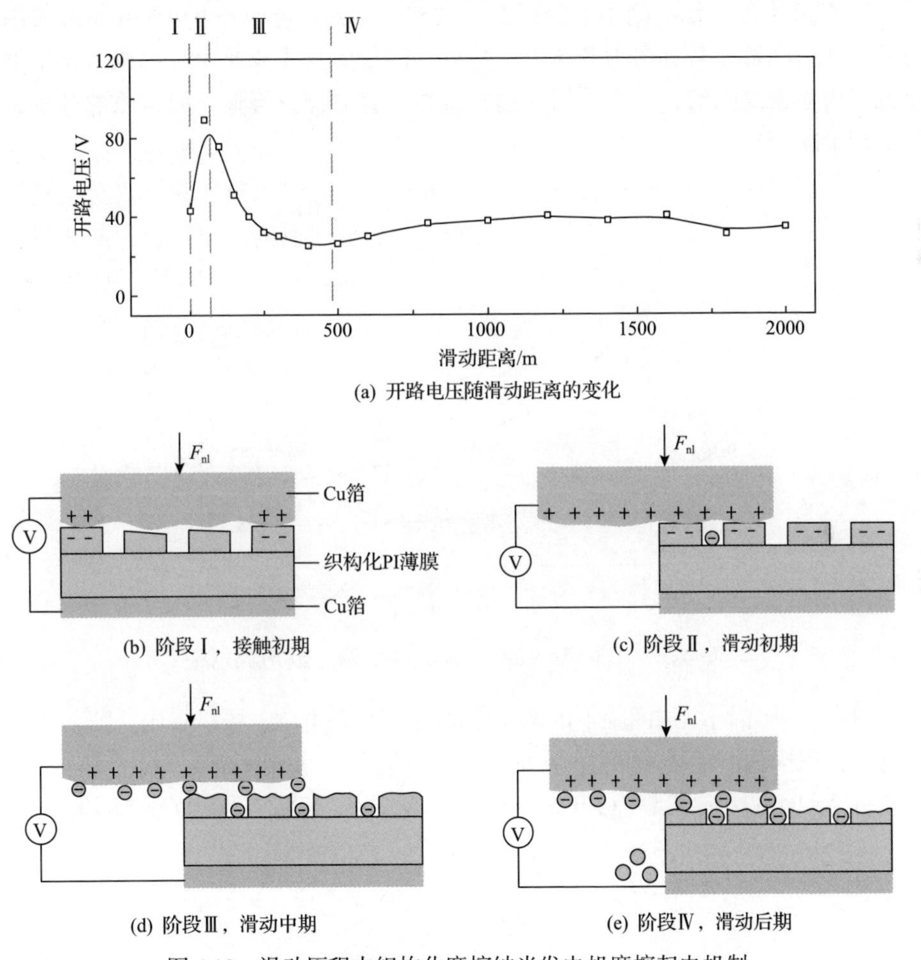

(a) 开路电压随滑动距离的变化

(b) 阶段Ⅰ，接触初期

(c) 阶段Ⅱ，滑动初期

(d) 阶段Ⅲ，滑动中期

(e) 阶段Ⅳ，滑动后期

图 4.19　滑动历程中织构化摩擦纳米发电机摩擦起电机制

(1) 阶段Ⅰ为接触初期。织构表面存在纳米级加工误差，会使 Cu 箔与织构化

PI 薄膜仅在部分区域接触并发生电子转移，但上下表面完全重叠，两电极间开路电压为零。

(2)阶段Ⅱ为滑动初期。随着滑动距离增加，聚合物表面发生塑性变形或轻微磨损，使得接触面积增加，转移电荷量增多，因此上下电极间开路电压逐渐增大。

(3)阶段Ⅲ为滑动中期。由于织构表面磨损量增加，部分负电荷伴随磨屑转移至 Cu 箔表面，Cu 箔表面净电荷总量 Q_{net} 减小，导致开路电压降低。

(4)阶段Ⅳ为滑动后期。由于磨屑大部分被排出接触区域，Cu 箔表面净电荷总量基本保持不变，开路电压基本保持稳定。

3. 织构间距对摩擦磨损及起电性能的影响

图 4.20 为不同织构间距下的摩擦系数和最大开路电压。可以看出，随着织构间距增加，摩擦系数和最大开路电压均逐渐降低。这主要是由于织构间距增加，导致织构面密度降低，从而使接触面积减小，黏着摩擦降低，摩擦系数减小，转移电荷量减少。

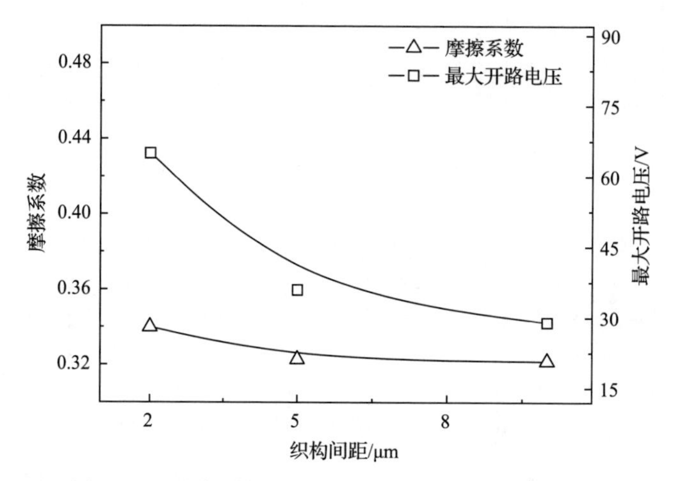

图 4.20　不同织构间距下的摩擦系数和最大开路电压

图 4.21 为不同织构间距下的磨损量和稳定开路电压。可以看出，随着织构间距增加，织构化 PI 薄膜磨损量增大。

由 Archard 磨损模型[5]可知，材料磨损体积 V_{wv} 与法向载荷 F_{nl} 之间的关系为

$$V_{wv}=K_w \frac{F_{nl}s}{3\sigma_s} \tag{4.23}$$

式中，K_w 为无量纲磨损系数；σ_s 为摩擦副中较软材料的受压屈服强度。

假设该模型对单一圆柱织构也成立，则圆柱织构上承受的载荷 F_{nl1} 为

$$F_{\mathrm{nl1}}=\frac{F_{\mathrm{nl}}}{N_{\mathrm{p}}} \tag{4.24}$$

式中，N_{p} 为接触区域内织构的个数。

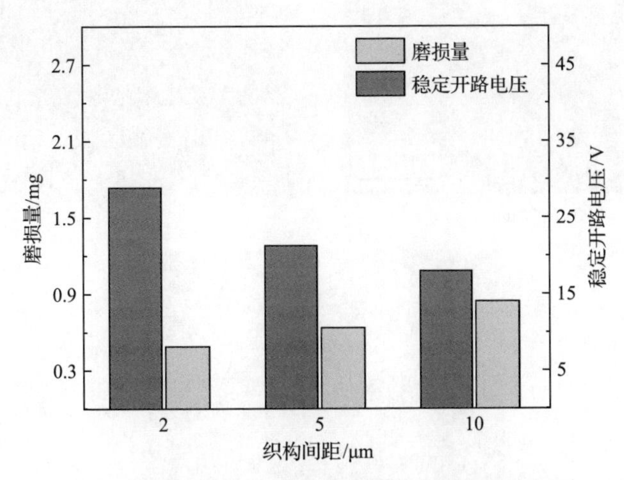

图 4.21　不同织构间距下的磨损量和稳定开路电压

$$N_{\mathrm{p}}=\frac{lw}{(a+c)^2} \tag{4.25}$$

式中，a 为织构的直径；c 为织构的间距；l 为织构化 PI 薄膜的长度；w 为织构化 PI 薄膜的宽度。

由式(4.23)～式(4.25)可知，织构磨损体积与织构间距和直径关系为

$$V_{\mathrm{wv}}=K_{\mathrm{w}}\,\frac{F_{\mathrm{nl}}s}{3lw\sigma_{\mathrm{s}}}(a+c)^2 \tag{4.26}$$

由式(4.26)可知，当施加的法向载荷 F_{nl}、滑动过程中名义接触面积、织构直径相同时，磨损体积会随着织构间距 c 的增加而增加。

图 4.22 为不同织构间距织构表面磨损形貌。可以看出，当织构间距为 2μm 时，织构阵列较为完整，大量磨屑储存于织构间隙内，因此转移到 Cu 箔表面的磨屑较少，滑动后期稳定开路电压较高。当织构间距为 10μm 时，织构几乎全部磨损，丧失储存磨屑的能力，大量产生的磨屑转移到 Cu 箔表面，使得 Cu 箔表面净电荷总量 Q_{net} 减少，滑动后期稳定开路电压降低。

4. 织构高度对摩擦磨损及起电性能的影响

图 4.23 为不同织构高度下的摩擦系数和最大开路电压。可以看出，随着织构

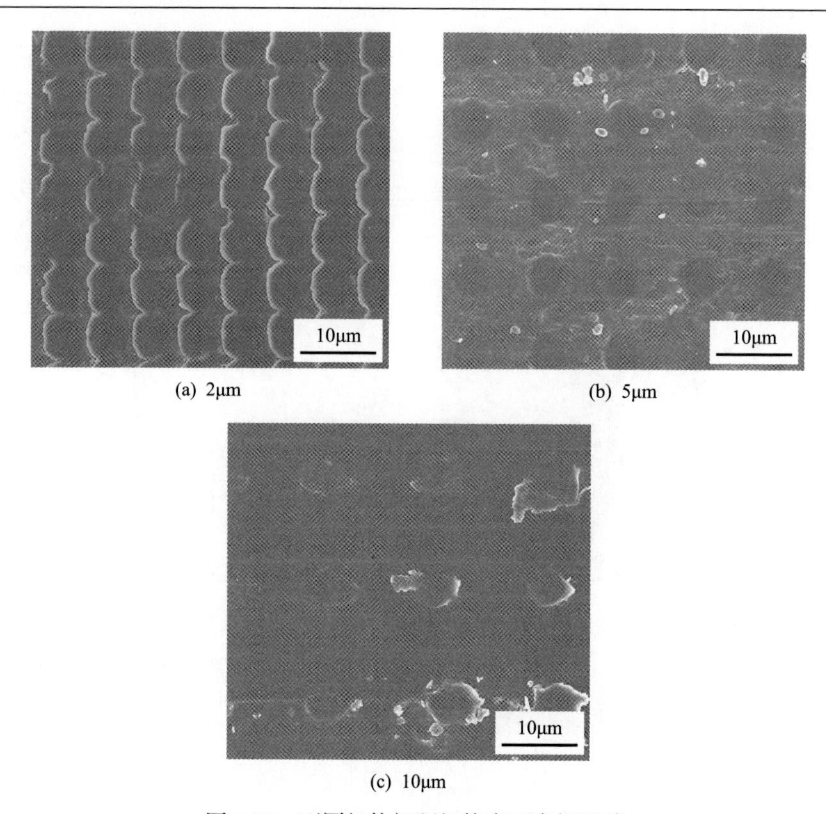

(a) 2μm　(b) 5μm

(c) 10μm

图 4.22　不同织构间距织构表面磨损形貌

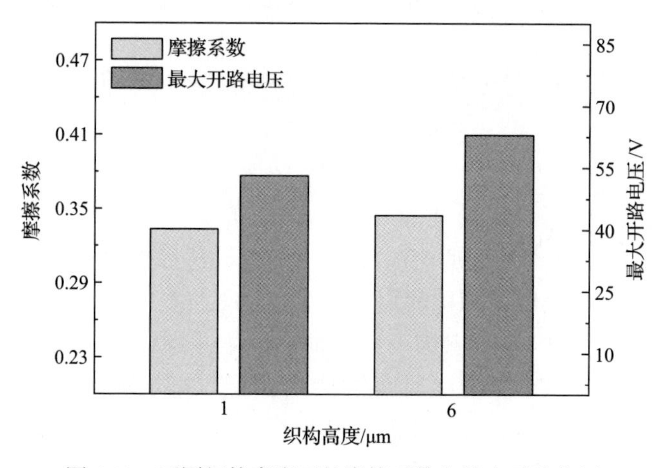

图 4.23　不同织构高度下的摩擦系数和最大开路电压

高度增加，摩擦系数和最大开路电压逐渐增大。这是由于织构高度增加，使得织构变形能力增强，可以更好地适应 Cu 箔表面的粗糙峰[7]。

图 4.24 为不同织构高度下的磨损量和稳定开路电压。可以看出，随着织构

高度增加，磨损量降低。这是由于当织构较高时，织构间隙容积较大，储存磨屑的能力更强，有效储存了磨损产生的磨屑，减轻了表面的磨粒磨损，从而使得织构表面磨损量降低。当织构高度较低时，织构间隙容积较小，滑动过程中产生的磨屑易于将间隙完全填充，织构表面无法继续储存磨屑，从而导致磨损量增加。

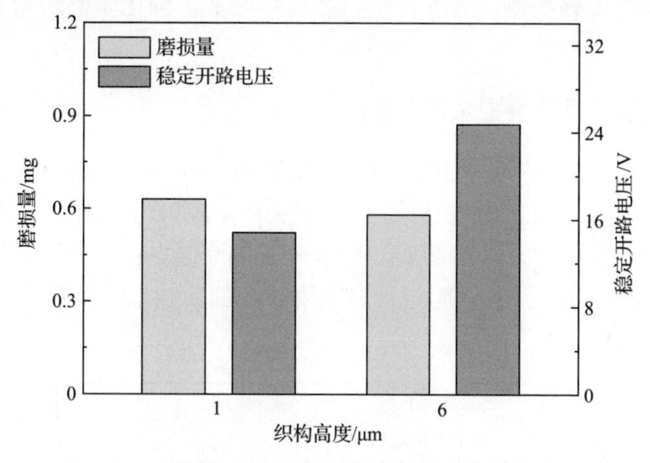

图 4.24　不同织构高度下的磨损量和稳定开路电压

图 4.25 为不同织构高度织构表面磨损形貌。可以看出，当织构高度为 1μm 时，产生的磨屑将织构间隙完全填充，表面无法继续储存磨屑，因此转移到 Cu 箔表面的磨屑数量增多，Cu 箔表面带有的净电荷总量 Q_{net} 减少，使得开路电压较低。而当织构高度为 6μm 时，滑动一定距离后织构表面仍然具有容纳磨屑的能力，因此使得转移到 Cu 箔表面的磨屑较少，Cu 箔表面带有的净电荷总量 Q_{net} 较高，使得开路电压较大。

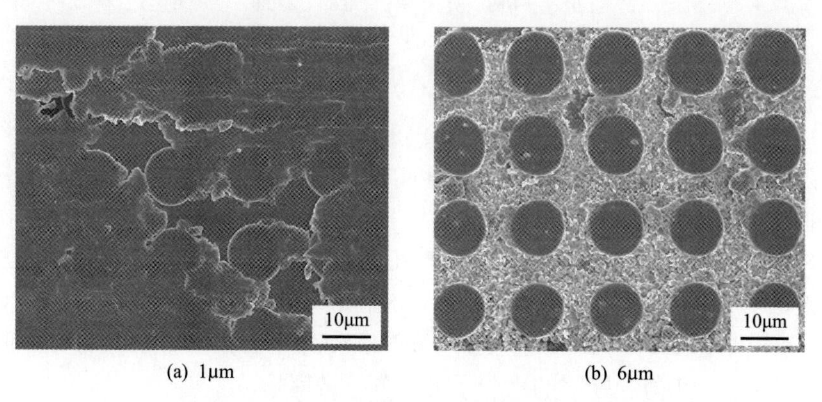

(a) 1μm　　(b) 6μm

图 4.25　不同织构高度织构表面磨损形貌

4.3　相对湿度对摩擦起电及摩擦磨损性能的影响

为了揭示相对湿度对织构化摩擦纳米发电机的摩擦及起电性能的影响机理，本节基于多环境摩擦起电试验台，研究相对湿度和织构参数对摩擦纳米发电机耐久性及稳定性的影响规律，为改善不同湿度环境下织构化摩擦纳米发电机工作性能提供指导。

4.3.1　相对湿度对摩擦磨损及起电性能的影响

为了研究相对湿度对水平滑动模式摩擦纳米发电机性能的影响，研究了 PI 薄膜对水分子的吸附作用。图 4.26 为水蒸气在 PI 薄膜上的吸附脱附测试。可以看出，随着相对压强增加，PI 薄膜吸附的水分子逐渐增多；随着相对压强降低，水分子吸附量逐渐减小。并且吸附过程和脱附过程的曲线未完全重合，表明 PI 薄膜具有一定的吸水性。

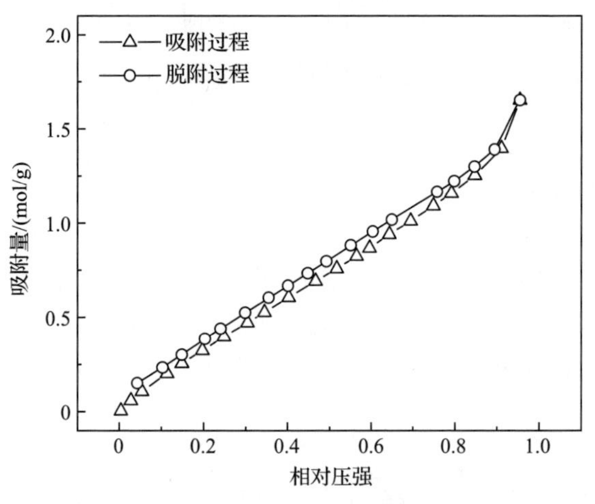

图 4.26　水蒸气在 PI 薄膜上的吸附脱附测试

为了研究水分子吸附对 PI 薄膜分子链的影响，比较了干燥 PI 薄膜和浸水 PI 薄膜的傅里叶红外光谱，如图 4.27 所示。可以看出，对于干燥 PI 薄膜，C═O 键的不对称伸缩振动的吸收峰为 1776.34cm^{-1}，C═O 键的对称伸缩振动的吸收峰为 1712.88cm^{-1}。对于浸水 PI 薄膜，C═O 键的不对称伸缩振动的吸收峰为 1775.5cm^{-1}，C═O 键的对称伸缩振动的吸收峰为 1711.58cm^{-1}。PI 薄膜浸水后，C═O 键对应的吸收峰均向低波数方向移动，且吸收峰变窄，表明浸水 PI 薄膜分子链羰基间有氢键形成。因此，PI 薄膜吸附的水分子可在分子链间形成氢键。

基于多环境摩擦起电试验台，对摩擦纳米发电机摩擦起电及摩擦磨损性能开

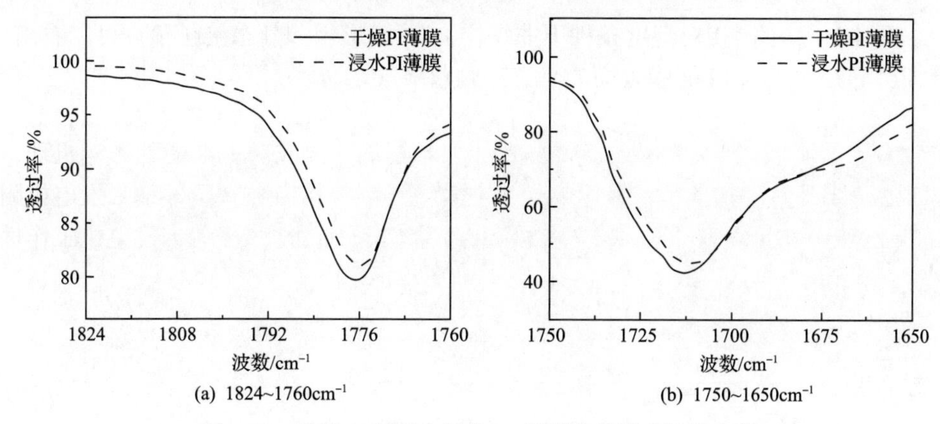

图 4.27　干燥 PI 薄膜和浸水 PI 薄膜的傅里叶红外光谱

展了研究。试验过程中环境温度约为 27℃，相对湿度分别为 10%、30%、50%、70%和 90%，相对湿度通过湿度控制模块进行调节，达到预定相对湿度且稳定 30min 后开始试验。试验过程中法向载荷分别为 8N、12N、16N，往复运动频率为 4Hz，最大横向分离距离为 10mm，滑动距离为 2km。每组试验重复进行 3 次，结果求取平均值。

图 4.28 为不同相对湿度下的摩擦系数和磨损量[15]。可以看出，随着相对湿度增加，摩擦系数呈现先增加后降低的规律。这是由于环境中水分子在 PI 表面分子链间形成氢键，增强了分子链间相互作用力，从而限制了分子链沿着滑动方向发生取向。但当相对湿度较高时，吸附在 PI 表面的水分子数量增多，进而在表面形成水分子吸附层，此时水分子层之间较弱的相互作用力使滑动过程中的摩擦系数逐渐降低。相对湿度对 PI 磨损量的影响如图 4.28(b)所示。可以看出，磨损量随着相对湿度的增加而降低。这是由于水分子形成的氢键，增强了 PI 表层相邻分子链间相互作用力，使材料表层强度提高，从而使得 PI 薄膜磨损量随着相对湿度增加而降低。

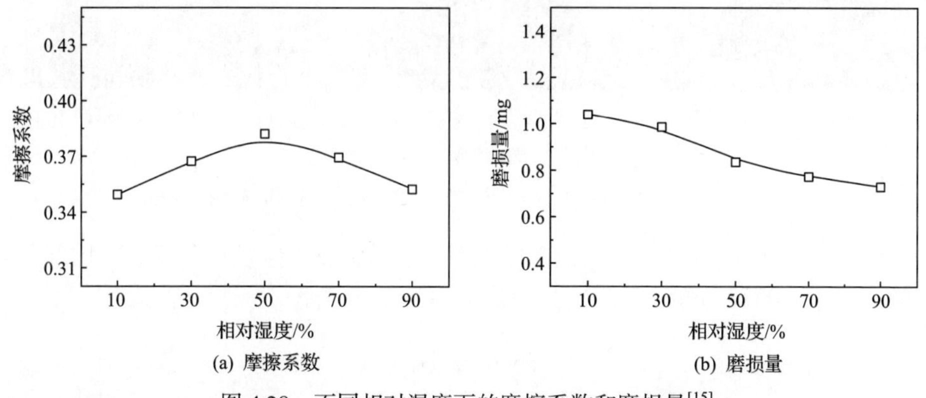

图 4.28　不同相对湿度下的摩擦系数和磨损量[15]

图 4.29 为不同相对湿度条件下非织构 PI 薄膜形貌和静态接触角。可以看出，磨损会导致非织构 PI 薄膜表面的静态接触角降低。

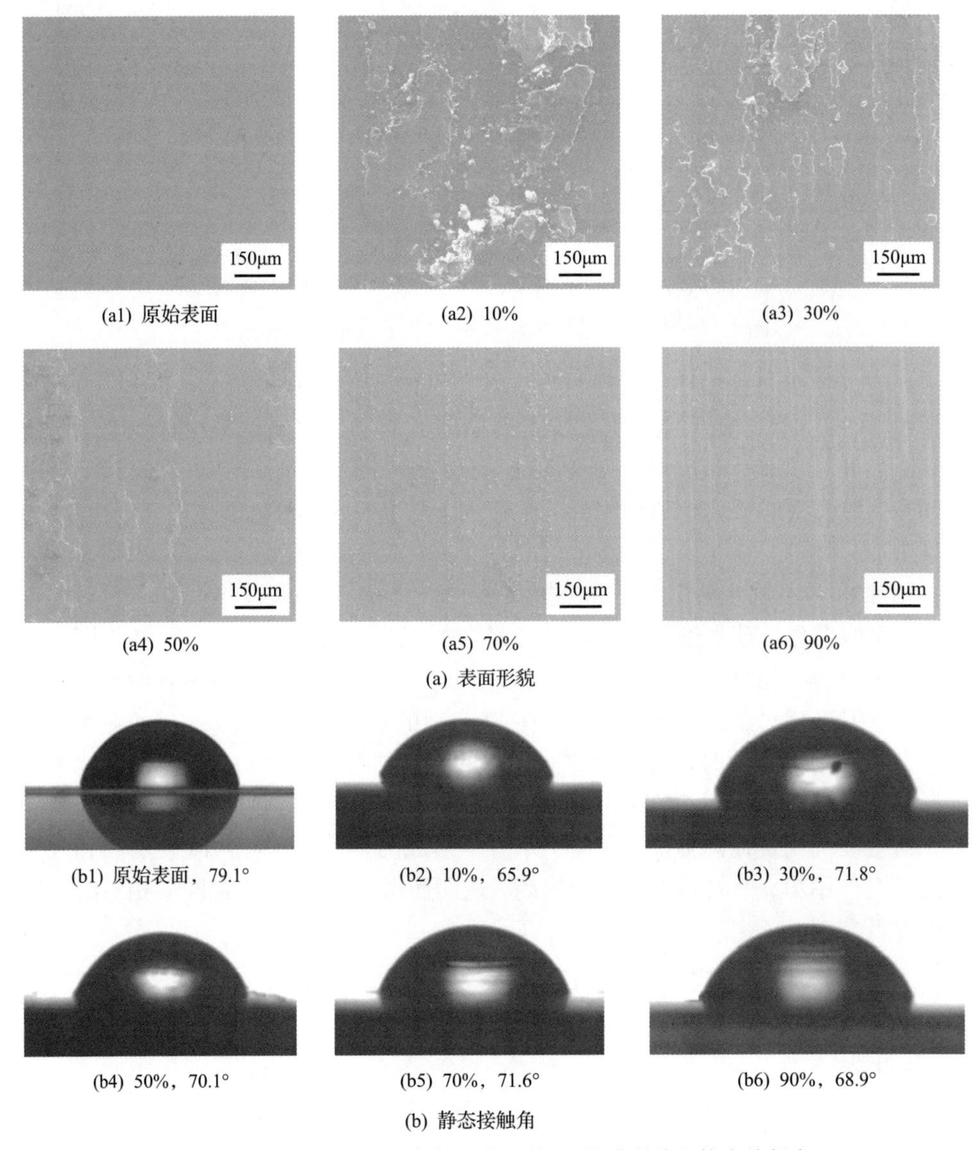

(a1) 原始表面　(a2) 10%　(a3) 30%

(a4) 50%　(a5) 70%　(a6) 90%

(a) 表面形貌

(b1) 原始表面，79.1°　(b2) 10%，65.9°　(b3) 30%，71.8°

(b4) 50%，70.1°　(b5) 70%，71.6°　(b6) 90%，68.9°

(b) 静态接触角

图 4.29　不同相对湿度条件下非织构 PI 薄膜形貌和静态接触角

由 Wensel 模型可知，随着粗糙度因子 r 增加，静态接触角降低[16]。因此，磨损后表面较大的粗糙度，导致磨损表面静态接触角降低。

$$\cos\theta_{\mathrm{r}}=r\cos\theta \tag{4.27}$$

式中，r 为非织构 PI 薄膜的粗糙度因子，等于固/液界面实际接触面积与表观接触面积之比；θ 为非织构 PI 薄膜的本征接触角；θ_r 为粗糙表面接触角。

图 4.30 为不同相对湿度条件下 Cu 箔表面磨损形貌。可以看出，随着相对湿度增加，转移到 Cu 箔表面上的磨屑逐渐减少。

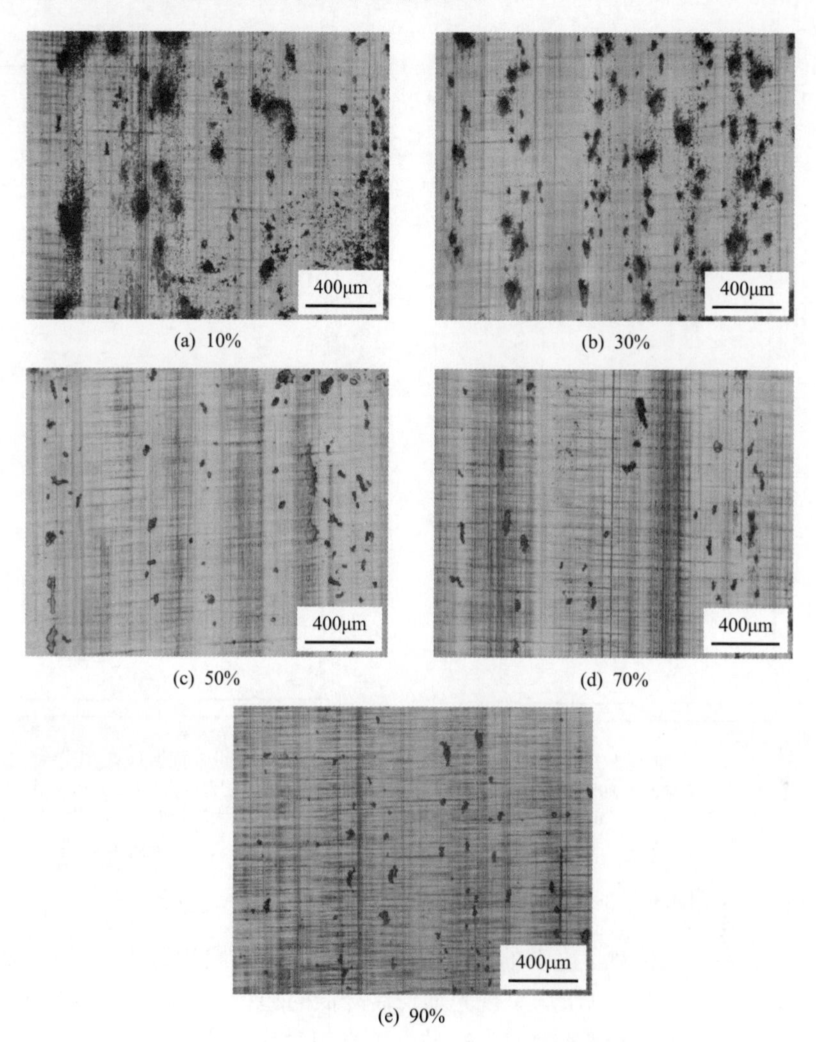

(a) 10%　(b) 30%　(c) 50%　(d) 70%　(e) 90%

图 4.30　不同相对湿度条件下 Cu 箔表面磨损形貌

图 4.31 为不同相对湿度条件下 Cu 箔和 PI 薄膜表面成分分析。可以看出，Cu 箔表面 C、N 和 O 原子的含量随着相对湿度增加而降低。这表明转移到 Cu 箔表面的磨屑数量，随着相对湿度增加而逐渐降低。而 PI 磨损表面各原子百分比在不同相对湿度条件下基本一致，且 Cu 原子的含量均较低，这表明滑动过程中，材

料主要由 PI 薄膜向 Cu 箔表面转移。

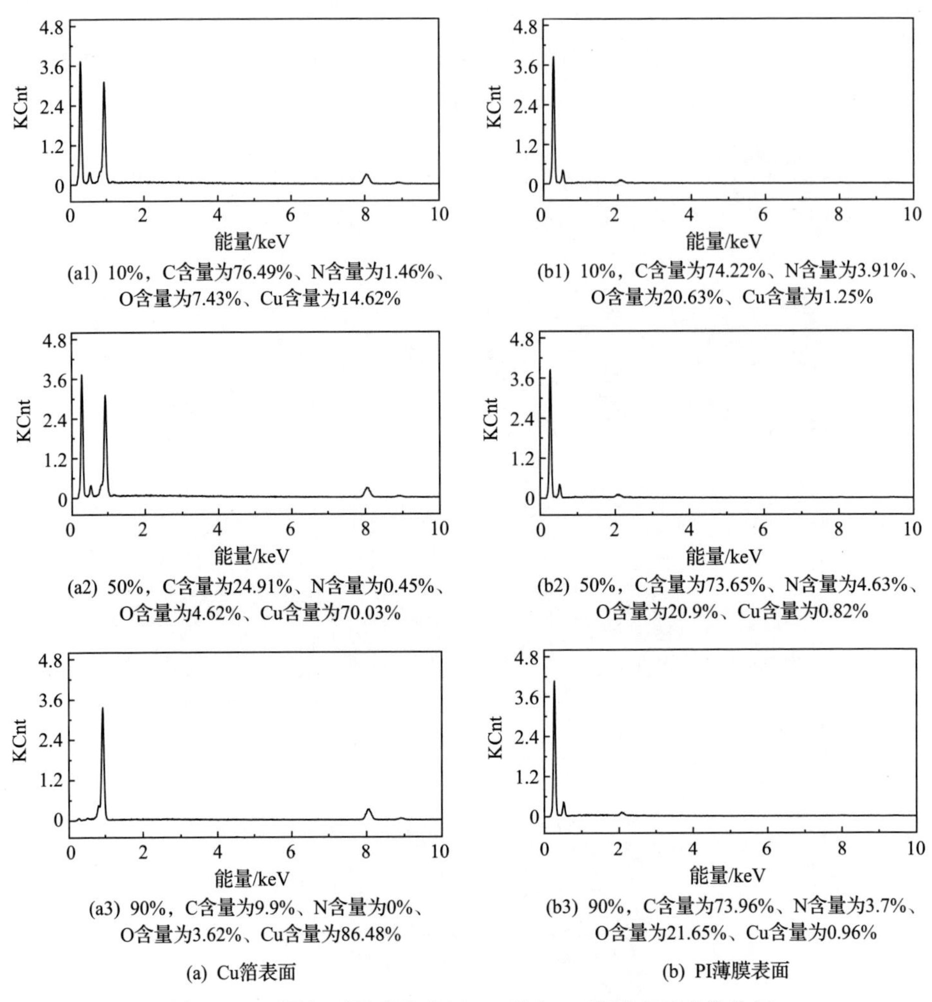

(a1) 10%，C含量为76.49%、N含量为1.46%、O含量为7.43%、Cu含量为14.62%

(b1) 10%，C含量为74.22%、N含量为3.91%、O含量为20.63%、Cu含量为1.25%

(a2) 50%，C含量为24.91%、N含量为0.45%、O含量为4.62%、Cu含量为70.03%

(b2) 50%，C含量为73.65%、N含量为4.63%、O含量为20.9%、Cu含量为0.82%

(a3) 90%，C含量为9.9%、N含量为0%、O含量为3.62%、Cu含量为86.48%

(b3) 90%，C含量为73.96%、N含量为3.7%、O含量为21.65%、Cu含量为0.96%

(a) Cu箔表面　　(b) PI薄膜表面

图 4.31　不同相对湿度条件下 Cu 箔和 PI 薄膜表面成分分析

图 4.32 为不同相对湿度下的短路电流和开路电压。可以看出，随着相对湿度增加，短路电流和开路电压均呈现先增加后降低的趋势。当相对湿度为 50%时，短路电流和开路电压达到最大值。这是由于当相对湿度较低时，随着相对湿度增加，PI 磨损量降低，转移到 Cu 箔表面上的磨屑减少，Cu 箔表面净电荷总量增多，开路电压和短路电流增加[12]。但当相对湿度较高时，PI 薄膜表面形成了水分子层，增强了 PI 薄膜表面的电荷耗散，从而导致短路电流和开路电压降低。

4.3.2　不同相对湿度下织构间距对摩擦磨损及起电性能的影响

图 4.33 为不同织构间距 PI 薄膜表面形貌和静态接触角。可以看出，织构化

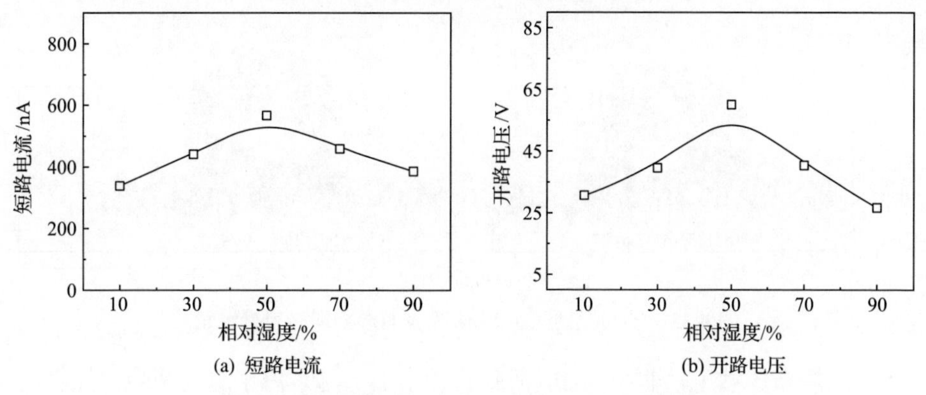

(a) 短路电流　　(b) 开路电压

图4.32　不同相对湿度下的短路电流和开路电压

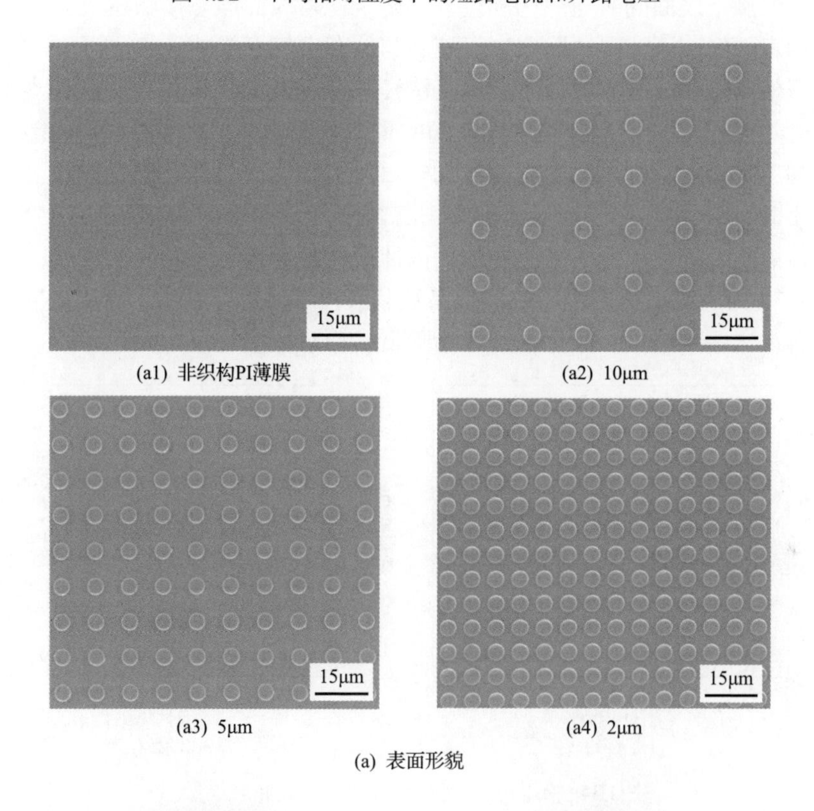

(a1) 非织构PI薄膜　　(a2) 10μm

(a3) 5μm　　(a4) 2μm

(a) 表面形貌

(b1) 非织构PI薄膜，79.1°

(b2) 10μm，104.7°

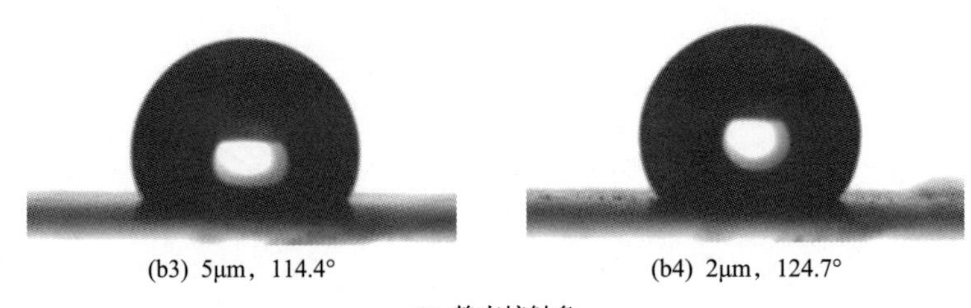

(b3) 5μm，114.4°　　(b4) 2μm，124.7°

(b) 静态接触角

图 4.33　不同织构间距 PI 薄膜表面形貌和静态接触角

PI 薄膜的静态接触角较非织构 PI 薄膜有所增加。这是由于织构间隙内储存的空气，致使液滴下表面同时与织构和空气接触，使得表面静态接触角较大。

织构表面的液滴润湿情况取决于液滴与储存空气形成的液-气界面的界面能、液滴与织构侧壁形成的液-固界面的界面能、液滴重力势能的综合作用。当织构间距较大时，液-气界面能和织构之间液滴的重力势能较大，此时液滴会向能量较低的完全润湿态转变，织构间隙中储存的空气减少，因此静态接触角较小。当织构间距较小时，液-气界面能和液滴的重力势能不足以提供构建全部固-液界面需要的能量，液滴只部分填充了织构间隙，因此表面静态接触角较高。

图 4.34 为不同织构间距下的摩擦系数和磨损量。可以看出，当相对湿度一定时，随着织构间距增加，摩擦系数逐渐降低，而磨损量逐渐增大。

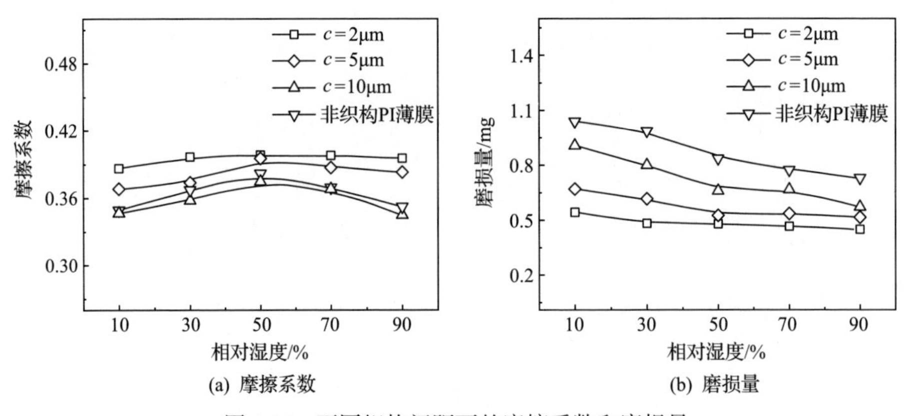

(a) 摩擦系数　　(b) 磨损量

图 4.34　不同织构间距下的摩擦系数和磨损量

图 4.35 为不同相对湿度条件下织构化 PI 薄膜表面磨损形貌。可以看出，当相对湿度一定时，织构间距 2μm 的表面发生轻微磨损，而织构间距 10μm 的表面磨损较为严重。这是由于当织构间距较大时，单一织构承受的载荷较高。

图 4.36 为不同织构间距表面磨损形貌和静态接触角。可以看出，当织构间距为 10μm 时，滑动 2km 后织构完全磨损，失去容纳磨屑的能力，该表面的静态接

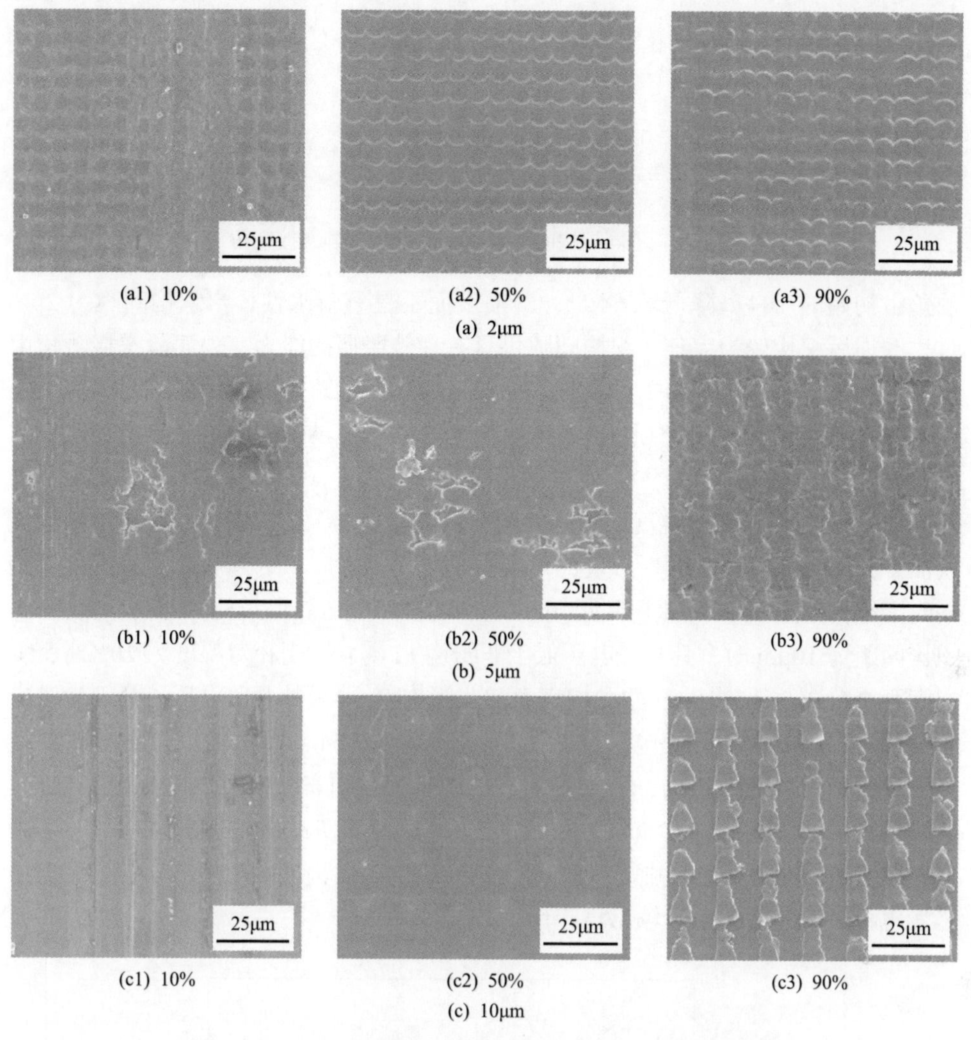

(a1) 10%　(a2) 50%　(a3) 90%

(a) 2μm

(b1) 10%　(b2) 50%　(b3) 90%

(b) 5μm

(c1) 10%　(c2) 50%　(c3) 90%

(c) 10μm

图 4.35　不同相对湿度条件下织构化 PI 薄膜表面磨损形貌

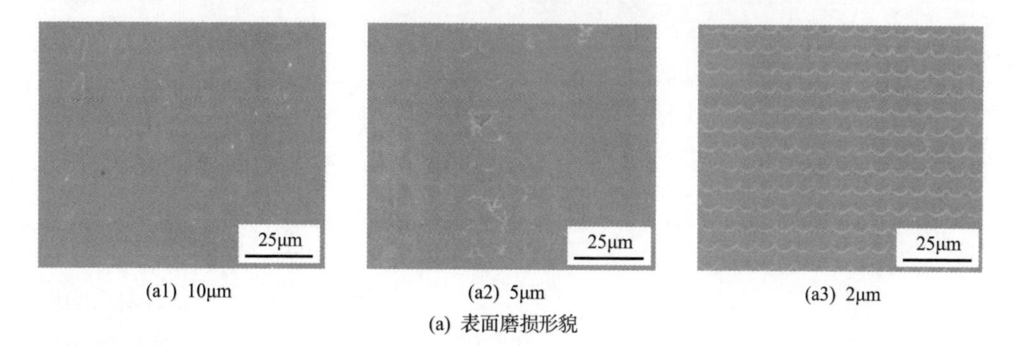

(a1) 10μm　(a2) 5μm　(a3) 2μm

(a) 表面磨损形貌

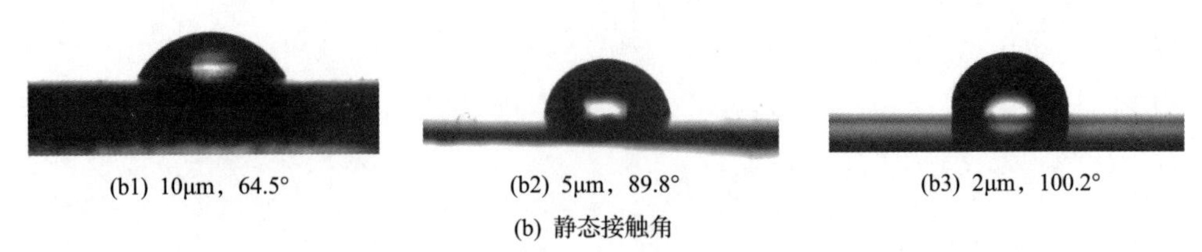

(b) 静态接触角

图 4.36　不同织构间距表面磨损形貌和静态接触角

触角由初始的 104.7°降低至 64.5°，磨损表面不具有疏水性；当织构间距为 2μm 时，磨损后织构较为完整，织构间隙仍具有存储磨屑的能力，表面静态接触角由初始的 124.7°降低至 100.2°，磨损表面仍具有一定的疏水性。因此，当织构间距为 2μm 时，可降低材料磨损，改善水平滑动模式摩擦纳米发电机在湿度环境中的耐久性。

图 4.37 为不同相对湿度和织构间距下的开路电压。可以看出，对于不同织构表面，开路电压均随着相对湿度的增加呈现先增加后降低的趋势。当相对湿度相同时，织构间距 2μm 和织构间距 5μm 表面的开路电压较非织构 PI 薄膜高，而当织构间距为 10μm 时，其开路电压低于非织构 PI 薄膜。当相对湿度为 10%时，织构间距 2μm、5μm、10μm 的织构表面和非织构 PI 薄膜的开路电压，分别为对应表面相对湿度 50%时开路电压的 96.57%、73.66%、54.4%和 51.1%。当相对湿度为 90%时，织构间距 2μm、5μm、10μm 的织构表面和非织构 PI 薄膜的开路电压，分别为对应表面相对湿度 50%时开路电压的 96.39%、78.3%、54.5%和 44.5%。因此，在不同相对湿度环境中，织构间距 2μm 织构表面构成的水平滑动模式摩擦纳米发电机具有最好的电学输出稳定性。

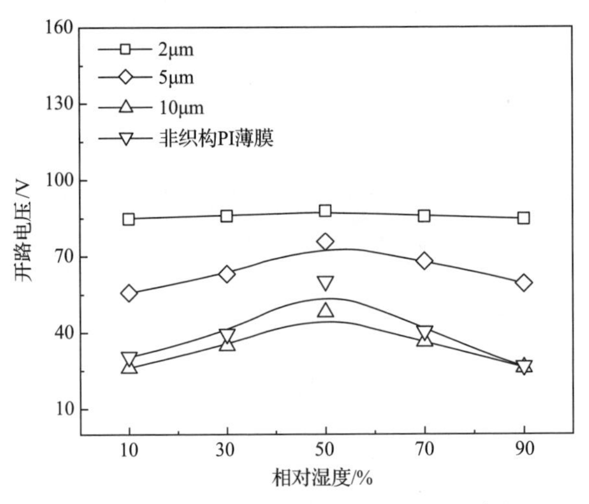

图 4.37　不同相对湿度和织构间距下的开路电压

图 4.38 为不同表面的短路电荷和电荷密度。可以看出，织构间距 2μm 和织构间距 5μm 的短路电荷高于非织构 PI 薄膜，而织构间距 10μm 的短路电荷低于非织构 PI 薄膜，这一规律与开路电压一致。织构表面的电荷密度高于 PI 薄膜，且随着织构间距的增加，电荷密度逐渐增大。这是由于短路电荷取决于接触面积和电荷密度，而电荷密度与接触应力相关。当织构间距为 2μm 时，其平均接触应力为 0.084MPa、电荷密度为 161.09μC/m^2，接触面积为 191.32mm^2，此时该表面的短路电荷 30.82nC。而当织构间距为 10μm 时，虽然其平均接触应力为 0.384MPa，电荷密度为 337.62μC/m^2，但其接触面积仅为 41.67mm^2，因此该表面的短路电荷仅为 18.5nC。

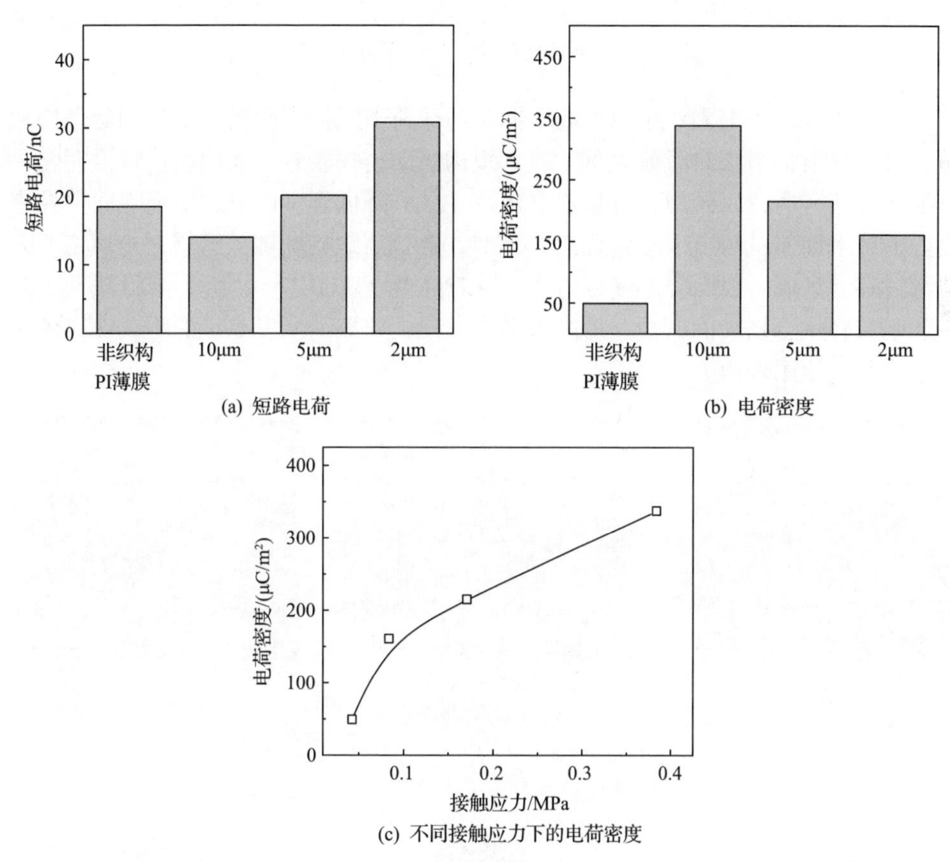

(a) 短路电荷　(b) 电荷密度

(c) 不同接触应力下的电荷密度

图 4.38　不同表面的短路电荷和电荷密度

4.3.3　法向载荷对摩擦磨损及起电性能的影响

基于织构间距为 2μm 的圆柱织构表面，研究了不同法向载荷下的摩擦力和磨损量，如图 4.39 所示。可以看出，随着法向载荷增加，摩擦力和磨损量均增加。

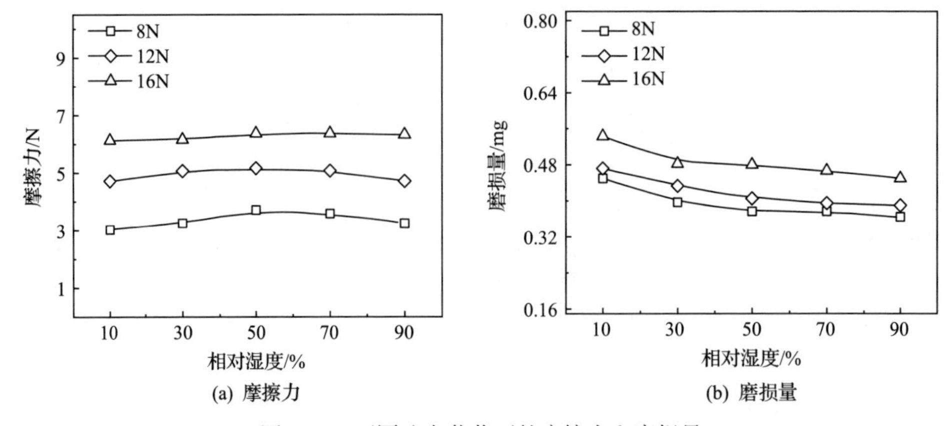

(a) 摩擦力　　(b) 磨损量

图 4.39　不同法向载荷下的摩擦力和磨损量

图 4.40 为相对湿度为 50%时不同法向载荷下织构表面磨损形貌和静态接触角。可以看出，当法向载荷为 8N 时，织构表面磨损较轻，表面织构较为完整，可继续存储磨屑，表面静态接触角由初始 124.7°降低至 111.1°，磨损表面仍具有良好的疏水性能；而当法向载荷为 16N 时，磨损后织构间隙被磨屑完全填充，无法继续存储磨屑，表面静态接触角由 124.7°降低至 100.2°。因此，降低法向载荷有利于减轻聚合物表面磨损，提高水平滑动模式摩擦纳米发电机的耐久性，延长疏水表面的使用寿命。

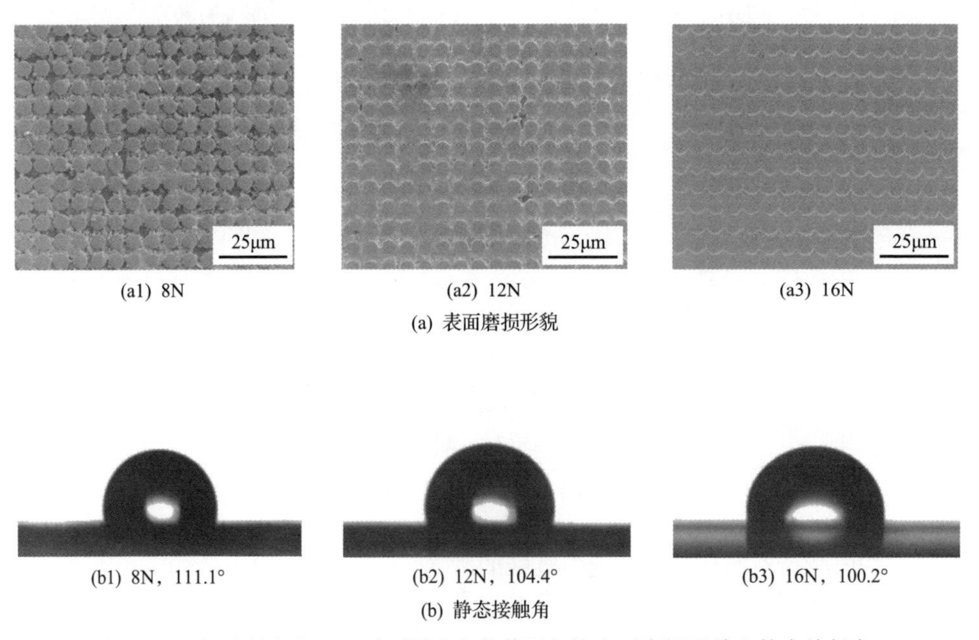

(a1) 8N　　(a2) 12N　　(a3) 16N

(a) 表面磨损形貌

(b1) 8N，111.1°　　(b2) 12N，104.4°　　(b3) 16N，100.2°

(b) 静态接触角

图 4.40　相对湿度为 50%时不同法向载荷下织构表面磨损形貌和静态接触角

图 4.41 为不同相对湿度和法向载荷下的开路电压。可以看出，当相对湿度一定时，开路电压随着法向载荷增大而增加。当相对湿度为 10%时，法向载荷为 8N、12N 和 16N 的开路电压，分别为对应载荷下相对湿度为 50%时开路电压的 84.66%、93.4%和 96.57%；当相对湿度为 90%时，法向载荷为 8N、12N 和 16N 的开路电压，分别为对应载荷下相对湿度为 50%时开路电压的 81.41%、93.19%和 96.39%。当法向载荷为 16N 时，相对湿度变化对开路电压的影响最小。这是由于法向载荷增加，一方面可以使两表面间的界面距离减小，抑制了 PI 表面水膜的形成，另一方面导致磨损量增加，使吸附有水分子的表层材料磨损，从而使相对湿度对开路电压的影响降低。因此，适当增加法向载荷可以提高织构化摩擦纳米发电机的电学输出性能，改善高湿度环境中开路电压的稳定性。

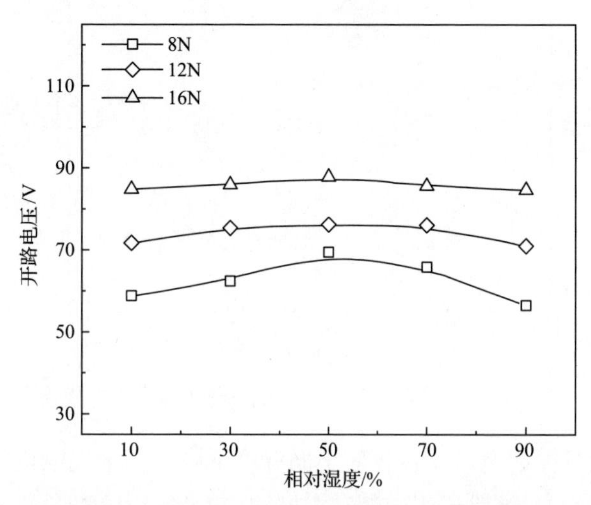

图 4.41　不同相对湿度和法向载荷下的开路电压

4.4　温度对摩擦起电及摩擦磨损性能的影响

摩擦纳米发电机实际工作环境中的温度复杂多变。为了分析温度对织构化摩擦纳米发电机摩擦及起电性能的影响机理，本节基于湿度及温度可控的多环境摩擦起电试验台，系统研究温度对织构化摩擦纳米发电机摩擦系数、磨损量、表面温升和开路电压的影响规律，为不同温度环境中织构化摩擦纳米发电机的耐久性提供指导。

4.4.1　温度对非织构 PI 薄膜摩擦磨损及起电性能的影响

为了研究温度对水平滑动模式摩擦纳米发电机摩擦及起电性能的影响，测试了温度对 PI 薄膜的储能模量和损耗模量的影响，如图 4.42 所示。对于聚合物材料，储能模量表示分子间作用力的强弱，而损耗模量可表征分子链热运动。由图 4.42 可以看出，随着温度增加，PI 薄膜的储能模量逐渐降低。这表明温度增加会降低分子链间相互作用力，从而提高材料的变形能力。而损耗模量随温度增加，会出现两个峰值。第一个峰值出现在 88℃左右，这主要是由于 PI 分子链上的局部侧基、端基和较短的链节发生扭转和摇摆运动引起；第二个峰值出现在 234℃左右，这是由于 PI 分子链段的自由运动引起，表明此时大分子链段运动加剧。

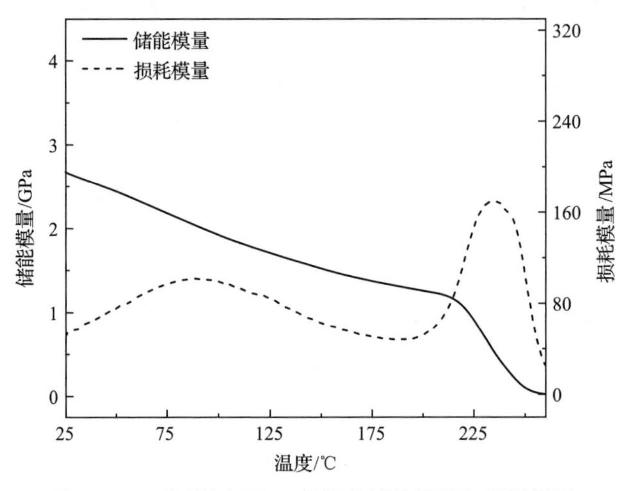

图 4.42　不同温度下 PI 薄膜的储能模量和损耗模量

基于多环境摩擦起电试验台，对不同温度下摩擦纳米发电机的摩擦起电及摩擦磨损性能开展研究。试验过程中相对湿度约为15%，环境温度分别为25℃、40℃、55℃和 70℃。法向载荷为 16N，往复运动频率分别为 2Hz、4Hz、6Hz 和 8Hz，最大横向分离距离为 10mm，滑动距离为 2km。待试件表面温度达到设定值后，恒温 30min 后开始试验。每组试验重复进行三次，结果求取平均值。

图 4.43 为不同温度下非织构 PI 薄膜的摩擦系数和表面温升。可以看出，随着温度增加，摩擦系数逐渐增大。这是由于温度增加使得非织构 PI 薄膜的储能模量降低，分子间作用力减小，从而使接触面积增加。两表面相对滑动过程中，表面微凸体的挤压和剪切作用，使得表面区域发生变形或撕裂，界面分子的碰撞，产生大量热量，导致表面温度升高。而随着温度增加，界面摩擦力增大，从而使往复运动过程中，克服接触界面摩擦阻力做的功增多，表面温升增加。

图 4.44 为不同温度下非织构 PI 薄膜的磨损量。可以看出，随着温度增加，非织构 PI 薄膜的磨损量增大。这是由于温度增加，导致非织构 PI 薄膜的储能模量降低。

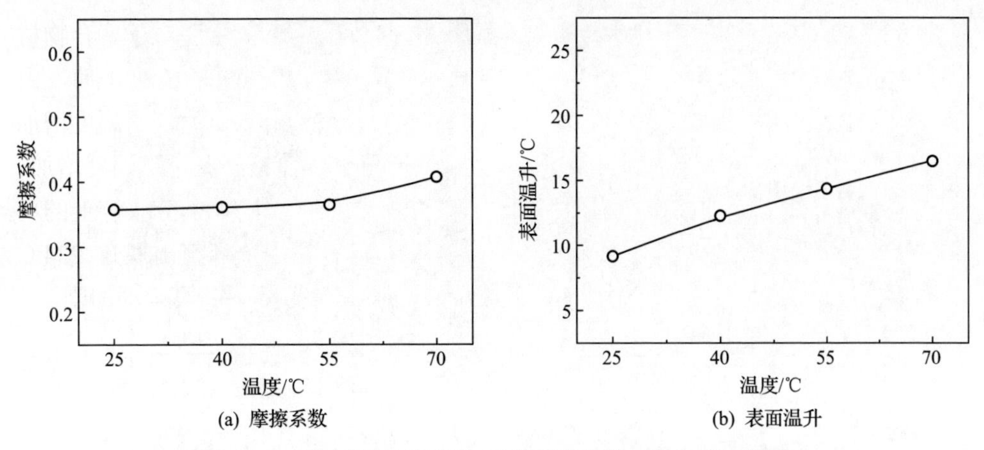

(a) 摩擦系数 (b) 表面温升

图 4.43 不同温度下非织构 PI 薄膜的摩擦系数和表面温升

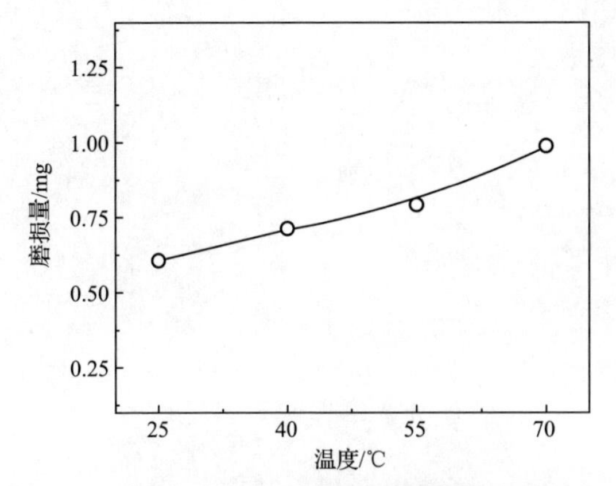

图 4.44 不同温度下非织构 PI 薄膜的磨损量

图 4.45 为不同温度下与非织构 PI 薄膜对磨的 Cu 箔表面磨损形貌。可以看出，随着温度增加，转移到 Cu 箔表面的磨屑逐渐增多。这是由于温度较低时，非织构 PI 薄膜表面分子层主要表现为玻璃态，变形能力较弱，磨损主要发生在微观接触粗糙峰上，因此磨损较小，转移到 Cu 箔表面磨屑较少。而当试件温度较高时，非织构 PI 薄膜分子链间较低的相互作用力，使得非织构 PI 薄膜黏着磨损加重，转移到 Cu 箔表面的磨屑增多，从而形成较为连续的转移膜。

图 4.46 为不同温度下的开路电压。可以看出，随着温度增加，开路电压呈现先增加后降低的规律，当温度为 55℃时，开路电压达到最大。这是由于随着温度增加，分子间作用力降低，分子链热运动增强，材料变形能力增强，导致接触面积增大，转移电荷量增多，开路电压增加。而当环境温度进一步增加后，会导致非织构 PI 薄膜的磨损量增大，使得转移到对偶 Cu 箔表面上的 PI 磨屑增多，阻碍了 Cu 箔与非织构 PI 薄膜的接触，降低了材料表面净电荷数量。

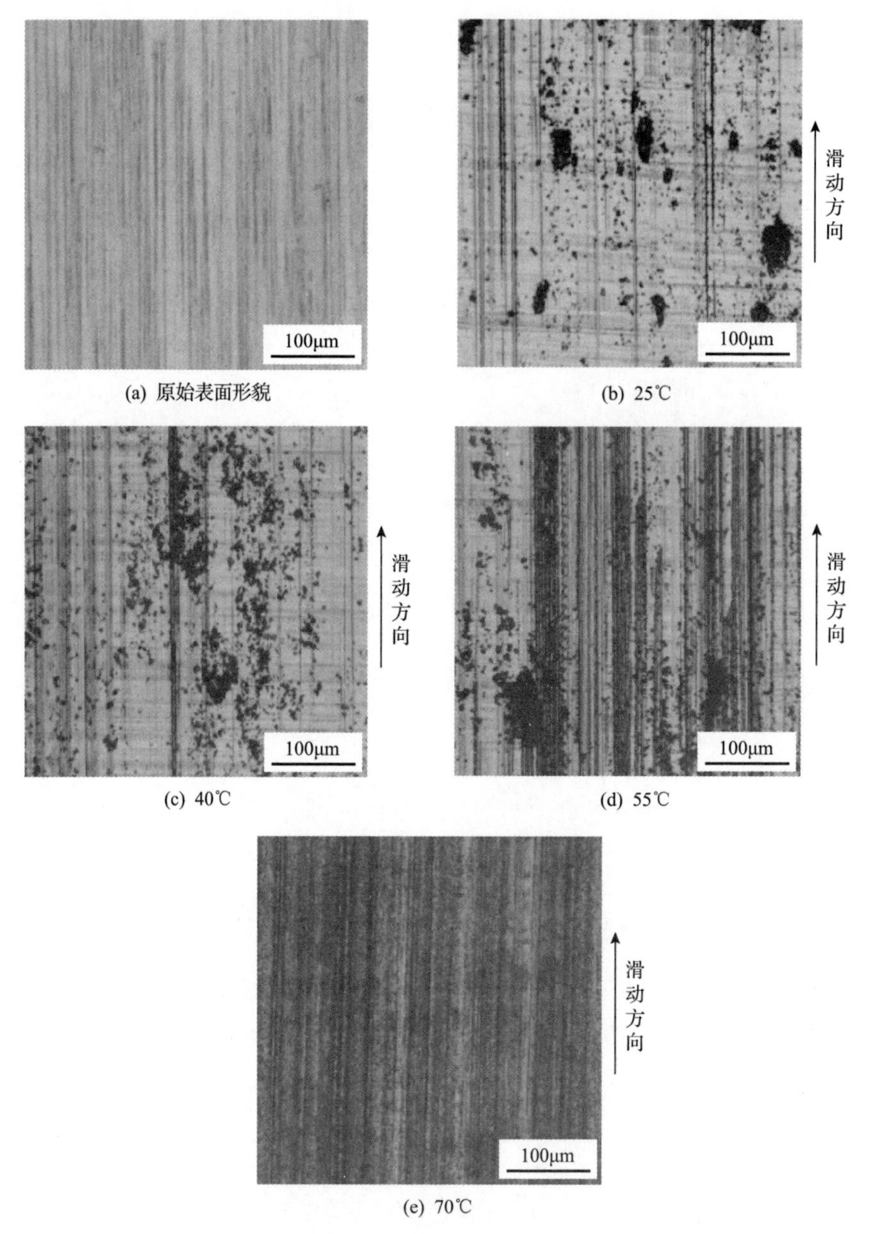

图 4.45　不同温度下与非织构 PI 薄膜对磨的 Cu 箔表面磨损形貌

4.4.2　不同温度下织构间距对摩擦磨损及起电性能的影响

为了研究不同温度条件下织构间距对织构化摩擦纳米发电机摩擦磨损性能的影响规律，基于织构间距分别为 2μm、5μm 和 10μm 三种不同参数的圆柱织构开展了相关试验。图 4.47 为不同温度和织构间距下的摩擦系数和磨损量。可以看出，对于织构间距为 2μm 和 5μm 的聚合物薄膜，其摩擦系数比非织构 PI 薄膜高；当织构间距为 10μm 时，其摩擦系数比非织构 PI 薄膜低。由图 4.47(b)可知，当温度一定时，随着织构间距增加磨损量增大。这是由于织构间距增加使得织构面密度降低，单一织构承受的载荷增大导致。

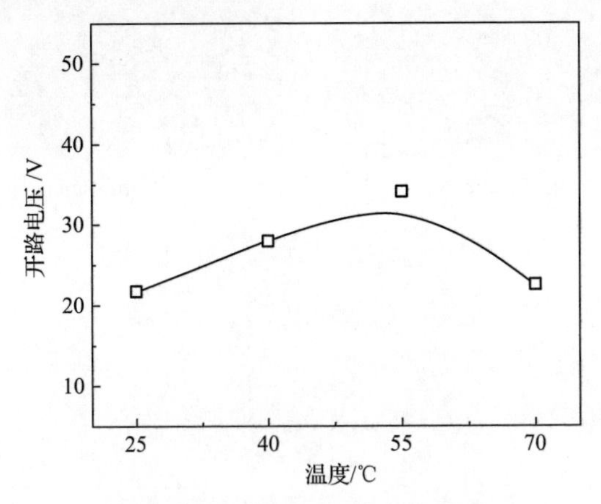

图 4.46　不同温度下的开路电压

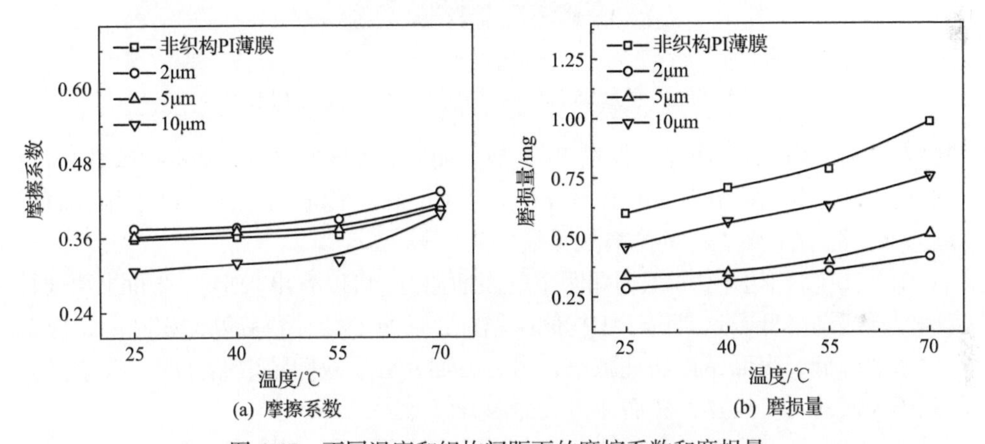

图 4.47　不同温度和织构间距下的摩擦系数和磨损量

图 4.48 为温度为 55℃时不同织构间距表面的磨损形貌。可以看出，当织构间距为 2μm 时，织构间隙中存储了较多的磨屑，织构表面主要发生磨粒磨损，但整体织构较为完整；当织构间距为 5μm 时，织构产生明显塑性变形，间隙中存储一定量的磨屑，部分区域产生的磨屑将织构表面覆盖，织构区域被部分破坏；当织构间距为 10μm 时，织构被完全磨损，无法容纳产生的磨屑，表面磨粒磨损加重。因此，在聚合物表面制备织构间距为 2μm 的圆柱织构，有利于改善不同温度条件下织构化摩擦纳米发电机的耐久性。

图 4.49 为温度为 55℃时 Cu 箔表面磨损形貌。可以看出，Cu 箔与非织构 PI

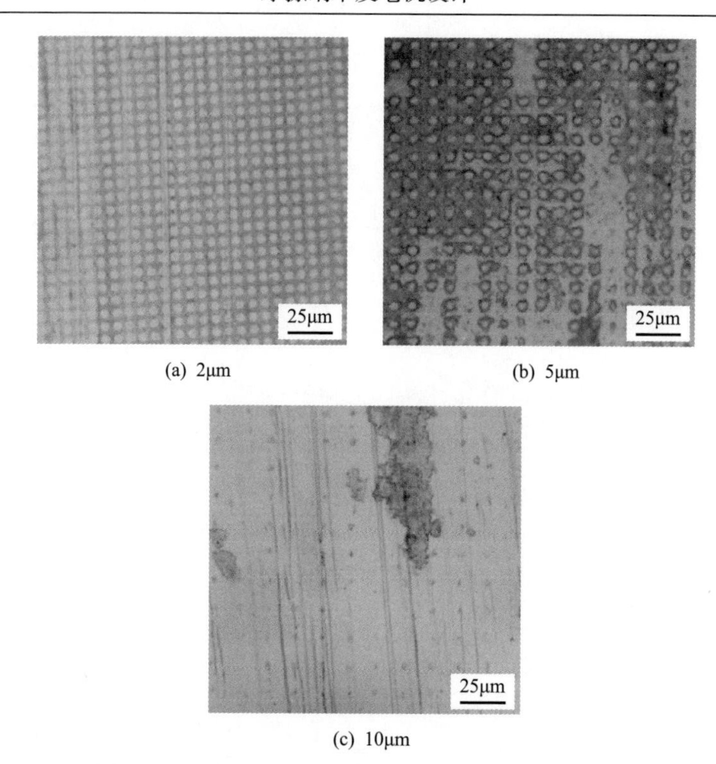

(a) 2μm　(b) 5μm

(c) 10μm

图 4.48　温度为 55℃时不同织构间距表面的磨损形貌

薄膜对磨后，Cu 箔表面存在大量 PI 磨屑。而 Cu 箔与织构间距 2μm 的织构表面对磨后，转移到 Cu 箔表面的磨屑较少。在 Cu 箔与织构间距 2μm 的织构表面对磨后，转移到 Cu 箔表面的磨屑数量较多。

图 4.50 为不同温度和织构间距下的表面温升。可以看出，随着织构间距增加，表面温升逐渐降低。这是由于织构间距增加，一方面会导致接触面积减小，使得摩擦系数降低，表面摩擦功耗减小；另一方面，会导致间隙中储存的空气增多，增强了表面的对流换热，从而使得表面温升降低。

(a) 非织构PI薄膜

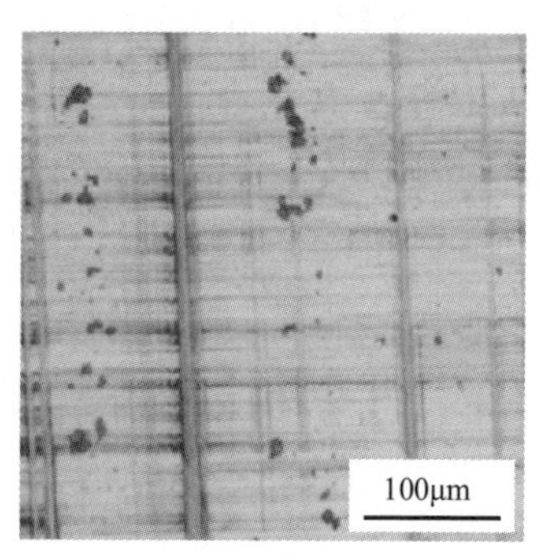

(b) 2μm

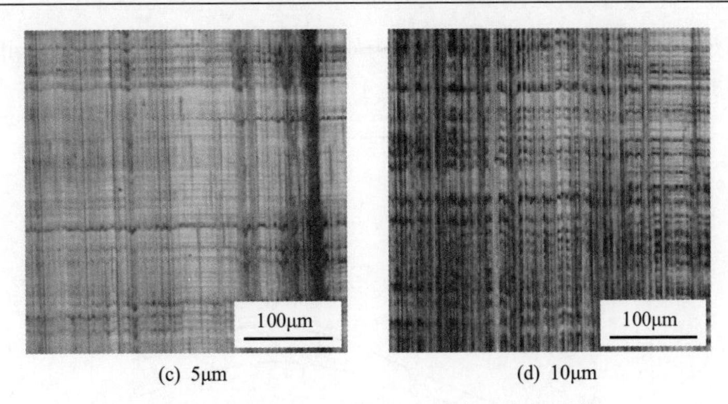

(c) 5μm　　(d) 10μm

图 4.49　温度为 55℃时 Cu 箔表面磨损形貌

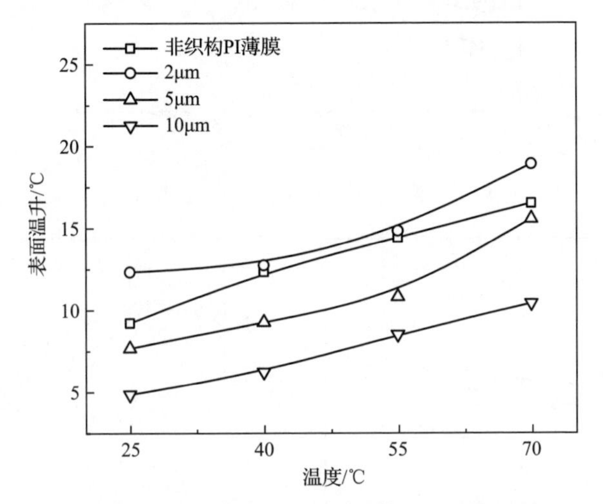

图 4.50　不同温度和织构间距下的表面温升

图 4.51 为不同温度和织构间距下的开路电压。可以看出，对于单一表面，开路电压随温度的变化规律呈现先增加、后降低的趋势，当温度为 55℃时，开路电压达到最大。这是由于当温度较低时，材料储能弹性模量较高，表面微观粗糙峰处于玻璃态，使得接触面积较小，因此其开路电压较低。而当温度较高时，材料磨损量增加，使得转移到 Cu 箔表面的磨屑增多，因此其开路电压较低。织构间距为 2μm 的织构表面，可改善不同温度条件下织构化摩擦纳米发电机的开路电压，有利于提高其电学输出。

4.4.3　往复频率对摩擦磨损及起电性能的影响

图 4.52 为不同往复频率和织构间距下的摩擦系数和表面温升。可以看出，当织构间距一定时，随着往复频率增加，摩擦系数逐渐增大。这是由于往复频率增加会使得表面出现一定的黏性流动，变形摩擦增加，从而使得摩擦系数增加。而

摩擦系数增加，会导致表面的摩擦功耗增多，从而使得滑动界面产生的摩擦热增多，表面温升增加。

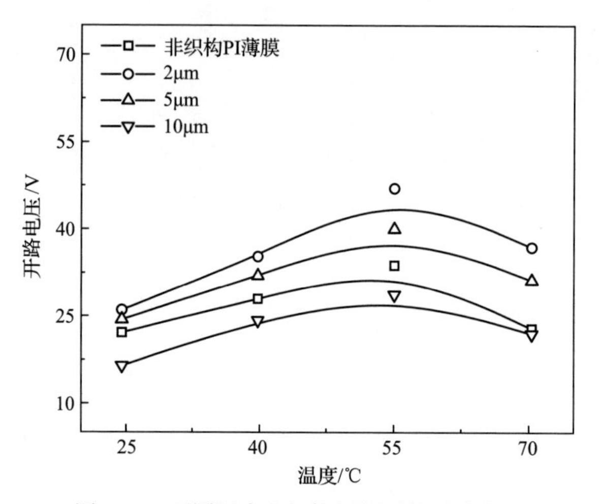

图 4.51　不同温度和织构间距下的开路电压

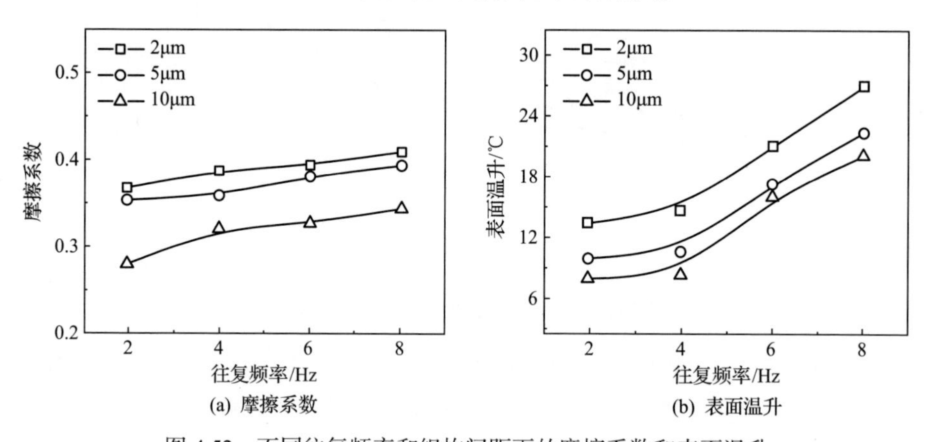

图 4.52　不同往复频率和织构间距下的摩擦系数和表面温升

图 4.53 为温度为 55℃时不同往复频率和织构间距下的磨损量。可以看出，对于单一织构表面，随着往复频率增加，磨损量逐渐增大。这是由于往复频率增加，导致了材料表面接触温度升高，而 PI 热传导能力较差，使得垂直于表面方向形成温度梯度，材料储能模量降低，硬度减小，从而使得磨损量增加。织构间距为 2μm 的表面在不同往复频率下其磨损量均较低。

图 4.54 为不同往复频率下织构表面磨损形貌。当往复频率为 2Hz 时，织构表面产生的磨屑主要存储于织构间隙中，有利于减轻磨屑向 Cu 箔表面的转移；当往复频率为 4Hz 时，磨损产生的磨屑增多，织构间隙几乎被磨屑完全填充，无法继续存储磨屑；当往复频率为 8Hz 时，织构被完全磨损，失去存储磨屑的能力。

因此，降低滑动过程中的往复频率有利于减轻织构表面的磨损，改善织构化摩擦纳米发电机的耐久性。

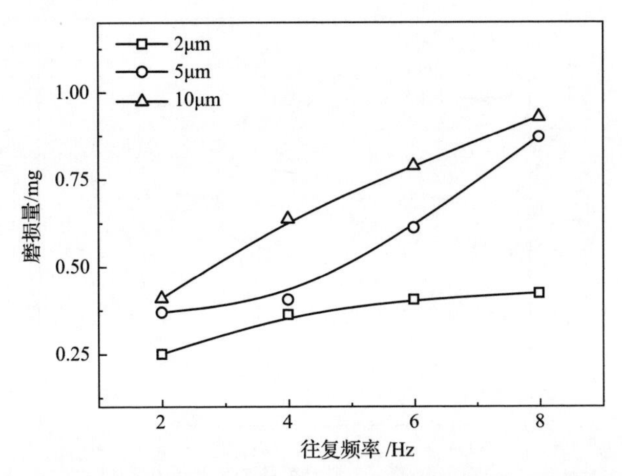

图 4.53　温度为 55℃时不同往复频率和织构间距下的磨损量

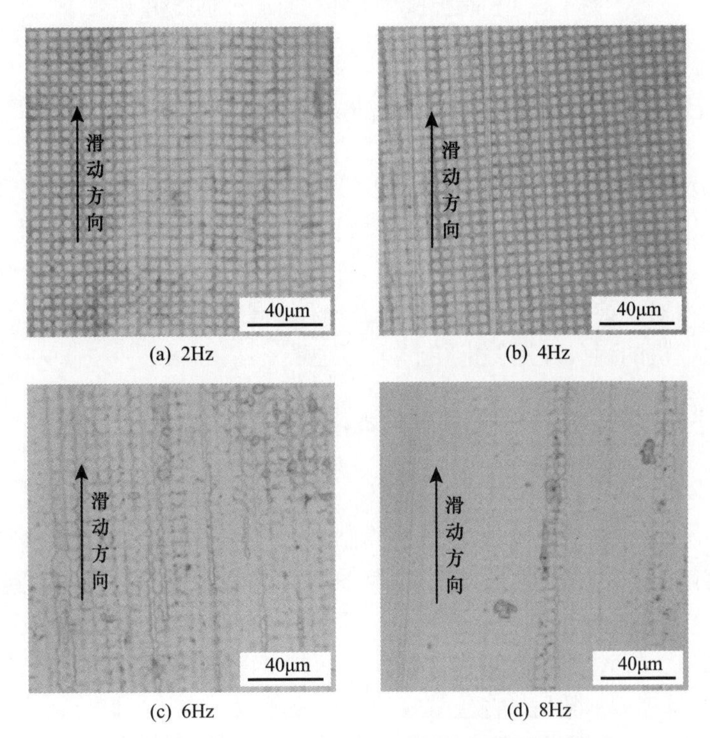

(a) 2Hz　(b) 4Hz　(c) 6Hz　(d) 8Hz

图 4.54　不同往复频率下织构表面磨损形貌

图 4.55 为不同往复频率和织构间距下的开路电压。可以看出，当织构间距一定时，随着往复频率增加，开路电压逐渐增大。这是由于随着往复频率增大，界

面温度增加，从而导致接触面积增大，转移电荷量增多。因此，增加往复频率，可以提高织构化摩擦纳米发电机的电学输出。

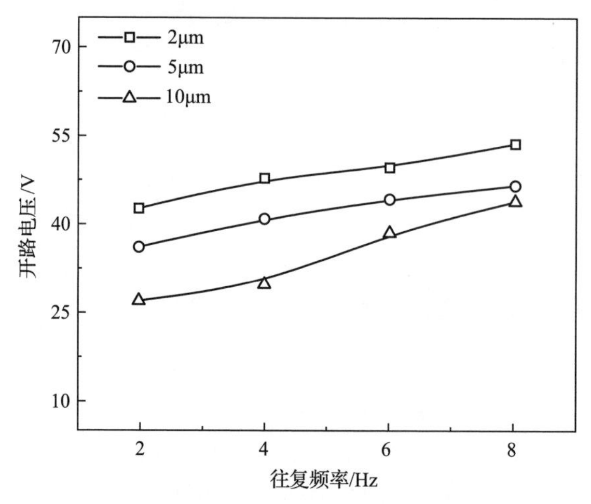

图 4.55 不同往复频率和织构间距下的开路电压

4.5 $BaTiO_3$/PI 纳米复合薄膜摩擦起电及摩擦磨损性能

为了揭示高介电常数纳米颗粒掺杂对摩擦纳米发电机摩擦及起电性能的影响机制，本节以 $BaTiO_3$ 纳米颗粒为掺杂材料，以 PI 为基体材料，采用溶液共混法制备出不同掺杂含量 $BaTiO_3$/PI 纳米复合薄膜，研究纳米颗粒掺杂含量、法向载荷和往复频率对摩擦系数、磨损量和开路电压的影响规律，为提高水平滑动模式摩擦纳米发电机的耐久性提供指导。

4.5.1 $BaTiO_3$/PI 纳米复合薄膜制备工艺及表征

1. 制备工艺

图 4.56 为 $BaTiO_3$/PI 纳米复合薄膜制备工艺[17]。首先，取一定质量 $BaTiO_3$ 颗粒粉末溶解于 NMP 溶液中，超声分散 1h 后，置于磁力搅拌器中高速搅拌 12h，得到均匀的 $BaTiO_3$ 纳米颗粒分散液；然后，将 $BaTiO_3$ 纳米颗粒分散液与不同质量的 PAA 溶液混合，利用磁力搅拌器高速搅拌 24h，获得不同浓度且分散均匀的 $BaTiO_3$/PAA 悬浮液；随后，将分散好的悬浮液倾倒在硅片上进行旋涂，并置于加热台上进行固化；最后揭膜即可获得 $BaTiO_3$/PI 纳米复合薄膜。

2. 材料表征

图 4.57 为不同掺杂含量 $BaTiO_3$/PI 纳米复合薄膜的傅里叶红外光谱。可以看

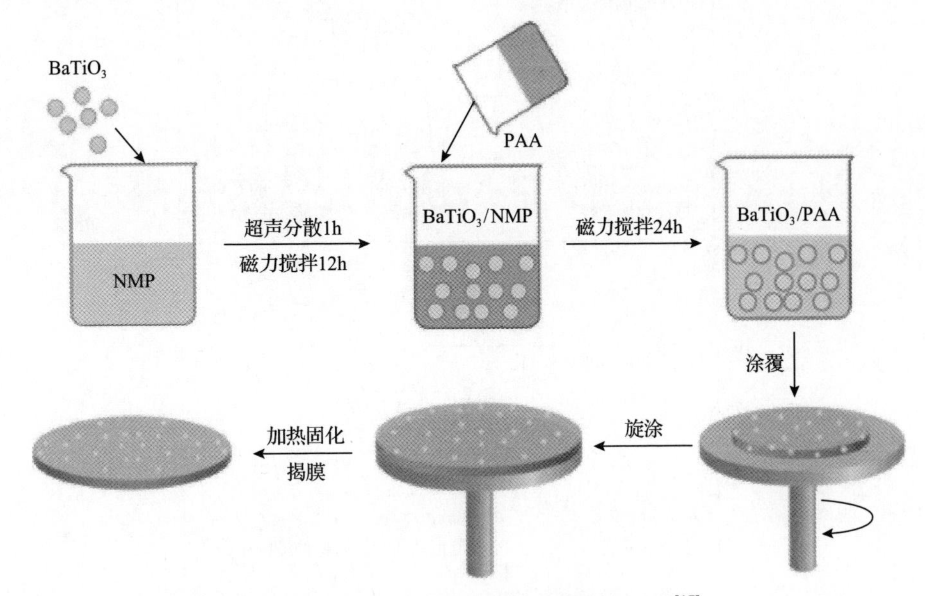

图 4.56　$BaTiO_3$/PI 纳米复合薄膜制备工艺[17]

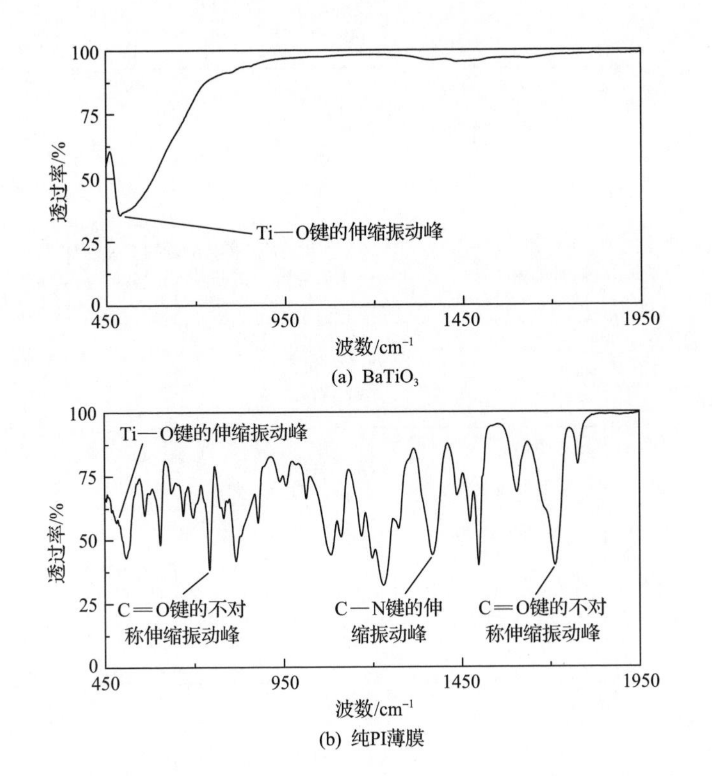

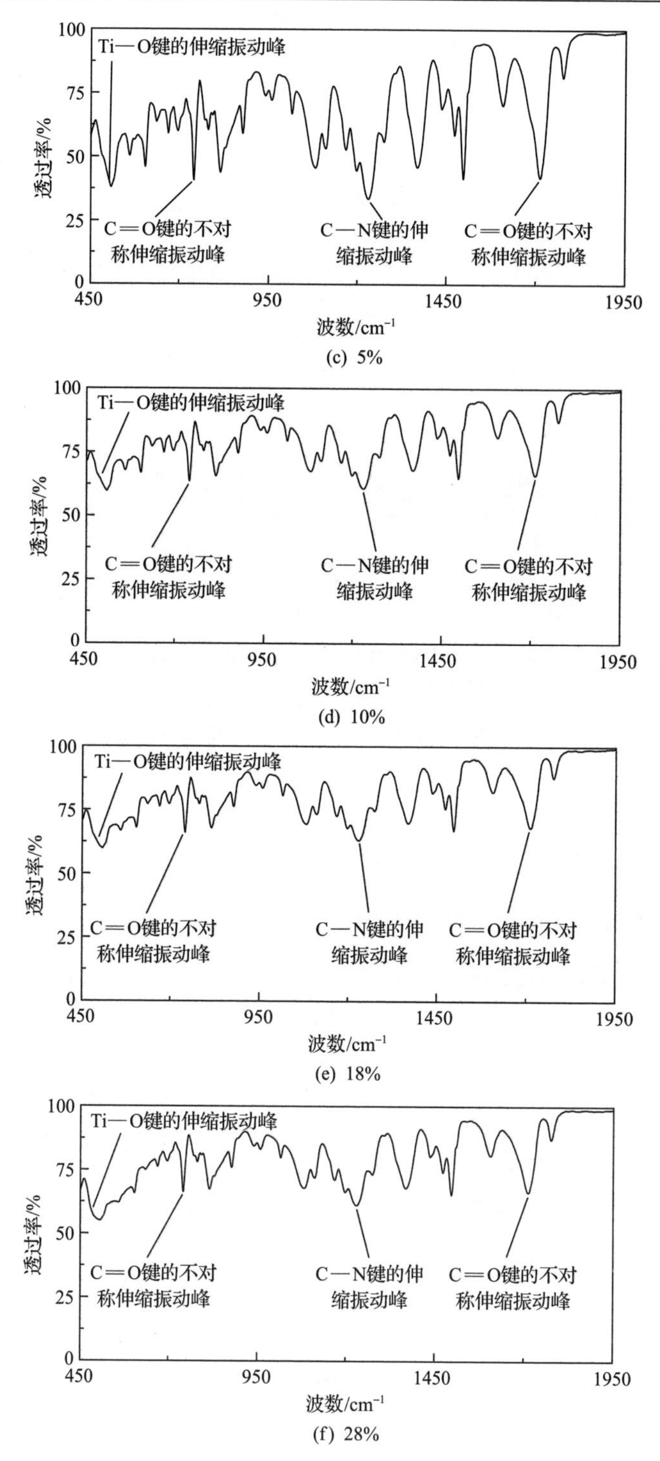

(c) 5%

(d) 10%

(e) 18%

(f) 28%

图 4.57　不同掺杂含量 $BaTiO_3$/PI 纳米复合薄膜的傅里叶红外光谱

出，纯 PI 薄膜与不同掺杂含量 $BaTiO_3$/PI 纳米复合薄膜出现了相同的红外特征峰，在 1780cm^{-1}、1720cm^{-1} 和 740cm^{-1} 附近出现了酰亚胺环上 C═O 键的不对称伸缩振动吸收峰、对称伸缩振动吸收峰和弯曲振动吸收峰；同时，在 1380cm^{-1} 附近出现了 C—N 键的伸缩振动吸收峰；另外，在 1678cm^{-1} 附近均未发现酰胺酸基团引起的特征吸收峰。由此可以确定 PAA 在高温下已全部完成亚胺化。此外，对于 $BaTiO_3$/PI 纳米复合薄膜，在 500～600cm^{-1} 附近出现了 $BaTiO_3$ 纳米颗粒 Ti—O 键伸缩振动的特征吸收峰，并且随着掺杂的 $BaTiO_3$ 含量的增加，特征峰越来越明显。

图 4.58 为不同掺杂含量 $BaTiO_3$/PI 纳米复合薄膜 SEM 图。可以看出，未添加纳米颗粒的纯 PI 薄膜表面光滑致密；掺杂含量为 5%～18%的 $BaTiO_3$/PI 纳米薄膜

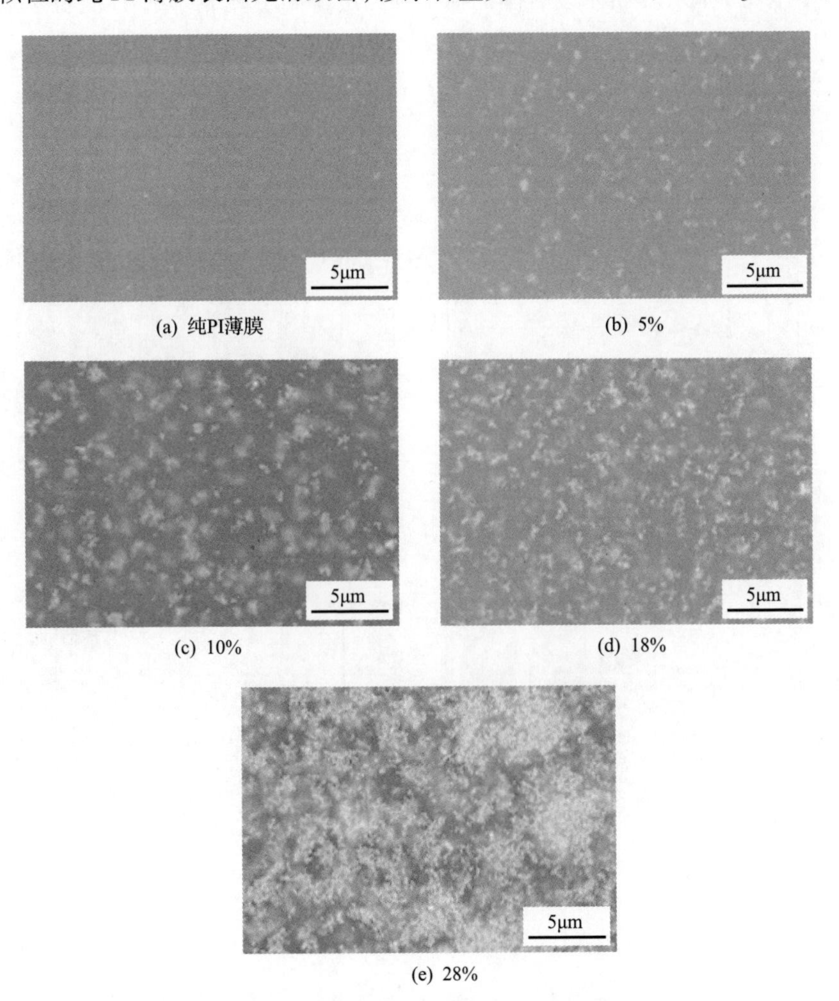

(a) 纯PI薄膜　(b) 5%　(c) 10%　(d) 18%　(e) 28%

图 4.58　不同掺杂含量 $BaTiO_3$/PI 纳米复合薄膜 SEM 图

中纳米颗粒在 PI 基体中分散均匀，并没有明显的团聚；当掺杂含量为 28%时，$BaTiO_3$/PI 纳米复合薄膜中出现了大面积的颗粒团聚现象。

4.5.2　$BaTiO_3$ 含量对电学输出性能的影响

为了综合评价 $BaTiO_3$/PI 纳米复合薄膜的电学输出性能，研究了法向载荷为 16N、往复频率为 4Hz、分离距离为 10mm 的条件下，$BaTiO_3$/PI 纳米复合薄膜对法向接触-分离模式摩擦纳米发电机电学输出的影响。图 4.59 为不同 $BaTiO_3$/PI 纳米复合薄膜下法向接触-分离模式摩擦纳米发电机的电学输出。可以看出，对于纯 PI 薄膜和 $BaTiO_3$/PI 纳米复合薄膜，随着时间增加，开路电压先增加、后基本保持稳定，且 $BaTiO_3$/PI 纳米复合膜的稳定开路电压高于纯 PI 薄膜；随着掺杂含量增加，稳定开路电压、稳定短路电荷和稳定短路电流先增加后降低，当掺杂含量为 18%达到最大值。

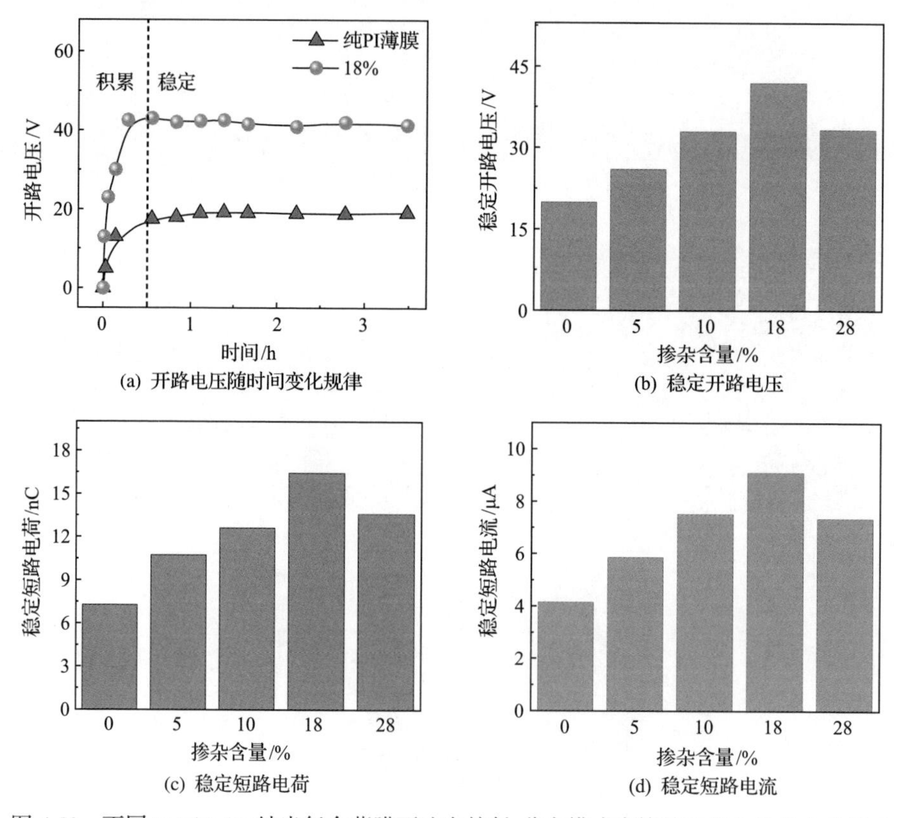

图 4.59　不同 $BaTiO_3$/PI 纳米复合薄膜下法向接触-分离模式摩擦纳米发电机的电学输出

摩擦纳米发电机的电学输出性能会受到电荷密度和接触面积的影响，而 $BaTiO_3$/PI 纳米复合薄膜均是由硅基底上揭膜获得，其表面粗糙度 R_q 基本一致，如图 4.60 所示。因此，$BaTiO_3$/PI 纳米复合薄膜表面粗糙度对摩擦纳米发电机电学性能的影响可以忽略。

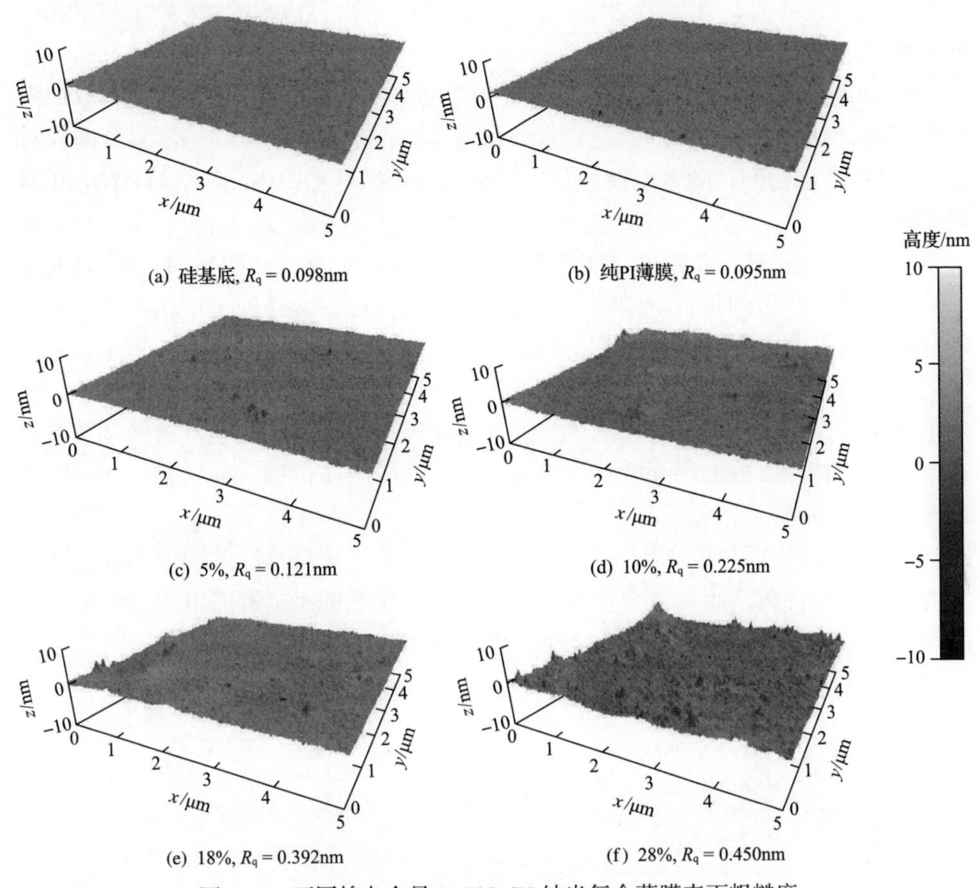

图 4.60　不同掺杂含量 $BaTiO_3$/PI 纳米复合薄膜表面粗糙度

当金属与聚合物接触时，聚合物表面电荷密度可表示为

$$\sigma = \frac{\alpha_b \varepsilon_0 \varepsilon_r (\Phi_m - \Phi_i)}{\lambda_d} \tag{4.28}$$

式中，α_b 为主导因子；ε_0 为真空介电常数；ε_r 为聚合物相对介电常数；λ_d 为电荷注入深度；Φ_i 为聚合物薄膜的有效功函数；Φ_m 为金属的功函数。

由式(4.28)可知，电荷密度会随着聚合物相对介电常数的增加而增加。将 $BaTiO_3$ 纳米颗粒掺杂到 PI 基体中，可以提高材料内部的界面极化强度，使聚合物相对介电常数增大，从而使 $BaTiO_3$/PI 纳米复合薄膜的电学性能随 $BaTiO_3$ 掺杂含量的增加而增加。然而，当掺杂含量较高时，一方面会使纳米颗粒出现团聚现象，导致泄漏电流增加，从而抵消了材料表面的摩擦电荷；另一方面，也会减小 PI 薄膜与 Cu 箔的有效接触面积，增加纳米颗粒与 Cu 箔的接触面积。因此当纳米颗粒的掺杂含量为 28%时，法向接触-分离模式摩擦纳米发电机的电学输出较低。

图 4.61 为纯 PI 薄膜和掺杂含量为 5%的 $BaTiO_3$/PI 纳米复合薄膜的开路电压。可以看出，开路电压随时间的变化规律可分为三个阶段：

(1) 在滑动初期，随着电荷积累，开路电压不断增加，Cu 箔表面上存在少量转移膜。

(2) 在滑动中期，开路电压随着滑动时间的增加先减小、后轻微增加。这是由于聚合物磨损产生的带负电的磨屑在静电吸引的作用下转移到 Cu 箔表面，导致转移膜的覆盖率逐渐增加，中和了 Cu 箔表面产生的正电荷，使得开路电压逐渐下降。当转移膜增加到一定面积时，新产生的磨屑难以继续向 Cu 表面转移，导致磨屑残留在摩擦界面；由于磨屑无法及时排出摩擦界面，磨屑会刮擦转移膜使其脱落，导致转移膜覆盖率降低，使得磨屑得以继续向 Cu 箔表面转移，转移膜得以补充。

(3) 在滑动后期，开路电压基本保持稳定。这是由于转移膜的脱落与补充达到动态平衡，使得转移膜覆盖面积基本不变。值得注意的是，开路电压的最大值仅维持了几分钟就开始下降，开路电压随着滑动时间增加逐渐趋于稳定。

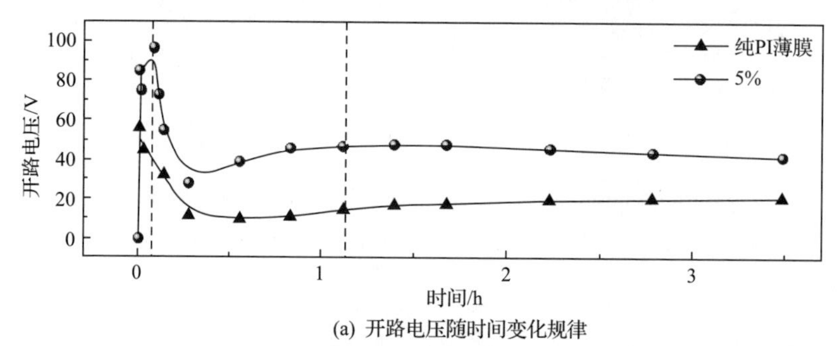

(a) 开路电压随时间变化规律

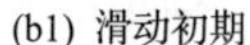

(b1) 滑动初期　　(b2) 滑动中期

(b3) 滑动后期

(b) 与纯PI薄膜对磨的Cu箔

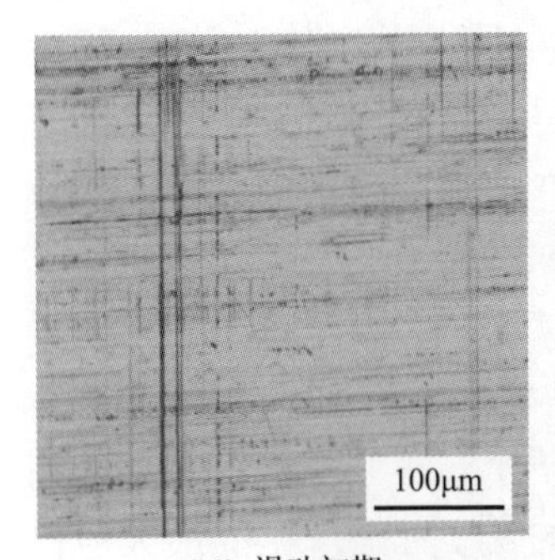

(c1) 滑动初期

(c2) 滑动中期

(d3) 滑动后期

(c) 与掺杂含量为5%的$BaTiO_3$/PI纳米复合薄膜对磨的Cu箔

图 4.61　纯 PI 薄膜和掺杂含量为 5%的 $BaTiO_3$/PI 纳米复合薄膜的开路电压

图 4.62 为不同掺杂含量 $BaTiO_3$/PI 纳米复合薄膜水平滑动模式摩擦纳米发电机的电学输出。可以看出，随着掺杂含量的增加，稳定开路电压、稳定短路电荷和稳定短路电流均呈现先增加、后降低、最后保持稳定的趋势，当掺杂含量为 5%时达到最大值。其中，掺杂含量为 5%的 $BaTiO_3$/PI 纳米复合薄膜的稳定开路电压为 40V，约为纯 PI 薄膜稳定开路电压的两倍。

综上所述，$BaTiO_3$ 纳米颗粒的最佳掺杂含量与摩擦纳米发电机的工作模式有关。因此，需要针对不同的工作模式开展详细的分析，以获得其最佳掺杂含量。

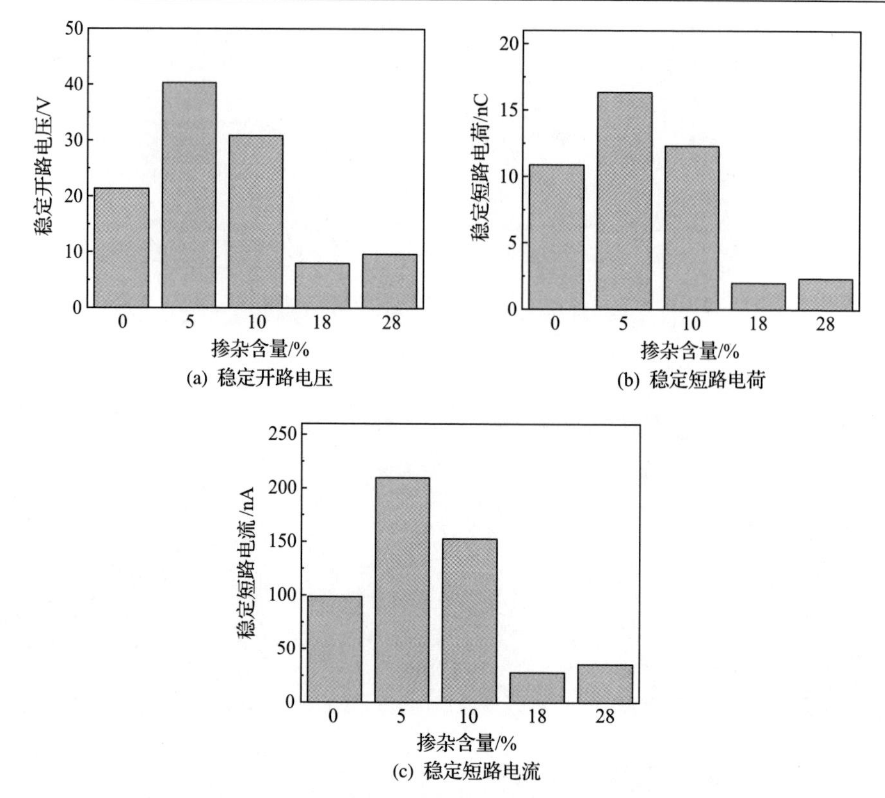

图 4.62 不同掺杂含量 $BaTiO_3$/PI 纳米复合薄膜水平滑动模式摩擦纳米发电机的电学输出

4.5.3 $BaTiO_3$ 含量对摩擦磨损性能的影响

对于水平滑动模式摩擦纳米发电机，其摩擦起电过程伴随着材料的磨损。因此，需要研究 $BaTiO_3$/PI 纳米复合薄膜在水平滑动模式摩擦纳米发电机中的摩擦磨损性能。

图 4.63 为不同掺杂含量 $BaTiO_3$/PI 纳米复合薄膜的摩擦系数。可以看出，$BaTiO_3$/PI 纳米复合薄膜的摩擦系数高于未掺杂纳米颗粒的 PI 薄膜。并且随着掺杂含量的增加，摩擦系数呈现先增加、后减小的规律，当掺杂含量为 18%时，摩擦系数达到最大值。

摩擦力由界面黏附和犁沟两部分共同作用产生，因此摩擦系数 μ 可表示为

$$\mu = \mu_{\text{adhesion}} + \mu_{\text{plowing}} \tag{4.29}$$

式中，μ_{adhesion} 为黏着效应引起的摩擦系数；μ_{plowing} 为犁沟效应引起的摩擦系数。

在滑动过程中，掺杂至 PI 基体中的 $BaTiO_3$ 纳米颗粒因磨损被剥离，并释放到摩擦界面。由于纳米颗粒的硬度远高于 PI，这导致摩擦过程中犁沟效应引起的

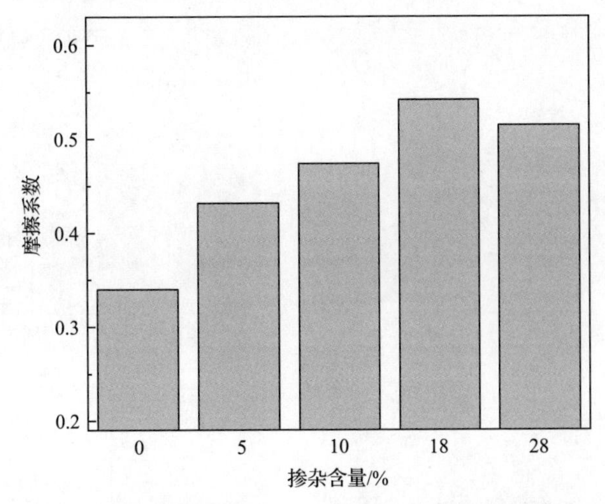

图 4.63　不同掺杂含量 $BaTiO_3$/PI 纳米复合薄膜的摩擦系数

$\mu_{plowing}$ 增大，使得 $BaTiO_3$/PI 纳米复合薄膜的摩擦系数较高。随着掺杂含量增加，释放到摩擦界面的纳米颗粒增多，因此摩擦系数随掺杂含量的增加而逐渐增大。当掺杂含量过高时，纳米颗粒会发生团聚，这会导致纳米颗粒与 PI 基体间形成一部分弱界面，纳米颗粒极易从 PI 基体脱落，导致大量磨粒处于摩擦界面，其微滚珠效应会减小由黏着效应引起的 $\mu_{adhesion}$ ，从而使得摩擦系数降低。

图 4.64 为不同掺杂含量 $BaTiO_3$/PI 纳米复合薄膜的磨损量和磨损形貌。可以看出，随着掺杂含量的增加，磨损量呈现先下降、后增加的规律，当掺杂含量为 18%时，磨损量为 0.191mg，比未掺杂纳米颗粒的 PI 薄膜下降了 68%；由图 4.64(b)～(f) 中可知，随着 $BaTiO_3$ 纳米颗粒的填充，$BaTiO_3$/PI 纳米复合薄膜的磨损机理由磨粒磨损和黏着磨损，变化为磨粒磨损，表面磨损程度与磨损量的变化趋势一致；对于纯 PI 薄膜，其磨屑为较大的片状，而 $BaTiO_3$/PI 纳米复合薄膜的磨屑为小片状或细微粒状。

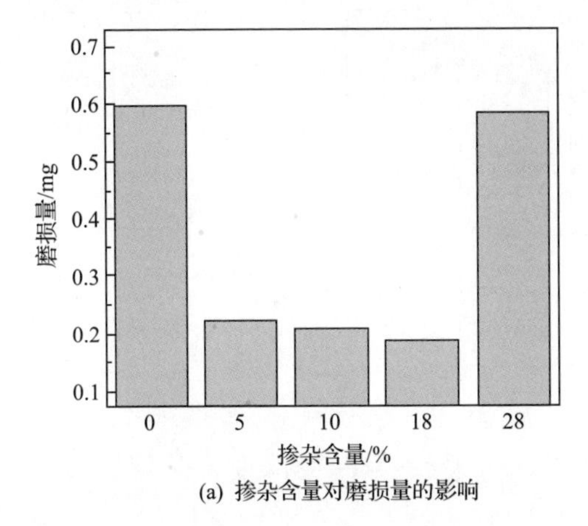

(a) 掺杂含量对磨损量的影响

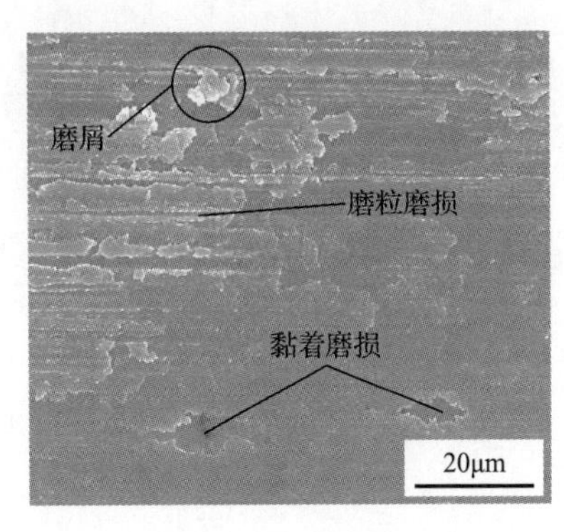

(b) 纯PI薄膜，掺杂含量为0

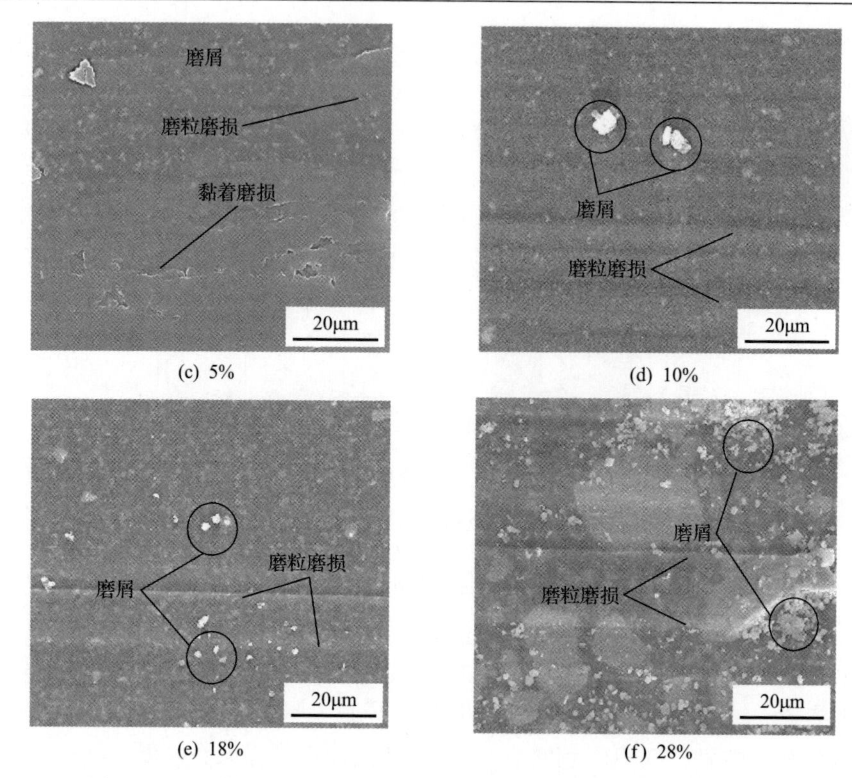

图 4.64　不同掺杂含量 $BaTiO_3$/PI 纳米复合薄膜的磨损量和磨损形貌

图 4.65 为不同掺杂含量 $BaTiO_3$/PI 纳米复合薄膜的硬度。可以看出，随着掺杂含量增加，$BaTiO_3$/PI 纳米复合薄膜的硬度呈现先增加、后降低的规律。这是由于当掺杂含量较低时，纳米颗粒在 PI 基体中均匀分散，提高了界面结合力，起到

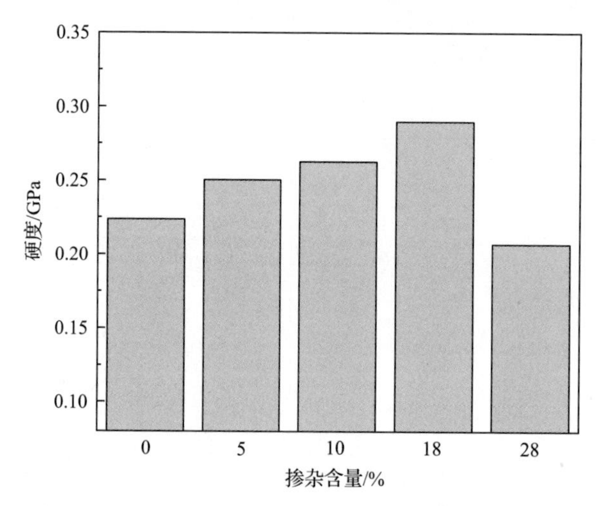

图 4.65　不同掺杂含量 $BaTiO_3$/PI 纳米复合薄膜的硬度

了传递载荷的作用，从而使得硬度提高；而当掺杂含量较高时，纳米颗粒出现团聚，聚合物和纳米颗粒之间产生界面缺陷，使得硬度降低。材料硬度提高有利于提高材料的抗压能力，抑制材料在摩擦剪切过程的塑性变形和黏着磨损，减少磨屑的产生；而材料硬度降低则会使材料抵抗磨损的能力下降。

图4.66为不同掺杂含量$BaTiO_3$/PI纳米复合薄膜的对偶面Cu箔的磨损形貌。可以看出，在Cu箔与未掺杂纳米颗粒的纯PI薄膜对磨后，Cu箔表面的转移膜具有块状、不连续的特点，且转移膜覆盖率较低。在Cu箔与掺杂含量为5%～18%的$BaTiO_3$/PI纳米复合薄膜对磨后，Cu箔表面的转移膜具有均匀、连续的特点，且转移膜覆盖率较高。这是由于掺杂纳米颗粒可以提高纳米复合薄膜的硬度，阻止了较大尺寸磨屑的产生，易于形成细微的颗粒状磨屑。而纳米颗粒的高表面活性，会使得颗粒状磨屑在范德瓦尔斯相互作用力和静电力的作用下，黏附在高表面能金属表面的粗糙峰中，对转移膜起到机械锚固的作用，增强了转移膜的黏结强度，从而在Cu箔表面形成薄、均匀、连续的高质量转移膜。在Cu箔与掺杂含量为28%的$BaTiO_3$/PI纳米复合薄膜对磨后，Cu箔表面的转移膜呈现不连续、不均匀的规律，且转移膜的覆盖率较低。这是由于纳米颗粒掺杂过多时，纳米颗粒开始出现大面积团聚，使得$BaTiO_3$/PI纳米复合薄膜的硬度降低，出现较大尺寸磨屑，抑制转移膜形成。并且，团聚的纳米颗粒释放到摩擦界面，会对转移膜产生刮擦作用，破坏转移膜的连续性，使得磨损量急剧增加。

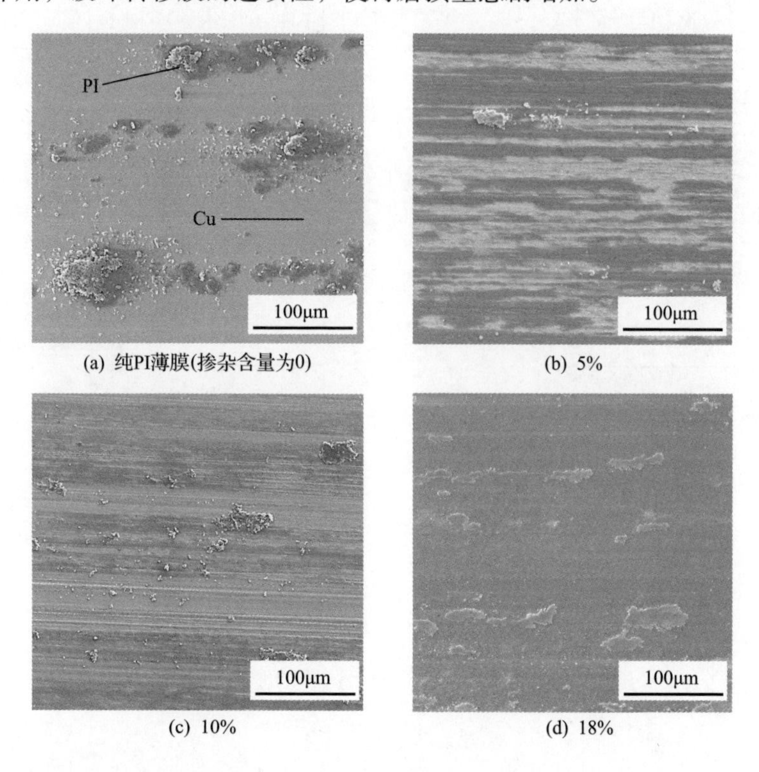

(a) 纯PI薄膜(掺杂含量为0)　(b) 5%

(c) 10%　(d) 18%

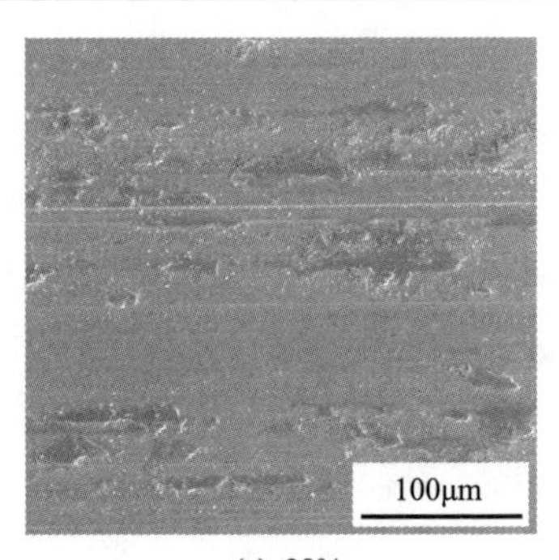

(e) 28%

图 4.66　不同掺杂含量 $BaTiO_3$/PI 纳米复合薄膜的对偶面 Cu 箔的磨损形貌

图 4.67 为 $BaTiO_3$/PI 纳米复合薄膜的摩擦起电机理。具体如下：

(1) 当掺杂含量为 5%时，$BaTiO_3$ 纳米颗粒的存在减小了磨屑的尺寸，增强了转移膜的机械锚固作用，从而增加了 Cu 箔表面的转移膜覆盖率，这意味着 Cu 箔表面更多正电荷被中和。而 $BaTiO_3$ 纳米颗粒在材料内部产生的界面极化，使得摩擦副之间的总电荷增加，也导致摩擦副间净电荷增加，从而使稳定开路电压较高。此时材料介电性能起主导作用。

(2) 当掺杂含量为 18%时，即使更多的纳米颗粒产生极化，增加了摩擦副间总

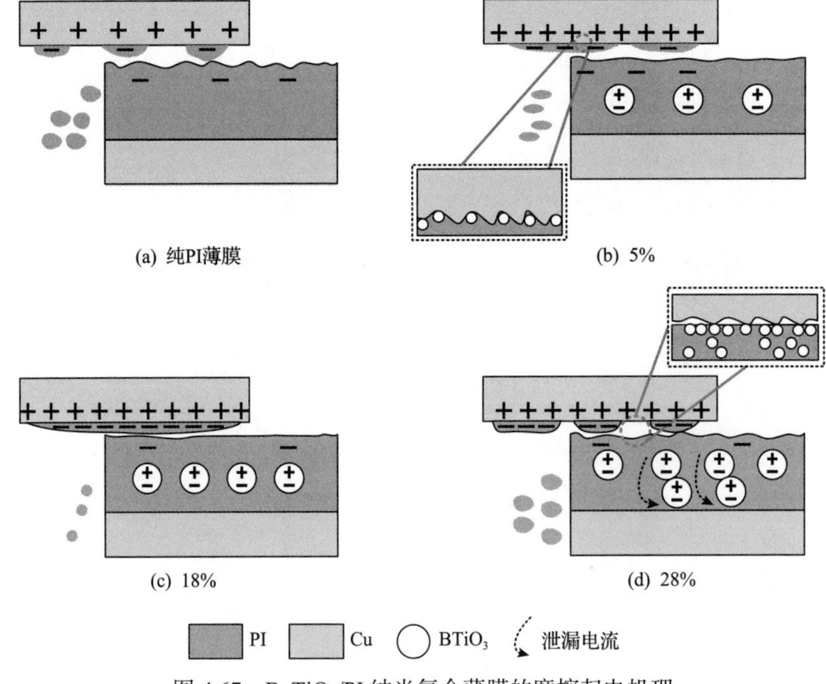

图 4.67　$BaTiO_3$/PI 纳米复合薄膜的摩擦起电机理

电荷，但由于连续、均匀、完整的转移膜形成，导致 Cu 箔表面大量电荷被中和，接触起电面积大幅下降，最终使得净电荷减少，稳定开路电压较低。

(3) 当掺杂含量为 28%时，虽然转移膜的覆盖面积降低，但纳米颗粒团聚导致的泄漏电流和颗粒向表面的迁移和富集，使得 PI 薄膜与 Cu 箔的有效接触面积减小。两种机制处于平衡状态，因此其稳定开路电压与掺杂含量为 18%的稳定开路电压基本一致。

因此，$BaTiO_3$/PI 纳米复合薄膜不仅可以提高水平滑动模式摩擦纳米发电机的耐久性，延长其使用寿命，也可以提高水平滑动模式摩擦纳米发电机的电学输出。

4.5.4 工况条件对摩擦磨损及起电性能的影响

为了研究 $BaTiO_3$/PI 纳米复合薄膜在不同工况条件下的摩擦磨损及电学特性，本节分析了掺杂含量为 5%的 $BaTiO_3$/PI 纳米复合薄膜在不同法向载荷和不同往复频率下的摩擦及起电特性。图 4.68 为不同法向载荷下 $BaTiO_3$/PI 纳米复合薄膜的摩擦磨损和电学输出性能。可以看出，随着法向载荷增加，摩擦系数逐渐减小，磨损量增加。这是因为随着法向载荷增加，$\mu_{adhesion}$ 逐渐降低，因此摩擦系数随着法向载荷的增加而减小。而法向载荷增加导致接触压力增大，从而使得材料磨损

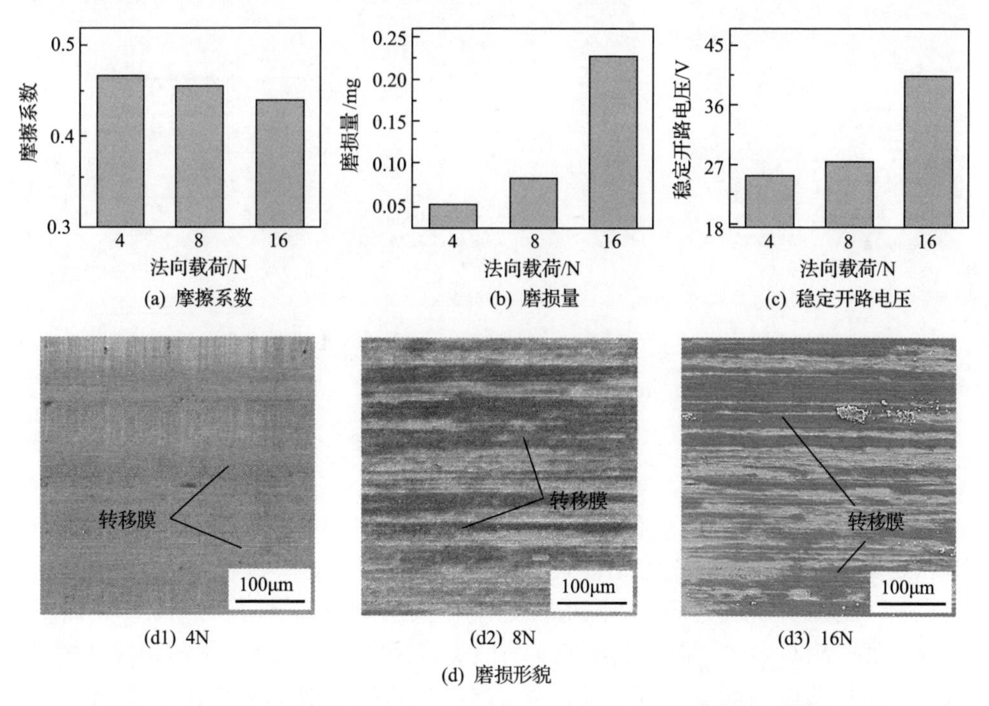

(a) 摩擦系数　(b) 磨损量　(c) 稳定开路电压

(d1) 4N　(d2) 8N　(d3) 16N

(d) 磨损形貌

图 4.68　不同法向载荷下 $BaTiO_3$/PI 纳米复合薄膜的摩擦磨损和电学输出性能

加重，转移到 Cu 箔表面的转移膜增多。另外，法向载荷增大会使得接触面积增加，从而使得稳定开路电压增大。

图 4.69 为不同往复频率下 $BaTiO_3$/PI 纳米复合薄膜的摩擦磨损和电学输出性能。可以看出，随着往复频率增加，摩擦系数增大。这是由于往复频率的增加，摩擦界面温度升高，导致 $BaTiO_3$/PI 纳米复合膜表面发生热软化，从而导致 Cu 箔表面的粗糙峰更容易嵌入聚合物表面，提高了犁沟效应引起的摩擦系数，使得总摩擦系数增加。磨损量和稳定开路电压随往复频率的增加逐渐增大，这是由于 Cu 箔表面的转移膜覆盖率随着往复频率的增加而减小所致。

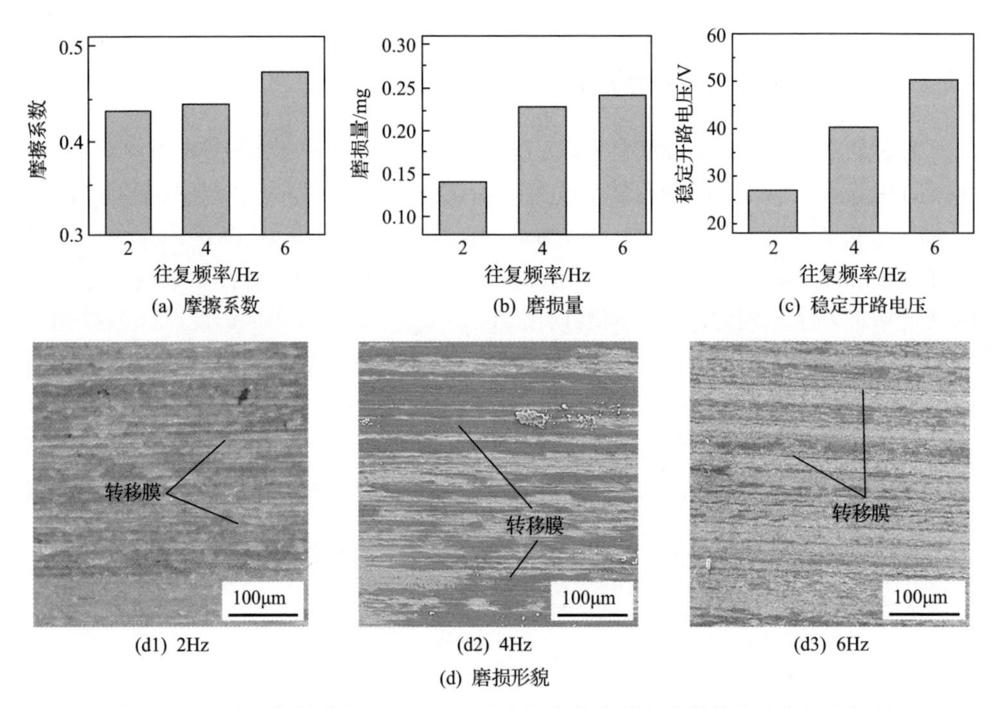

(a) 摩擦系数　(b) 磨损量　(c) 稳定开路电压

(d1) 2Hz　(d2) 4Hz　(d3) 6Hz

(d) 磨损形貌

图 4.69　不同往复频率下 $BaTiO_3$/PI 纳米复合薄膜的摩擦磨损和电学输出性能

4.6 本章小结

本章以织构化 PI 薄膜和 $BaTiO_3$/PI 纳米复合薄膜为例，系统分析了表面改形和表面改性方法对水平滑动模式摩擦纳米发电机摩擦、磨损及起电性能的影响机制，阐明了开路电压与摩擦系数、磨损量之间的相关性，研究了织构间距、织构高度、相对湿度、温度、$BaTiO_3$ 纳米颗粒掺杂含量等对开路电压、摩擦系数、磨损量的影响规律，可为改善水平滑动模式摩擦纳米发电机的耐久性提供指导。

参考文献

[1] 温诗铸, 黄平. 摩擦学原理. 4 版. 北京: 清华大学出版社, 2012.

[2] 黄玉东. 聚合物表面与界面技术. 北京: 化学工业出版社, 2003.

[3] Briscoe B J, Tabor D. Rheology of thin organic films. ASLE Transactions, 1974, 17(3): 158-165.

[4] Greenwood J A, Tabor D. The friction of hard sliders on lubricated rubber: The importance of deformation losses. Proceedings of the Physical Society, 1958, 71(6): 989-1001.

[5] Archard J F. Contact and rubbing of flat surfaces. Journal of Applied Physics, 1953, 24(8): 981-988.

[6] 王齐华, 吕美, 王廷梅. 聚合物材料的空间摩擦学. 北京: 科学出版社, 2019.

[7] Lee D H, Kim Y, Fearing R S, et al. Effect of fiber geometry on macroscale friction of ordered low-density polyethylene nanofiber arrays. Langmuir, 2011, 27(17): 11008-11016.

[8] Holovenko Y, Antonov M, Kollo L, et al. Friction studies of metal surfaces with various 3D printed patterns tested in dry sliding conditions. Proceedings of the Institution of Mechanical Engineers, Part J: Journal of Engineering Tribology, 2018, 232(1): 43-53.

[9] Qu N S, Zhang T, Chen X L. Surface texturing of polyimide composite by micro-ultrasonic machining. Journal of Materials Engineering and Performance, 2018, (27): 1369-1377.

[10] Huang T, Xin Y, Li T, et al. Modified graphene/polyimide nanocomposites: Reinforcing and tribological effects. ACS Applied Materials & Interfaces, 2013, 5(11): 4878-4891.

[11] Fu Y, Li J, Zhang F, et al. The preparation and the friction and wear behaviours of TiO_2/CNT/PI composite film. Journal of Experimental Nanoscience, 2016, 11(6): 459-469.

[12] Hu Y, Wang X, Li H, et al. Tribological properties and electrification performance of patterned surface for sliding-mode triboelectric nanogenerator. Langmuir, 2019, 35(29): 9396-9401.

[13] 胡燕强. 织构化摩擦纳米发电机特性及应用研究[博士学位论文]. 北京: 北京理工大学, 2021.

[14] Wu J, Wang X, Li H, et al. Insights into the mechanism of metal-polymer contact electrification for triboelectric nanogenerator via first-principles investigations. Nano Energy, 2018, 48: 607-616.

[15] Hu Y, Wang X, Li H, et al. Effect of humidity on tribological properties and electrification performance of sliding-mode triboelectric nanogenerator. Nano Energy, 2020, 71: 104640.

[16] Wenzel R N. Resistance of solid surfaces to wetting by water. Industrial & Engineering Chemistry, 1936, 28(8): 988-994.

[17] Li Z, Wang X, Hu Y, et al. Triboelectric properties of $BaTiO_3$/polyimide nanocomposite film. Applied Surface Science, 2022, 572: 151391.

第 5 章　摩擦纳米发电机电源管理电路设计

摩擦纳米发电机具有高电压、低电流和高阻抗的输出特性，如果直接为低阻抗的电子设备供电，会导致能量利用效率极低，因此通过电源管理电路来提升摩擦纳米发电机的后端利用效率十分必要。本章将介绍摩擦纳米发电机电源管理电路组成，分析摩擦纳米发电机的负载特性和充电特性，并提出具有最大能量提取和降压功能的电源管理电路设计方法。

5.1　摩擦纳米发电机电源管理电路组成

摩擦纳米发电机的电源管理电路是在标准电源管理电路的基础上，增加最大能量提取和降压两个模块。其中，最大能量提取是为了把摩擦纳米发电机收集的电能最大限度地提取出来，而降压是为了将输出电压降低至负载可用的范围。

5.1.1　标准电源管理电路

图 5.1 为标准电源管理电路原理图。该电路主要包括桥式全波整流电路、电容和负载，可将摩擦纳米发电机的交流电压转化为直流电压，并将能量存储到电容中。

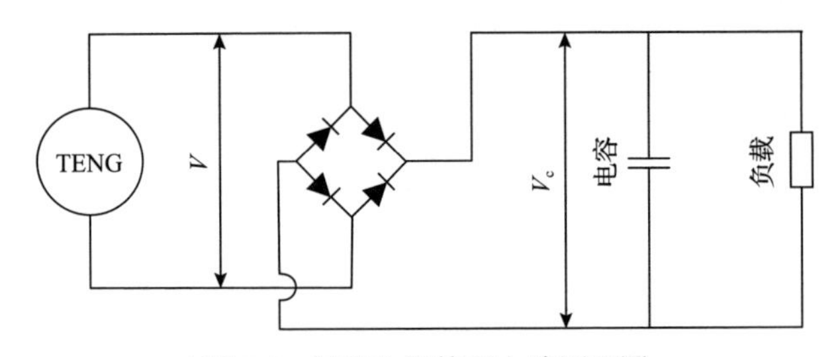

图 5.1　标准电源管理电路原理图

当摩擦纳米发电机输出电压 V 的绝对值小于电容电压 V_c 时，桥式全波整流电路处于关闭状态；当摩擦纳米发电机的输出电压 V 大于电容电压 V_c 时，桥式全波整流电路导通，摩擦纳米发电机开始为电容充电。为了进一步提高摩擦纳米发电机的能量利用效率，需在标准电源管理电路的基础上增加最大能量提取和降压功能。

5.1.2　最大能量提取

最大能量提取的主要方法是将开关与摩擦纳米发电机串联或并联，当输出电压 V 达到正负峰值时，闭合开关，从而实现对摩擦纳米发电机的最大能量提取。

图 5.2 为摩擦纳米发电机中使用的开关，主要有机械开关和电子开关。机械开关是通过机械触碰的方式改变电路的通断，常用的机械开关有行程开关和静电振动式开关等。例如，可在法向接触-分离模式摩擦纳米发电机运动电极上安装铝针 K_0，K_0 分别与静止触点 K_1 和 K_2 构成行程开关，当电极运动到上止点或下止点时，K_0 与 K_1 或 K_2 导通[1]；而静电振动式开关的闭合主要是通过摩擦纳米发电机自身产生的电势差来驱动[2]。

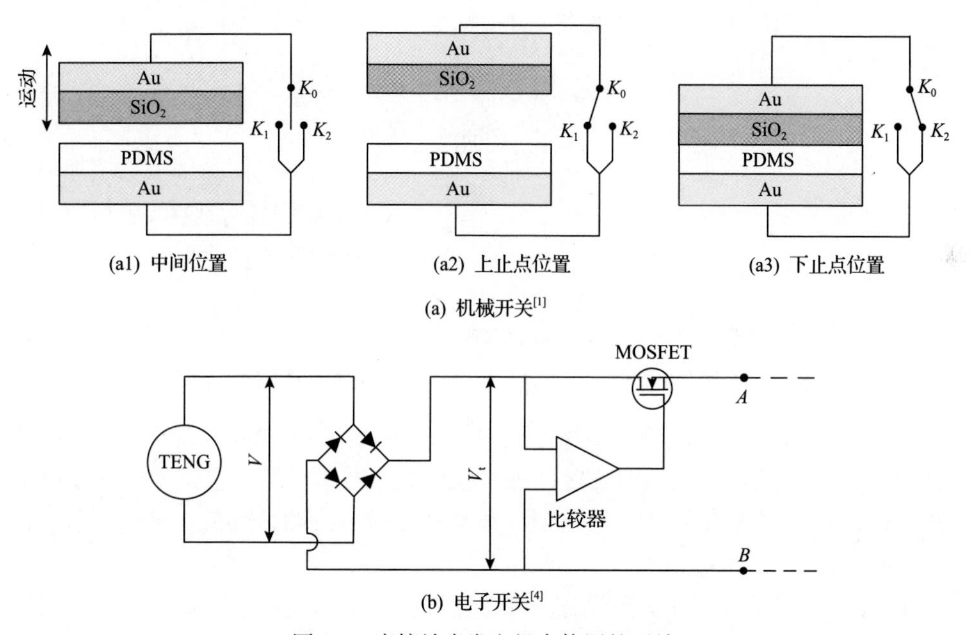

图 5.2　摩擦纳米发电机中使用的开关

电子开关是指利用电子电路和电子器件实现电路通断的运行单元，常用的电子开关有可控硅整流器、晶体管和集成电路等。例如，可利用 n 型金属氧化物半导体(n-type metal-oxide-semiconductor，NMOS)晶体管作为电子开关，利用逻辑电路来控制 NMOS 晶体管的通断，以改变电路状态[3]；也可使用比较器控制的金属-氧化物半导体场效应晶体管(metal-oxide-semiconductor field-effect transistor，MOSFET)来构建电子开关。该方法需要预设一个参考电压，通过比较器将摩擦纳米发电机整流后的输出电压 V_t 与预设的参考电压进行比较，如果输出电压 V_t 高于参考电压，比较器输出高电平，MOSFET 闭合，电路导通；如果输出电压 V_t 低于参考电压，比较器输出低电平，MOSFET 断开，电路处于断路状态[4]。

5.1.3　降压方法

摩擦纳米发电机高电压、低电流的输出特性与其负载的需求一般不匹配，因此需要对摩擦纳米发电机进行降压。降压主要通过电感变压器、电容变压器和 LC 振荡电路三种方式实现。图 5.3 为基于电感变压器和 LC 振荡方法的电源管理电路原理图。

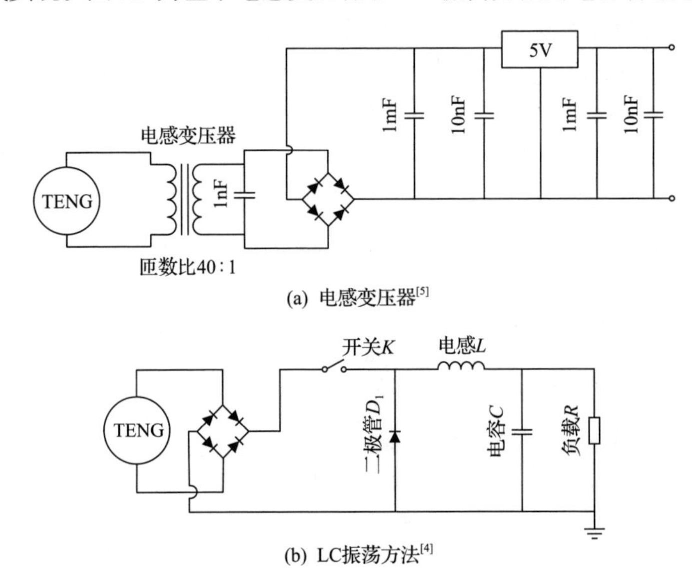

(a) 电感变压器[5]

(b) LC振荡方法[4]

图 5.3　基于电感变压器和 LC 振荡方法的电源管理电路原理图

电感式变压器可有效降低摩擦纳米发电机的输出电压和输出阻抗，是常用的降低电压的方式[5]。然而电感式变压器对工作频率要求较高，当摩擦纳米发电机的输出频率偏离变压器的中心频率时，能量转换效率将明显降低。因此，电感式变压器不适合低频环境。

电容式变压器基于开关的设计方法，是在摩擦纳米发电机的往复运动中保持多个电容的串联，当运动到两个极限位置时，通过开关使这些电容并联，从而起到降低电压、增加电流的效果[6]。然而，该方法通常需要复杂的机械结构和一定数量的电容，这增加了摩擦纳米发电机结构设计的复杂性。

基于 LC 振荡方法的电源管理电路主要包括桥式全波整流电路、开关 K、二极管 D_1、电感 L、电容 C 和负载 R 等。该电路在实现降压的同时也可实现摩擦纳米发电机最大能量输出，具有较高的能量转换效率。

5.2　摩擦纳米发电机负载及充电特性仿真分析

为了分析摩擦纳米发电机的瞬态输出特性，本节基于有限元仿真软件，建立力学-静电-电路耦合的摩擦纳米发电机瞬态模型，研究其运动过程中开路电压、短路电荷、阻抗特性和充电特性的变化规律。

5.2.1　摩擦纳米发电机瞬态模型

1. 力学-静电-电路耦合模型

摩擦纳米发电机工作原理是接触起电和静电感应，其中接触起电提供了静态极化电荷，而静电感应则将机械能转换为电能。接触副材料间的接触起电作用使得两材料带有等量异号电荷，当两个接触材料分离时，电荷通过外电路在两个电极间转移。由此可知，摩擦纳米发电机工作过程涉及力学、静电和电路三个方面。

例如，在法向接触-分离模式摩擦纳米发电机中，上电极的运动可为摩擦纳米发电机输入机械能，如图 5.4 所示。假设上电极按照正弦规律运动。如果摩擦纳米发电机初始状态为上电极与聚合物薄膜完全接触，则上电极的位移 x_d 可表示为

$$x_d = A_{am}\sin\left(\omega t - \frac{\pi}{2}\right) + A_{am} \tag{5.1}$$

式中，A_{am} 为振幅；t 为时间；ω 为角频率。

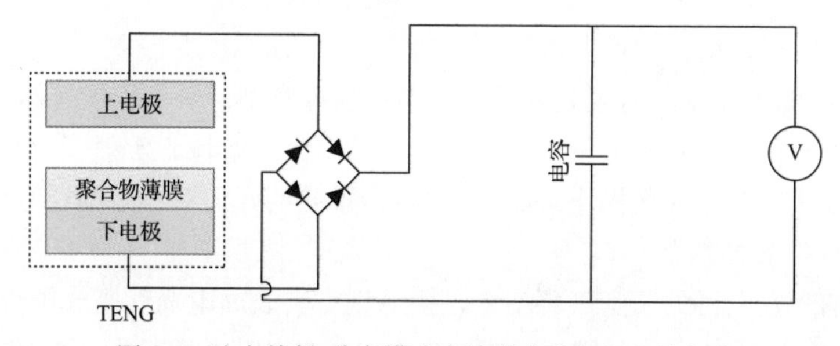

图 5.4　法向接触-分离模式摩擦纳米发电机和外电路

摩擦纳米发电机的理论起源是麦克斯韦位移电流。由麦克斯韦-安培定律可知，电位移 $\boldsymbol{D}$ 和电荷密度 σ 之间的关系可表示为

$$\nabla \cdot \boldsymbol{D} = \sigma \tag{5.2}$$

各向同性介质中电位移 $\boldsymbol{D}$ 与电场强度 $\boldsymbol{E}_{fs}$ 的关系为

$$\boldsymbol{D} = \varepsilon_0 \varepsilon_r \boldsymbol{E}_{fs} = \varepsilon \boldsymbol{E}_{fs} \tag{5.3}$$

式中，ε 为介电常数；ε_0 为真空介电常数；ε_r 为相对介电常数。

在静电场中，电场强度 $\boldsymbol{E}_{fs}$ 与电势 U 的关系为

$$\boldsymbol{E}_{fs} = -\nabla U \tag{5.4}$$

因此，电势 U 和电荷密度 σ 的关系为

$$\varepsilon\nabla^2 U = -\sigma \tag{5.5}$$

当电荷通过外电路在两电极间发生转移时，其转移电荷量 Q 为

$$\oint_S \boldsymbol{D}\mathrm{d}\boldsymbol{S} = Q \tag{5.6}$$

式中，S 为背部电极的面积。

外电路中的传导电流 I_c 为

$$I_c = \frac{\mathrm{d}Q}{\mathrm{d}t} \tag{5.7}$$

2. 有限元仿真

有限元软件中包含众多物理场模块，可根据需要求解的问题类型，选择相应的物理场模块，考虑物理场间的接口，最终进行模拟求解。下面为摩擦纳米发电机建模过程。

1) 摩擦纳米发电机建模

(1) 构建物理模型。有限元软件包含两种物理模型，分别为联合体和装配体。联合体是指几何对象自动分解成由边界分割的多个求解域，等效于对几何序列中的所有对象执行布尔并集操作；而装配体是指重叠的几何对象之间没有构成关系，被视为几何对象的集合。

摩擦纳米发电机处于空气环境中，接触副材料表面电荷在空气中也存在电场分布，因此，选择联合体来构建摩擦纳米发电机的物理模型。由于法向接触-分离式摩擦纳米发电机具有一定的对称性，构建其二维模型，如图 5.5 所示。该摩擦纳米发电机主要由上电极、下电极和聚合物薄膜三部分构成。表 5.1 为摩擦纳米发电机主要参数。

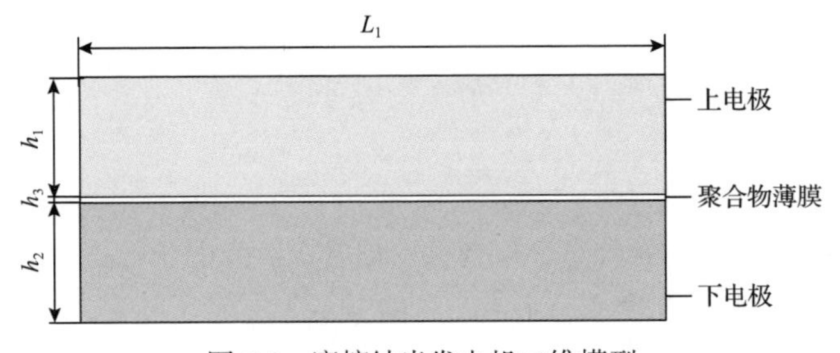

图 5.5　摩擦纳米发电机二维模型

表 5.1　摩擦纳米发电机主要参数

参数	数值	参数	数值
上电极长度 L_1/mm	10	空气域边长长度 L_4/mm	100
上电极高度 h_1/mm	2	周期 T/s	0.25
下电极长度 L_2/mm	10	振幅 A_{am}/mm	5
下电极高度 h_2/mm	2	电阻 R_r/MΩ	10
聚合物薄膜长度 L_3/mm	10	电荷密度 σ/(μC/m^2)	1
聚合物薄膜高度 h_3/μm	30	电容 C/μF	4.7

(2) 定义材料属性。摩擦纳米发电机物理模型主要涉及的材料有 Cu、PDMS 和空气。其中，Cu 的弹性模量为 120GPa、泊松比为 0.34、密度为 8.9g/cm^3；PDMS 的弹性模量为 750kPa、泊松比为 0.49、密度为 9.7g/cm^3、相对介电常数为 2.75。

(3) 剖分网格。网格剖分对求解速度、仿真精度和收敛性至关重要，有限元软件在剖分网格时有多种选择，例如，自由三角形网格、自由四边形网格、映射和边界层等。为了降低网格数量、提高求解速度，非接触区域采用细化的自由三角形网格，接触区域采用映射网格。图 5.6 为网格剖分。

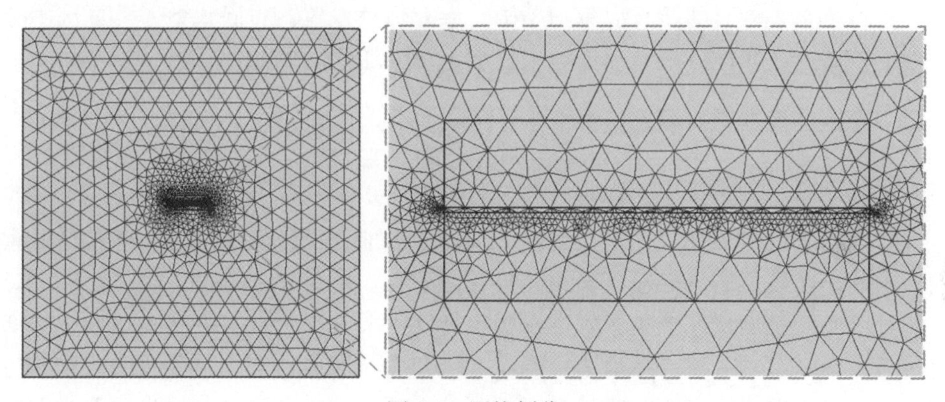

图 5.6　网格剖分

(4) 添加物理场。有限元软件中包含多种物理场模块，如结构力学模块和 AC/DC 模块等。摩擦纳米发电机需添加的物理场有结构力学模块中的固体力学、AC/DC 模块中的静电和电路。

(5) 设置边界条件。对于法向接触-分离模式摩擦纳米发电机，下电极和 PDMS 薄膜往往是固定的，而上电极在垂直方向上相对 PDMS 薄膜进行往复运动。因此添加下电极和 PDMS 薄膜的下表面为固定约束，指定上电极上表面沿 y 方向的位移为 $x_{\rm d} = A_{\rm am}\sin(2\pi t / T - \pi/2) + A_{\rm am}$。在此主要分析摩擦纳米发电机稳定阶段的工作特性,假设上电极下表面的电荷密度为$+\sigma$,PDMS 薄膜的上表面的电荷密度为$-\sigma$。由于无限远的边界电势为 0，设置空气域的四个边界接地。摩擦纳米发电机通过外电路将电能输出或者存储，为了耦合静电与电路两个物理场，需要设置终端，将静电的节点连接到电路中，选择添加需要的电路元器件，例如电阻、电容和电压表等，再按照电路原理图的方式设置节点名称。由于需要将固体力学与静电两物理场耦合，要在有限元软件中设置机电力。选择机电力后，有限元软件会自动添加定义域。摩擦纳米发电机在空气域中工作，需要在全局定义中添加动网格才能保证网格关联，在动网格中添加变形域，选择空气域为变形域。

2) 选择求解器

有限元软件中的求解器类型可分为稳态、瞬态、求解特征值、参数化、稳态分离式和瞬态分离式。其中，稳态求解器用于求解稳态问题，即偏微分方程只含有空间上的偏微分；而瞬态求解器用于求解瞬态问题，即偏微分方程中不仅包含空间上的偏微分，也有时间上的偏微分。摩擦纳米发电机工作环境与空间和时间均相关，因此选择瞬态求解器。为了便于收敛，采用稳态加瞬态的方式配置求解器。稳态求解器的结果作为瞬态求解器的初值，即在一个问题中分为稳态和瞬态两个求解步。

3) 求解器设置

将瞬态求解器时间步长设置为精确，误差估计设置为排除代数，计算选用全耦合求解器，非线性方法选择恒定牛顿法，最大迭代次数为 20 次。

5.2.2　摩擦纳米发电机瞬态特性

1. 基本输出特性

摩擦纳米发电机往往用于收集环境中的机械能，而环境中的振动通常是低频的。因此，在模拟仿真时输入低频的机械运动。

开路电压是衡量摩擦纳米发电机输出特性的关键指标。在电路物理场中添加电压表，全局定义中设置周期 T=0.25s。图 5.7 为开路电压和位移随时间变化的仿真结果。可以看出，摩擦纳米发电机的开路电压呈现周期性，其输出频率与位移的往复频率一致。

摩擦纳米发电机在开路状态下不同位移处的电势分布如图 5.8 所示。图中分别给出了上电极和聚合物薄膜从接触状态 x_d=0，逐渐分离至 x_d=5mm，直至最大分离距离 x_d=10mm，再回到 x_d=5mm 和接触状态 x_d=0 处的电势分布。

在研究聚合物接触起电特性时，往往通过测量短路电荷来近似估算聚合物表面电荷量，并根据名义接触面积来计算聚合物的电荷密度。通常的稳态模型无法计算短路电荷，而通过求解摩擦纳米发电机的瞬态模型可以很好地解决这一问题。

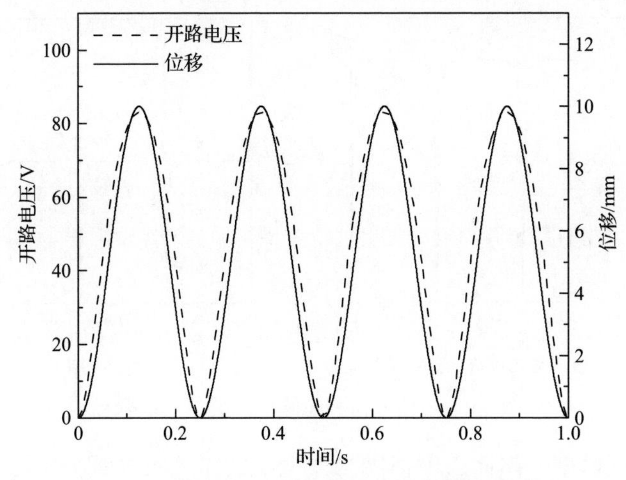

图 5.7　开路电压和位移随时间变化的仿真结果

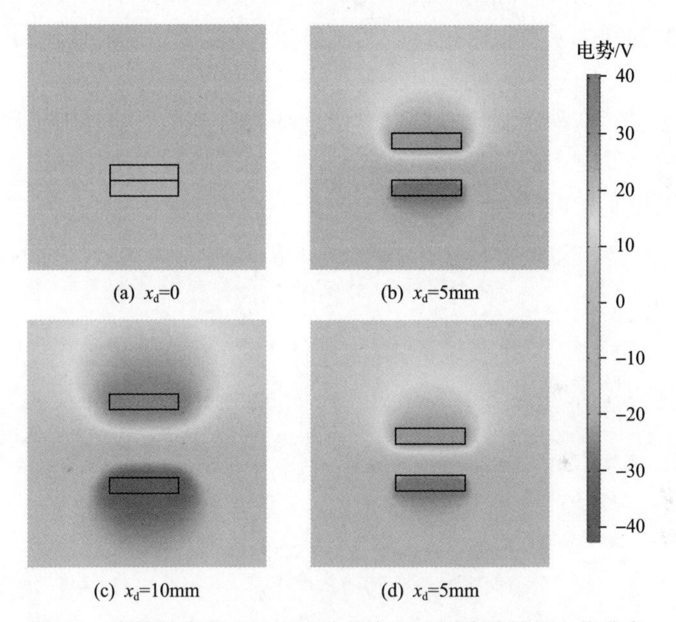

图 5.8　摩擦纳米发电机在开路状态下不同位移处的电势分布

图 5.9 为短路电荷和短路电流的仿真结果。可以看出，当时间为 0.04s 时，即分离距离 2.32mm，电荷全部发生转移，最大的短路电荷为 29.8nC。即在很小的分离距离下，电荷即可完全转移。因此，就测试短路电荷而言，本模型设置的 10mm 分离距离是完全足够的。这一方法可用于指导摩擦纳米发电机短路电荷测试方案的制定。即在试验开始前，可针对具体的摩擦纳米发电机结构参数，通过本节给出的仿真方法获得电荷完全转移时对应的分离距离，以此作为试验中最大分离距离的下限。

在以往固体力学与静电耦合的相关研究中，其研究对象主要为小变形和小位

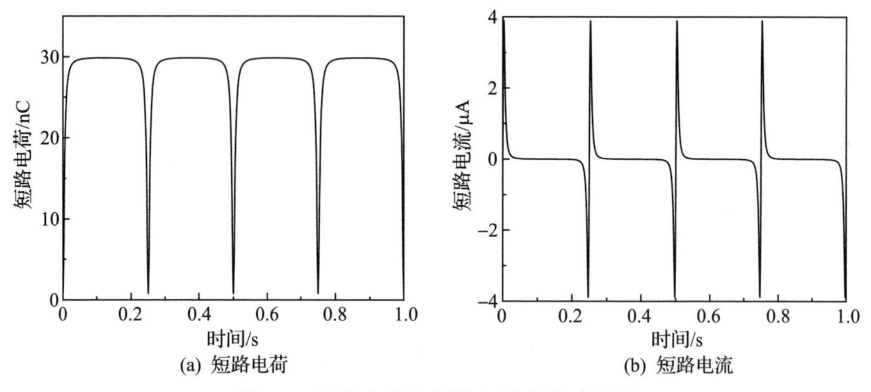

(a) 短路电荷　　(b) 短路电流

图 5.9　短路电荷和短路电流的仿真结果

移的微机电系统模型。然而，摩擦纳米发电机的结构尺寸远大于微机电系统模型结构尺寸，且其运动位移和结构尺寸相当。因此，在摩擦纳米发电机有限元仿真研究中，模型的网格质量很难把握。为了解决摩擦纳米发电机有限元模型面临的边界动网格大变形问题，这里采用映射方法对接触区域进行网格划分。图 5.10 为摩擦纳米发电机网格动态变化。可以看出，随着分离距离增加网格质量在变差，当到达最大位移处时，网格变形严重。由于采用了映射网格，摩擦纳米发电机分离中的整体网格质量仍较好。

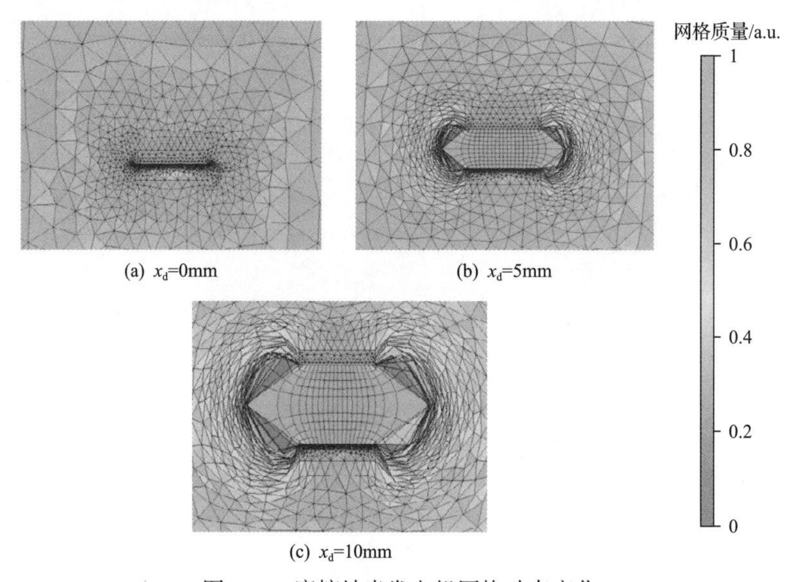

(a) x_d=0mm　　(b) x_d=5mm

(c) x_d=10mm

图 5.10　摩擦纳米发电机网格动态变化

2. 负载特性

摩擦纳米发电机输出的电能可用于为负载供电或者存储于储能元件。将摩擦纳米发电机上下电极与电阻相连，就可以为阻性负载供电。在全局定义中修改电阻 R_r 的值，就可以研究摩擦纳米发电机的负载特性。

图 5.11 为不同电阻下的输出电压、峰值电压和峰值功率。可以看出，随着电阻增加，输出电压峰值增加，而峰值功率先增加后减小。定义峰值功率曲线波峰对应的电阻为最佳电阻，只有负载电阻与摩擦纳米发电机的阻抗相匹配时，摩擦纳米发电机的峰值功率才最大。由最佳电阻可知，为获得更多的输出能量，负载阻抗需要达到几兆欧姆的水平。然而，电子设备的阻抗通常只有几到几十欧姆，如果摩擦纳米发电机直接为这些设备供电，电源效率会很低，因此需采用电源管理电路来解决这一阻抗失配问题。此外，电子设备通常需要 1.8～5V 的稳定电压供电，而摩擦纳米发电机的电压远高于这一范围，因此也需要通过电源管理电路来进行降压。

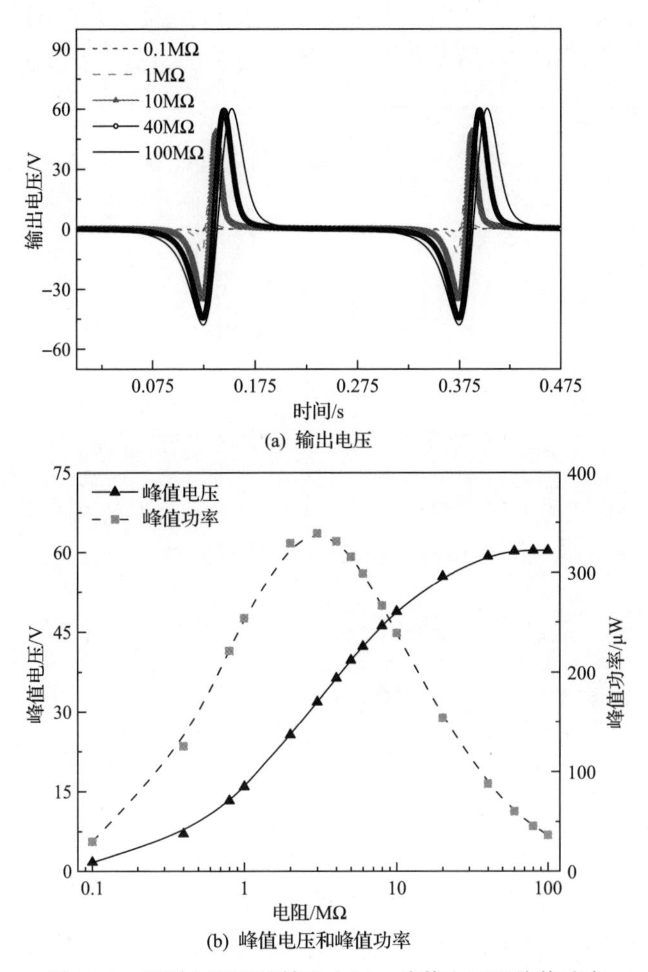

图 5.11　不同电阻下的输出电压、峰值电压和峰值功率

输出功率是表征摩擦纳米发电机输出性能的关键参数，可用来评价摩擦纳米发电机的品质。对于周期性的机械运动，摩擦纳米发电机在外接负载时的每周期输出能量 W_{out} 可表示为 $W_{\mathrm{out}}=\bar{P}_{\mathrm{p}}T=\int_0^T VI\mathrm{d}t=\int_0^T V\mathrm{d}Q$，即摩擦纳米发电机的输出能量可以使用两电极间的电压 V 和转移电荷量 Q 所对应曲线围成的面积来表示。

图 5.12 为摩擦纳米发电机 V-Q 曲线。可以看出，摩擦纳米发电机工作两个周期后 V-Q 曲线会达到稳定状态，而且第一个周期的电压峰值和最大转移电荷量都比随后周期的大。这是由于摩擦纳米发电机是一种电容型发电机，当其处于分离状态时，电荷转移受到电阻的阻碍作用，电压增加较快；当其处于接近状态时，电荷开始回流，又受到电阻的阻碍，当上电极与聚合物薄膜接触状态时，电荷未能完全转移，因此 V-Q 曲线无法回到最初位置。在后续工作周期内，摩擦纳米发电机工作趋于稳定，能量循环曲线不再变化。不同的电阻对电荷的阻碍作用不同，电阻越大，V-Q 曲线的电压峰值越高，实际用于循环的电荷量越少。

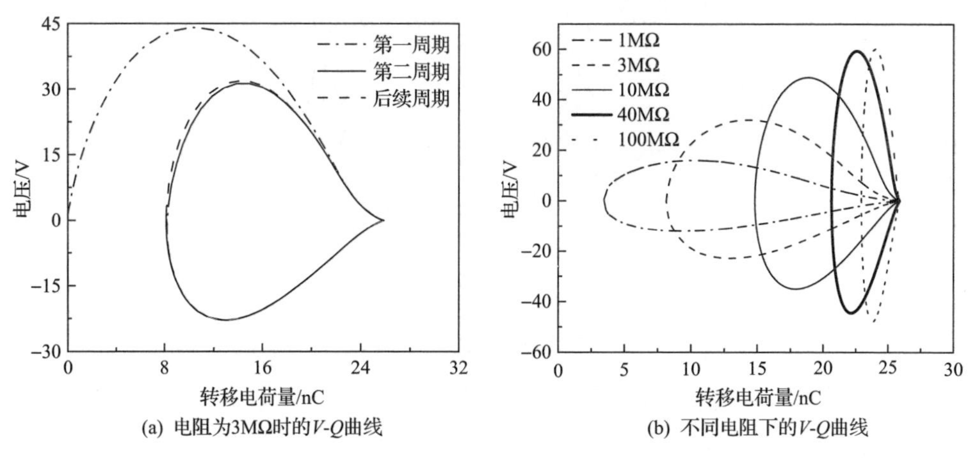

(a) 电阻为3MΩ时的V-Q曲线　(b) 不同电阻下的V-Q曲线

图 5.12　摩擦纳米发电机 V-Q 曲线

3. 充电特性

当摩擦纳米发电机直接与电阻相连时，其电学输出为交流电，而电子设备通常需要直流电。因此需要利用电源管理电路将交流电转换成直流电。最基本的电源管理电路就是由桥式全波整流电路和电容组成的标准电源管理电路。

有限元软件中的电路模块可进行基本元件选择。图 5.13 为电路原理图。电路包括 4 个二极管和 1 个电容。电容量可通过全局变量 C 赋予，二极管的结电势设为 0.5V。计算过程中 V 为摩擦纳米发电机两电极间的电压，即节点 1 和节点 2 间的电压；V_{c} 为电容 C 的电压，即节点 3 和节点 4 间的电压。在瞬态计算中设置时间步时，为了提高收敛性可将仿真时间分段设置。初始一段时间内的步长设置为

0.1μs，持续 10μs，之后设置为 200μs。

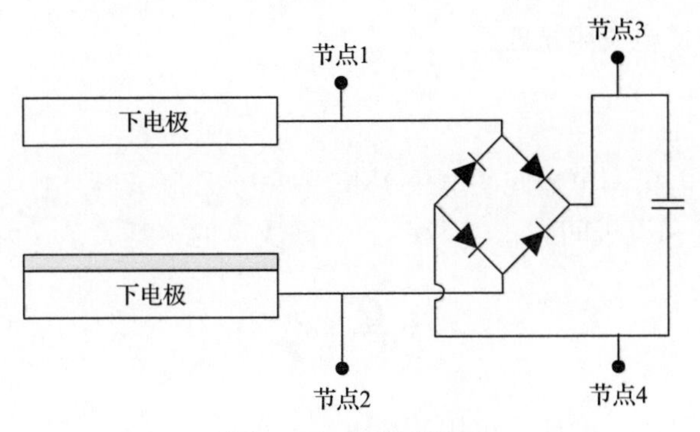

图 5.13　电路原理图

摩擦纳米发电机的输出功率一般为微瓦或纳瓦级别，因此这里设置电容 C=1μF。通过仿真，获得了摩擦纳米发电机两电极间的电压 V 和电容 C 的电压 V_c 的曲线。图 5.14 为摩擦纳米发电机的电压曲线和电容充电曲线。可以看出，电容电压 V_c 随着时间增加呈阶梯状缓慢增长。这是由于受到二极管导通电压的影响，两电极间的电压 V 需要升高到一定电压才能将电能充进电容中，会使电容充电曲线呈现阶梯状的规律。另外，随着电容增加，相同时间内电容的充电电压逐渐降低。

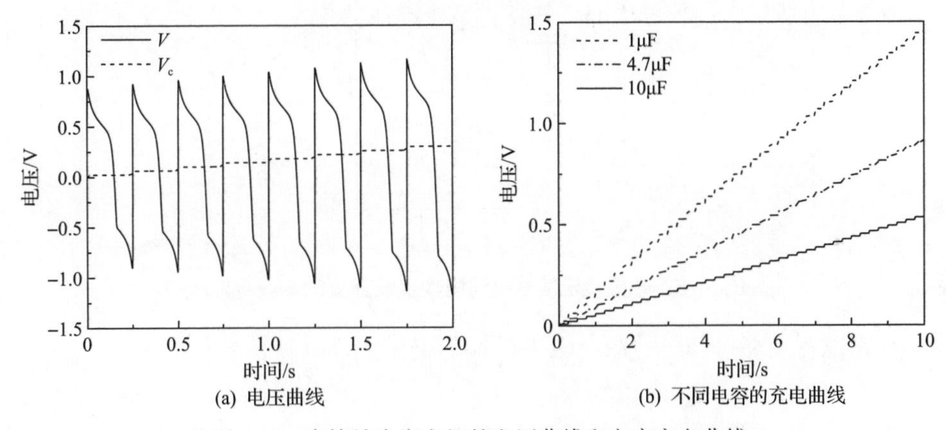

(a) 电压曲线　(b) 不同电容的充电曲线

图 5.14　摩擦纳米发电机的电压曲线和电容充电曲线

5.3　摩擦纳米发电机电源管理电路设计

摩擦纳米发电机具有高电压、低电流和高阻抗的输出特性，无法直接为低阻抗的电子元器件供电，需要设计电源管理电路。本节将介绍由主电路、微分电路、延时电路三部分构成的电源管理电路，以实现摩擦纳米发电机的最大能量提取和降压功能。

5.3.1　摩擦纳米发电机阻抗匹配

1. 等效电路

摩擦纳米发电机两电极间的电压 V 是由两电极间的开路电压 $V_{\rm oc}(x)$、电极间的转移电荷量 Q 和电极间的总电容 $C(x)$ 共同决定的，其关系式为

$$V=\frac{-Q}{C(x)}+V_{\rm oc}(x)$$

该关系中等号右边的两项可用两个电子元器件来表示。其中，电容 C 表示上下电极间的固有电容，理想电压源 $V_{\rm oc}$ 表示摩擦纳米发电机电极间的开路电压。

2. 阻抗匹配

阻性负载是摩擦纳米发电机最简单的负载。图 5.15 为摩擦纳米发电机与阻性负载连接的等效电路。

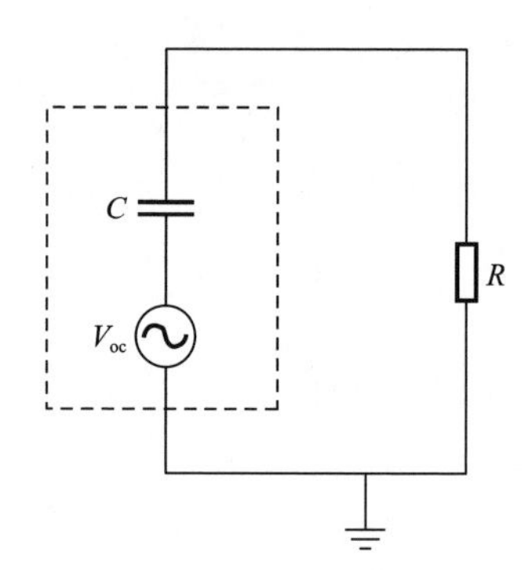

图 5.15　摩擦纳米发电机与阻性负载连接的等效电路

根据欧姆定律可知，负载电阻 R 两端的电压 $V_{\rm r}$ 为

$$V_{\rm r}=\frac{R}{R+\dfrac{1}{{\rm j}\omega C}}V_{\rm oc} \tag{5.8}$$

式中，C 为电容；j 为虚数单位；R 为负载电阻；ω 为频率。

摩擦纳米发电机向电阻输出的功率 $P_{\rm r}$ 为

$$P_{\rm r}=\frac{V_{\rm r}^2}{R}=\frac{{V_{\rm oc}}^2}{R+\dfrac{1}{({\rm j}\omega C)^2R}+\dfrac{2}{{\rm j}\omega C}} \tag{5.9}$$

由式(5.9)可知，当 $R=1/(\mathrm{j}\omega C)$ 时，摩擦纳米发电机的输出功率达到最大值。也就是说，当负载电阻等于摩擦纳米发电机内部阻抗时，输出功率最大。然而，摩擦纳米发电机的电容通常很小，并且其往复频率较低，因此摩擦纳米发电机的内部阻抗极高。这就是摩擦纳米发电机高输出阻抗的本质，也说明摩擦纳米发电机不适合直接为电子元器件供能。

5.3.2　最大能量输出

当摩擦纳米发电机外电路连接有电阻时，电极间转移的循环电荷量总是小于最大的转移电荷量。摩擦纳米发电机高输出阻抗的特性，使其对常用的低阻抗电子元器件的能量输出效率较低。因此，如何进一步提高摩擦纳米发电机的能量输出成为关键。通过在电路中引入开关，可实现摩擦纳米发电机的最大能量输出，如图 5.16 所示。

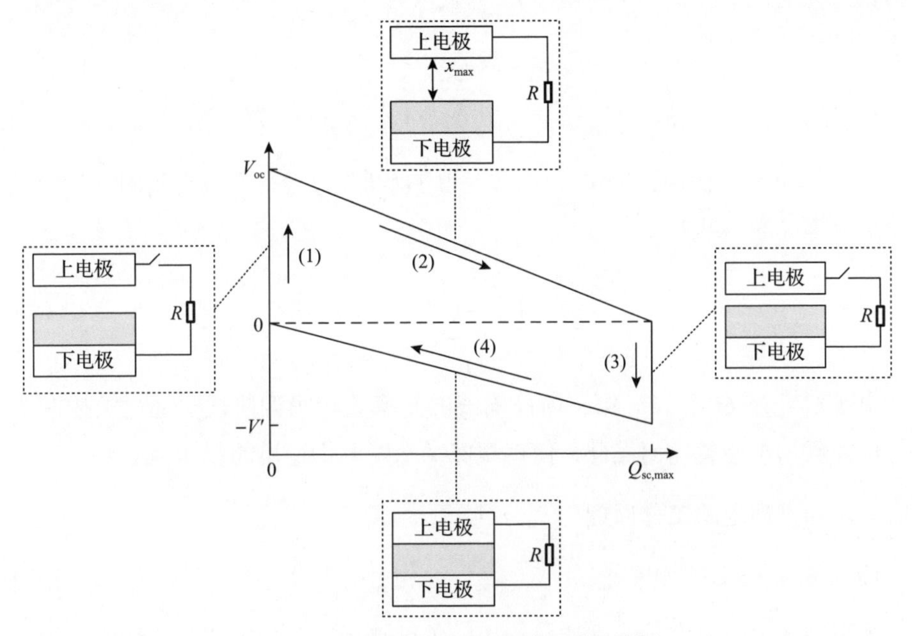

图 5.16　摩擦纳米发电机的最大能量输出

摩擦纳米发电机的最大能量输出主要包括四个步骤。

(1)上电极从 x_d=0 向 x_d=x_{max} 运动，在此过程中保持开关断开。由于上下电极间的电荷转移为 0，两电极间的电压 V 可表示为

$$V=V_{oc}=\frac{\sigma x_{max}}{\varepsilon_0} \tag{5.10}$$

(2)当上电极运动到最大位移 $x_d=x_{max}$ 处时，瞬间闭合开关，电荷在两电极间转移，并达到静电平衡状态。此时两电极间的电压为 0，转移电荷量达到最大转移电荷量 $Q_{sc,max}$。在此阶段

$$\frac{V}{V_{oc}}+\frac{Q}{Q_{sc,max}}=1 \tag{5.11}$$

$$k_{vc}=-\frac{V_{oc}}{Q_{sc,max}}=-C_{x_d=x_{max}} \tag{5.12}$$

式中，k_{vc} 为曲线斜率。

该时刻摩擦纳米发电机的固有电容保持不变，因此，这一阶段 V-Q 曲线为直线。

(3)上电极从 $x_d=x_{max}$ 向 $x_d=0$ 返回。在此过程中开关断开，两电极间没有电荷转移，因此电极间的最大绝对电压 V' 可表示为

$$V'=\frac{Q_{sc,max}}{C_{x_d=0}} \tag{5.13}$$

(4)当上电极运动至 $x_d=0$ 处时，瞬间闭合开关，电荷在两电极间发生回流，并达到静电平衡。此时

$$V=-\frac{Q}{C_{x_d=0}} \tag{5.14}$$

由于 $C_{x_d=0}>C_{x_d=x_{max}}$，第二阶段曲线的斜率大于第四阶段。通过上述四个步骤，可完成一个能量输出循环，使得摩擦纳米发电机输出能量达到最大。

5.3.3 电源管理电路工作原理

1. 主电路和控制电路

摩擦纳米发电机实现最大能量输出的关键在于当输出电压到达峰值时精确控制开关闭合。由于摩擦纳米发电机高电压、低电流的输出特性，提出一种基于反激变换器的电源管理电路。

图 5.17 为电源管理电路组成[7]。该电路主要由主电路和控制电路两部分构成。主电路采用反激电路拓扑结构，主要包括整流、开关、耦合电感和存储环节，用于实现能量的传递和存储。而控制电路主要由微分电路和延时电路组成。微分电路包括电阻、电容和比较器，用以实现摩擦纳米发电机波峰捕捉；延时电路由电阻、电容、逻辑门组成，用于控制开关工作状态。

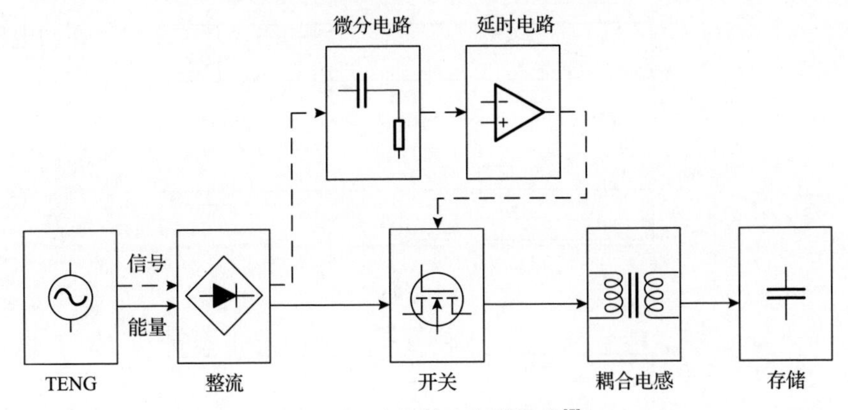

图 5.17　电源管理电路组成[7]

电源管理电路的工作流程为：首先，整流电路将摩擦纳米发电机输入的交流信号转化为单向脉冲电压，通过微分电路对单向脉冲电压进行微分处理，实现波峰捕捉；然后，延时电路发出控制信号，控制开关闭合；随后，主电路通过 LC 振荡的方式提取摩擦纳米发电机的能量，将能量转移到耦合电感中；最后，将耦合电感中的能量转移到存储环节中。

2. 电源管理电路仿真研究

利用仿真软件对电源管理电路的输出信号进行仿真模拟，采用交流电压模拟摩擦纳米发电机输出信号，设定峰峰值为 200V，频率为 1Hz。仿真测试过程中，共选择了 6 个测试点位，同步测量各点位的输出电压信号。图 5.18 为电源管理电路原理图和节点电压仿真结果。

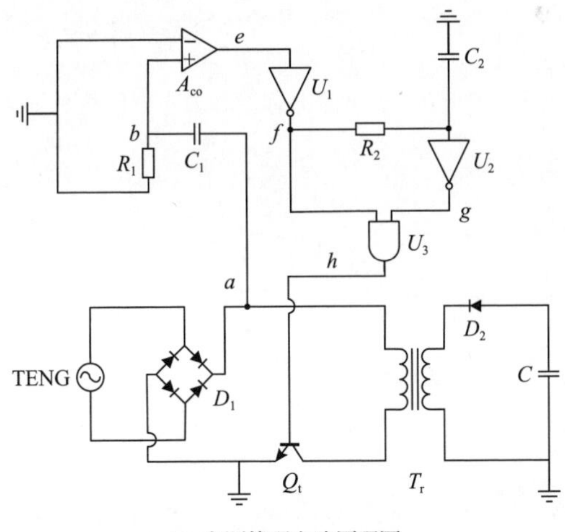

(a) 电源管理电路原理图

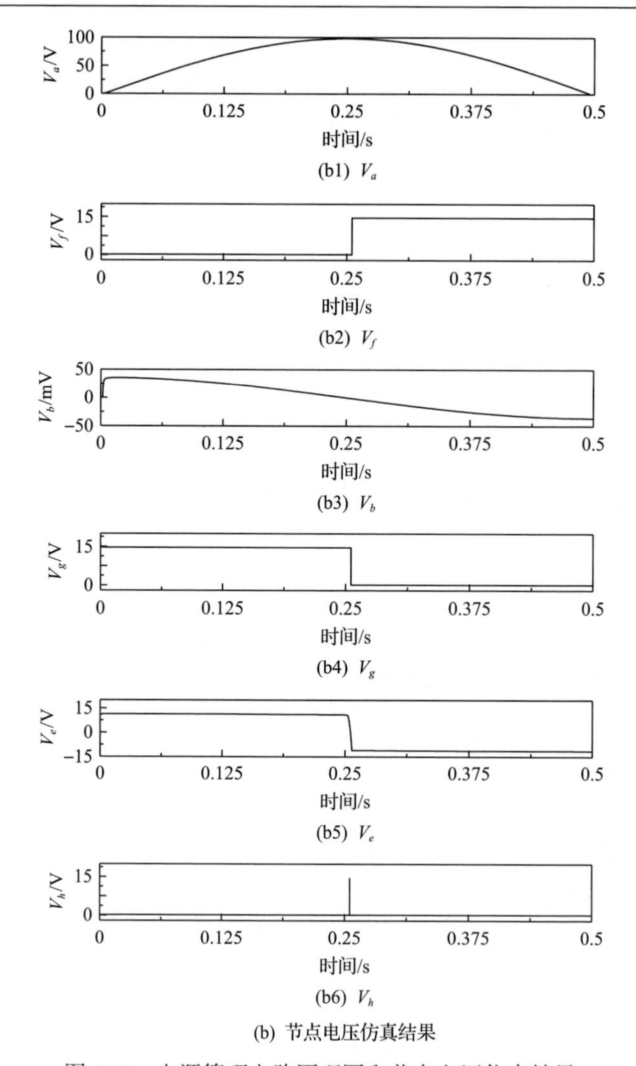

(b1) V_a

(b2) V_f

(b3) V_b

(b4) V_g

(b5) V_e

(b6) V_h

(b) 节点电压仿真结果

图 5.18　电源管理电路原理图和节点电压仿真结果

节点 a 的电压 V_a 为摩擦纳米发电机经过整流后的电压，节点 b 的电压 V_b 为 V_a 微分运算结果，即

$$V_b = \tau_1 \frac{\mathrm{d}V_a}{\mathrm{d}t} \tag{5.15}$$

式中，τ_1 为时间常数。

$$\tau_1 = R_1 C_1 \tag{5.16}$$

当 V_a 增加时，V_b 为正值；当 V_a 减小时，V_b 为负值。当 V_a 到达最大值时，V_b 为零。

过零比较器 A_{co} 根据 V_b 的正负性输出 V_e，即当 V_b 为正，V_e 为高电平；反之，V_e 为低电平。当 V_a 达到最大电压时，V_e 从高电平变换为低电平。微分电路以此完成对 V_a 峰值电压的捕捉。

延时电路以 V_e 为输入信号。当 V_e 出现下降沿时，节点 f 的电压 V_f(非门 U_1 输出)从低电平转变为高电平，节点 g 的电压 V_g(非门 U_2 输出)保持高电平不变。当 V_f 和 V_g 均为高电平时，节点 h 的电压 V_h(与门 U_3 输出)从低电平变换为高电平。此时电容 C_2 开始充电，电容 C_2 电压 V_{c2} 随充电时间的关系为

$$V_{c2} = V_f \left[1 - \exp\left(-\frac{t}{\tau_2} \right) \right] \tag{5.17}$$

式中，τ_2 为时间常数。

$$\tau_2 = R_2 C_2 \tag{5.18}$$

当 V_{c2} 小于非门 U_2 的输入低电平 V_{il} 时，V_g 为高电平。当 V_{c2} 达到 U_2 的输入高电平 V_{hl} 时，V_g 由高电平转变为低电平，V_f 保持高电平不变，则节点 h 的电压 V_h 由高电平转变为低电平。因此，在 V_h 曲线中出现一个脉冲信号，其脉冲宽度与时间常数 τ_2 有关。该脉冲信号作用在晶体管 Q_t 上，可以实现对晶体管通断的控制。

该电源管理电路可以在开路条件下，准确捕捉电源的峰值电压，并且在捕捉之后，精确控制晶体管通断。因此，该电源管理电路可实现摩擦纳米发电机的最大能量输出。

3. 电源管理电路试验研究

1)元件选型与电路制作

电子元器件的选型主要考虑三个因素，分别为功耗、体积和成本。表 5.2 为元器件参数。

表 5.2　元器件参数

名称	规格	封装
PCB	双面板，板厚 1.6mm	—
整流桥	MB6S	SOIC-4
晶体管	BSS127	SOT-23
耦合电感	LPR6235 系列	—
二极管	MBRM110LT1G	—
比较器	MAX919	SOIC-8
贴片电阻	10kΩ～1MΩ	0805
贴片电容	10pF	0805
非门	74LVC1G04Q	SC70-5

续表

名称	规格	封装
与门	SN74LVC1G08	SC70-5
铝电解电容	1～10μF	RAD-0.3

注：PCB 为印制电路板(printed-circuit board)。

图 5.19 为电源管理电路的 PCB 图，该电路板整体尺寸为 45mm×30mm。在 PCB 布局时，按照信号流的走向放置电子元器件。地线的线宽最大，电源线的线宽其次，信号线的线宽最小。

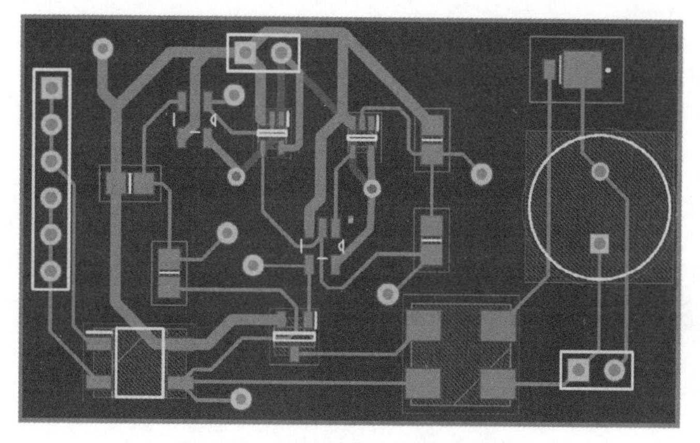

图 5.19　电源管理电路的 PCB 图

2) 电学测试平台搭建

为了测试电源管理电路样板的输出性能，搭建了电学测试平台，如图 5.20 所示。该电学测试平台主要包括计算机、信号发生器、电压放大器、示波器等。其中，计算机可与信号发生器和示波器通信，以控制设备状态，并显示测量数据；信号发生器能够提供各种波形的信号，例如方波、正弦波、三角波等；电压放大器能

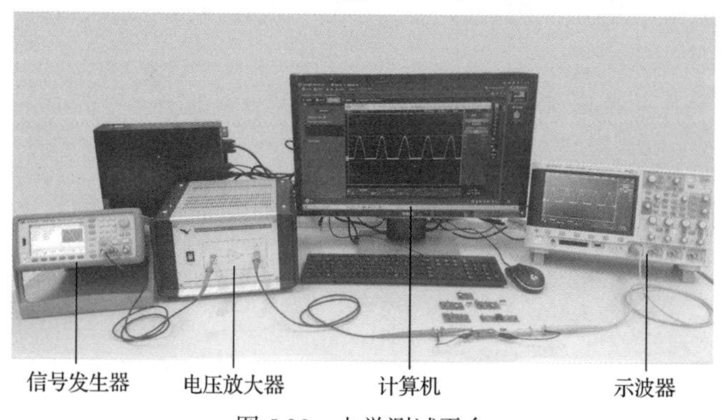

图 5.20　电学测试平台

够将信号发生器输出的电压信号放大 50 倍；示波器能够测量测试点的电学参数。

3) 试验测试

通过搭建的电学测试平台测试电源管理电路的基本功能。利用信号发生器发出的正弦信号，并通过电压放大器放大，将此信号作为电源管理电路的输入信号，再利用示波器测试各节点电压。图 5.21 为节点电压测试结果。可以看出，测试结果与仿真结果一致，表明电源管理电路样板可以实现输入电压波峰捕捉，并完成对晶体管通断的控制。

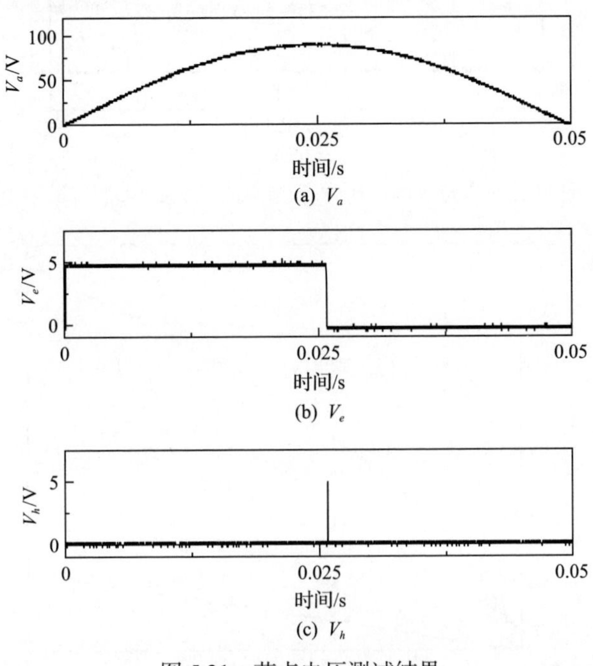

图 5.21　节点电压测试结果

为了测试该电源管理电路对摩擦纳米发电机的能量提取效果，基于接触起电测试平台开展相关试验，摩擦纳米发电机的往复频率为 4Hz，最大分离距离 x_{max}=10mm。图 5.22 为节点 a 的电压 V_a 和节点 h 的电压 V_h 测试结果。可以看出，电源管理电路检测到摩擦纳米发电机最大输出电压后，对晶体管施加控制信号 V_h，使得晶体管导通，摩擦纳米发电机的能量通过 LC 振荡回路快速传递给耦合电感，从而证实了该电源管理电路可以实现对摩擦纳米发电机最大能量提取。

图 5.23 为电源管理电路与标准电路对 4.7μF 电容的充电曲线。可以看出，本节提出的电源管理电路比标准电源管理电路，对摩擦纳米发电机输出能量的提取效果更好。为电容充电 5s 后，电源管理电路中的存储电容电压为 2.75V，而标准电源管理电路中的存储电容电压仅为 0.59V。电源管理电路的充电电压为标准电路电压的 4.66 倍，进一步验证了电源管理电路对输出能量的提取效果。

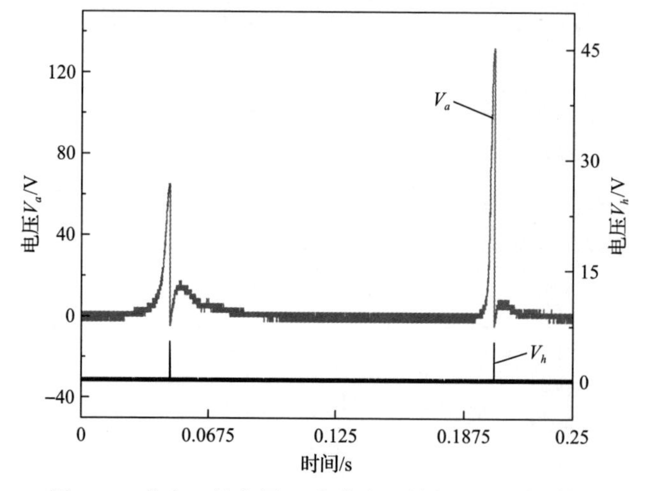

图 5.22　节点 a 的电压 V_a 和节点 h 的电压 V_h 测试结果

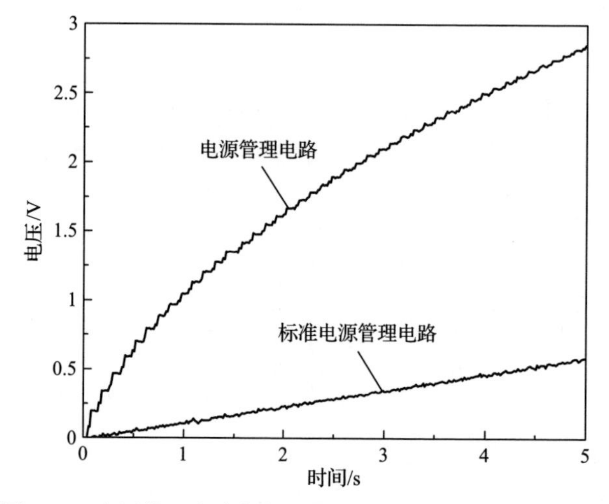

图 5.23　电源管理电路与标准电路对 4.7μF 电容的充电曲线

5.3.4　电源管理电路优化设计

电源管理电路除了完成最大能量提取等功能外，还需要具有较高的效率，为此针对电源管理电路中主电路和控制电路关键元件参数进行优化设计。

1. 主电路参数优化设计

电源管理电路的主电路主要由桥式全波整流电路、晶体管、耦合电感、二极管和电容组成。晶体管、开关频率和耦合电感均会对电路的效率产生影响。摩擦纳米发电机的往复频率较低，因此可以忽略开关频率和晶体管的影响。在此主要研究耦合电感的影响。

假设摩擦纳米发电机运动过程中其固有电容保持不变，因此可选用低容量的电容来代替摩擦纳米发电机。当摩擦纳米发电机工作在最大电压处时，设置电容电压为最大开路电压。这里采用电学仿真软件模拟摩擦纳米发电机的电能在电源管理电路中的转移过程。

图 5.24 为主电路原理图和能量转移原理图。当摩擦纳米发电机输出电压 V 达到最大时，即 t_0 时刻，闭合开关，摩擦纳米发电机输出能量经过整流桥转移到耦合电感的一次侧 L_p，此时 V 下降而电流 i_p 增加；经过四分之一的 LC 振荡周期，即在 t_1 时刻，摩擦纳米发电机的能量完全转移到耦合电感中，此时 V=0 而 i_p 到达最大值，同时断开开关；在开关切换的瞬时，二极管导通，耦合电感一次侧 L_p 和二次侧 L_s 完成能量转换，电流 i_p=0 而电流 i_s 达到最大值；最后，二次侧电感 L_s 中的能量经过 LC 振荡回路转移到存储电容 C 中，i_s 开始下降、V_c 逐渐增加，在 t_2 时刻 i_s=0 而 V_c 达到最大。由于二极管的单向导通，保证了能量传递的单向性，使得电能稳定存储在电容 C 中，至此完成能量转移。

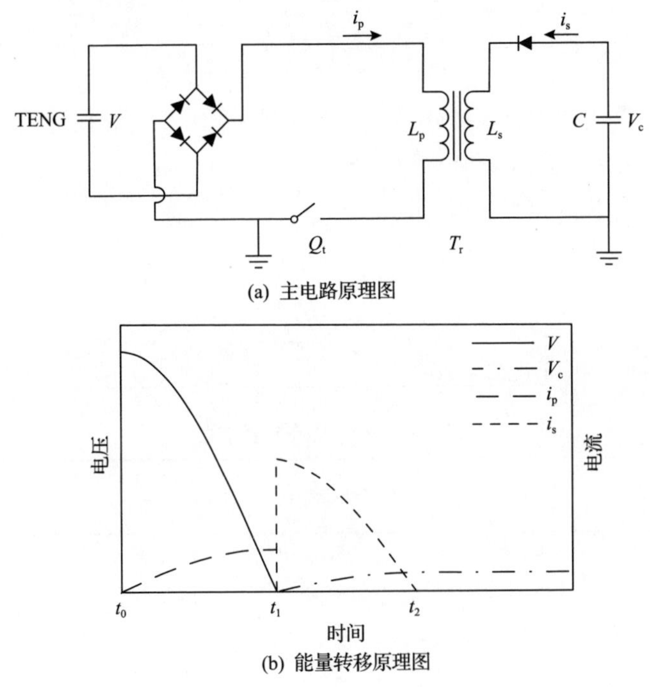

图 5.24　主电路原理图和能量转移原理图

耦合电感是主电路中主要的耗能元件，电感损耗包括磁损耗和电流损耗。其中，磁损耗的相关参数为耦合系数和匝数比；而电流损耗的相关参数为线圈电阻。本节以 LPR6235 系列耦合电感为例研究电感参数的影响。

耦合电感的耦合系数取决于线圈匝数、尺寸、几何形状、骨架材料和线圈

的相对位置。LPR6235 系列耦合电感线圈共轴、中心为空，此时耦合系数 K 可表示为

$$K = \frac{M}{\sqrt{L_1 L_2}} \tag{5.19}$$

式中，L_1 为一次侧线圈自感系数；L_2 为二次侧线圈自感系数；M 为互感系数。

根据楞次定律，可以推导出 L_1、L_2 和 M 的表达式，分别为

$$L_1 = \mu_0 \frac{N_1^{\ 2}}{l} \pi \frac{D_1^{\ 2}}{4} \tag{5.20}$$

$$L_2 = \mu_0 \frac{N_2^{\ 2}}{l} \pi \frac{D_2^{\ 2}}{4} \tag{5.21}$$

$$M = \frac{D_2}{D_1} \sqrt{L_1 L_2} \tag{5.22}$$

式中，D_1 为一次侧线圈直径；D_2 为二次侧线圈直径；l 为螺线管长度；N_1 为一次侧线圈匝数；N_2 为二次侧线圈匝数。

耦合系数 K 可表示为

$$K = \frac{D_2}{D_1} \tag{5.23}$$

表 5.3 为耦合电感主要参数。

表 5.3　耦合电感主要参数

型号	匝数比	二次侧电感/μH	等效串联电阻/Ω		耦合系数
			R_{l1}	R_{l2}	
LPR6235-253L	10 : 1	25	13.7	0.74	0.714754
LPR6235-253P	20 : 1	20	60	0.2	0.675675
LPR6235-123Q	50 : 1	7.5	185	0.085	0.698134
LPR6235-752S	100 : 1	7.5	300	0.085	0.661172

图 5.25 为考虑磁损耗和电流损耗的电路原理图。仿真某特定型号耦合电感时，按照表 5.3 的参数设定相应的元件即可。晶体管 Q_t 的通断可通过脉冲电源控制。设置脉冲电源工作于摩擦纳米发电机最大输出电压处，通过设计脉冲时间宽度，保证摩擦纳米发电机能量完全传递到电路中。摩擦纳米发电机电源输出频率设置为 4Hz。

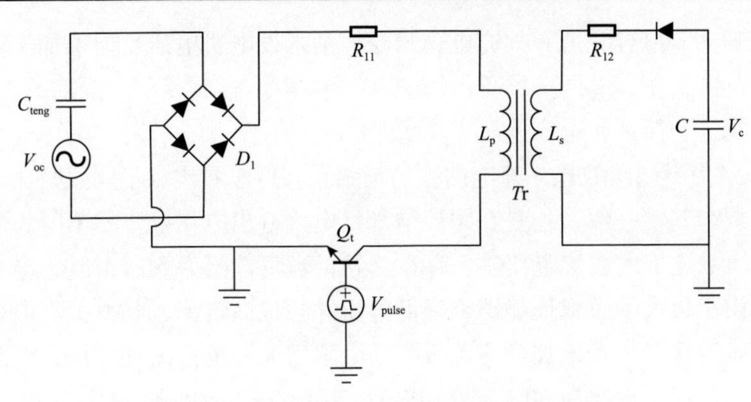

图 5.25　考虑磁损耗和电流损耗的电路原理图

图 5.26 为耦合电感的仿真结果。可以看出，当摩擦纳米发电机两端电压增加至峰值后，脉冲电源工作，Q_t 导通，电能迅速转移到电路中，摩擦纳米发电机两

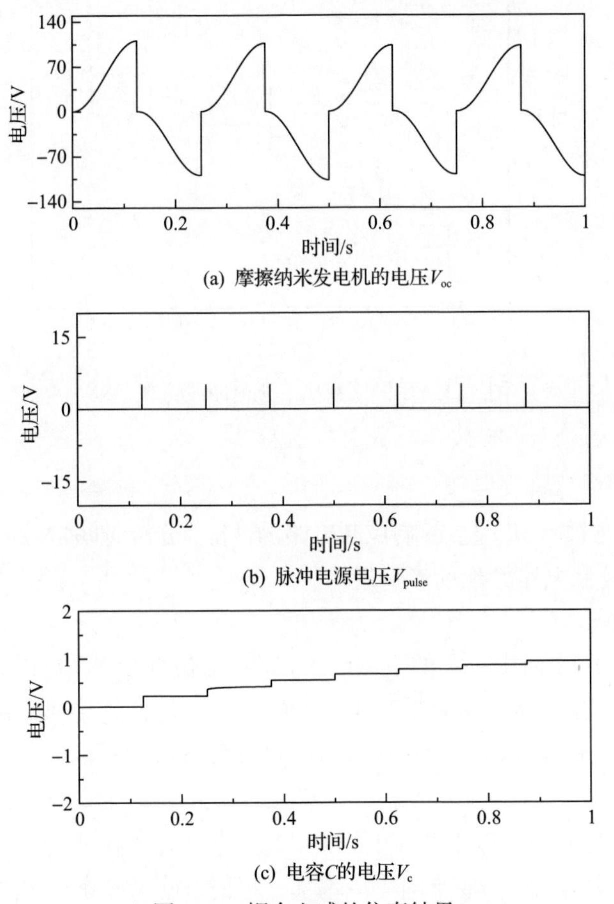

图 5.26　耦合电感的仿真结果

端电压降到 0，电容完成一次充电；当摩擦纳米发电机电压反向增加至峰值后，脉冲电源再次工作，Q_t 再次导通，电容又充电一次。这就是一个周期的工作过程，接下来重复这个循环，电容电压 V_c 持续增加。

图 5.27 为不同匝数比下充电曲线仿真结果。可以看出，不同匝数比下的电容电压变化规律基本一致，均是在摩擦纳米发电机输出电压处于峰值时提取电能。但是不同匝数比下的电容电压幅值存在差异，当匝数比为 50∶1 时，电容电压最大。这是由于较大的匝数比能够将降低电压并且提高电流，从而提高电容充电速率。然而匝数比进一步增加会使等效串联电阻增大，电流损耗增加，电路效率降低。因此，选择匝数比为 50∶1 的 LPR6235-123Q 耦合电感来构建主电路。

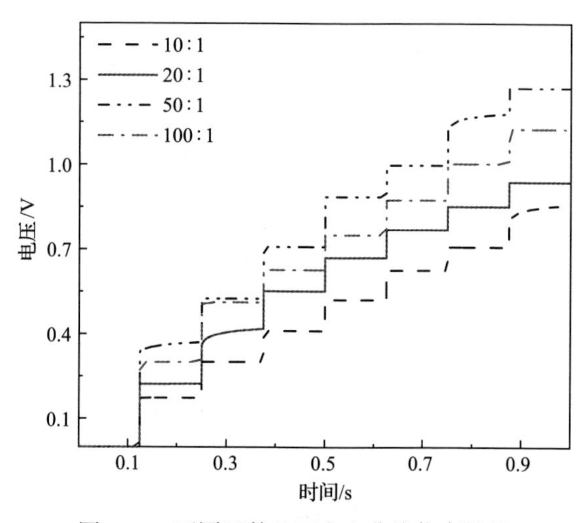

图 5.27　不同匝数比下充电曲线仿真结果

2. 控制电路参数优化

由于时间常数 τ_1 和 τ_2 会影响控制电路的性能，分析时间常数 τ_1 和 τ_2 中基本参数 R_1 和 R_2 对控制电路性能的影响规律。

1）微分电路

图 5.28 为不同电阻 R_1 下的节点电压 V_b 和 V_h 仿真结果。可以看出，V_b 穿过零轴的时刻对应摩擦纳米发电机输出电压的峰值，而 V_h 曲线中脉冲出现的时刻滞后于摩擦纳米发电机波峰时刻。这意味着电路参数会影响对摩擦纳米发电机输出电压的波峰捕捉。

图 5.29 为不同电阻 R_1 下节点电压 V_a 和 V_e 的测试结果。试验过程中，往复频率设置为 1Hz。可以看出，随着电阻 R_1 增加，V_e 的下降沿越靠近 V_a 波峰时刻，这进一步证实了增加 R_1 能够改善电源管理电路对摩擦纳米发电机能量的提取效果。

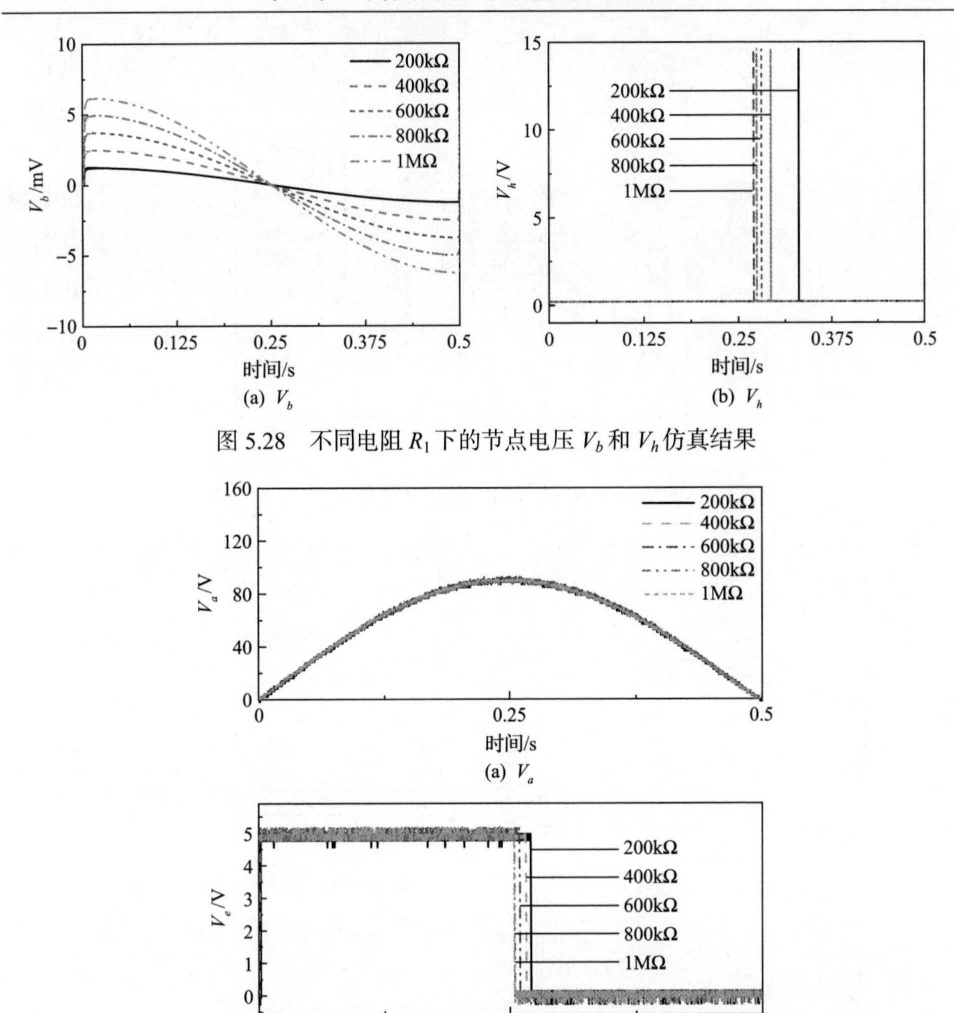

图 5.28　不同电阻 R_1 下的节点电压 V_b 和 V_h 仿真结果

图 5.29　不同电阻 R_1 下节点电压 V_a 和 V_e 的测试结果

图 5.30 为不同电阻 R_1 下的电容充电曲线。可以看出，随着充电时间的增加，电阻 R_1 对充电曲线的影响越来越明显。

图 5.31 为电容充电第 10s 时不同电阻 R_1 下的充电电压和节点电压。可以看出，随着电阻 R_1 的增加，充电电压 V_c 呈现先增加后降低的规律。这是由于电阻 $R_1 > 600\text{k}\Omega$ 后，环境噪声对电路产生明显影响，在非波峰位置出现脉冲信号，如图 5.31(b)所示。这造成了部分电荷量流失，导致电源管理电路对摩擦纳米发电机输出能量的提取效果变差。因此，微分电路中的电阻最终选用 $R_1=600\text{k}\Omega$。

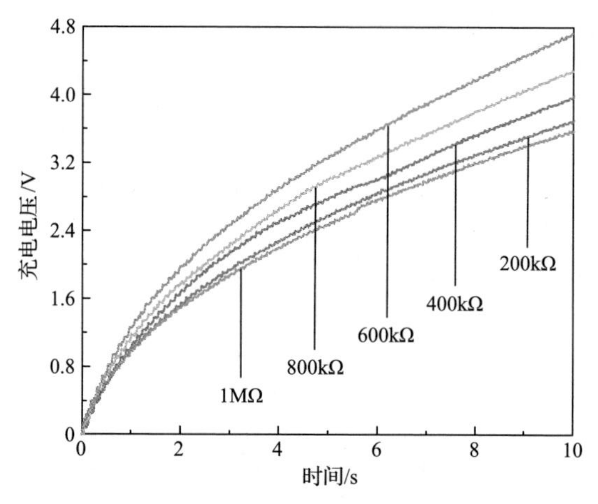

图 5.30　不同电阻 R_1 下的电容充电曲线

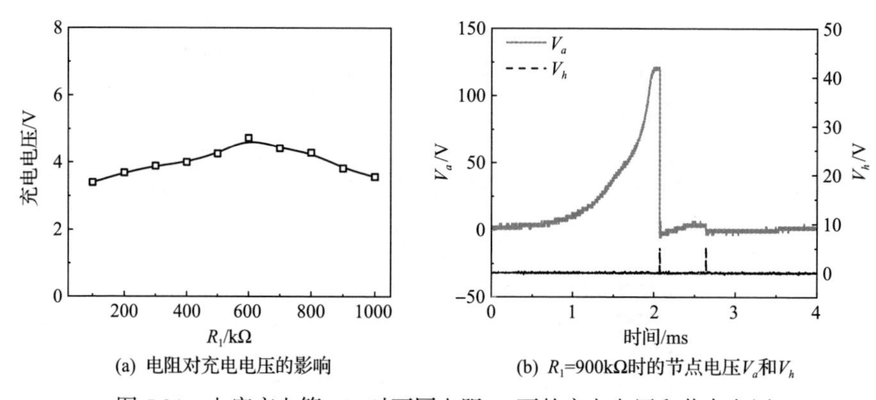

图 5.31　电容充电第 10s 时不同电阻 R_1 下的充电电压和节点电压

2) 延时电路

图 5.32 为不同导通时间下的电容充电性能。可以看出，随着导通时间 T_{cot} 增加，电容的电压呈现先增加后降低的规律。当 T_{cot}=30μs 时，此时开关导通时间偏小，无法保证完全提取到全部的电能，因此电容的电压较低；当 T_{cot}=70μs 时，导

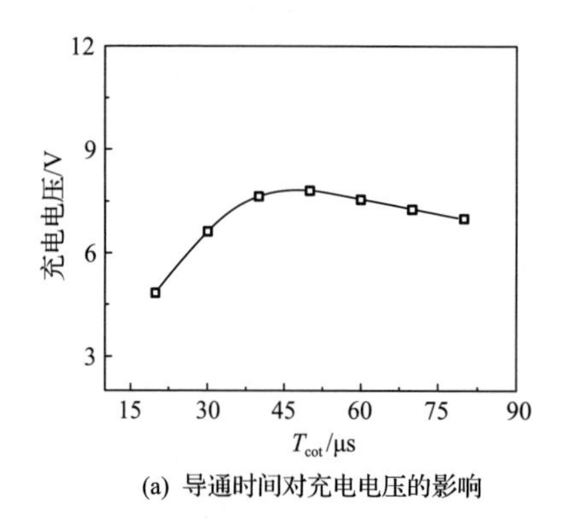

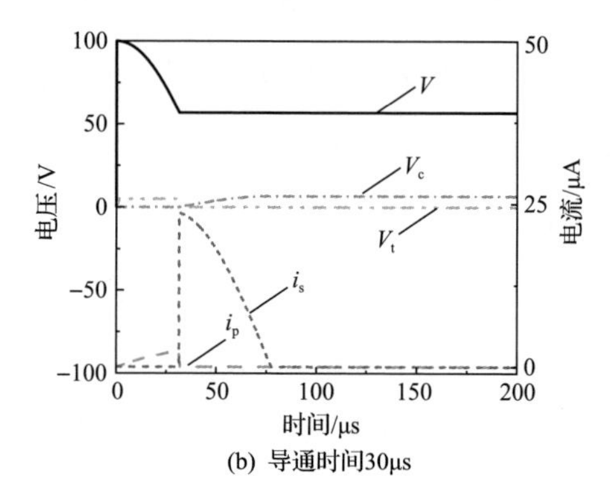

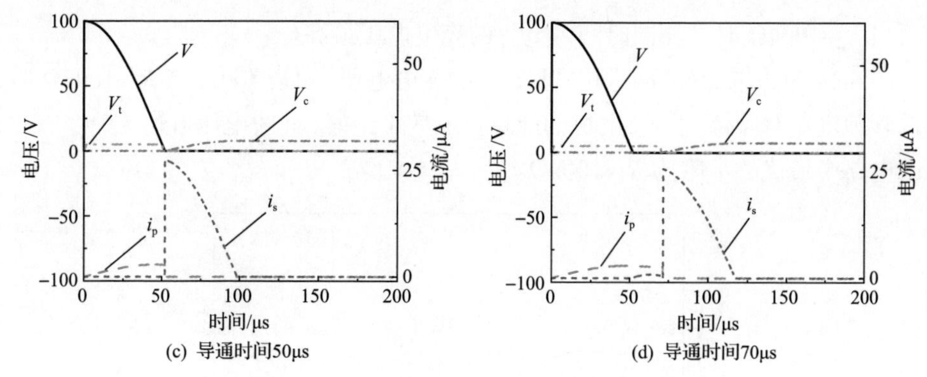

图 5.32　不同导通时间下的电容充电性能

V_t. 开关的控制信号；T_{cot}. 导通时间

通时间较长，尽管使得电能完全转移到电路中，但是也会导致电能在耦合电感一次侧回路中浪费，从而也导致电容电压较低；当 T_{cot}=50μs 时，即导通时间大约为四分之一 LC 振荡周期，此时能量提取的效果最好。因此，优化开关导通时间，有利于改善电源管理电路对摩擦纳米发电机能量的提取效率。

根据基尔霍夫电压定律，开关的导通时间 T_{cot} 可表达为

$$T_{cot} = -\tau_2 \ln \frac{V_i - V_{ih}}{V_i} \tag{5.24}$$

式中，V_i 为非门 U_2 工作电压；V_{ih} 为非门高输入电压。

导通时间 T_{cot} 与时间常数 τ_2 成正比。这里保持 C_2=10pF 不变，通过改变 R_2 即可调控开关的导通时间 T_{cot}。图 5.33 为不同电阻 R_2 下电容的充电曲线。可以看

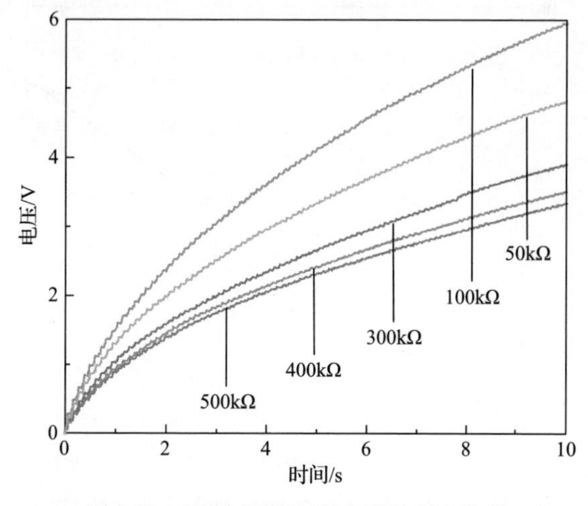

图 5.33　不同电阻 R_2 下电容的充电曲线

出，当 R_2=100kΩ 时，相同时间内电容的充电电压最高。

图 5.34 为充电 10s 后不同电阻 R_2 下的充电电压。可以看出，当 R_2=100kΩ 时，电源管理电路对摩擦纳米发电机的能量提取效果最好，此时电压可达 5.9V。因此，延时电路中最优的电阻为 R_2=100kΩ。

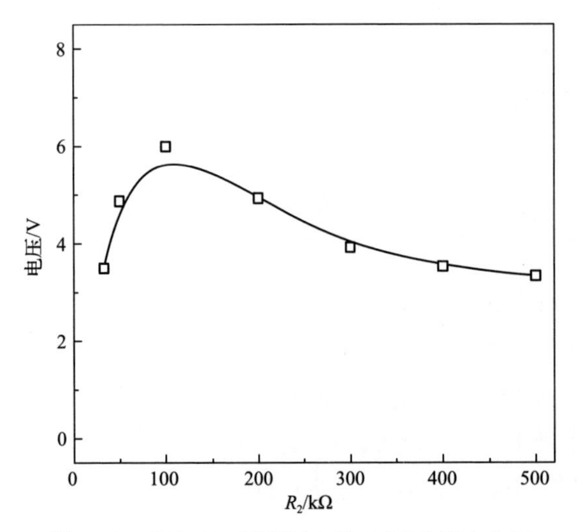

图 5.34　充电 10s 后不同电阻 R_2 下的充电电压

5.3.5　电源管理电路效率

为了计算电源管理电路效率，测试了电容中储存的能量 W_c 随时间的变化曲线，如图 5.35 所示。

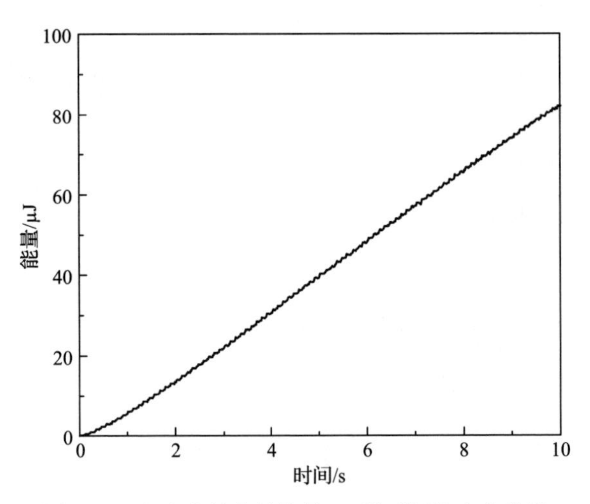

图 5.35　电容中储存的能量 W_c 随时间的变化曲线

电源管理电路的效率 η 可表示为[3]

$$\eta = \frac{W_{\mathrm{c}}}{W_{\mathrm{out}}} \tag{5.25}$$

$$W_{\mathrm{out}} = \frac{1}{2} Q_{\mathrm{sc,max}} \left(V_{\mathrm{oc,max}} + V'_{\mathrm{max}} \right) \tag{5.26}$$

根据测得的数据 $Q_{\mathrm{sc,max}}$ =28.9nC、$V_{\mathrm{oc,max}}$ =130.30V、V'_{max} =58V，因此摩擦纳米发电机每个工作周期内输出能量为 2.73μJ，即电源管理电路的输入能量为 2.73μJ。摩擦纳米发电机工作四十个周期即 10s 后，电容中存储的能量为 81.8μJ，因此可得电源管理电路的效率为 74.9%。

5.4　集成传动机构的旋转能量收集器

本节设计出一种集成传动机构的旋转能量收集器。该能量收集器通过传动机构，将旋转运动转化为直线往复运动，以驱动摩擦纳米发电机。并将该装置与电源管理电路结合，以实现对旋转机械能的高效收集。

5.4.1　旋转能量收集器结构设计

旋转能量收集器主要包括能量收集单元、电源管理电路和存储单元三部分。图 5.36 为能量收集单元结构示意图，主要由箱体、齿轮机构、凸轮机构和摩擦纳米发电机组成。齿轮机构采用锥形齿轮结构，用以实现动力的空间传递，可解决能量收集器低频和低输出功率等问题。凸轮机构采用圆柱凸轮机构，将旋转运动转换为从动件的直线往复运动，实现摩擦纳米发电机接触副材料的相对运动。摩擦纳米发电机由 Cu 电极、PDMS 薄膜和海绵组成。Cu 电极固定在从动件的侧面，

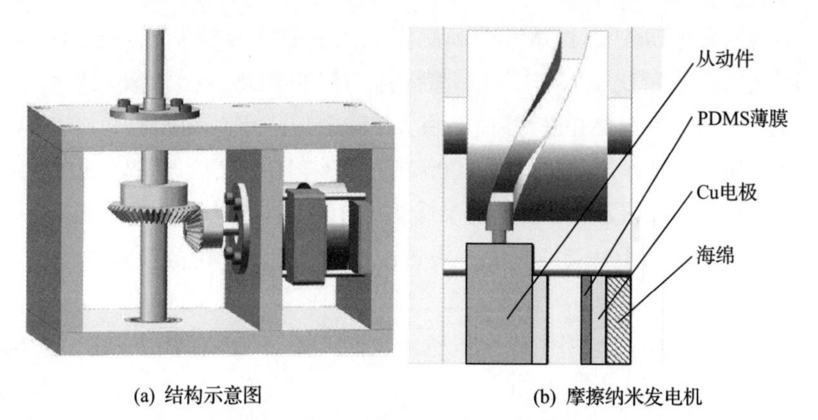

(a) 结构示意图　(b) 摩擦纳米发电机

图 5.36　能量收集单元结构示意图

PDMS 薄膜和另一个 Cu 电极粘贴在箱体内壁的海绵上。

传动机构的核心部件是凸轮机构。凸轮机构决定了旋转能量收集器的工作模式和运动规律。为了保证摩擦纳米发电机平稳工作，凸轮的运动规律为正弦加速度运动规律。推程运动曲线与回程位移运动曲线对称，从动件的位移 s、速度 v、加速度 a 在推程的运动方程分别为

$$s = 10\left[\frac{\varphi}{\pi} - \frac{1}{2\pi}\sin(2\varphi)\right] \tag{5.27}$$

$$v = \frac{10}{\pi}\omega\left[1 - \cos(2\varphi)\right] \tag{5.28}$$

$$a = \frac{20}{\pi}\omega^2 \sin(2\varphi) \tag{5.29}$$

式中，φ 为凸轮的转角；ω 为凸轮的角速度。

5.4.2 旋转能量收集器制备

旋转能量收集器箱体的外形尺寸为 150mm×100mm×100mm，材料为亚克力；传动轴材料为碳钢；齿轮机构为一对模数为 1mm 的锥齿轮，齿轮的齿数分别为 15 个和 45 个，材料为聚甲醛，该材料具有较高的硬度、刚度和耐磨性，并且质量较轻；圆柱凸轮的直径为 40mm，高度为 30mm，材料为铝合金 6061-T651；从动件的尺寸为 40mm×25mm×14mm，材料为树脂，采用 3D 打印制作，并安装有一个滚子，成为滚子从动件；从动件一侧贴有长度为 25mm、宽度为 15mm、厚度为 0.1mm 的铜电极，在箱体相对应位置贴有相同长度和宽度的 Cu 电极和 PDMS 薄膜。

摩擦纳米发电机中的 PDMS 薄膜制作工艺主要分为四步：首先，将 PDMS 弹性体与固化剂按质量比 10∶1 混合，将搅拌均匀的 PDMS 溶液放入真空干燥箱中 30min，压力设置为−0.1MPa；然后，将 6in 硅模板固定至匀胶机，将 PDMS 溶液倾倒于硅模板上，设置匀胶机转速 100r/min，工作 10s，之后改变转速至 250r/min，工作 60s；随后，将硅模板置于真空干燥箱中 10min，压力设置为−0.1MPa；最后，将硅模板置于加热台上固化 20min，设置温度为 125℃，待硅模板冷却至室温后，揭下 PDMS 薄膜。

电源管理电路中主电路中耦合电感匝数比为 50∶1，控制电路中 R_1=600kΩ，C_1=10pF，R_2=100kΩ 和 C_2=10pF。

图 5.37 为旋转能量收集器的实物图。

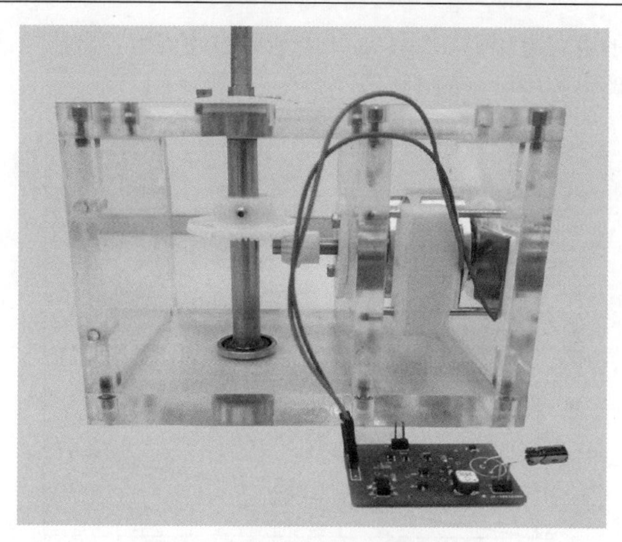

图 5.37　旋转能量收集器的实物图

5.4.3　旋转能量收集器电学性能测试

图 5.38 为旋转能量收集器的电学输出性能。可以看出，在一个周期内，V_a中存在两个峰值明显不同的波峰，而晶体管的控制信号可以准确地出现在波峰位置，且不存在噪声，因此电源管理电路可以完成对摩擦纳米发电机最大能量的捕捉和提取。旋转能量收集器输出的最大短路电荷为 26nC，其频率大约为 9Hz。

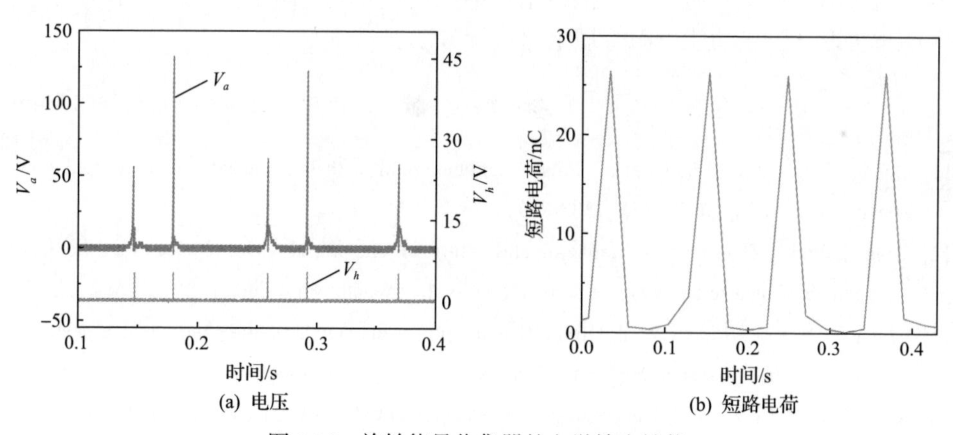

图 5.38　旋转能量收集器的电学输出性能

V_a. 摩擦纳米发电机输出的整流电压；V_h. 晶体管控制信号

旋转能量收集器收集的电能最终存储于 4.7μF 的电容器中。图 5.39 为电源管理电路与标准电源管理电路充电曲线对比。可以看出，电源管理电路对电容的充电效果远优于标准电源管理电路。分别采用两个电路为电容充电 10s 后，标准电源管理电路中的电容电压为 3.2V，而电源管理电路的电容电压可达 12.5V，是标准电源管理电路电容中电压的 3.9 倍。

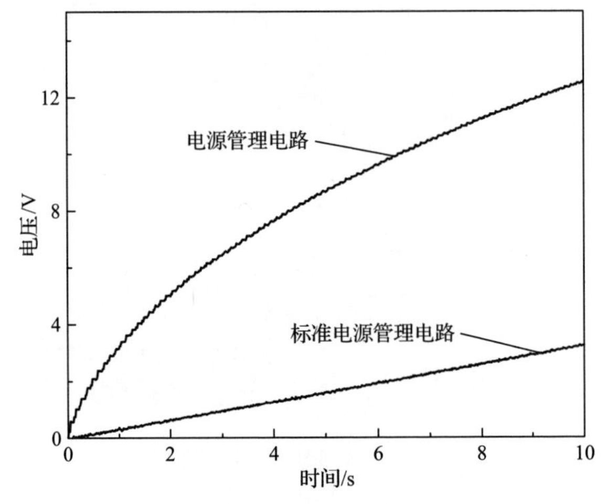

图 5.39　电源管理电路与标准电源管理电路充电曲线对比

5.5　本 章 小 结

本章主要介绍了电源管理电路的组成，构建了力场-静电-电路耦合的摩擦纳米发电机瞬态模型，研究了摩擦纳米发电机负载和充电瞬态特性，介绍了具有最大能量提取和降压功能电源管理电路设计方法。

参 考 文 献

[1] Cheng G, Lin Z H, Lin L, et al. Pulsed nanogenerator with huge instantaneous output power density. ACS Nano, 2013, 7(8): 7383-7391.

[2] Yang J, Yang F, Zhao L, et al. Managing and optimizing the output performances of a triboelectric nanogenerator by a self-powered electrostatic vibrator switch. Nano Energy, 2018, 46: 220-228.

[3] Cheng X, Miao L, Song Y, et al. High efficiency power management and charge boosting strategy for a triboelectric nanogenerator. Nano Energy, 2017, (38): 438-446.

[4] Xi F, Pang Y, Li W, et al. Universal power management strategy for triboelectric nanogenerator. Nano Energy, 2017, 37: 168-176.

[5] Zhu G, Chen J, Zhang T, et al. Radial-arrayed rotary electrification for high performance triboelectric generator. Nature Communications, 2014, 5(1): 1-9.

[6] Zi Y, Guo H, Wang J, et al. An inductor-free auto-power-management design built-in triboelectric nanogenerators. Nano Energy, 2017, 31: 302-310.

[7] Wu H, Li H, Wang X. A high-stability triboelectric nanogenerator with mechanical transmission module and efficient power management system. Journal of Micromechanics and Microengineering, 2020, 30(11): 115017.

第6章　摩擦纳米发电机在机械系统中的应用

摩擦纳米发电机基于摩擦起电和静电感应原理，既可将周围环境中的机械能转化为电能，又可依据其本身输出的电压和电流信号来表征机械触发的动态过程，因此既可用作能量收集器，也可用作自供能传感器。本章以机械系统为背景，介绍摩擦纳米发电机的应用。

6.1　车辆悬架系统复合式振动能量收集器

为了收集车辆行驶过程中耗散的能量，本节将水平滑动模式摩擦纳米发电机(sliding-mode triboelectric nanogenerator，S-TENG)与电磁发电机(electromagnetic generator，EMG)复合，研制可安装于减振器油封端部的复合式振动能量收集器，并分析不同随机路面激励下复合式振动能量收集器的电学输出性能。

6.1.1　车辆悬架复合式振动能量收集器结构设计

1. 复合式振动能量收集器匹配设计

车辆悬架系统主要由弹性元件、减振器和导向装置三部分组成。针对减振器中最为常见的双筒减振器，设计了与之匹配的可安装于双筒减振器油封端部的复合式振动能量收集器，如图6.1所示[1]。该复合式振动能量收集器主要包括三部分，分别为上套筒、下套筒和弹簧。沿着上、下套筒周向，均匀布置3个S-TENG(S-TENG1、S-TENG2和S-TENG3)和3个EMG(EMG1、EMG2和EMG3)。

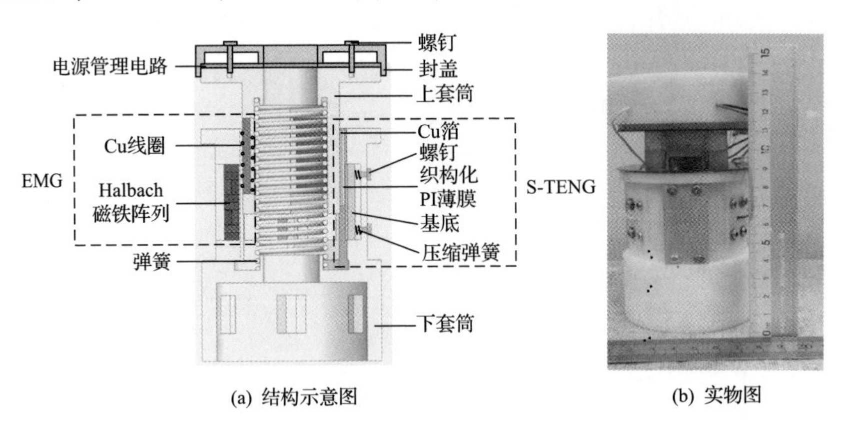

(a) 结构示意图　　(b) 实物图

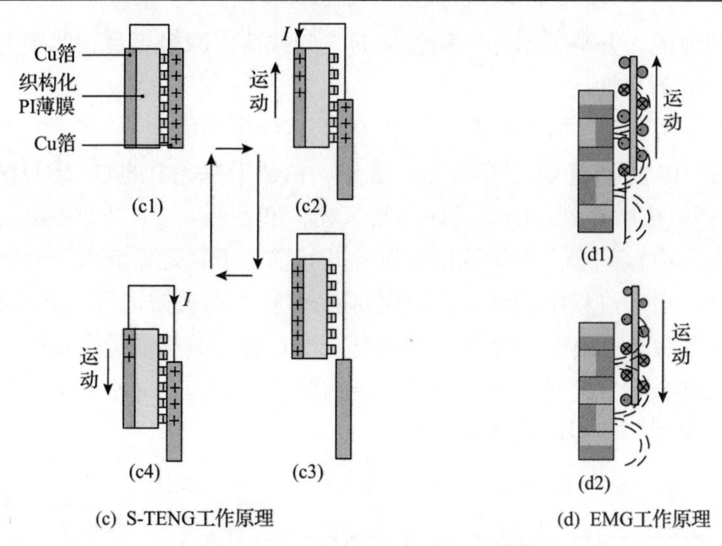

图 6.1　复合式振动能量收集器[1]

S-TENG 沿圆周方向间隔 120°均匀布置，主要包括 Cu 箔、织构化 PI 薄膜、基底、螺钉和压缩弹簧。EMG 与 S-TENG 间隔 30°均匀布置，其组成包括缠绕于线轴上的 Cu 线圈和 Halbach 磁铁阵列。为提高集成度，减少引线数量，将复合式振动能量收集器的电源管理电路通过封盖和螺钉封装于上套筒顶部。

图 6.1(c)为 S-TENG 工作原理。当织构化 PI 薄膜运动至与 Cu 箔接触时，两种材料间发生电荷转移，从而使摩擦表面带有等量异号电荷；当织构化 PI 薄膜随着上套筒向上运动时，织构化 PI 薄膜与 Cu 箔的重叠区域逐渐减少，织构化 PI 薄膜的背部 Cu 箔上产生的感应电荷增多，此时在外电路产生电流；当上套筒向下运动时，织构化 PI 薄膜与 Cu 箔重叠区域逐渐增加，织构化 PI 薄膜背部 Cu 箔的感应电荷量减少，此时两 Cu 箔间产生反向电流。图 6.1(d)为 EMG 工作原理。上套筒带动 Cu 线圈往复运动，从而导致线圈内磁通量发生变化，进而在 Cu 线圈中产生感应电流。

S-TENG 和 EMG 各具特点，其中 S-TENG 适合收集低频振动能量，输出电压较高而电流较低；而 EMG 适合收集高频振动能量，输出电流较高而电压较低[2]。因此，将 S-TENG 和 EMG 复合，有利于提高能量收集效率，改善不同工况条件下的电学输出特性。

2. S-TENG 结构设计

基于双筒减振器结构和运动方式，需要对 S-TENG 的加载方式进行设计，以保证工作过程中摩擦材料紧密接触。虽然增加法向载荷可以提高摩擦纳米发电机的开路电压和短路电流，但也会增加聚合物薄膜的磨损量，降低摩擦纳米发电机的耐久性。因此，需要考虑如何保证滑动初期较大的法向载荷以获得较高的开路电压和短路电流，并降低滑动后期施加的法向载荷以减轻聚合物薄膜的磨损，提高 S-TENG 的耐久性。

图 6.2 为 S-TENG 结构和表面形貌。S-TENG 主要由定子、滑块、螺钉、压缩弹簧、基底、PI 薄膜和 Cu 箔等组成。其中，粘贴于基底上的 Cu 箔与粘贴于滑块上的 PI 薄膜组成摩擦副，随着滑块往复运动，PI 薄膜与 Cu 箔间的接触区域周期性变化，上下电极间产生电学输出。试验开始前，调整螺钉旋入长度至合适位置后保持不变。滑动过程中的法向载荷主要通过压缩弹簧施加，以保证滑动初期 PI 薄膜与 Cu 箔紧密接触，产生较高的电学输出；螺钉确定的旋入长度限制了压缩弹簧的最大伸长量，避免了材料磨损后压缩弹簧的回弹，减小了滑动后期对磨材料间的压入深度，使得法向载荷减小。

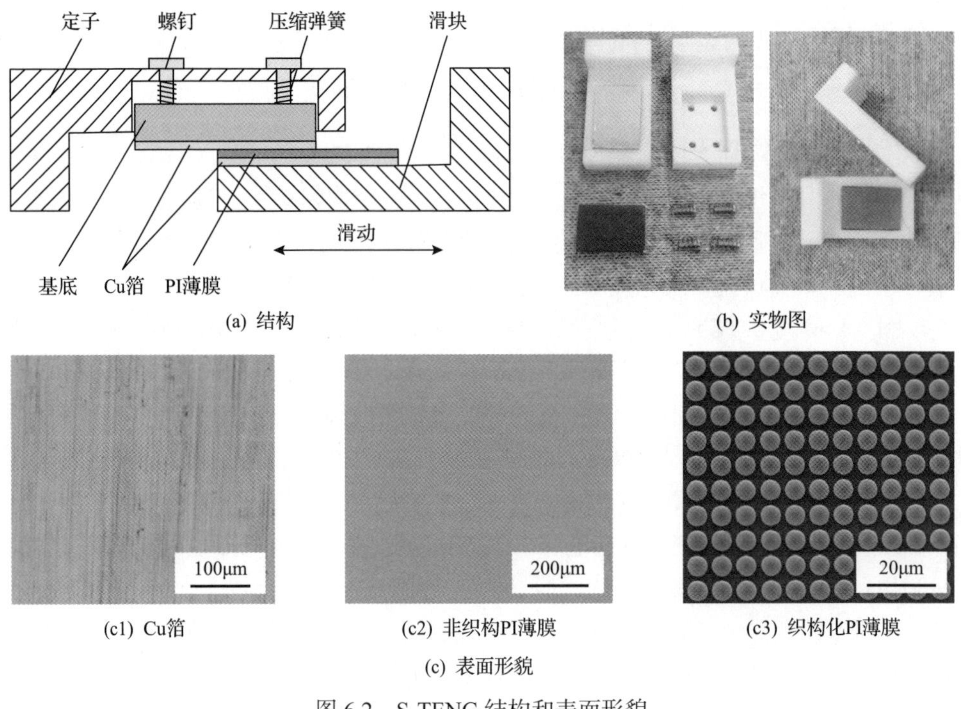

(a) 结构　　(b) 实物图

(c1) Cu箔　　(c2) 非织构PI薄膜　　(c3) 织构化PI薄膜

(c) 表面形貌

图 6.2　S-TENG 结构和表面形貌

直径 5μm、高度 3μm、间距 2μm 的织构化 PI 薄膜在不同温度和湿度条件下均具有良好的耐久性和电学输出稳定性，因此选用该薄膜构建 S-TENG，并与非织构 PI 薄膜的试验结果进行对照，测试了不同工况条件下的开路电压、短路电流和输出功率等电学输出。

图 6.3 为织构化 PI 薄膜与非织构 PI 薄膜的电学输出。可以看出，当分离距离为 12mm 时，织构化 PI 薄膜的开路电压是非织构 PI 薄膜的 1.4 倍，短路电流为

非织构 PI 薄膜的 1.37 倍；当分离距离为 16mm 时，织构化 PI 薄膜的开路电压为非织构 PI 薄膜的 1.55 倍，短路电流为非织构 PI 薄膜的 1.27 倍；随着负载电阻的增加，织构化 PI 薄膜的输出功率呈现先增加、后降低的规律，而电压呈现先增加、后基本保持不变的趋势；织构化 PI 薄膜的输出功率为非织构 PI 薄膜的 2.17 倍。

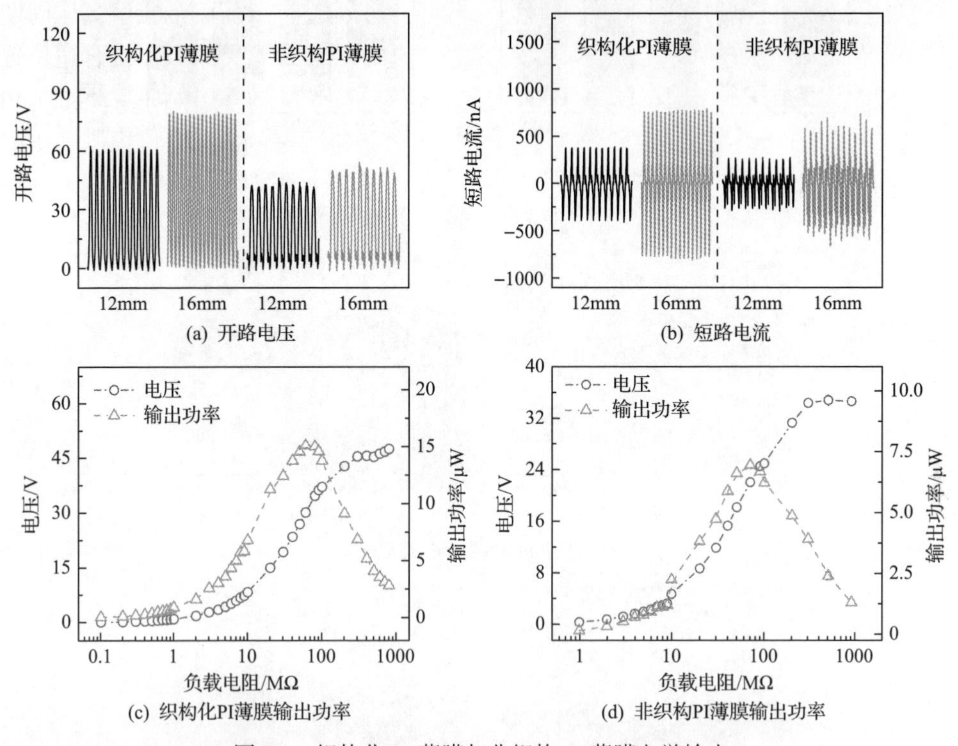

图 6.3　织构化 PI 薄膜与非织构 PI 薄膜电学输出

为了分析加载方式对 S-TENG 工作耐久性和输出稳定性的影响规律，利用线性马达试验台测试了连续滑动 2km 过程中开路电压的变化情况，并以非织构 PI 薄膜构建的 S-TENG 作为对照。图 6.4 为水平滑动模式摩擦纳米发电开路电压和磨损形貌。可以看出，对于织构化 PI 薄膜，随着滑动距离增加，开路电压呈现先增加、后稳定的规律；而对于非织构 PI 薄膜，其开路电压随着滑动距离的增加呈现先降低、后稳定的规律。其输出性能的差异主要是由于表面储存磨屑能力不同而导致。对于织构化 PI 薄膜，随着滑动距离增加，织构表面发生轻微磨损，从而使接触面积增加，开路电压增大，过程中磨损产生的磨屑主要储存于织构间隙中，避免了向 Cu 箔表面的转移，而螺钉的限位作用使得法向载荷逐渐降低，减轻了织构化薄膜的磨损，因此滑动后期 S-TENG 的开路电压基本保持稳定。非织构 PI 薄膜无法存储磨损产生的磨屑，因此 PI 磨屑会转移到 Cu 箔表面，导致滑动初期开路电压降低。

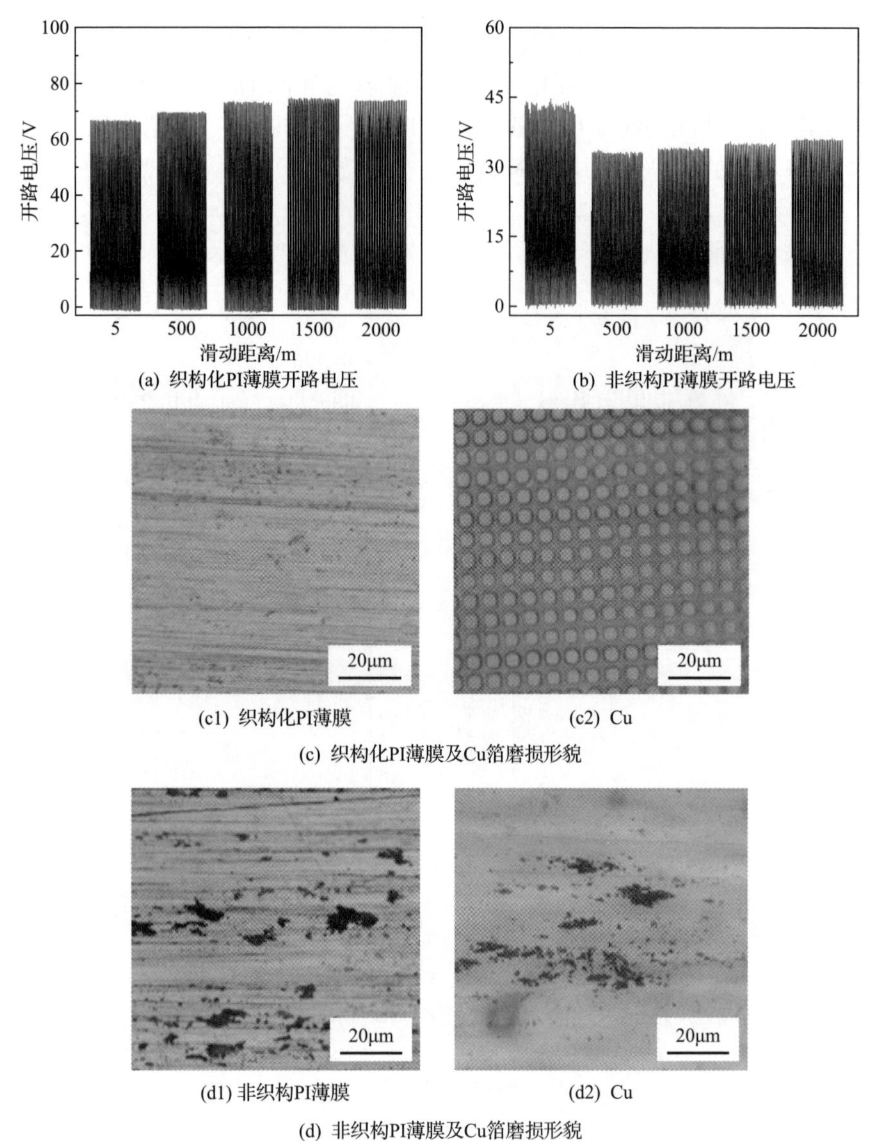

(a) 织构化PI薄膜开路电压　　(b) 非织构PI薄膜开路电压

(c1) 织构化PI薄膜　　(c2) Cu

(c) 织构化PI薄膜及Cu箔磨损形貌

(d1) 非织构PI薄膜　　(d2) Cu

(d) 非织构PI薄膜及Cu箔磨损形貌

图 6.4　水平滑动模式摩擦纳米发电开路电压和磨损形貌

综上所述，由压缩弹簧和螺钉构成的加载方式保证了摩擦副材料间的紧密接触，实现了较高的电学输出，同时也降低了滑动后期的法向载荷，减轻了材料的磨损，具有良好的耐久性和输出稳定性。

3. EMG 结构设计

由于减振器结构的限制，EMG 的线圈处于磁铁单侧磁场中，如果可以增强线圈侧磁场的磁感应强度，就可以提高 EMG 的电学输出，改善其能量收集效率。

为此，选用由多块磁铁排布而成的 Halbach 磁铁阵列来构建 EMG，增强单侧的磁感应强度。

6.1.2　复合式振动能量收集器电学输出性能测试

1. 复合式振动能量收集器各单元输出性能测试

为了阐明不同工况条件下，复合式振动能量收集器各单元输出性能差异，分析 S-TENG 和 EMG 各自对复合式振动能量收集的贡献，基于线性马达试验台，研究了往复频率、振幅和负载电阻对 S-TENG 与 EMG 输出性能的影响规律。

1) 往复频率对输出性能的影响

图 6.5 为不同往复频率下 S-TENG 的开路电压和短路电流。可以看出，随着往复频率增加，S-TENG 的开路电压保持稳定。

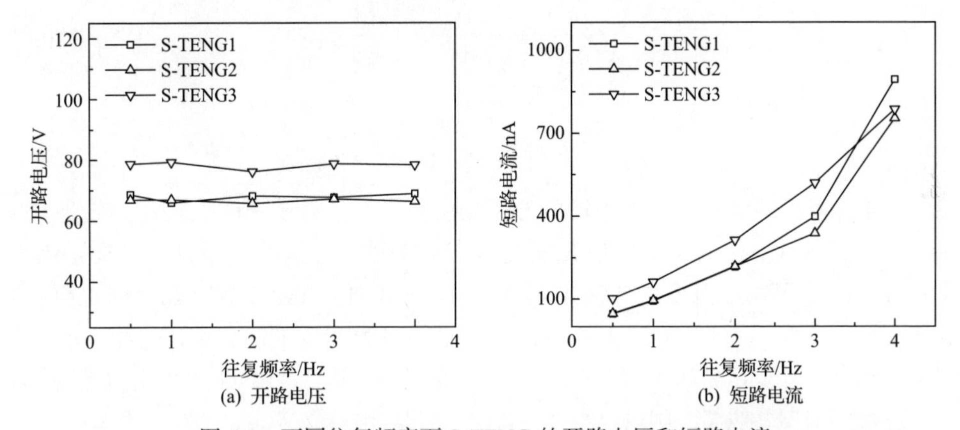

图 6.5　不同往复频率下 S-TENG 的开路电压和短路电流

S-TENG 的短路电流随着往复频率增加而逐渐增大。即短路电流与滑动速度成正比，因而往复频率增加会导致短路电流增大。

$$I_{sc} = \sigma w \frac{dx}{dt} \tag{6.1}$$

式中，I_{sc} 为短路电流；w 为织构化 PI 薄膜的宽度；x 为分离距离；σ 为电荷密度。

当工况一定时，不同安装位置的 S-TENG 电学输出性能略有差别，主要是由于装配误差导致。当往复频率为 0.5Hz 时，摩擦纳米发电机 S-TENG1、S-TENG2 和 S-TENG3 的开路电压分别可达 69V、66V 和 76V，S-TENG 的较高输出电压，有利于实现低频条件下振动能量收集与电能储存。

图 6.6 为不同往复频率下 EMG 的感应电动势和感应电流。可以看出，感应电动势和感应电流均随着往复频率增加而增大。由式(6.2)和式(6.3)可知，频率增加会导致磁通量变化率增大，从而使得感应电动势和感应电流增加。

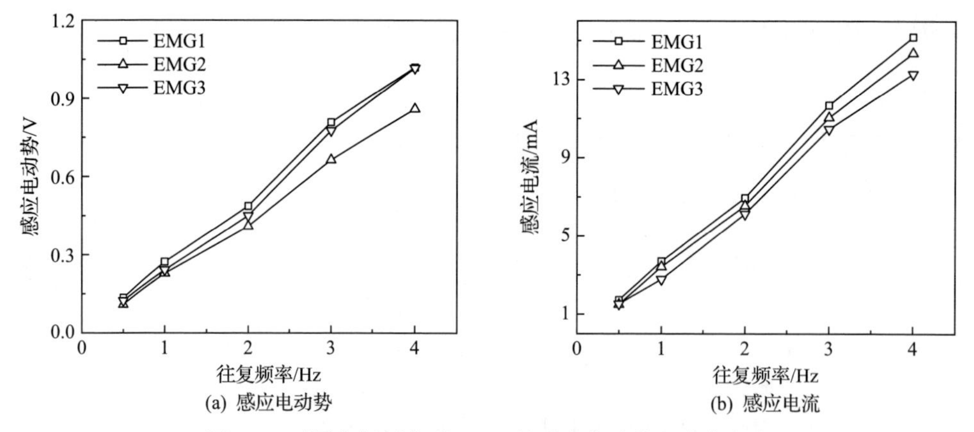

(a) 感应电动势　(b) 感应电流

图 6.6　不同往复频率下 EMG 的感应电动势和感应电流

$$V_{\mathrm{em}} = -\frac{\partial \psi}{\partial t} = -\left(\frac{\mathrm{d}A_{\mathrm{coil}}}{\mathrm{d}t}B + \frac{\mathrm{d}B}{\mathrm{d}t}A_{\mathrm{coil}}\right) \tag{6.2}$$

$$I_{\mathrm{em}} = \frac{V_{\mathrm{em}}}{R_{\mathrm{coil}}} \tag{6.3}$$

式中，A_{coil} 为线圈面积；B 为磁铁的磁感应强度；R_{coil} 为线圈内阻；ψ 为磁通量。

当工况条件一定时，不同位置安装的 EMG 输出性能略有差别，主要是由于线圈缠绕误差导致。当往复频率为 0.5Hz 时，EMG1、EMG2 和 EMG3 的感应电流分别可达 2.6mA、1.7mA、1.9mA；当往复频率为 4Hz 时，EMG 的感应电流分别 15.05mA、14.34mA 和 13.41mA。由此可知，EMG 比 S-TENG 的输出电流更高。

2) 振幅对输出性能的影响

图 6.7 为不同振幅下 S-TENG 的开路电压和短路电流。可以看出，随着振幅增加，S-TENG 的开路电压和短路电流均增大。这是由于随着振幅增加，分离距

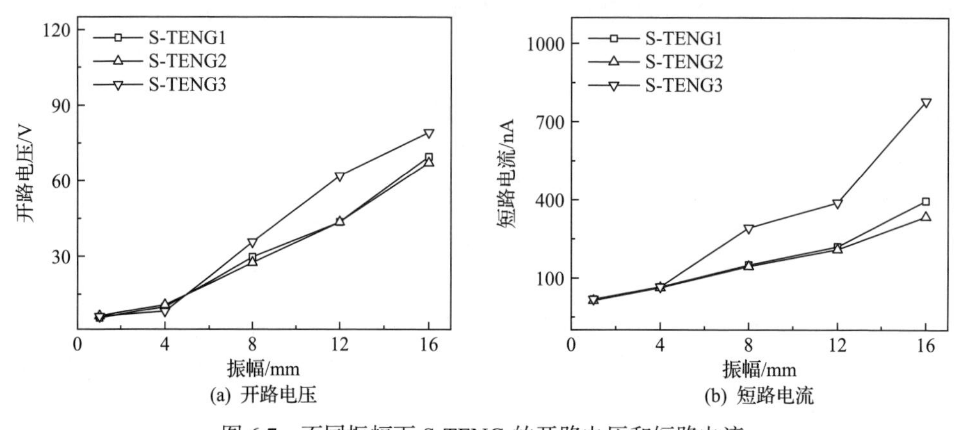

(a) 开路电压　(b) 短路电流

图 6.7　不同振幅下 S-TENG 的开路电压和短路电流

离增大，从而使得 Cu 箔和织构化 PI 薄膜的净电荷数量增多导致。

当振幅为 1mm 时，S-TENG1、S-TENG2 和 S-TENG3 的开路电压分别为 4.97V、5.46V 和 5.7V，高于 3.3V 锂电池的充电电压阈值，有利于实现小振幅振动能量的收集和存储。

图 6.8 为不同振幅下 EMG 的感应电动势和感应电流。可以看出，感应电动势和感应电流均随着振幅的增加而增加。这是由于振幅增加增大了切割磁感线的线圈面积。

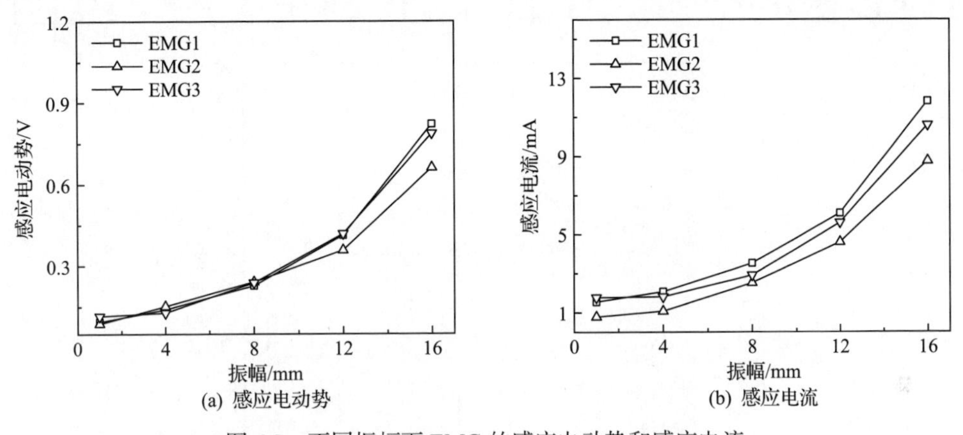

图 6.8　不同振幅下 EMG 的感应电动势和感应电流

3) 负载电阻对输出功率和输出电压的影响

为了比较 S-TENG 和 EMG 输出功率的差异，测试了振幅 16mm、往复频率 4Hz 时 S-TENG 和 EMG 输出功率随负载电阻的变化，如图 6.9 所示。可以看出，随着负载电阻的增加，S-TENG 和 EMG 的输出功率均呈现先增加后降低的规律。对于 S-TENG，当负载电阻为 50MΩ 时，S-TENG1、S-TENG2 和 S-TENG3 的输

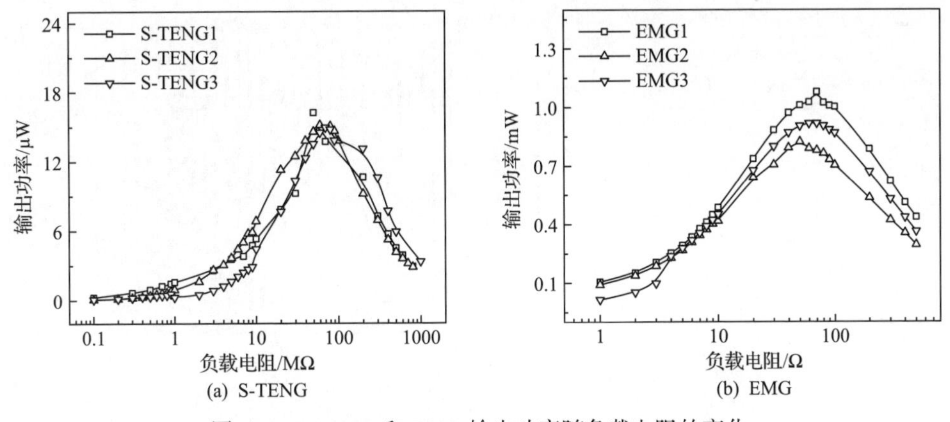

图 6.9　S-TENG 和 EMG 输出功率随负载电阻的变化

出功率分别为 16.17μW、14.51μW 和 13.46μW；而对于 EMG，当负载电阻达到 70Ω 时，EMG1、EMG2 和 EMG3 的输出功率分别为 1.07mW、0.78mW 和 0.92mW。由此可知，EMG 比 S-TENG 的输出功率更高。

为了比较 S-TENG 和 EMG 的功率密度，利用天平称量了各部分的质量。由图 6.10 可以看出，EMG 的平均质量为 51.15g，而单个 S-TENG 平均质量为 0.68g。经计算，EMG 的功率密度为 18.93μW/g，而 S-TENG 的功率密度可达 22.7μW/g。尽管 EMG 的输出功率高于 S-TENG，但其质量较大，导致输出功率质量密度较低。S-TENG 虽然输出功率较低，但其因质量轻而使功率密度较高。

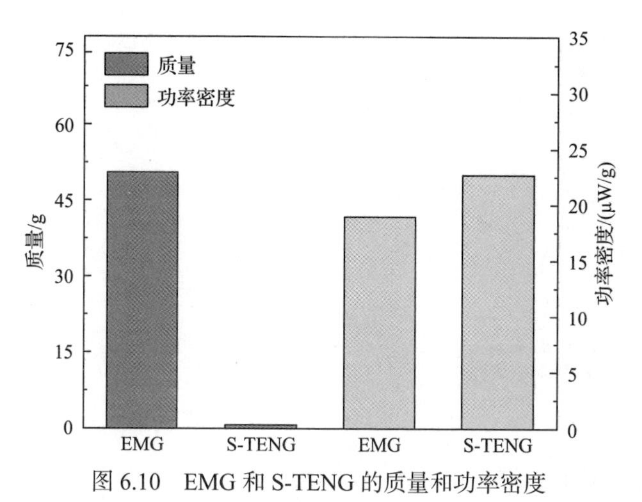

图 6.10　EMG 和 S-TENG 的质量和功率密度

2. 复合式振动能量收集器总输出性能测试

当振幅为 16mm、往复频率为 4Hz 时，EMG、S-TENG 和复合式振动能量收集器分别为 4.7μF 电容的充电曲线，如图 6.11(a)所示。可以看出，EMG 具有较

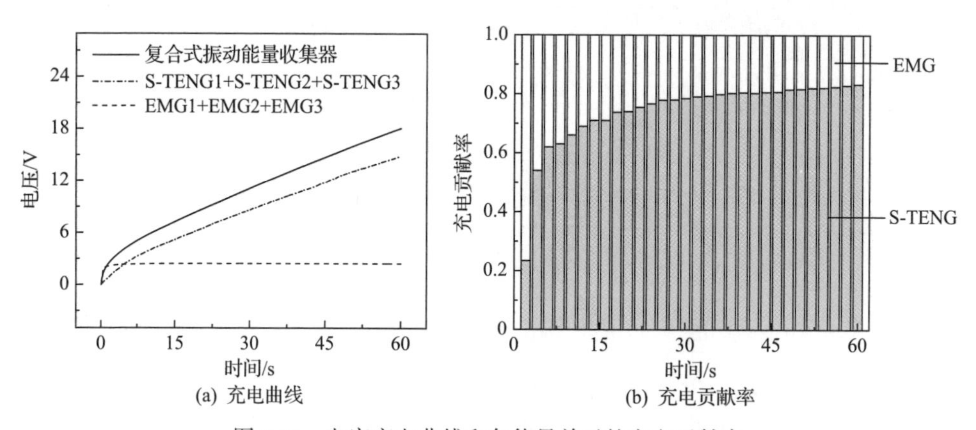

图 6.11　电容充电曲线和各能量单元的充电贡献率

快的充电速率，工作 2s 即可为 4.7μF 电容充电至 2.2V，但其电容饱和电压较低；S-TENG 充电速率较慢，但其长时间工作时可为电容充电至较高电压。当复合式振动能量收集器为电容充电时，充电速率较快，当其工作 60s 后，电容充电电压高于 EMG 和 S-TENG 单独工作时的电压。在复合式振动能量收集器为电容充电过程中，EMG 和 S-TENG 的充电贡献率如图 6.11(b)所示。可以看出，在复合式振动能量收集器充电前期，EMG 起主要作用，其充电贡献率最高可达 76.9%；而随着充电时间的增加，由于 S-TENG 高输出电压的特性，导致其充电贡献率逐渐增加至 83.3%。

图 6.12 为复合式振动能量收集器的应用测试。可以看出，复合式振动能量收集器可持续为 30mAh 锂电池充电，并满足加速度传感器的供能需求。

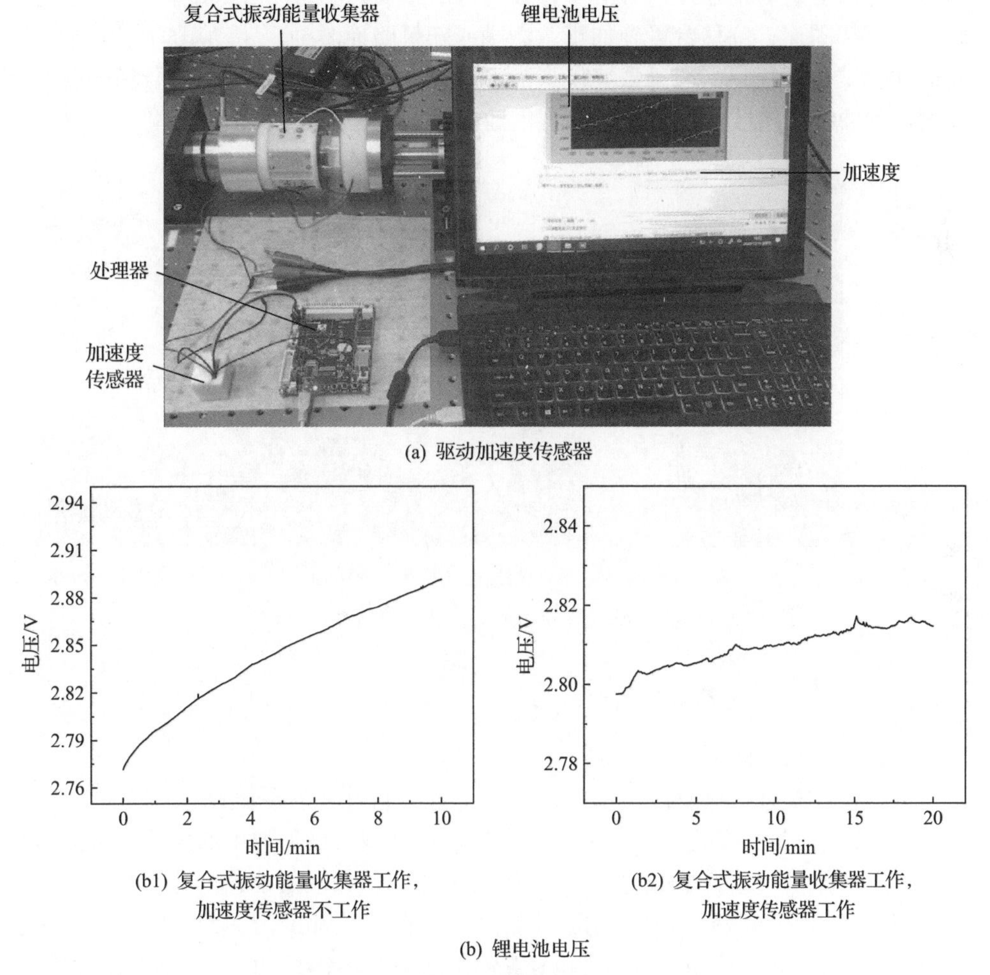

(a) 驱动加速度传感器

(b1) 复合式振动能量收集器工作，加速度传感器不工作

(b2) 复合式振动能量收集器工作，加速度传感器工作

(b) 锂电池电压

图 6.12　复合式振动能量收集器的应用测试

6.1.3 四分之一车辆悬架测试平台台架试验

为了测试复合式振动能量收集器在车辆悬架系统中的工作特性，基于麦弗逊式独立悬架，搭建了四分之一车辆悬架测试平台，并开展了相关台架试验。

1. 四分之一车辆悬架测试平台的构建

图 6.13 为四分之一车辆悬架测试平台。该测试平台主要由弹簧、减振器、下摆臂、导杆、转向拉杆、转向节、车轮、车架、基座、位移台、配重块、静电计、复合式振动能量收集器、采集仪和计算机等部分组成。其中，车轮、下摆臂和转向拉杆通过转向节安装于减振器下方，并通过螺钉与车架固连；车架通过导杆与固定在地面上的基座连接，可沿竖直方向自由振动；质量为 240kg 的配重块通过螺钉与车架固连；位移台可施加正弦激励或随机路面激励，驱动车轮沿着竖直方向运动。试验过程中，通过采集仪、静电计和计算机等构成的测试系统，对位移台的运动曲线、簧载质量加速度、锂电池电压等信号进行采集和存储。

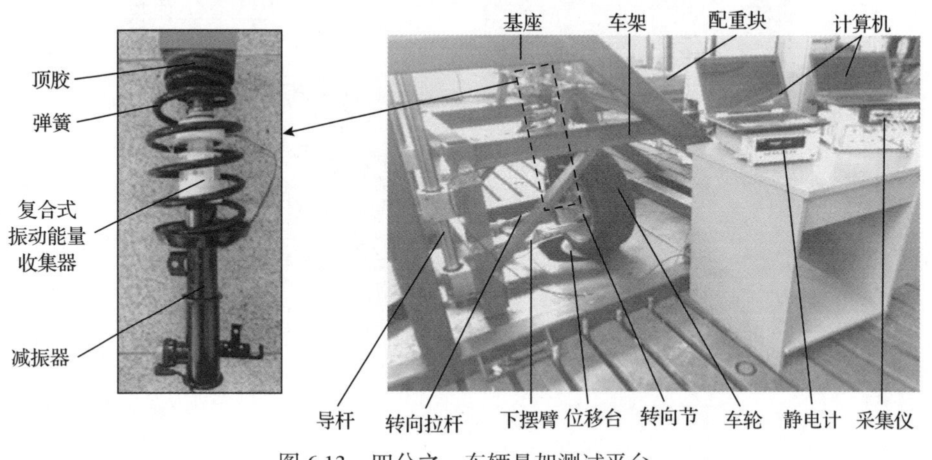

图 6.13 四分之一车辆悬架测试平台

2. 复合式振动能量收集器台架测试

1) 正弦激励测试

为了研究复合式振动能量收集器安装是否影响了悬架系统的阻尼性能，比较了正弦激励下，安装复合式振动能量收集器前后簧载质量加速度的差异，如图 6.14 所示。可以看出，复合式振动能量收集器的安装对簧载质量加速度几乎没有影响。

图 6.15 为正弦激励下复合式振动能量收集器应用测试。可以看出，复合式振动能量收集器工作 30min，可为 30mAh 锂电池由 2.791V 充电至 3.176V，收集到的能量可驱动加速度传感器持续工作 59min。复合式振动能量收集器工作 30min

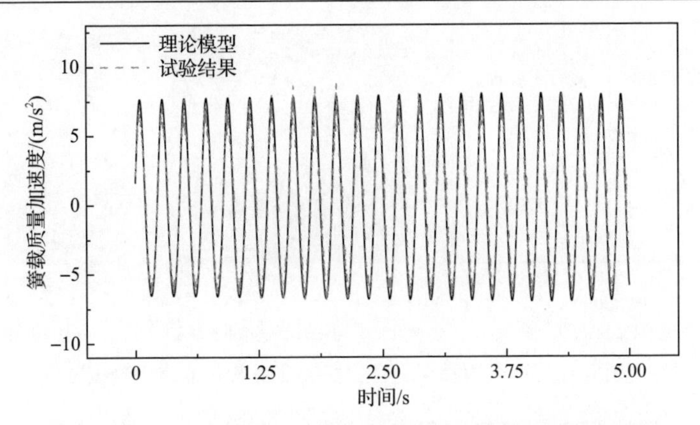

图 6.14　安装复合式振动能量收集器前后的簧载质量加速度

(a1) 试验台

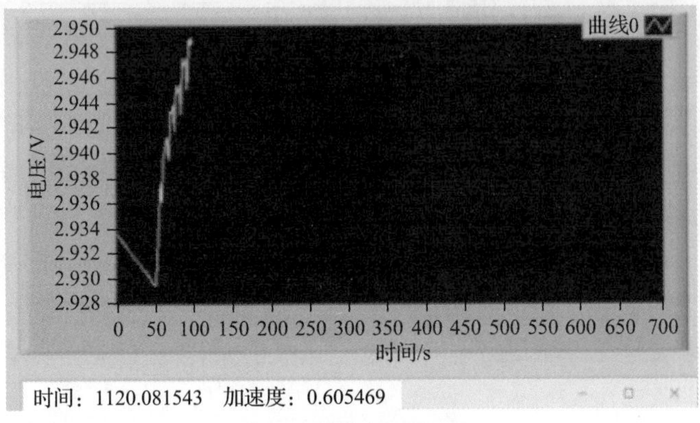

(a2) 数据采集界面

(a) 加速度传感器供电测试

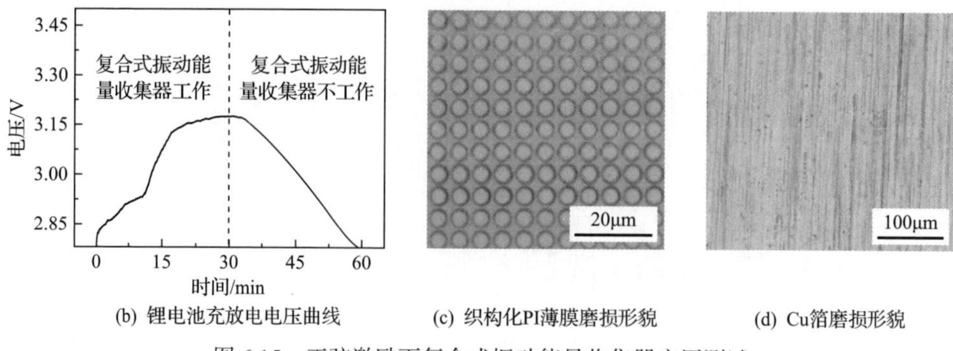

(b) 锂电池充放电电压曲线　(c) 织构化PI薄膜磨损形貌　(d) Cu箔磨损形貌

图 6.15　正弦激励下复合式振动能量收集器应用测试

后，织构化 PI 薄膜仅发生轻微磨损，织构间隙中储存有少量的磨屑，而 Cu 箔表面无明显磨屑转移。由此可知，S-TENG 具有良好的耐久性。

2) 随机路面激励

由于实际路面形貌的随机性，悬架系统受到的振动激励存在宽频域、变振幅的特点。当车辆低速行驶在较为平坦的路面时，悬架振幅较小且频率较低，在此条件下基于电磁感应原理的振动能量收集器输出电压较低，无法有效存储收集到的电能。为了研究复合式振动能量收集器对低频、小振幅随机路面激励下悬架系统振动能量的收集性能，采用积分白噪声法生成了 ISO 标准下 A、B 和 C 三种不同等级的随机路谱，如图 6.16(a) 所示。其中每级路面时间长度为 60s，车速 40km/h。

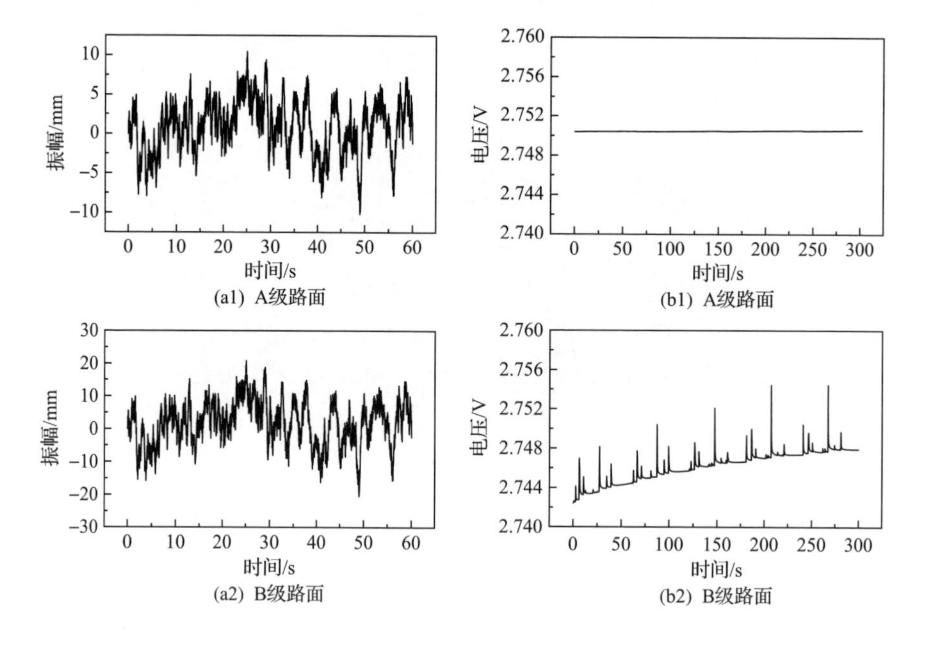

(a1) A级路面　(b1) A级路面

(a2) B级路面　(b2) B级路面

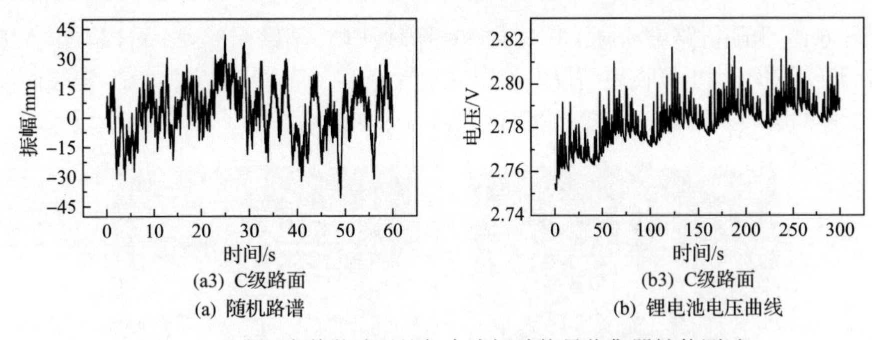

(a3) C级路面　(b3) C级路面

(a) 随机路谱　(b) 锂电池电压曲线

图 6.16　随机路谱激励下的复合式振动能量收集器性能测试

不同随机路谱激励下，复合式振动能量收集器和加速度传感器共同工作时的锂电池电压曲线，如图 6.16(b)所示。可以看出，当位移台施加小振幅的 A 级路面激励时，锂电池电压几乎保持不变，表明复合式振动能量收集器收集到的电能基本满足加速度传感器的供能需求；当施加 B 级路面激励时，锂电池电压轻微增加，表明复合式振动能量收集器收集的电能略多于加速度传感器耗费的电能；当施加 C 级路面激励时，锂电池电压呈现明显的增加趋势，表明收集到的电能明显多于加速度传感器耗费的能量。因此，该复合式振动能量收集器能满足加速度传感器的供能需求，不仅可收集低频、小振幅 A 级路面激励下的悬架系统振动能量，也可收集较大振幅的 B 级和 C 级路面激励下的振动能量，从而满足了不同路况条件下加速度传感器的供能需求。

为测试复合式振动能量收集器对随机振动能量的持续收集能力，开展了 B 级路面激励下的耐久性试验。图 6.17 为 B 级路面激励下锂电池电压。可以看出，在测试过程中，复合式振动能量收集器具有良好的工作稳定性，可持续收集悬架系统振动能量，满足了加速度传感器的供能需求。

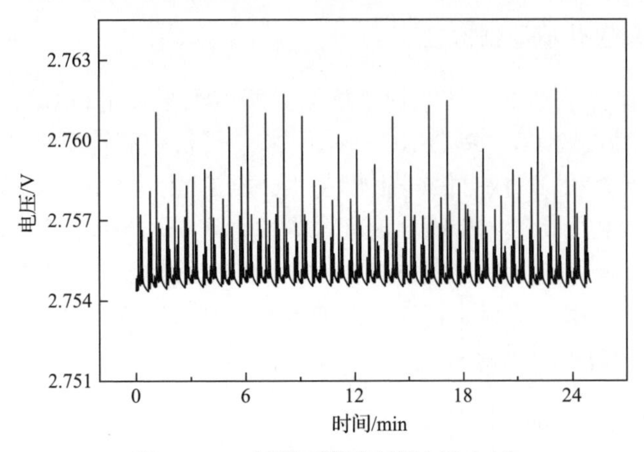

图 6.17　B 级路面激励下锂电池电压

图 6.18 为随机路谱激励下织构化 PI 薄膜和 Cu 箔磨损形貌。可以看出，工作 25min 后，织构化 PI 薄膜表面仅发生少许塑性变形，织构区域完整，Cu 箔表面仅附着有少量的磨屑。因此，在随机路面激励下，S-TENG 仍具有良好的耐久性。

(a) 织构化PI薄膜　(b) Cu箔

图 6.18　随机路谱激励下织构化 PI 薄膜和 Cu 箔磨损形貌

6.2　面向智能轴承的摩擦电转速传感器

智能轴承是在传统轴承的基础上集传感装置和调控装置为一体的独特结构单元，具有自感知、自诊断等功能，可实时监测轴承关键运行参数、识别运行状态、评估服役性能，并对轴承可能出现的早期异常做出及时预警，以降低潜在故障风险、延长设备使用寿命。因此，传感器技术是轴承智能化的关键技术之一，对于智能轴承的发展具有重要作用。基于摩擦纳米发电机的传感器具有不需要外接电源、结构简单、易于集成、高灵敏度等优点，在智能轴承中具有良好的应用前景。本节主要介绍面向智能轴承的摩擦电转速传感器设计方法。

6.2.1　摩擦电转速传感器结构设计

摩擦电转速传感器的主体结构是旋转式摩擦纳米发电机(rotary triboelectric nanogenerator，R-TENG)。R-TENG 不仅可将旋转机械能转换成电能，也可表征机械触发的动态过程，构成自供电轴承转速传感器。然而 R-TENG 在运行过程中，金属电极与聚合物间持续干摩擦会使聚合物发生磨损，导致其电学输出降低。为了优化 R-TENG 的结构，提高其耐久性，基于有限元模型研究初始电荷密度、转移膜覆盖率和结构参数等对旋转式摩擦纳米发电机磨损和起电性能的影响规律，为 R-TENG 结构设计提供依据。

1. R-TENG 机电耦合建模

图 6.19 为 R-TENG 的结构[3]。其核心部分为定子与转子，转子由 N 组放射状

阵列的Cu电极和支撑基底构成；而定子主要由Cu电极、聚合物薄膜和支撑基底组成，定子的Cu电极由A电极和B电极组成，两组电极间通过精细的沟槽分离，每一个电极的图案均为放射状阵列扇形区并相互连接。

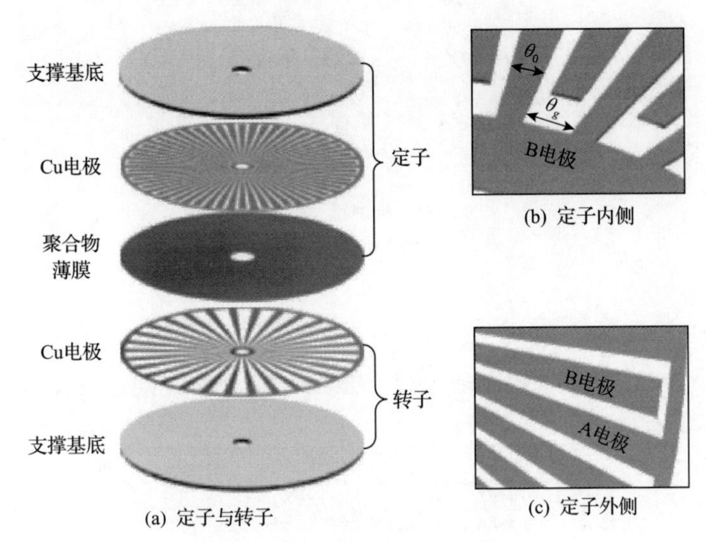

图6.19　R-TENG的结构[3]

表6.1为R-TENG的结构参数。

表6.1　R-TENG的结构参数

参数	数值	参数	数值
聚合物薄膜相对介电常数 ε_r	3	定子外径 r_o/mm	48
聚合物薄膜厚度 d_2/μm	36	扇区角度 θ_0/(°)	4
金属电极厚度 d_3/μm	32	扇区间隔角度 θ_g/(°)	8
定子内径 r_i/mm	6	扇区组数 N	30

图6.20为考虑静电力的R-TENG磨损有限元模型[3]。转子与定子均采用八节点的六面体单元离散，单元的每个节点具有三个方向的平动自由度与一个额外的温度自由度。整个有限元模型的单元数为69480，节点数为89370，假设模型各部分均为线弹性体。

表6.2为R-TENG材料性能参数。

R-TENG转子的Cu电极与定子的聚合物薄膜之间的静电相互作用为库仑吸引力。聚合物薄膜的厚度 d_2 远小于其直径的尺寸，因此两表面可以简化为无限大平行板电容器。采用非线性弹簧单元来模拟接触界面间的静电相互作用，弹簧单元的非线性特征遵循式(3.31)所表征的力-位移关系。

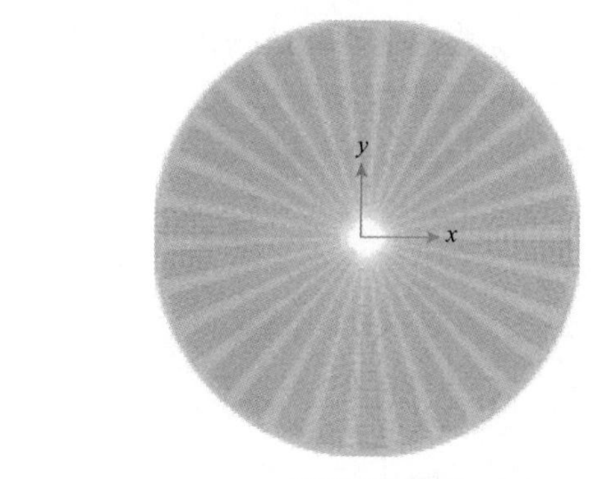

(a) 磨损有限元模型

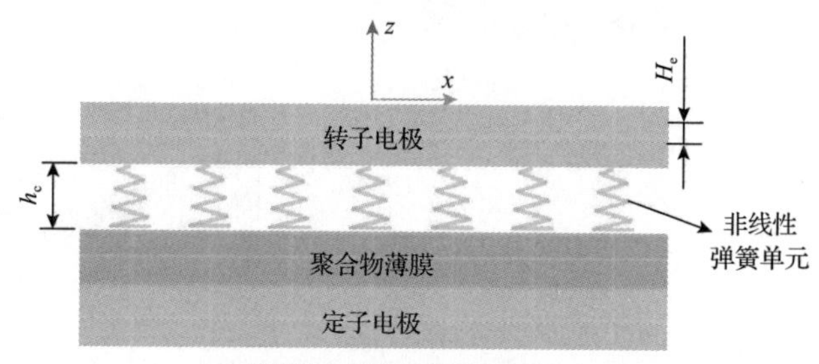

(b) 考虑静电力的黏附接触模型

图 6.20　考虑静电力的 R-TENG 磨损有限元模型[3]

表 6.2　R-TENG 材料性能参数

材料	弹性模量/GPa	泊松比	密度/(g/cm^3)	硬度/GPa	比热容/[J/(g·K)]	导热系数/[W/(m·K)]	热膨胀系数/K^{-1}
支撑基底	22	0.15	1.9	—	1.37	0.3	1.8×10^{-5}
Cu 电极	119	0.316	8.92	—	0.386	377	1.77×10^{-5}
聚合物薄膜	2.9	0.34	1.4	2	1.09	0.4	3.0×10^{-5}

R-TENG 工作过程中，持续干摩擦所引起的温升会使结构产生热应力和热变形，进而影响界面磨损行为。定子与转子接触表面的摩擦热流密度 q_s、q_r 分别为

$$q_s = \beta\mu p(r,t)v_r \tag{6.4}$$

$$q_r = (1-\beta)\mu p(r,t)v_r \tag{6.5}$$

式中，$p(r,t)$ 为节点瞬时接触压力；v_r 为相对滑动速率；β 为摩擦热流量分配因子；μ 为摩擦系数。

$$\beta = \frac{\sqrt{\rho_s c_s k_s}}{\sqrt{\rho_s c_s k_s} + \sqrt{\rho_r c_r k_r}} \tag{6.6}$$

式中，c_s 为聚合物薄膜的比热容；c_r 为 Cu 电极的比热容；k_r 为 Cu 电极的导热系数；k_s 为聚合物薄膜的导热系数；ρ_s 为聚合物薄膜的密度；ρ_r 为 Cu 电极的密度。

Cu 电极相对于聚合物薄膜磨损量很小，因而计算过程中仅考虑聚合物薄膜的磨损。由于 Cu 电极与聚合物摩擦副的磨损机制主要为黏着磨损与磨粒磨损，采用 Archard 磨损模型模拟 R-TENG 运行时材料的去除过程，其表达式为

$$V_{\mathrm{wv}} = \frac{K_{\mathrm{w}}}{H} F_{\mathrm{nl}} s = K_{\mathrm{d}} F_{\mathrm{nl}} s \tag{6.7}$$

式中，K_{d} 为有量纲磨损系数。

为实现连续性磨损的计算，将式(6.7)两端同时除以微元面积 ΔA，可得 Archard 磨损模型的微分形式为

$$\Delta h = K_{\mathrm{d}} p \Delta s \tag{6.8}$$

式中，p 为接触压力；Δh 为磨损深度增量；Δs 为位移增量。

随后将式(6.8)离散为若干个磨损增量步，每一个增量步转动一定的角度增量。磨损深度的离散表达式为

$$h_{i,j}^{n} = h_{i-1,j}^{n} + K_{\mathrm{d}} p_{i,j}^{n} \Delta s_{i,j}^{n} \tag{6.9}$$

式中，i 为磨损计算增量步对应的时间；j 为磨损计算增量步对应的运动周期；n 为接触表面节点编号。

图 6.21 为有限元模型表面节点的内法线方向节点 k 周围的单位法向量 $\boldsymbol{n}_k$。按节点内法线方向调整节点坐标即可得到磨损后的界面轮廓，节点 k 上的单位法向量 $\boldsymbol{n}_k$ 可表示为

$$\boldsymbol{n}_k = \frac{\boldsymbol{n}_k^1 + \boldsymbol{n}_k^2 + \boldsymbol{n}_k^3 + \boldsymbol{n}_k^4}{\left\| \boldsymbol{n}_k^1 + \boldsymbol{n}_k^2 + \boldsymbol{n}_k^3 + \boldsymbol{n}_k^4 \right\|} \tag{6.10}$$

式中，$\boldsymbol{n}_k^{N_{\mathrm{e}}}$ 为节点 k 所在第 N_{e} 个单元的法向量，N_{e}=1、2、3 和 4。

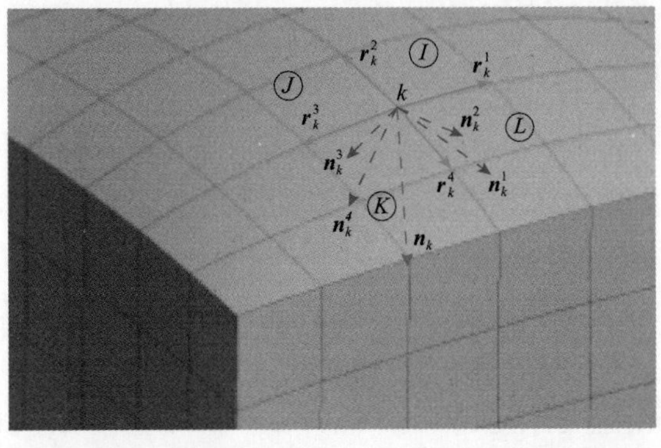

图 6.21　有限元模型表面节点的内法线方向节点 k 周围的单位法向量 $\boldsymbol{n}_k$

对于六面体单元，节点 k 被 I、J、K 和 L 四个单元所共有。$\boldsymbol{n}_k^{N_e}$ 的表达式为

$$\begin{cases}\boldsymbol{n}_k^{N_e}=\boldsymbol{r}_k^l\times\boldsymbol{r}_k^m, & l,m=1,\ 2,\ 3,\ 4\\ \boldsymbol{n}_k^{N_e}\boldsymbol{S}_k\geqslant 0\end{cases}\tag{6.11}$$

式中，$\boldsymbol{r}_k^l$ 和 $\boldsymbol{r}_k^m$ 分别为节点 k 周围第 N_e 个单元表面上的两个相邻向量；$\boldsymbol{S}_k$ 为节点 k 指向它内部相邻节点的向量。

若节点位移 $\delta_{i,j}^n$ 与节点磨损深度 $h_{i,j}^n$ 之和超过节点所在单元高度 H_e 的 10%之后，需重新进行单元离散以避免网格畸变。采用增广拉格朗日接触算法、Newton-Raphson 等数值算法进行 R-TENG 磨损有限元模型的求解，以获取摩擦纳米发电机的温度分布、接触压力和磨损量。

为了研究 Cu 电极表面的转移膜对 R-TENG 电学输出性能的影响，将转移膜的位置坐标 (r_t,θ_t) 作为随机变量，基于转移膜覆盖率预测值 $\hat{X}_t$，结合蒙特卡罗随机抽样方法确定 (r_t,θ_t) 的 N_s 个样本点，模拟转移膜在转子电极表面上的随机分布。由于转移膜分布的不均匀性，将转子电极表面按照径向位置均匀划分为 N_r 个区间，即以 $[r_j, r_j+\Delta H]$ 为一个区间，记为区间 $j\ (j=1,2,3,\cdots,L)$。对应的每个区间内随机变量的数目为 N_{sj}，$N_s=\sum_{j=1}^{L}N_{sj}$。记随机变量 $A_{rv}=j$ 表示 (r_t,θ_t) 落在区间 j 的概率，样本率是总体率的无偏估计，A_{rv} 的分布率可表示为

$$P\left(A_{rv}=j\right)=\frac{N_{sj}}{N_s}=\frac{\pi X_j\left[\left(r_j+\Delta H\right)^2-r_j^2\right]}{\pi X\left(r_o-r_i\right)^2}\tag{6.12}$$

式中，X_j 为区间 j 的转移膜覆盖率。

在区间 j 中，基于线性同余法生成 N_{sj} 组不重复的随机变量，其递推公式为

$$\begin{cases}r_{tc}=0.5\Delta r+\Delta r\left[\mathrm{mod}\left(a_{lc}r_{c-1}+c_{lc},M\right)-1\right],\\ \theta_{tc}=0.5\Delta\theta+\Delta\theta\left[\mathrm{mod}\left(a_{lc}\theta_{c-1}+c_{lc},M\right)-1\right],\end{cases}\quad c=1,2,\cdots,N_{sj}\tag{6.13}$$

式中，a_{lc}、c_{lc} 为线性同余法的系数；mod 为求余函数；M 为线性同余法的模；r_{tc} 为转移膜径向位置坐标；Δr 为随机变量的径向步长；$\Delta\theta$ 为随机变量的周向步长；θ_{tc} 为转移膜周向位置坐标。

为保证随机数可达到满周期，即周期与模相同，a_{lc} 与 M 需互质。根据转移膜位置坐标 (r_t,θ_t) 的随机抽样结果，利用 COMSOL 软件建立包含聚合物转移膜和空气域的 R-TENG 静电感应有限元模型，如图 6.22 所示。整个有限元模型共计 618250+N_s 个单元，单元的每个节点具有一个电势自由度。取 $\Delta r=0.1\mathrm{mm}$、$\Delta\theta=0.2°$、N_r=21，

蒙特卡罗随机抽样所得的转移膜单元随机分布示意图如图 6.22(b) 所示。

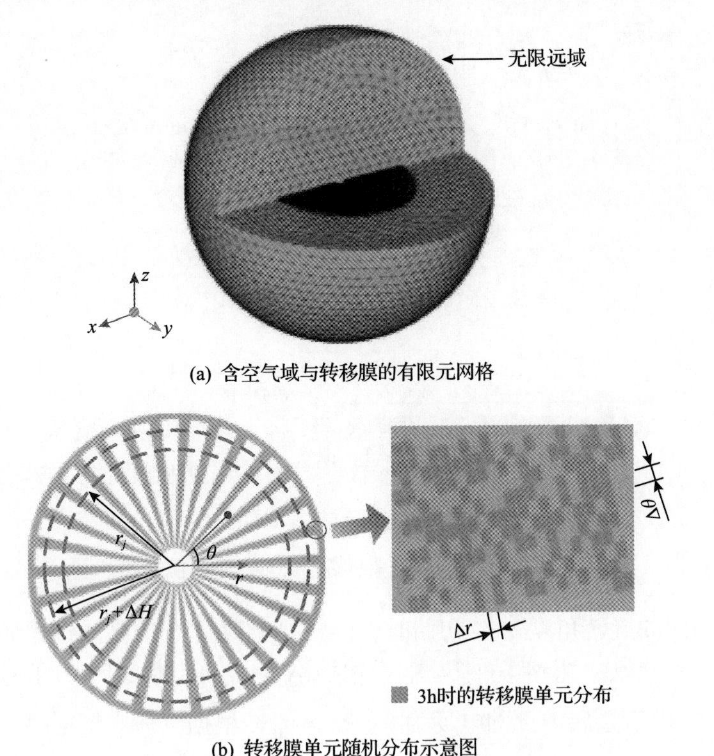

图 6.22　R-TENG 静电感应有限元模型

根据几何关系，可得转移膜覆盖率 X_t 与转移膜单元数目 N_s 满足关系式

$$X_t = \frac{N_s \Delta r \Delta\theta}{(r_o - r_i)\theta_0} \tag{6.14}$$

图 6.23 为不同旋转角度 α_a 下电荷分布示意图。根据电荷守恒可知，转子电极与聚合物薄膜的接触表面分别带有等量异号的电荷，在初始位置，聚合物薄膜表面具有均匀的摩擦电荷，表面密度为 $-\sigma_0$，重叠区域聚合物薄膜的摩擦电荷与转子电极表面的摩擦电荷相互抵消，转子电极表面的电荷量为 $0.5N\theta_0\sigma_0\left(r_2^2 - r_1^2\right)$。假设电子从电极 A 流向电极 B 为正，由于电极 A 和电极 B 内部的电场为零，则初始位置处电极 A 的表面电荷量 Q_{initial} 可表示为

$$Q_{\text{initial}} = -\frac{N\theta_0\sigma\left(r_o^2 - r_i^2\right)}{2} \tag{6.15}$$

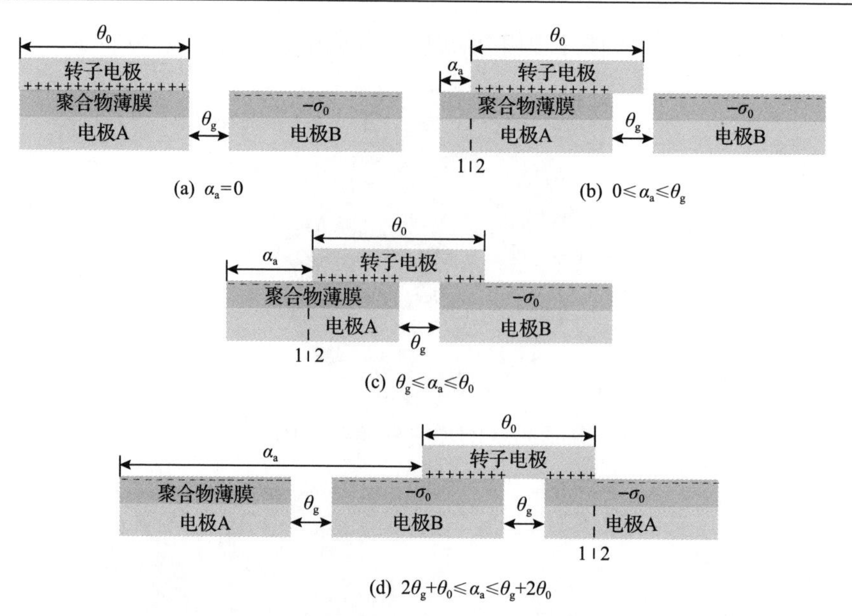

图 6.23　不同旋转角度 α_a 下电荷分布示意图

对于不同的旋转角度 α_a，初始时刻的转移电荷量 Q 的推导过程如下：

(1) $0\leqslant\alpha_a\leqslant\theta_g$。短路条件下，假设电极 A 上表面 1 和 2 区域的电荷密度分别为 σ_1 和 σ_2。由于金属内部的电场为 0，$\sigma_1=\sigma_0$，根据电荷守恒可得

$$\sigma_2=-\frac{\theta_0+\alpha_a}{\theta_0-\alpha_a}\sigma_0 \tag{6.16}$$

该时刻电极 A 的表面电荷量为

$$Q_{sc}=\left[\sigma_1\alpha_a+\sigma_2\left(\theta_0-\alpha_a\right)\right]\frac{N\left(r_o^2-r_i^2\right)}{2}=-\frac{N\theta_0\sigma_0\left(r_o^2-r_i^2\right)}{2} \tag{6.17}$$

转移电荷量 Q 是 Q_{net} 与 $Q_{initial}$ 的差，即

$$Q=Q_{net}-Q_{initial}=0 \tag{6.18}$$

(2) $\theta_g\leqslant\alpha_a\leqslant\theta_0$。短路条件下，根据电荷守恒，且金属内部的电场为 0，则

$$\sigma_1=-\frac{\theta_0+\theta_g}{\theta_0-\theta_g}\sigma_0 \tag{6.19}$$

该时刻电极 A 的表面电荷量为

$$Q_{\text{net}}=\left[\sigma_1\alpha_{\text{a}}+\sigma_2\left(\theta_0-\alpha_{\text{a}}\right)\right]\frac{N\left(r_{\text{o}}^2-r_{\text{i}}^2\right)}{2}=\frac{N\theta_0\sigma_0\left(-\theta_0-\theta_{\text{g}}+2\alpha_{\text{a}}\right)\left(r_{\text{o}}^2-r_{\text{i}}^2\right)}{2\left(\theta_0-\theta_{\text{g}}\right)}\tag{6.20}$$

转移电荷量 Q 为

$$Q=Q_{\text{net}}-Q_{\text{initial}}=\frac{N\theta_0\sigma_0\left(\alpha_{\text{a}}-\theta_{\text{g}}\right)\left(r_{\text{o}}^2-r_{\text{i}}^2\right)}{\theta_0-\theta_{\text{g}}}\tag{6.21}$$

(3) $\theta_0\leqslant\alpha_{\text{a}}\leqslant2\theta_{\text{g}}+\theta_0$。

$$Q_{\text{net}}=\frac{N\theta_0\sigma_0\left(r_{\text{o}}^2-r_{\text{i}}^2\right)}{2}\tag{6.22}$$

$$Q=N\theta_0\sigma_0\left(r_{\text{o}}^2-r_{\text{i}}^2\right)\tag{6.23}$$

(4) $2\theta_{\text{g}}+\theta_0\leqslant\alpha_{\text{a}}\leqslant\theta_{\text{g}}+2\theta_0$。短路条件下，根据电荷守恒，且金属内部的电场为 0，则

$$\sigma_1=-\frac{\theta_0+\theta_{\text{g}}}{\theta_0-\theta_{\text{g}}}\sigma_0\tag{6.24}$$

$$\sigma_2=\sigma_0\tag{6.25}$$

该时刻电极 A 的表面电荷量为

$$\begin{aligned}Q_{\text{net}}&=\left[\sigma_1\left(\alpha_{\text{a}}-\theta_0-2\theta_{\text{g}}\right)+\sigma_2\left(2\theta_0+2\theta_{\text{g}}-\alpha_{\text{a}}\right)\right]\frac{N\left(r_{\text{o}}^2-r_{\text{i}}^2\right)}{2}\\&=\frac{N\theta_0\sigma_0\left(3\theta_0+3\theta_{\text{g}}-2\alpha_{\text{a}}\right)\left(r_{\text{o}}^2-r_{\text{i}}^2\right)}{2\left(\theta_0-\theta_{\text{g}}\right)}\end{aligned}\tag{6.26}$$

转移电荷量 Q 为

$$Q=Q_{\text{net}}-Q_{\text{initial}}=\frac{N\theta_0\sigma\left(2\theta_0+\theta_{\text{g}}-\alpha_{\text{a}}\right)\left(r_{\text{o}}^2-r_{\text{i}}^2\right)}{\theta_0-\theta_{\text{g}}}\tag{6.27}$$

(5) $2\theta_0+\theta_g \leqslant \alpha_a \leqslant 2\theta_0+2\theta_g$。此时转移电荷量 Q=0。

综上所述，初始时刻转移电荷量 Q 表达式为

$$Q=\begin{cases}0, & 0\leqslant \alpha_a \leqslant \theta_g,\ 2\theta_0+\theta_g \leqslant \alpha_a \leqslant 2\theta_0+2\theta_g \\ \dfrac{N\theta_0\sigma\left(\alpha_a-\theta_g\right)\left(r_o^2-r_i^2\right)}{\theta_0-\theta_g}, & \theta_g \leqslant \alpha_a \leqslant \theta_0 \\ N\theta_0\sigma\left(r_o^2-r_i^2\right), & \theta_0 \leqslant \alpha_a \leqslant \theta_0+2\theta_g \\ \dfrac{N\theta_0\sigma\left(2\theta_0+\theta_g-\alpha_a\right)\left(r_o^2-r_i^2\right)}{\theta_0-\theta_g}, & \theta_0+2\theta_g \leqslant \alpha_a \leqslant 2\theta_0+\theta_g\end{cases} \tag{6.28}$$

因此，初始时刻电荷密度 σ_0 可表示为

$$\sigma_0=\frac{Q}{N\theta_0\left(r_o^2-r_i^2\right)} \tag{6.29}$$

当聚合物薄膜发生磨损时，有限元模型中带负电的转移膜单元，一方面中和了转子电极表面相应位置的正电荷使净电荷总量减小，另一方面分隔了接触表面使有效接触面积减小。选定无限远区域作为零电势参考点，从而可求解不同时刻开路或短路条件下的节点电势分布。

图 6.24 为考虑聚合物转移膜分布的 R-TENG 起电性能仿真流程。

2. 磨损系数和转移膜覆盖率的确定

R-TENG 机电耦合模型中的有量纲磨损系数、转移膜覆盖率回归方程需通过试验确定。为获取有量纲磨损系数 K_d，利用摩擦磨损试验机在法向载荷 F_{nl} = 40N、转速 n_r=300r/min、温度为 23℃±1℃、相对湿度为 35%～40%的条件下，进行 R-TENG 的磨损性能测试。定子和转子保持彼此重合，在法向载荷的作用下紧密接触，设置运行时间 T_h = 3h。利用静电计记录 R-TENG 的开路电压、短路电流等电学输出。测试结束后将定子放置于天平称重，记录聚合物薄膜的质量。每个样本至少重复 3 次试验，结果求取平均值。

图 6.25 为聚合物薄膜的磨损量 m_s 随时间的变化曲线。可以看出，磨损过程分为跑合阶段与稳定磨损阶段。在跑合阶段，聚合物表面粗糙度值较大，有效接触面积较小，接触表面的磨损量较高，该阶段尚未形成相对稳定的转移膜。当进入稳定磨损阶段时，逐渐累积的转移膜阻碍了聚合物与转子电极的直接接触，从而使磨损量减小。

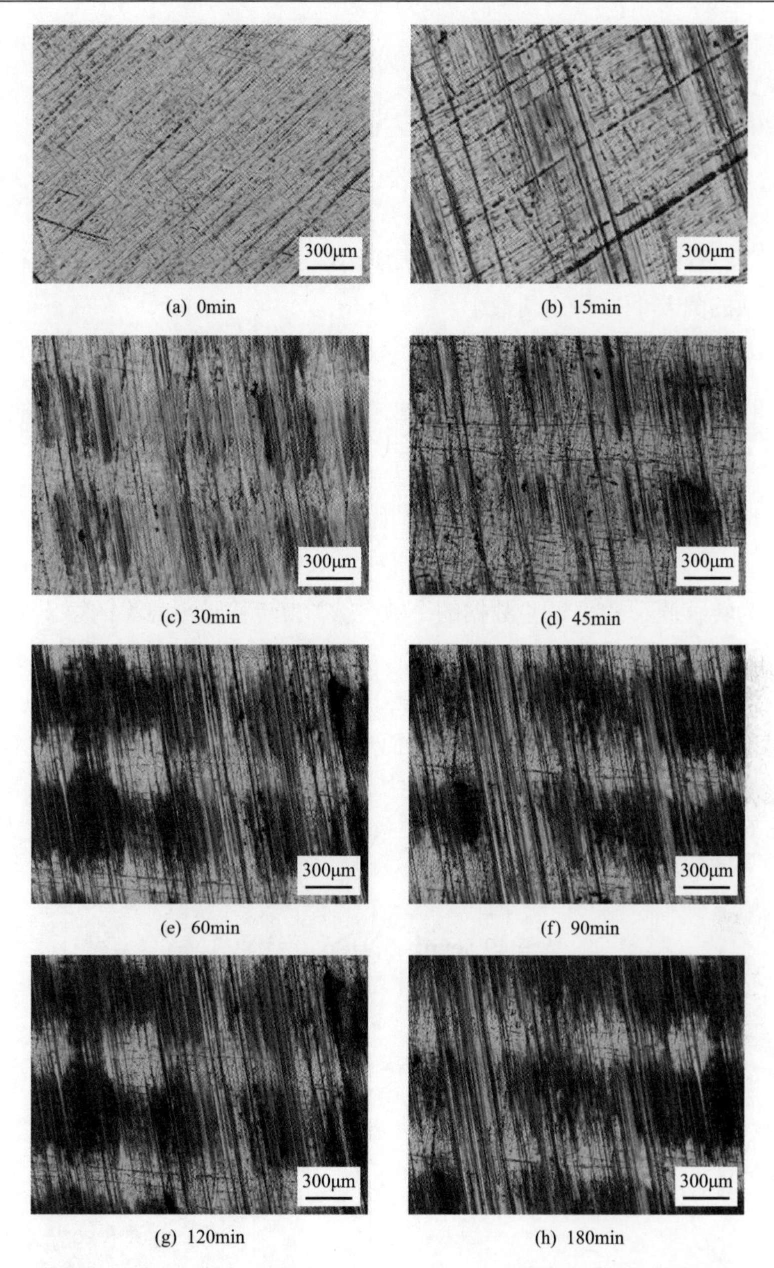

(a) 0min　(b) 15min　(c) 30min　(d) 45min　(e) 60min　(f) 90min　(g) 120min　(h) 180min

图 6.26　转子电极表面 45.0mm ≤ r ≤ 47.3mm 处不同时刻的转移膜形貌

(2) Gompertz 回归方程。基于磨损量 m_s 与转移膜覆盖率 X_t 的试验数据，采用 Gompertz 曲线模型建立二者的回归方程，Gompertz 曲线模型的一般形式为

$$X_t = k\exp\left(-be^{-am_s}\right) \tag{6.31}$$

式中，a、b、k 为待求参数。

对式(6.31)进行线性化处理，可得

$$\ln\left(\ln\frac{k}{X_{\mathrm{t}}}\right)=\ln b-am_{\mathrm{s}} \tag{6.32}$$

令 $X_{\mathrm{t}}^{*}=\ln\left(\ln k/X_{\mathrm{t}}\right)$，$b^{*}=\ln b$，采用最小二乘法估计式(6.32)中的未知参数，即使残差项的离差平方和达到最小。

回归方程的精度可通过复判定系数来评价，其表达式为

$$R^2=1-\frac{\sum_{k=1}^{N_{\mathrm{t}}}\left(X_{\mathrm{t}}^{k}-\hat{X}_{\mathrm{t}}^{k}\right)}{\sum_{k=1}^{N_{\mathrm{t}}}\left(X_{\mathrm{t}}^{k}-\bar{X}_{\mathrm{t}}\right)} \tag{6.33}$$

式中，N_{t}为转移膜覆盖率试验数据的个数；X_{t}^{k} 为转移膜覆盖率的第 k 个测试值；$\hat{X}_{\mathrm{t}}^{k}$ 为转移膜覆盖率的第 k 个预测值；$\bar{X}_{\mathrm{t}}$ 为转移膜覆盖率测试数据的平均值。

图 6.27 为转移膜覆盖率的回归曲线和转子电极边缘磨损形貌。可以看出，随着磨损量的增大，转移膜覆盖率先增加而后基本不变。这是由于转子电极表面逐渐累积的磨屑对新产生的磨屑产生排斥力，大部分磨屑随着旋转运动排出接触区域，如图 6.27(b)所示。回归方程的相关系数 R^2=0.911，拟合精度较好，方程表达式为

$$\hat{X}_{\mathrm{t}}=49.5\exp\left(-3.912\mathrm{e}^{-0.935m_{\mathrm{s}}(t)}\right) \tag{6.34}$$

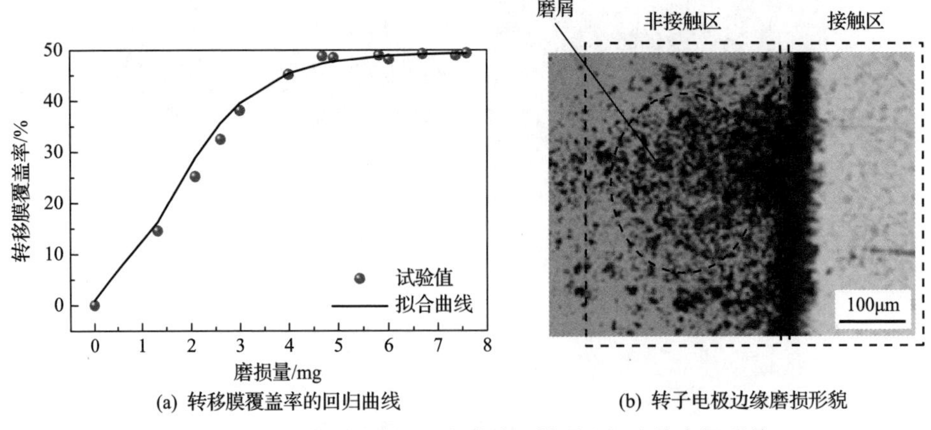

(a) 转移膜覆盖率的回归曲线　　(b) 转子电极边缘磨损形貌

图 6.27　转移膜覆盖率的回归曲线和转子电极边缘磨损形貌

3. R-TENG 性能研究

机电耦合模型仿真使用的参数为摩擦系数 μ = 0.25，初始时刻电荷密度 σ_0 = 58.2μC/m^2，F_{nl} = 40N，n_r = 300r/min，最小计算步数 N_l = 648000。

通过求解包含静电力的 R-TENG 磨损有限元模型，得到温度分布和磨损量。图 6.28 为 R-TENG 温度分布云图。可以看出，R-TENG 的整体温度呈周期对称分布，其中接触区域的温度沿径向呈梯度分布。随着时间的推移，接触表面受到摩擦热源的循环加热，因此接触区的温度最高，其他区域温度沿轴向向外逐渐降低。整个运行过程中，器件的最高温度由 23℃上升至 99.5℃。

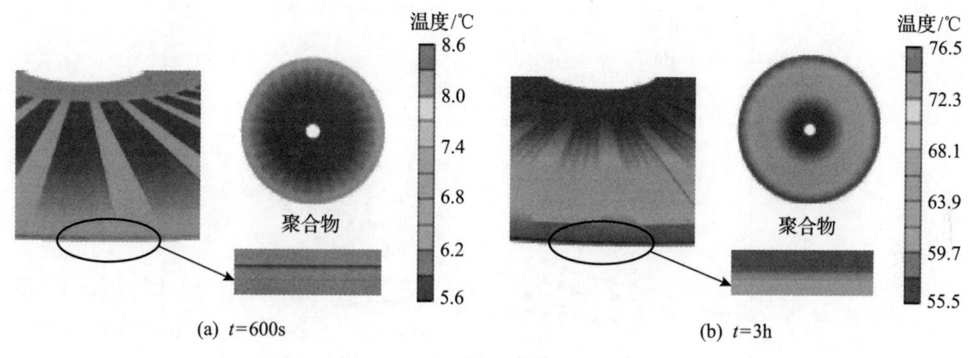

图 6.28　R-TENG 温度分布云图

图 6.29 为不同时刻聚合物薄膜的磨损深度分布云图。可以看出，聚合物薄膜的磨损深度呈周期对称分布，最大值出现在与转子电极的外侧边缘相接触的位置附近。这是由于边缘处存在应力集中，且转子电极在此处的滑动速度也较大。

图 6.30 为接触区域径向方向上节点磨损深度随时间的演变。可以看出，转子电极边缘附近的磨损深度较其他区域大。这是由于转子电极边缘 r=6mm 和 r=48mm 附近的接触应力存在突变。另外，随着时间的推移，相对滑动距离不断增大，磨损区域也沿径向逐渐扩展。R-TENG 运行 3h 后，聚合物薄膜的最大磨损深度达到 0.985μm。

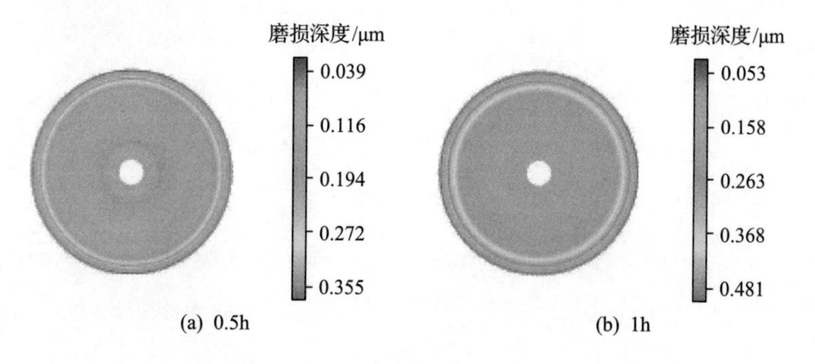

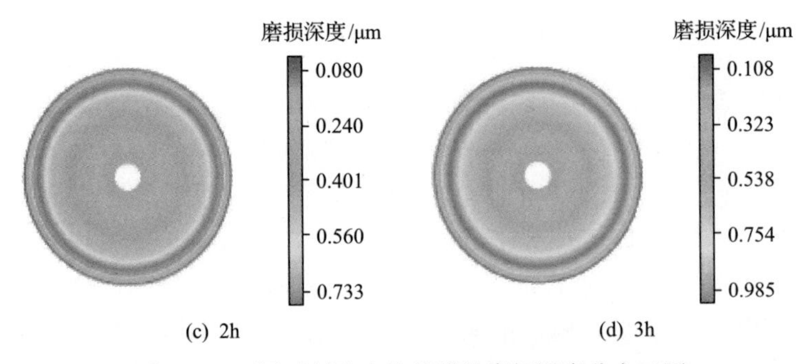

(c) 2h　　　　(d) 3h

图 6.29　不同时刻聚合物薄膜的磨损深度分布云图

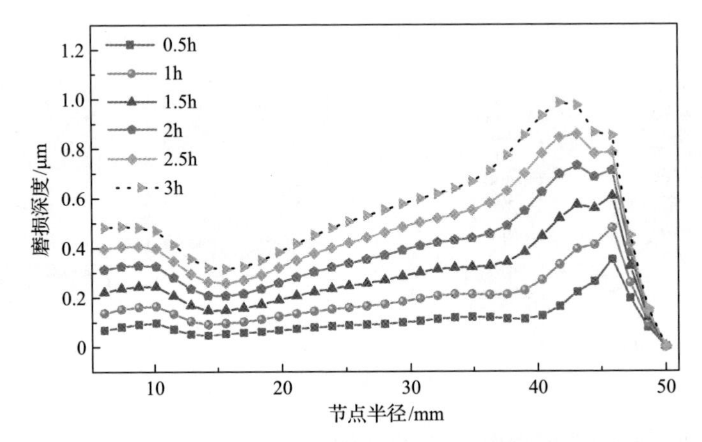

图 6.30　接触区域径向方向上节点磨损深度随时间的演变

根据转移膜覆盖率计算结果模拟不同时刻聚合物转移膜在转子电极表面的分布。图 6.31 为 $45.0 \leqslant r \leqslant 47.3$mm 处随机变量$(r_t, \theta_t)$的蒙特卡罗抽样，其中圆点代表静电感应有限元模型中转移膜单元的位置坐标。

通过求解包含聚合物转移膜的静电感应有限元模型，得到不同时刻 R-TENG 在开路条件下的电势分布，如图 6.32 所示。可以看出，随着聚合物转

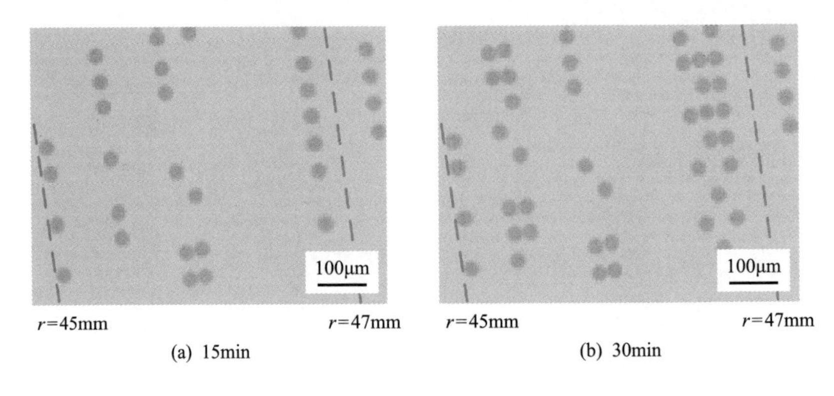

(a) 15min　　　　(b) 30min

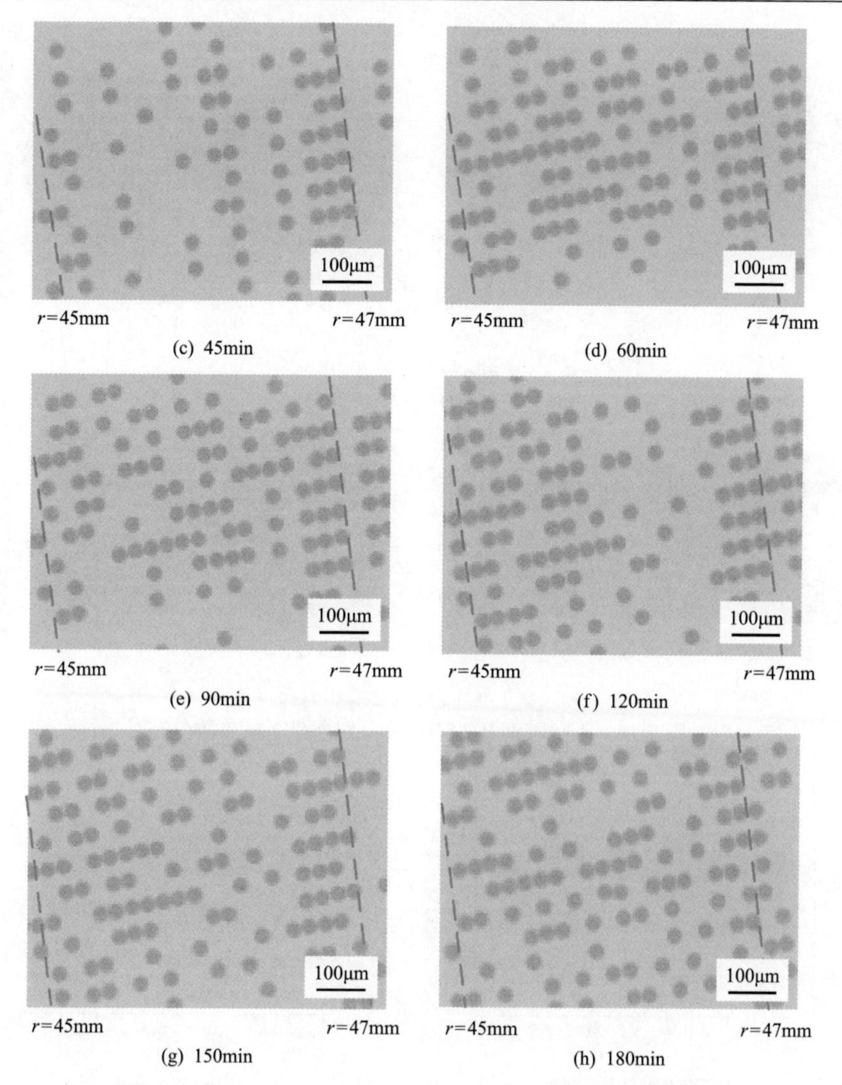

(c) 45min　(d) 60min
(e) 90min　(f) 120min
(g) 150min　(h) 180min

图6.31　$45.0 \leqslant r \leqslant 47.3$mm 处随机变量$(r_t, \theta_t)$的蒙特卡罗抽样

移膜的累积，定子与转子的表面电势均有所降低，其中转移膜覆盖区域比其他区域的电势降低更为明显，这是由于带负电的PI磨屑中和了转子电极表面对应位置的正电荷。

图6.33为R-TENG的电学性能和转移膜覆盖率随时间的变化。可以看出：

(1)转移膜覆盖率的增加使电荷密度产生衰减，且衰减速率逐渐减小。当转移膜覆盖率从0增至52.0%时，电荷密度σ由58.2μC/m^{2}降至13.5μC/m^2，降低了76.8%。

(2)随着时间的推移，最大开路电压呈现先减小而后基本不变的趋势。当转移膜覆盖率从0增至52.0%时，最大开路电压由280.4V降至65.0V，最大短路电流

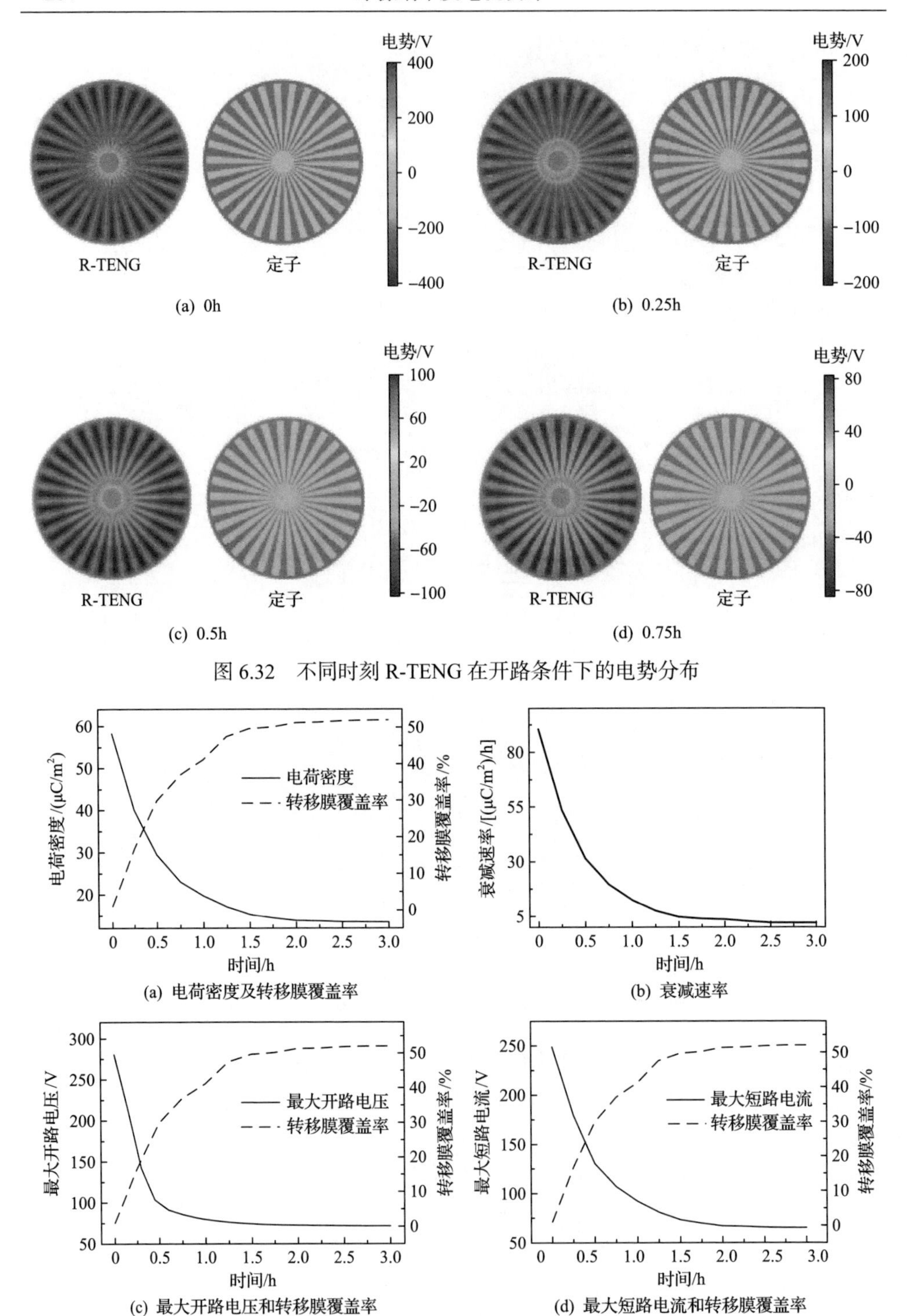

(a) 0h　(b) 0.25h　(c) 0.5h　(d) 0.75h

图 6.32　不同时刻 R-TENG 在开路条件下的电势分布

(a) 电荷密度及转移膜覆盖率　(b) 衰减速率　(c) 最大开路电压和转移膜覆盖率　(d) 最大短路电流和转移膜覆盖率

图 6.33　R-TENG 的电学性能和转移膜覆盖率随时间的变化

由 248.8μA 降至 57.6μA，且衰减速率也逐渐减小。由于电荷密度与最大开路电压成正比，因而二者同样也降低了 76.8%。

为研究初始电荷密度对摩擦纳米发电机磨损和起电性能的影响，计算了初始电荷密度 σ_0 分别为 $20\mu C/m^2$、$50\mu C/m^2$、$100\mu C/m^2$、$300\mu C/m^2$、$500\mu C/m^2$ 时的静电力、开路电压和短路电流。

图 6.34 为不同初始电荷密度下静电力随时间的变化规律。可以看出：

(1) 静电力随时间呈现“梯形”趋势变化，当转子电极 C 与定子电极 A 或 B 完全重叠时，静电力达到极大值；当转子电极 C 同时与定子电极 A、B 重叠时，静电力达到极小值。

(2) 静电力峰值随着时间的推移逐渐减小并达到稳定值，这是由于静电力与电荷密度呈二次函数关系。

(3) 当初始电荷密度 $\sigma_0 \leqslant 100\mu C/m^2$ 时，静电力均方根值在外载荷的占比小于 1.2%，初始电荷密度对磨损性能的影响可忽略不计。然而，当初始电荷密度较大时，如 $\sigma_0 = 500\mu C/m^2$，静电力的均方根值在外载荷的占比为 29.3%，此时初始电荷密度 σ_0 对磨损性能的影响显著。

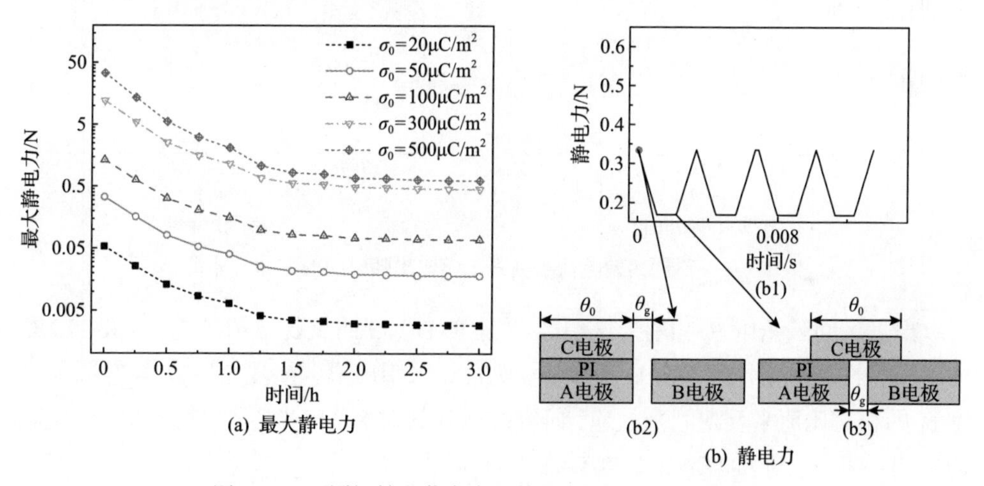

图 6.34　不同初始电荷密度下静电力随时间的变化规律

图 6.35 为磨损量和转移膜覆盖率随静电力的变化。可以看出，随着静电力的增加，磨损量与转移膜覆盖率稳定值均逐渐增大。这是由于在相同的法向载荷作用下，聚合物薄膜表面的压力增大导致的。

图 6.36 为不同初始电荷密度下电学输出随时间的变化规律。可以看出，随着初始电荷密度的增大，最大开路电压与最大短路电流均有所增大。然而，当初始电荷密度较大时，电学输出的衰减幅度会增大。这是由于较大的静电力致使磨损量与转移膜覆盖率增大导致的。

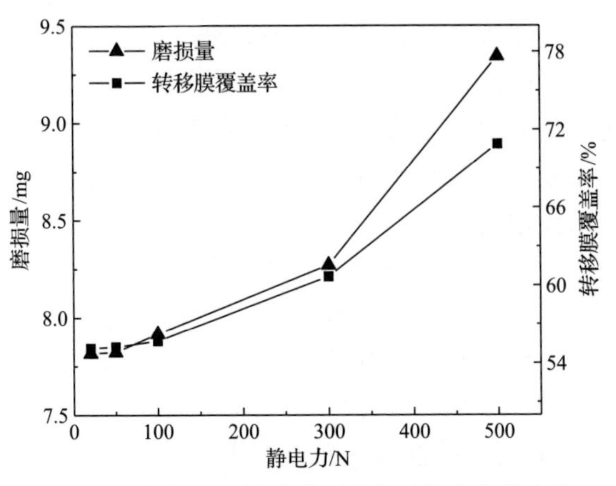

图 6.35 磨损量和转移膜覆盖率随静电力的变化

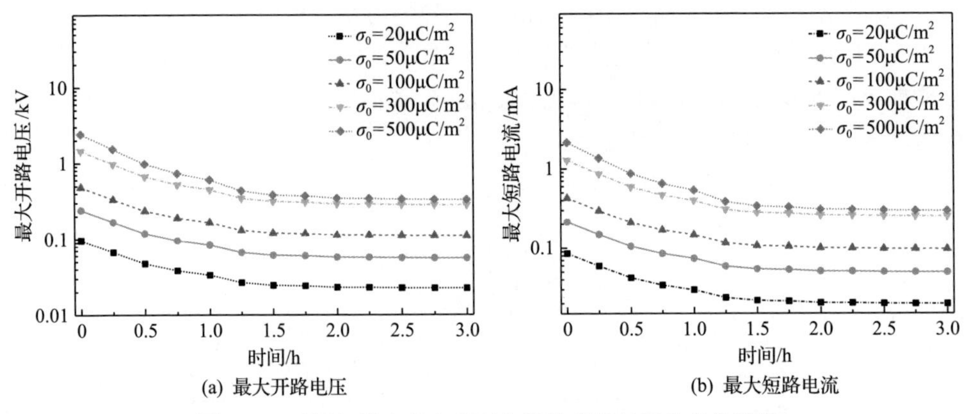

图 6.36 不同初始电荷密度下电学输出随时间的变化规律

扇形区间隔角度 θ_g 和扇形区组数 N 是 R-TENG 的重要结构参数，对 R-TENG 的磨损特性和起电性能有着显著影响。为此，采用扇形区间隔角度 θ_g 与扇形区角度 θ_0 的相对比值来反映间隙效应，研究结构参数对 R-TENG 磨损性能和起电性能的影响。表 6.3 为 R-TENG 结构参数。

表 6.3 R-TENG 结构参数

序号	扇形区组数 N	θ_g/θ_0
1	30	0.5
2	30	0.2
3	18	0.2
4	2	0.2

图 6.37 为不同 θ_g/θ_0 下 R-TENG 的磨损特性和起电性能。可以看出，随着扇形

区间隔角度 θ_g 的增加，最大开路电压、最大短路电流、稳定开路电压和稳定短路电流均增加。当计入聚合物磨损时，电学输出的衰减幅度随着扇形区间隔角度 θ_g 的增加而增加，因为聚合物薄膜接触压力的增大加速了磨损过程中的材料转移。

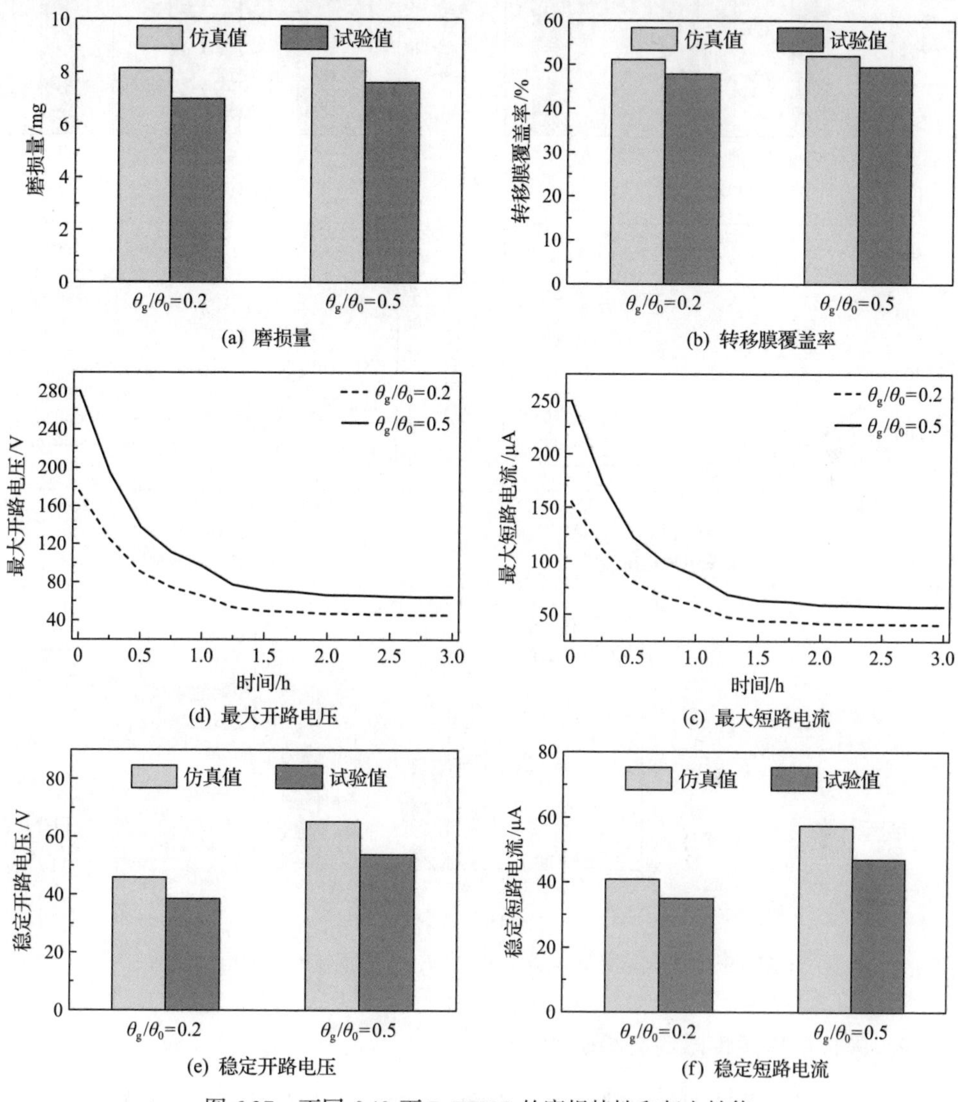

图 6.37　不同 θ_g/θ_0 下 R-TENG 的磨损特性和起电性能

图 6.38 为不同扇形区组数下 R-TENG 的磨损特性和起电性能。可以看出，随着扇形区组数 N 的增加，短路电流逐渐增加，而开路电压降低。当包括聚合物薄膜磨损时，电输出的衰减幅度随着光栅数 N 的增加而增加，因为扇形区组数 N 的增加引起的更显著的边缘效应加剧了聚合物薄膜的磨损。

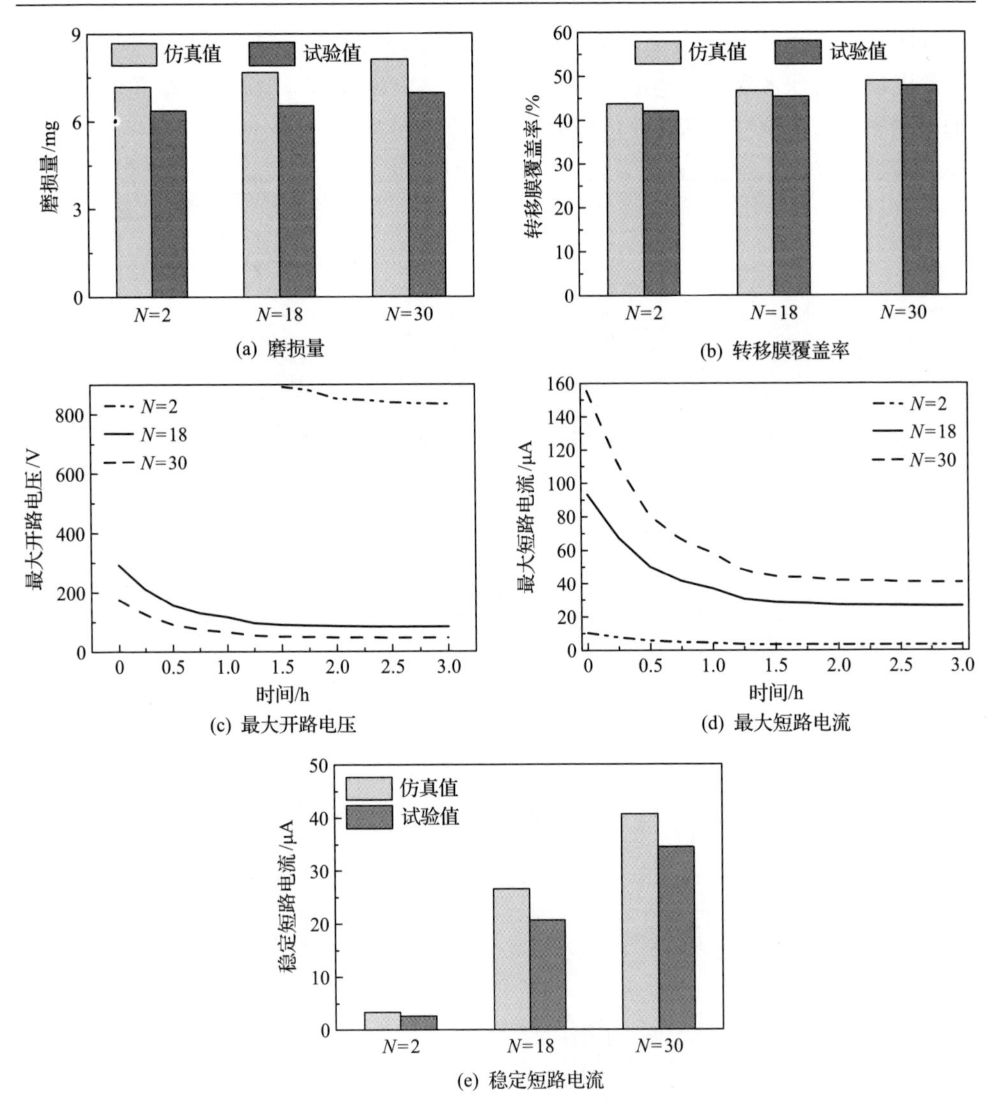

图 6.38　不同扇形区组数下 R-TENG 的磨损特性和起电性能

6.2.2　摩擦电转速传感器电路设计

摩擦电转速传感器的电路主要用于将 R-TENG 产生的类正弦信号转化为方波信号，计算其频率，并进行无线发射。

1. 硬件电路设计

摩擦电转速传感器的硬件电路主要包括波形转化电路、单片机最小系统和无线收发模块。

图 6.39 为波形转化电路原理图。波形转化电路的主要功能是将 R-TENG 输出的摩擦电信号转化为方波信号，主要由电阻、电容和滞回比较器构成。由于 R-TENG 输出电压较高、阻抗较大，采用 R_1 和 R_2 来构建分压电路，从而实现阻抗匹配和降压。为了将分压之后的信号转换为方波信号，需要使用比较器完成此功能，为了避免在 0V 附近的噪声信号干扰，采用滞回比较器将类正弦波信号转化为方波信号。

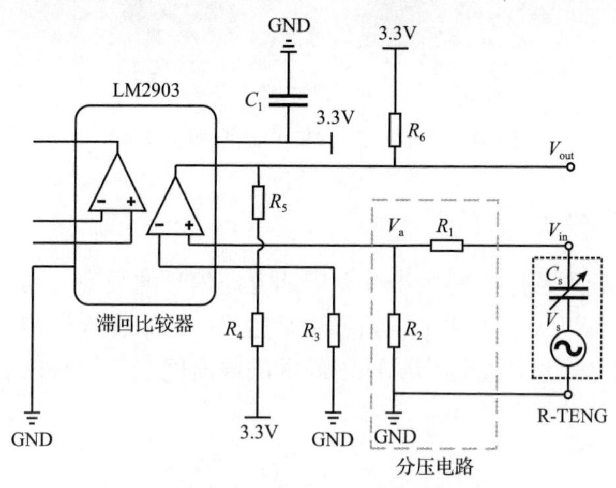

图 6.39　波形转化电路原理图

单片机最小系统的功能主要是计算波形转换电路输出的方波信号的频率。该系统主要由供电电路、时钟电路、复位电路和调试接口电路组成。供电电路主要由稳压芯片和电容组成，其中稳压芯片用于将外部 5V 的供电电压转化为单片机需要的稳定的 3.3V 电压，电容主要起到滤波的作用。时钟电路主要由晶振和电容组成，用于为微处理器提供基准时钟脉冲，并为处理器与其他外围芯片之间的信息传递搭建一个相同的时钟平台。复位电路主要由电容和电阻组成，用于使单片机系统复位。调试接口电路采用串行调试接口，主要用于程序烧录和数据输出。

无线收发模块主要将单片机计算得到的频率值，无线传输至计算机进行显示存储。

图 6.40 为硬件电路 PCB 原理图和实物图。

(a) PCB原理图

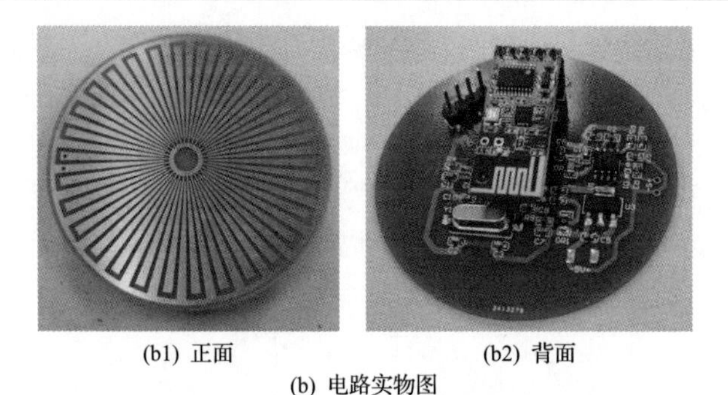

(b1) 正面　　(b2) 背面

(b) 电路实物图

图 6.40　硬件电路 PCB 原理图和实物图[4]

2. 单片机数据处理程序

单片机数据处理程序主要用于计算周期方波信号的频率以获得转速。现有的频率测量方法有频率法和周期法。频率法是通过一个采样周期内的脉冲个数来计算转速；周期法是通过两个输出脉冲之间的间隔时间来计算转速。在此选用频率法来计算转速，其计算公式为

$$n = \frac{60M_1}{ZT} \tag{6.35}$$

$$Z = \frac{360}{2\left(\theta_{\mathrm{g}} + \theta_0\right)} \tag{6.36}$$

式中，M_1 为时间 T 内的脉冲个数；n 为转速；T 为采样周期；Z 为 R-TENG 每转输出的脉冲个数。

3. 电路测试

为了测试硬件电路波形整形能力，利用电学测试平台测试了波形转换电路中 V_{in}、V_{out}、V_{a} 的电压。图 6.41 为波形转换电路测试结果。可以看出，当波形整形电路输入频率为 100Hz、幅值为 35V 的电压信号 V_{in} 时，经过降压电路后，V_{a} 的电

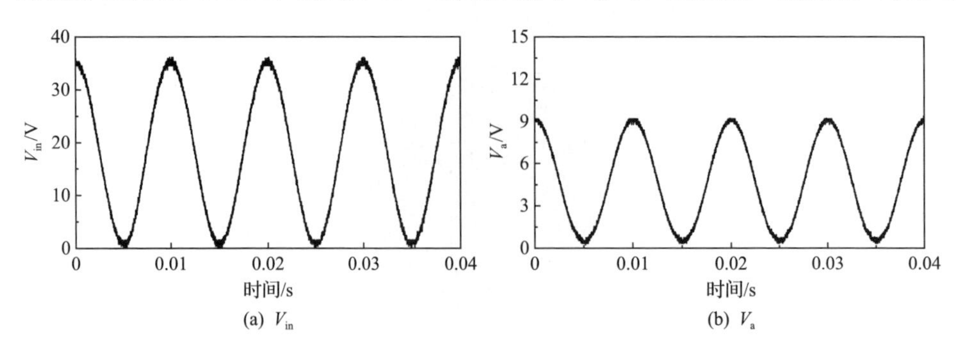

(a) V_{in}　　(b) V_{a}

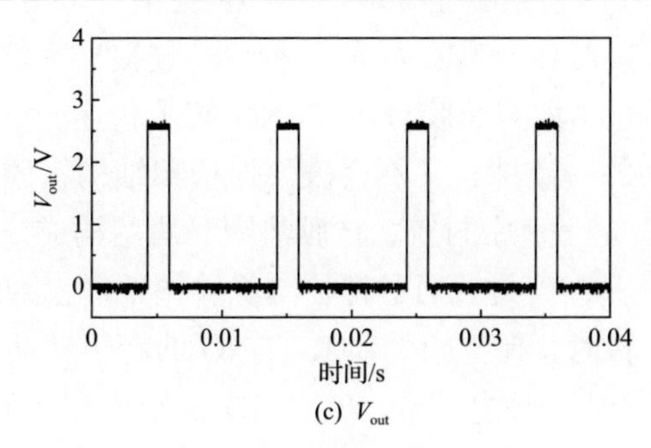

(c) V_{out}

图 6.41　波形转换电路测试结果

V_a. 经过降压电路后的电压；V_{in}. 波形整形电路的输入电压；V_{out}. 波形转换电路最终输出的电压

压幅值为 9.2V，证实了分压电路在降低电压方面的作用。由 V_{out} 可知，该电路可将输入的电压波形转化为周期性的方波信号，且方波信号 V_{out} 的频率与 V_{in} 的频率一致。

6.2.3　面向智能轴承的摩擦电转速传感器系统构建

图 6.42 为面向智能轴承的摩擦电转速传感器系统，主要包括转动单元和固定

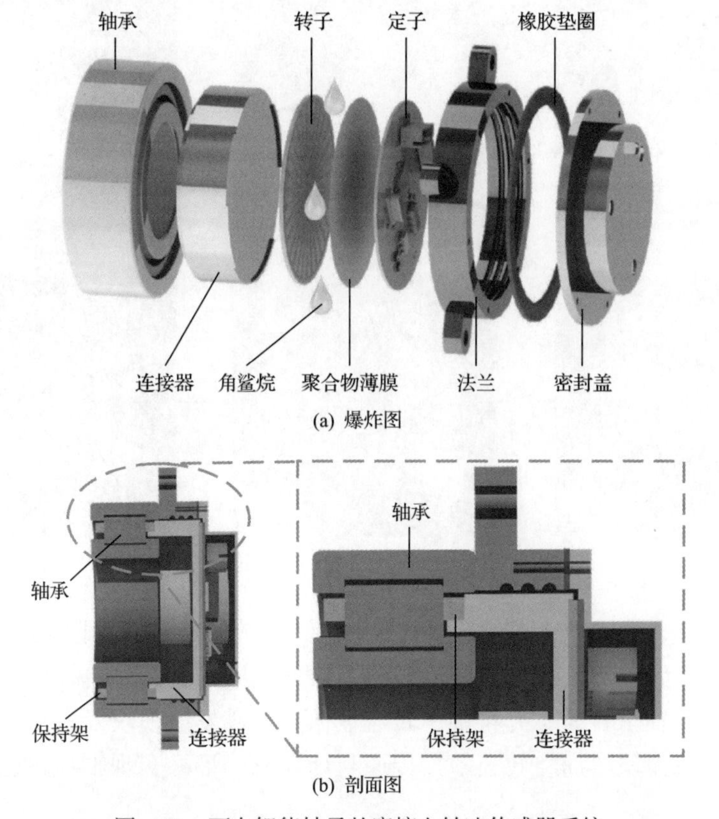

(a) 爆炸图

(b) 剖面图

图 6.42　面向智能轴承的摩擦电转速传感器系统

单元。转动单元由连接器和 R-TENG 转子构成，连接器一端通过过盈配合与保持架相连，另一端通过高温双面胶与 R-TENG 转子相连，这样既保证 R-TENG 的转子与保持架运动的一致性，又不会破坏保持架结构；固定单元由旋涂有聚合物薄膜的 R-TENG 定子、密封盖、橡胶垫圈、法兰构成，R-TENG 定子通过双面胶固定在密封盖上，密封盖通过螺栓与橡胶垫圈和法兰固连，法兰与轴承外圈固定。当轴承运转时，保持架带动 R-TENG 的转子转动，与 R-TENG 定子发生相对运动，进而产生摩擦电信号。R-TENG 的定子和转子的摩擦界面采用角鲨烷进行润滑。为了提高传感器系统的集成度，将图 6.40 所示电路集成在 R-TENG 的定子背面。

图 6.43 为摩擦电转速传感器的安装步骤。首先，将连接器一端通过过盈配合与轴承保持架连接，另一端与 TENG 转子连接，为了保证定子与保持架同心，连接器加工了 4 个定位凸台；随后，将法兰与轴承外圈对齐，TENG 定子与转子对齐；最后，使用螺栓将密封盖与橡胶垫圈和法兰连接。

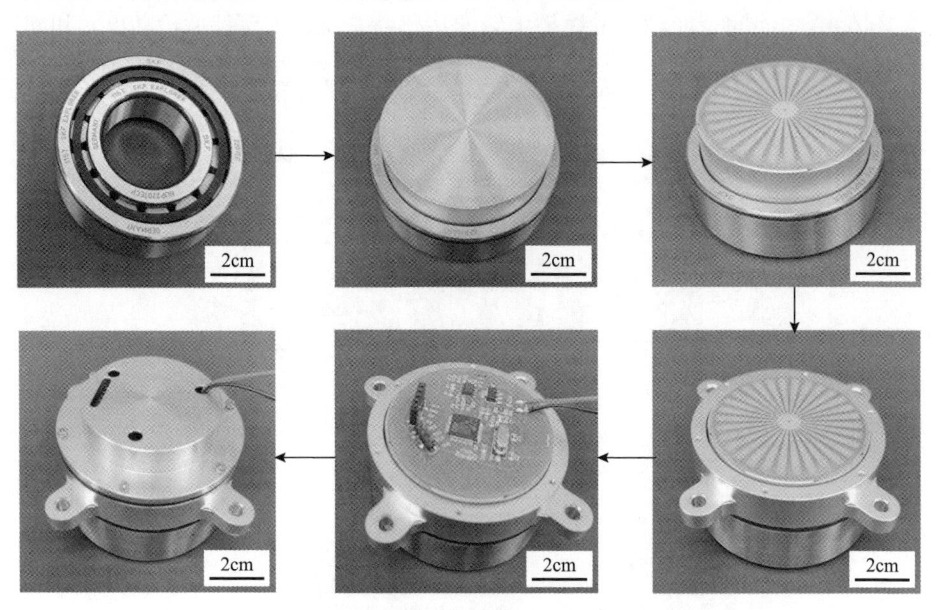

图 6.43　摩擦电转速传感器安装步骤

图 6.44 为轴承转速无线测试系统。其功能是通过波形转化电路，将 R-TENG 输出的与轴承转速对应的电压波形转化为频率相同的方波。单片机计算出方波信号的频率和轴承转速，并将轴承转速数据经无线发射模块发送至无线接收模块。无线接收模块继而将转速数据传递至计算机，最终实现轴承转速数据显示与存储。

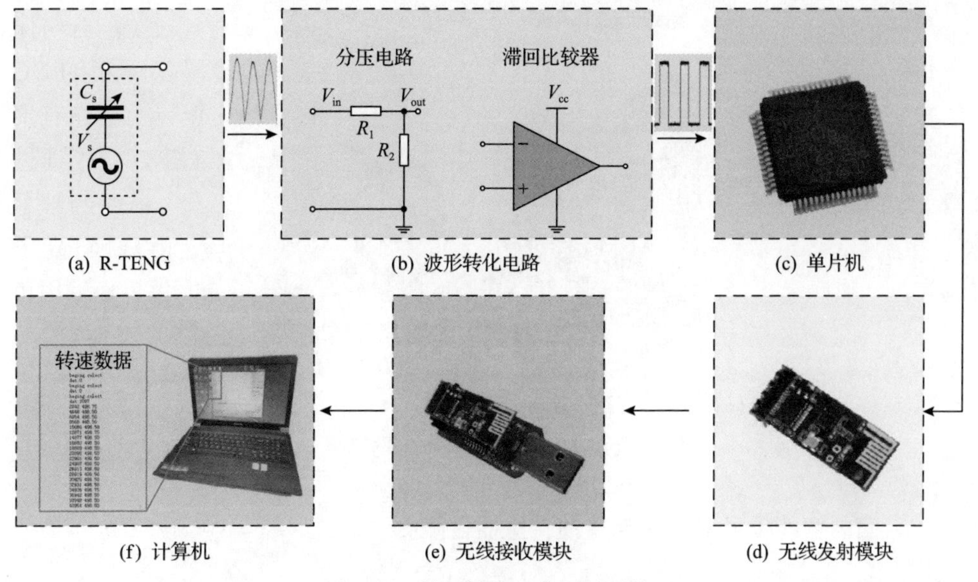

图 6.44　轴承转速无线测试系统

图 6.45 为轴承转速测试试验台，主要包括摩擦电转速传感器、驱动模块、支撑轴承模块、被试轴承模块和数据采集模块。其中，驱动模块主要由伺服电机、驱动器、电机支架和联轴器组成；支撑轴承模块主要由主轴、支撑轴承、轴承座构成；被试轴承模块由被试轴、被试轴承、轴承座、激光转速传感器、支架、压力传感器和精密位移平台构成；数据采集模块由转速显示器和压力显示器组成。

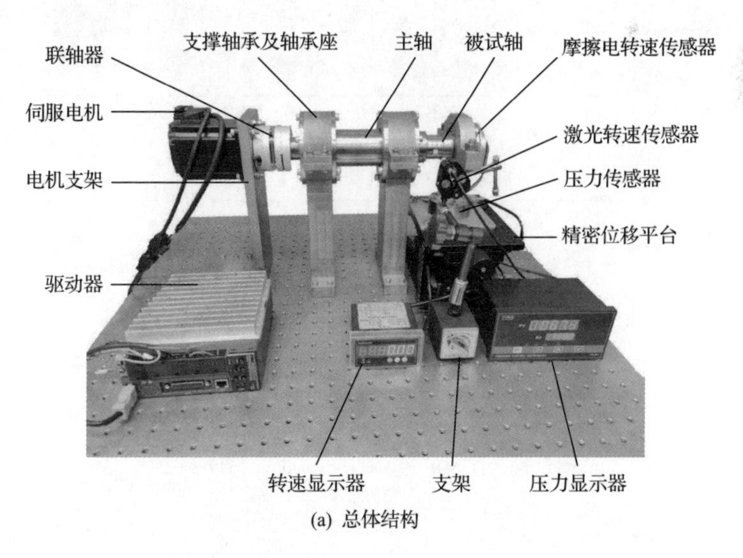

(a) 总体结构

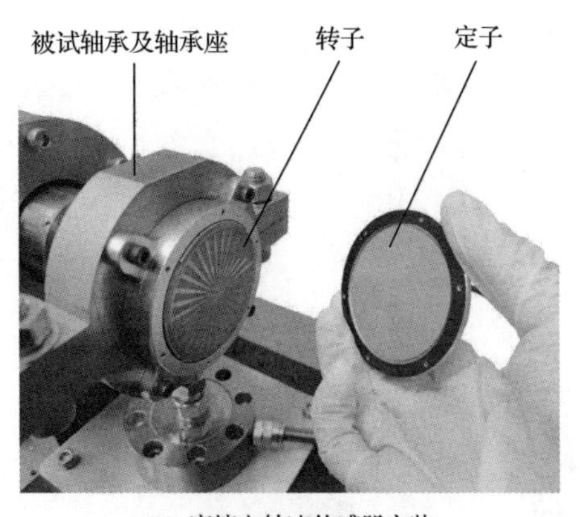

(b) 摩擦电转速传感器安装

图 6.45　轴承转速测试试验台

6.2.4　面向智能轴承的摩擦电转速传感器性能测试

1. 不同轴承转速下 R-TENG 的电学输出性能

图 6.46 为不同转速下 R-TENG 的电学输出性能，其中 R-TENG 的结构参数为 θ_g/θ_0=0.25、N=30。可以看出，随着转速增加，R-TENG 开路电压的峰值基本保持

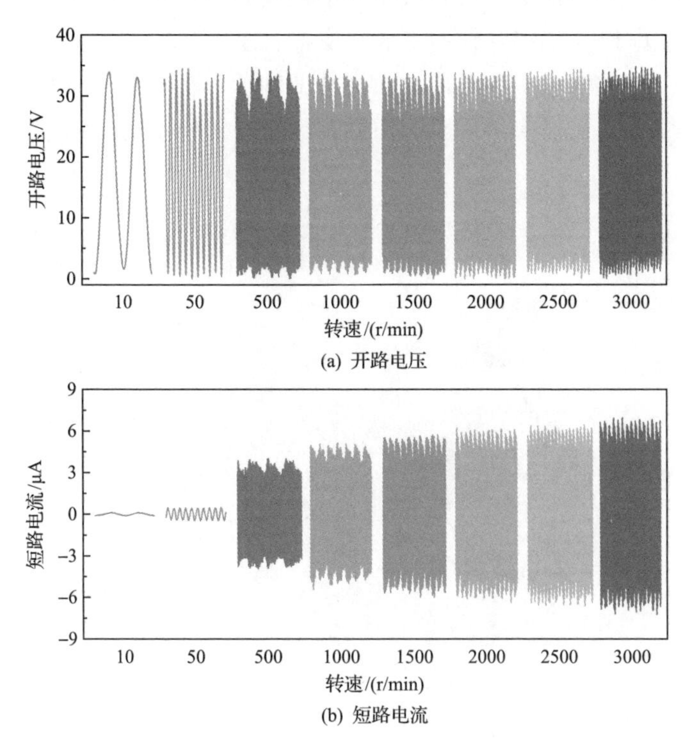

(a) 开路电压

(b) 短路电流

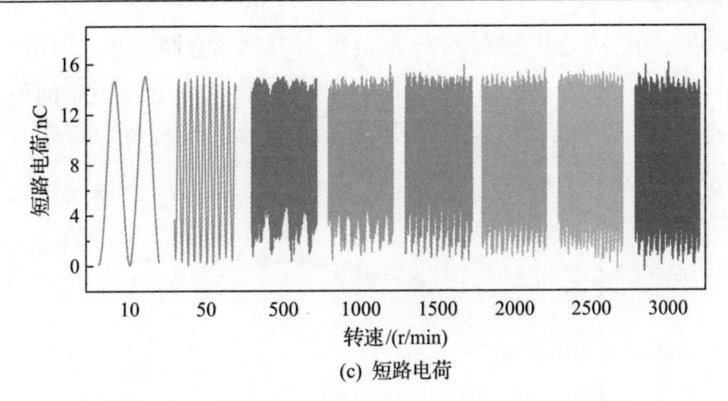

(c) 短路电荷

图 6.46　不同转速下 R-TENG 的电学输出性能

不变，而其频率逐渐增加；短路电流随着转速增加其幅值和频率均增大；短路电荷随转速的变化规律与开路电压一致，其幅值基本不随着转速发生变化。开路电压比短路电流和电路电荷的幅值更高，且其频率与转速具有相关性，如图 6.47 所示。因此，可通过检测 R-TENG 开路电压的频率来测试转速。

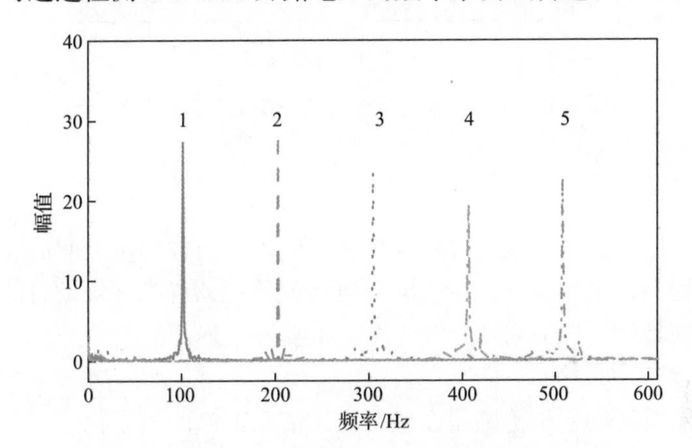

图 6.47　R-TENG 的开路电压信号的傅里叶变换

1. 500r/min，101.84Hz；2. 1000r/min，203.06Hz；3. 1500r/min，304.6Hz；4. 2000r/min，406.96Hz；5. 2500r/min，507.93Hz

表 6.4 为 R-TENG 与激光转速传感器测试的保持架频率对比。可以看出，R-TENG 测试的保持架频率与激光转速传感器测量的保持架频率几乎一致。

表 6.4　R-TENG 与激光转速传感器测试的保持架频率对比

电机转速/(r/min)	R-TENG 测试的保持架频率/Hz	激光转速传感器测试的保持架频率/Hz
500	3.39	3.39
1000	6.77	6.78
1500	10.15	10.17
2000	13.57	13.57
2500	16.93	16.96

为了说明摩擦电转速传感器的安装是否影响保持架的运行，利用激光转速传感器测试了当电机转速为 1000r/min 时，安装摩擦电转速传感器前后的保持架转速，如图 6.48 所示。可以看出，摩擦电转速传感器的安装对保持架转速基本没有影响，不会影响保持架的运转。

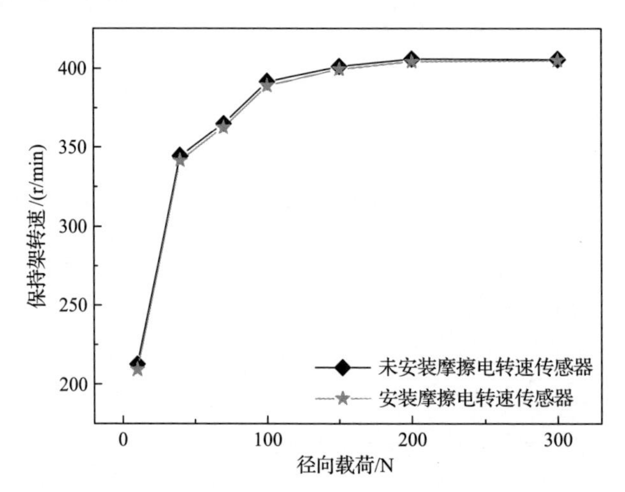

图 6.48　安装摩擦电转速传感器前后的保持架转速

2. 摩擦电转速传感器的静态标定

传感器的标定是通过试验来建立传感器输入量与输出量之间的关系，同时确定出不同使用条件下的误差关系。摩擦电转速传感器静态标定的目的是确定传感器的静态特性指标，如灵敏度、线性度、重复性和迟滞。

1）灵敏度

传感器的灵敏度是指传感器在稳态工作情况下输出量变化 Δy 与输入量变化 Δx 的比值，是输出-输入特性曲线的斜率。如果传感器的输出量与输入量间呈线性关系，则灵敏度为常数。为了获得摩擦电转速传感器的灵敏度，测试了不同保持架转速下摩擦电转速传感器的频率，如图 6.49 所示。

当保持架转速由 4.07r/min 增加至 1218.09r/min 时，摩擦电转速传感器的频率由 2.06Hz 增加至 608.27Hz，因此该传感器的灵敏度 S 为

$$S = \frac{\Delta y}{\Delta x} = 0.499\text{Hz}/(\text{r}/\text{min}) \tag{6.37}$$

2）线性度

线性度又称非线性误差，是指在全量程范围内实际特性曲线与拟合直线间的最大偏差值 $(\Delta y_{l})_{max}$ 与满量程输出值 y_{fs} 之比，可表示传感器输出量与输入量间的实际关系曲线偏离拟合直线的程度。

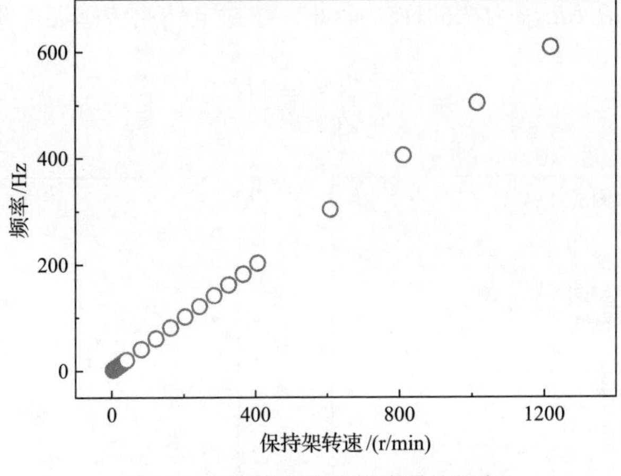

图 6.49　摩擦电转速传感器的频率

由图 6.50 可知，摩擦电转速传感器试验数据与线性拟合曲线最大偏差值为 2.33Hz，则摩擦电转速传感器的非线性误差 e_1 为

$$e_1 = \frac{\left|\left(\Delta y_1\right)_{\max}\right|}{y_{\mathrm{fs}}} = 0.384\% \tag{6.38}$$

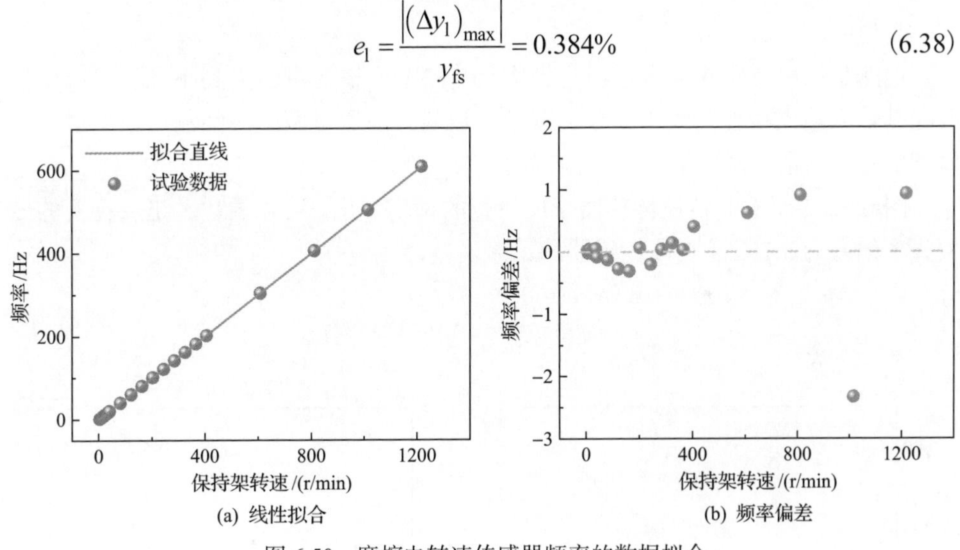

图 6.50　摩擦电转速传感器频率的数据拟合

3) 重复性

重复性是指传感器在输入量按同一方向作全量程多次测量时，所得到特性曲线的不一致性程度。当对应同一输入量，传感器多次测量输出值间的差值叫作重复差值。全量程中最大重复差值 $\Delta R_{\max}$ 与满量程输出值 y_{fs} 的比为重复性指标。

为了分析摩擦电转速传感器的重复性，测试了轴承转速从小到大变化时摩擦电转速传感器的频率，试验重复进行 5 次，如图 6.51 所示。在测试范围内，该传

感器最大重复差值 $\Delta R_{\max}$ 为 7.64Hz，因此，摩擦电转速传感器的重复性误差 e_{r} 为

$$e_{\mathrm{r}} = \pm \frac{\Delta R_{\max}}{y_{\mathrm{fs}}} = \pm 1.26\% \tag{6.39}$$

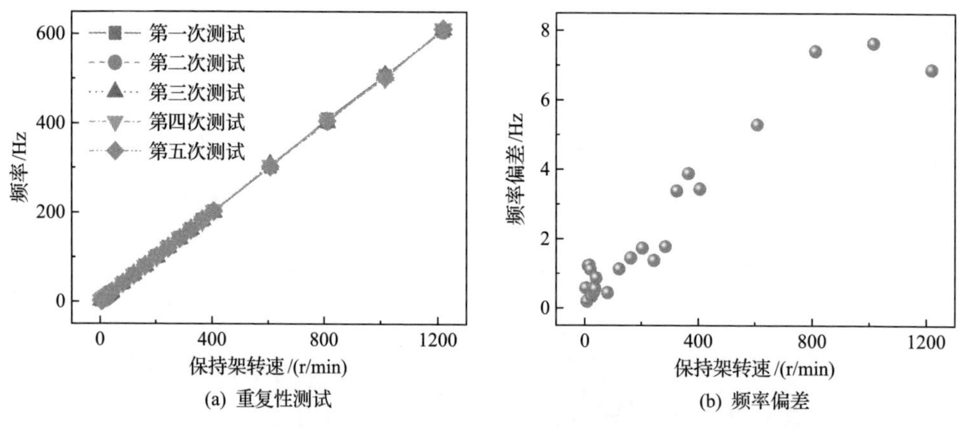

(a) 重复性测试　(b) 频率偏差

图 6.51　摩擦电转速传感器的重复性测试

4) 迟滞

迟滞是指传感器在输入量由小到大(正行程)和输入量由大到小(反行程)变化期间其输入输出特性曲线不重合的现象。迟滞一般通过两曲线间输出量的最大差值 $\Delta H_{\max}$ 与满量程输出值 y_{fs} 的比来表示。

图 6.52 为摩擦电转速传感器正反行程的频率变化。可以看出，正反行程的最大频率偏差为 3.7Hz，则该传感器的迟滞误差 e_{h} 为

$$e_{\mathrm{h}} = \frac{\Delta H_{\max}}{y_{\mathrm{fs}}} = 0.61\% \tag{6.40}$$

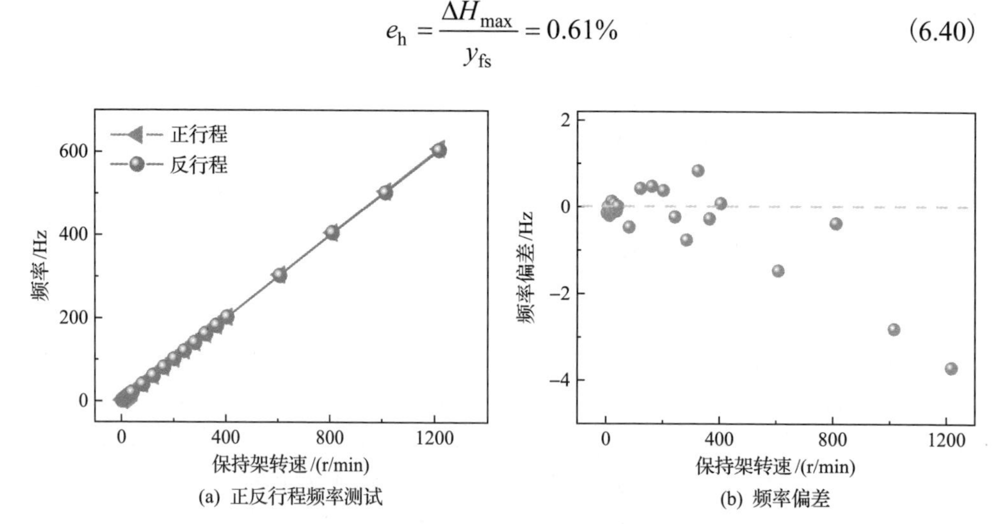

(a) 正反行程频率测试　(b) 频率偏差

图 6.52　摩擦电转速传感器正反行程的频率变化

3. 摩擦电转速传感器的准确度

为了确定摩擦电转速传感器测量的准确度，将其测量结果与激光转速传感器进行比较，如图 6.53 所示[5]。可以看出，摩擦电转速传感器与激光转速传感器的测量结果基本吻合，两者测试结果的最大相对误差仅为 1.27%。

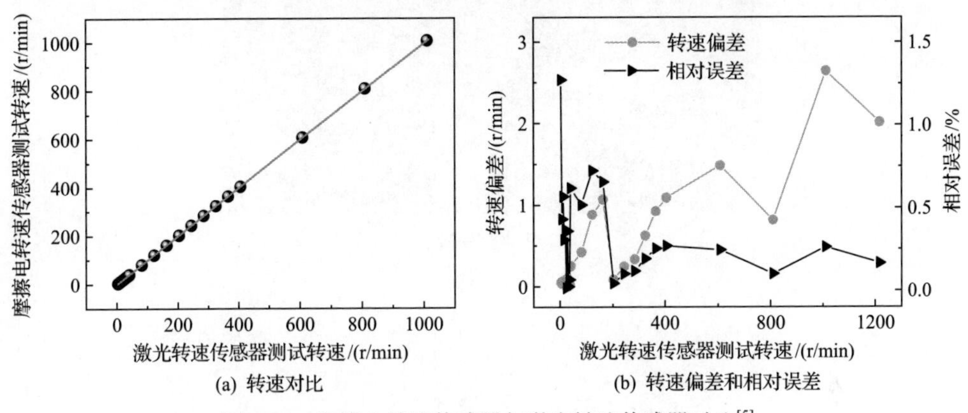

图 6.53　摩擦电转速传感器与激光转速传感器对比[5]

4. 打滑监测

当获得保持架转速后，可通过式(6.41)和式(6.42)计算保持架的打滑率 r_{sk}。

$$n_0=\frac{n_1}{2}\left(1-\frac{D_w}{D_{pw}}\cos\alpha_b\right) \tag{6.41}$$

$$r_{sk}=\frac{n_0-n}{n_0} \tag{6.42}$$

式中，D_{pw} 为节圆直径；D_w 为滚子直径；n 为实际的保持架转速；n_0 为纯滚动条件下的保持架转速；n_1 为内圈转速；α_b 为轴承接触角。

利用摩擦电转速传感器测试了 3 种电机转速、14 种不同载荷下的打滑率，每组测试持续 2s。图 6.54 为摩擦电转速传感器对轴承打滑的实时监测。可以看出，当电机转速相同时，随着径向载荷增加，打滑率急剧下降直至接近于 0。这是由于径向载荷增加会导致滚子和内圈的牵拽力增加，使得滚动体不容易在离心力的作用下远离内圈，从而使打滑率下降。当径向载荷相同时，随着电机转速的增加，打滑率也呈现下降的趋势。

(a) 实物图

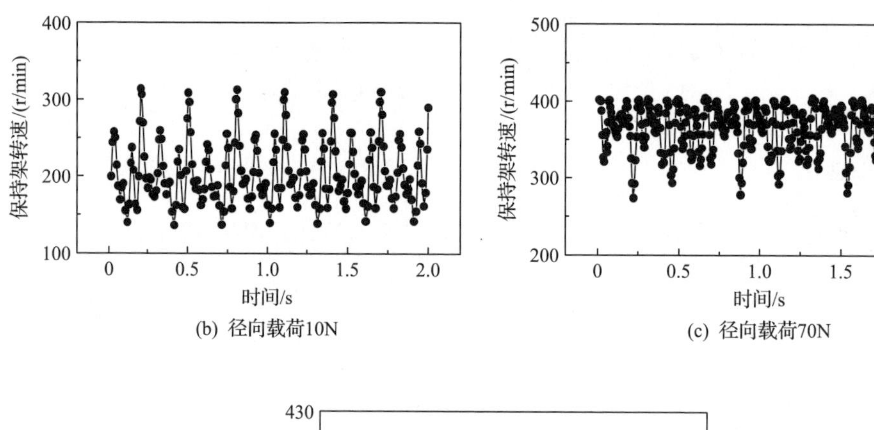

(b) 径向载荷10N　　(c) 径向载荷70N

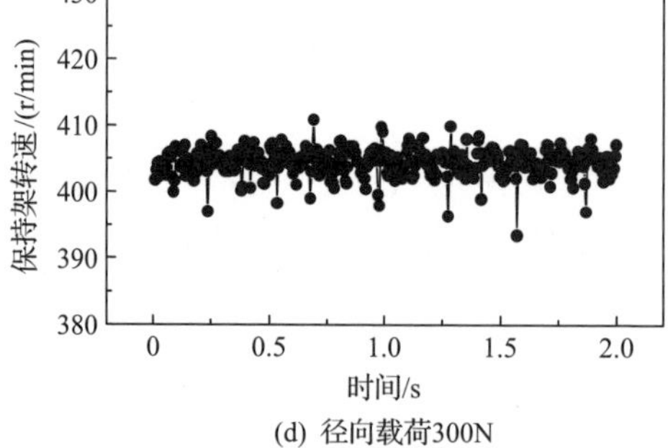

(d) 径向载荷300N

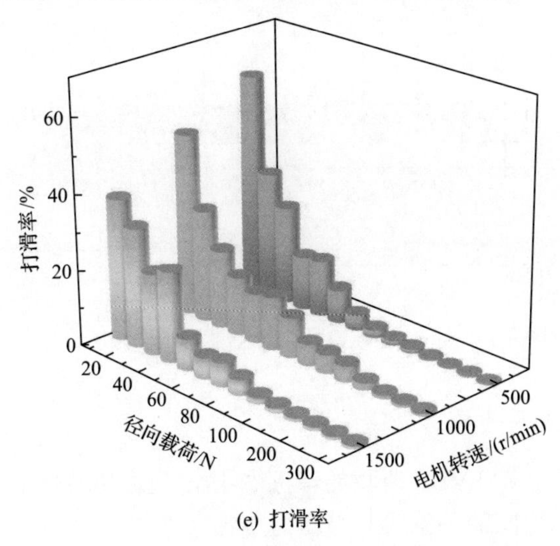

(e) 打滑率

图 6.54　摩擦电转速传感器对轴承打滑的实时监测

6.3　面向智能轴承的摩擦电-压电压力传感器

在线监测轴承内部载荷可以为轴承疲劳寿命预测提供丰富的数据支持。本节基于极性 PVDF 薄膜，设计与轴承系统集成的摩擦电-压电压力传感器，并匹配具有无线功能的多通道信号处理电路，在不破坏轴承结构且不干扰保持架转速情况下，实现轴承内部载荷分布和滚子转速的在线监测。

6.3.1　摩擦电-压电压力传感器工作原理与性能测试

图 6.55 为摩擦电-压电压力传感器的结构和工作原理，其中，极性 PVDF 薄膜与 Cu 电极为接触副。为了实现极性 PVDF 薄膜与 Cu 电极的接触-分离，通过垫片使接触副隔开。当极性 PVDF 薄膜与 Cu 电极受到载荷作用而发生接触时，电子会在两表面间发生转移，从而使接触副表面带上等量异号电荷。随着载荷逐渐减小至 0，极性 PVDF 薄膜与 Cu 电极在垫片作用下分离，两电极间产生与载荷对应的开路电压。

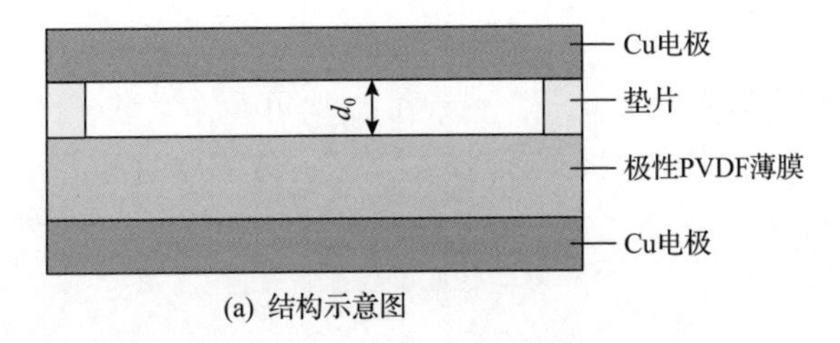

(a) 结构示意图

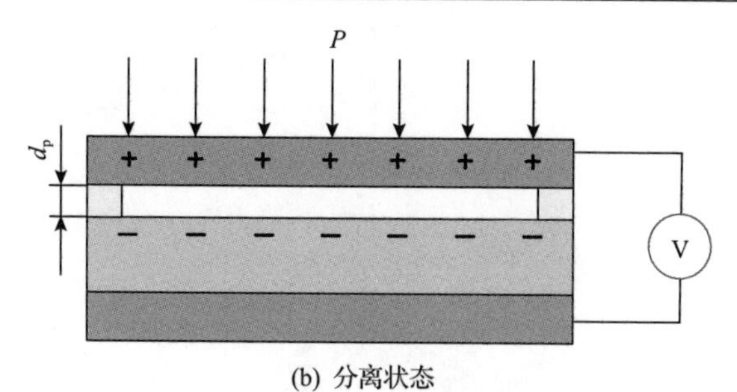

(b) 分离状态

图 6.55　摩擦电-压电压力传感器的结构和工作原理

1. 摩擦电-压电压力传感原理

为了阐明基于极性 PVDF 薄膜的摩擦电-压电压力传感器的工作原理，推导了开路电压与外加压力间的关系式。当压力传感器受到外加压力 P 时，其输出电压 V_p 可表示为

$$V_p = \frac{\sigma_0 d_p}{\varepsilon_0} \tag{6.43}$$

式中，d_p 是受压时聚合物与金属的间距；ε_0 为真空介电常数；σ_0 为聚合物表面电荷密度。

假设压力传感器未受压时的间距为 d_0，受压后间距变化量为 Δd，则压力 P 作用下的间距 d_p 可表示为

$$d_p = d_0 - \Delta d \tag{6.44}$$

受压后间距的变化量 Δd 与材料的弹性模量 E 相关，即

$$d_p = d_0 - d_0 \frac{P}{E} \tag{6.45}$$

因此，压力 P 作用下的间距与输出电压可表示为

$$V_p = \frac{\sigma_0}{\varepsilon_0}\left(d_0 - d_0 \frac{P}{E}\right) \tag{6.46}$$

对于非极性聚合物薄膜，d_0、E、ε_0 和 σ_0 均可看作常数，因此输出电压 V_p 与压力 P 呈线性关系。非极性聚合物薄膜作为压力传感器时的灵敏度 S 可表示为

$$S = \frac{\mathrm{d}V_p}{\mathrm{d}P} = \frac{\sigma_0 d_0}{\varepsilon_0 E} \tag{6.47}$$

从式(6.47)可以看出，影响压力传感器灵敏度的关键参数之一是聚合物表面电荷密度。通过调控极性 PVDF 薄膜的极性相含量与结晶度，能增强极性 PVDF 薄膜与金属之间转移电荷量，实现更高的表面电荷密度。另外，极性 PVDF 薄膜与金属界面间的摩擦起电与压电效应能相互耦合，使得表面电荷密度增加。因此，极性 PVDF 薄膜的表面电荷密度 σ_{p} 与压力 P 的关系可表示为

$$\sigma_{\mathrm{p}} = \sigma_0 + k_1 P \tag{6.48}$$

式中，k_1 为系数。

基于极性 PVDF 薄膜的压力传感器输出电压与压力 P 间的关系可表示为

$$V_{\mathrm{p}} = \frac{\sigma_{\mathrm{p}}}{\varepsilon_0}\left(d_0 - d_0\frac{P}{E}\right) \tag{6.49}$$

基于极性 PVDF 薄膜压力传感器的灵敏度 S_1 可表示为

$$S_1 = \frac{\mathrm{d}V_{\mathrm{p}}}{\mathrm{d}P} = \frac{\sigma_{\mathrm{p}} d_0}{\varepsilon_0 E} + \frac{k_1}{\varepsilon_0} d_{\mathrm{p}} \tag{6.50}$$

从式(6.47)和式(6.50)可以看出，基于极性 PVDF 薄膜的压力传感器具有更高的压力灵敏度。

对于非极性 PVDF 薄膜构成的压力传感器，当间距 d_{p} 减小到 0 时，压力传感器无法传感压力。而对于基于极性 PVDF 薄膜构成的压力传感器，当间距 d_{p} 减小到 0 时，极性 PVDF 薄膜与金属界面间摩擦起电与压电效应仍能相互耦合，并感知压力。因此，基于极性 PVDF 薄膜的压力传感器具有更高的压力传感上限。将基于极性 PVDF 薄膜的压力传感器称为摩擦电-压电压力传感器。

2. 摩擦电-压电压力传感器电学性能测试

为了比较摩擦电-压电压力传感器、压电压力传感器、摩擦电压力传感器的电学性能，构建了三种不同结构的压力传感器，如图 6.56 所示[6]。摩擦电-压电压力传感器的接触副由极性 PVDF 薄膜和 Cu 电极组成，并通过垫片将接触材料隔开，以实现接触-分离运动；压电压力传感器主要由极性 PVDF 薄膜和 Cu 电极组成，极性 PVDF 薄膜与 Cu 电极间无间隙；摩擦电压力传感器主要由非极性 PVDF 薄膜和 Cu 电极组成，并通过垫片将接触材料隔开。PI 基底主要用于避免 Cu 电极裸露造成电荷泄漏。施加压力的装置上同样需要覆盖一层 PI，通过同种材料接触避免测试中引入单电极摩擦电信号。

图 6.57 为三种不同压力传感器的电学性能测试结果。可以看出，单一的摩擦电压力传感器和压电压力传感器有着不同压力敏感区域。当压力处于 0～10kPa 时，

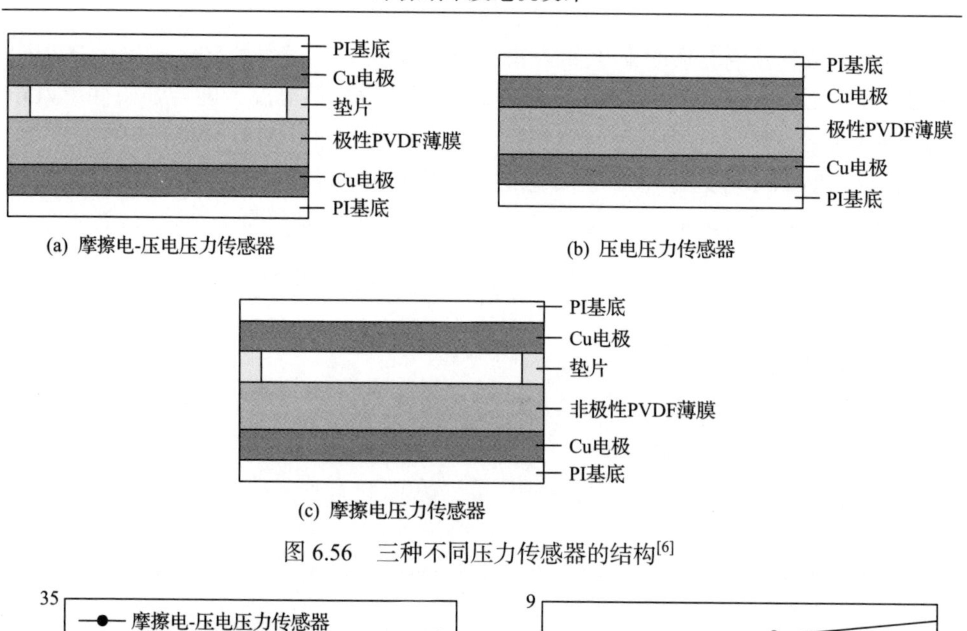

图 6.56　三种不同压力传感器的结构[6]

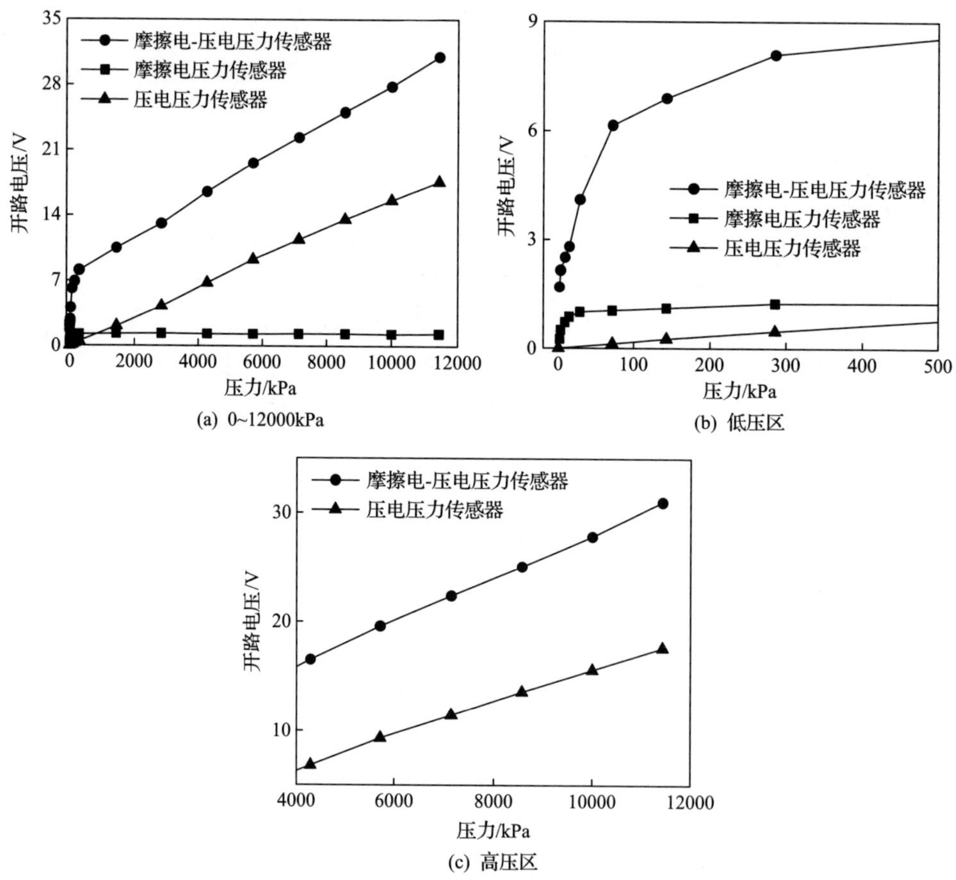

图 6.57　不同压力传感器压力与开路电压的关系

摩擦电压力传感器的灵敏度为 0.22V/kPa，压电压力传感器的灵敏度< 0.001V/kPa，摩擦电-压电压力传感器的灵敏度为 0.95V/kPa。因此，摩擦电-压电压力传感器具有更高的灵敏度，其灵敏度是摩擦电压力传感器的 4 倍，是压电传感器的 950 倍。当压力处于 100～12000kPa 时，摩擦电压力传感器由于间距不再变化，因此不再能感知压力的变化。压电压力传感器虽然和摩擦电-压电压力传感器一样，均具有> 10MPa 的感知范围，但摩擦电-压电压力传感器的灵敏度可达 2.1V/MPa，是压电压力传感器的 1.5 倍。因此，摩擦电-压电压力传感器的灵敏度和测量范围均优于摩擦电压力传感器和压电压力传感器。

6.3.2　面向智能轴承的摩擦电-压电压力传感器系统构建

面向智能轴承的摩擦电-压电压力传感器系统主要包括驱动模块、支撑轴承模块、被试轴承模块、加载模块、数据采集模块和摩擦电-压电压力传感器。驱动模块主要由伺服电机、驱动器、电机支架和联轴器组成；支撑轴承模块主要由主轴、支撑轴承、轴承座构成；被试轴承模块由被试轴、被试轴承、轴承座、激光转速传感器、支架组成；加载模块由压力传感器、螺杆和精密位移平台构成；数据采集模块由转速显示器、压力显示器和多通道信号处理电路组成。

摩擦电-压电传感器由极性 PVDF 薄膜与 Cu 电极组成，并利用 PI 基底进行封装，以防止 Cu 电极接触到金属材料而导致电荷泄漏，相邻摩擦电-压电压力传感器中心线所夹圆心角与相邻滚子夹角相同。摩擦电-压电压力传感器安装于被试轴承外圈与轴承座之间的承载区微槽中，测点编号依次为 2L、1L、0、1R、2R，如图 6.58 所示。

轴承内部压力测试原理如下：每当滚子经过摩擦电-压电压力传感器时，即能捕捉到滚子与滚道间动态接触压力传递到轴承外圈的应变响应。当多个滚子通过同一个测点位置时，摩擦电-压电压力传感器就会采集到动态接触压力波动引起的电压信号，如图 6.59 所示。其中，电压信号的幅值能反映滚子与滚道间的动态接触压力变化，而电压信号的频率能反映 1s 内滚子经过该测点的次数。

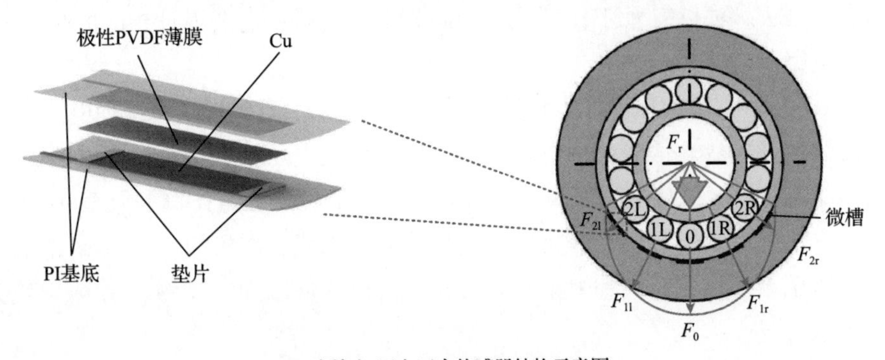

(a) 摩擦电-压电压力传感器结构示意图

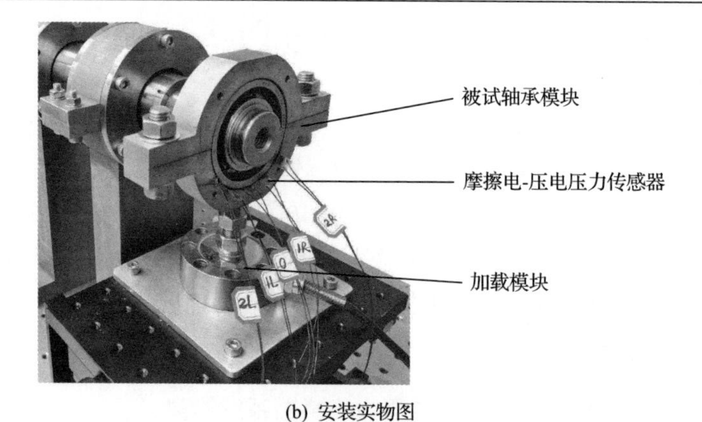

(b) 安装实物图

图 6.58　摩擦电-压电压力传感器安装

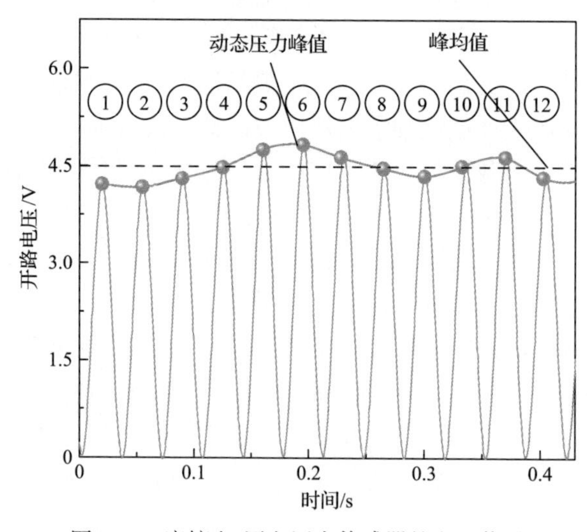

图 6.59　摩擦电-压电压力传感器的电压信号

为了实现多个摩擦电-压电压力传感器电压信号的同步采集，保证其幅值与频率信息不丢失，滤除轴承工作环境中的高频干扰信号，需要设计相应的多通道信号处理电路。

图 6.60 为摩擦电-压电压力传感器系统的电路，主要包括信号处理电路、单片机和无线收发模块。信号处理电路主要包括降压及电压抬升电路、高通滤波电路和低通滤波电路，可将去除噪声干扰的有效电压信号以固定比例缩放至 0～3.3V；单片机主要进行数模转换，并将数字信号传输至无线发射模块；无线发射模块将信号发送至无线接收模块和上位机软件，上位机软件以固定比例还原电压信号的幅值信息。

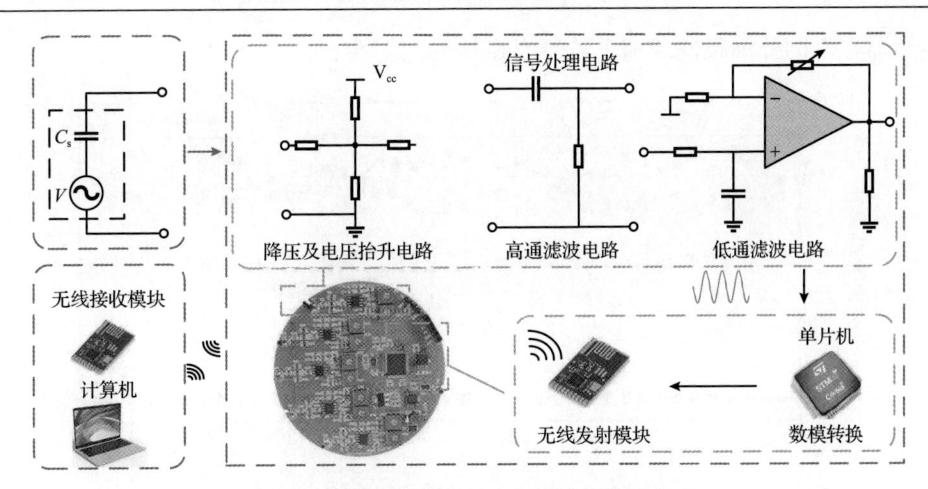

图 6.60　摩擦电-压电压力传感器系统的电路

6.3.3　面向智能轴承的摩擦电-压电压力传感器性能测试

图 6.61 为 0 号测点摩擦电-压电压力传感器的开路电压测试结果，其主轴转速为 300r/min，轴承外加径向载荷为 500N。

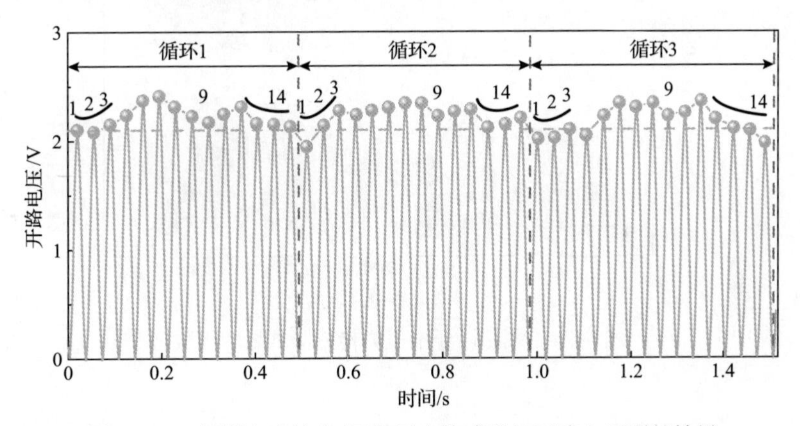

图 6.61　0 号测点摩擦电-压电压力传感器的开路电压测试结果

通过对摩擦电-压电压力传感器的开路电压测试结果进行标定，可获得轴承滚子与滚道间的动态接触压力，从而反映滚子经过每个测点所产生的载荷波动。图 6.62 为不同测点轴承滚子-滚道动态接触压力。可以看出，当不同的滚子在滚道的同一测点上滚动时，滚子-滚道动态接触压力呈周期性变化，其波动周期为 14 个正弦波，与被测滚动轴承中的滚子数量相对应。不同滚子经过该测点时的动态压力变化主要是由滚子尺寸的微小差异引起。

图 6.63 为摩擦电-压电压力传感器重复性测试。可以看出，摩擦电-压电压力

传感器在不同外加径向载荷下均具有良好的重复性。

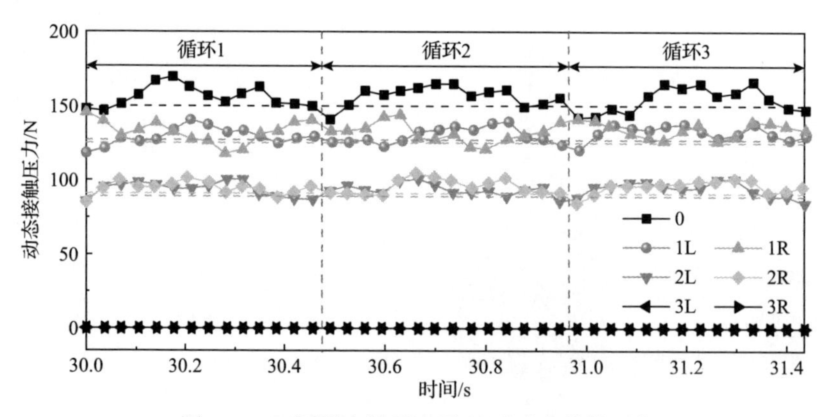

图 6.62　不同测点轴承滚子-滚道动态接触压力

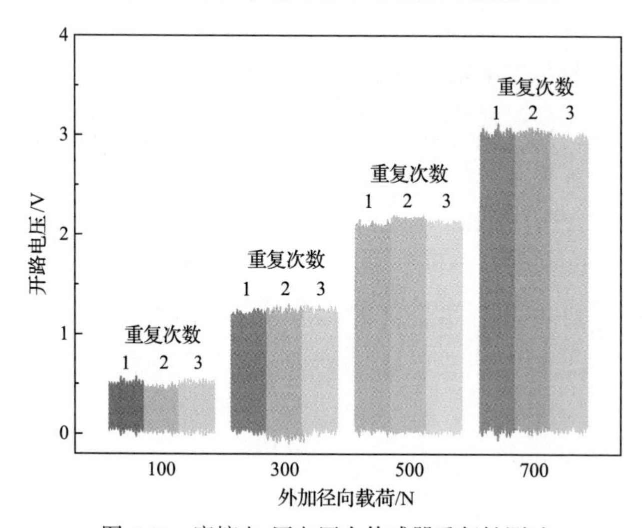

图 6.63　摩擦电-压电压力传感器重复性测试

6.4　本 章 小 结

本章主要介绍了摩擦纳米发电机在机械系统中能量收集和自供能传感方面的应用。首先，介绍了基于摩擦纳米发电机和电磁发电机的复合式振动能量收集器设计方法，该收集器可对不同随机路面激励下车辆悬架系统振动能量进行收集；然后，介绍了与滚动轴承高度集成的摩擦电转速传感器，可实现智能轴承转速的在线测试，最后，介绍了基于极性 PVDF 薄膜的摩擦电-压电压力传感器，可实现滚子-滚道动态接触压力的在线测试。

参 考 文 献

[1] 胡燕强. 织构化摩擦纳米发电机特性及应用研究[博士学位论文]. 北京: 北京理工大学, 2021.

[2] Hu Y, Wang X, Qin Y, et al. A robust hybrid generator for harvesting vehicle suspension vibration energy from random road excitation. Applied Energy, 2022, 309: 118506.

[3] Zhao Z, Wang X, Hu Y, et al. Electromechanical modeling for triboelectric nanogenerators considering the distribution of polymer transfer film. Nano Energy, 2022, 93: 106895.

[4] Li Z, Wang X, Fu T, et al. Research on nano-film composite lubricated triboelectric speed sensor for bearing skidding monitoring. Nano Energy, 2023: 108591.

[5] Zhao Z, Wang X, Hu Y, et al. Grease-lubricated triboelectric instantaneous angular speed sensor integrated with signal processing circuit for bearing fault diagnosis. Nano Energy, 2023, 117: 108871.

[6] Li L, Wang X, Hu Y, et al. The tribo-piezoelectric microscopic coupling mechanism of ferroelectric polymers and the synchronous online monitoring of load distribution/roller speed for intelligent bearings. Nano Energy, 2023, 115: 108724.